生态治理
现代化

张劲松　编著

商务印书馆
创于1897　The Commercial Press

代序：增长难有极限，发展务须理性

劲松君《生态治理现代化》一书付梓，希望我写个序，我虽欣然答应，但左思右想好多天，也理不出个头绪来。

这两天事实上已经过了交稿日期，不写出点东西好像也实在不好交代。于是，想了这样的一个题目，姑且作为一个"代序"吧。

1972 年，有一本风靡全球的小册子问世。这本题为《增长的极限》的小书，出自当时的三位年轻学者之手。这本小册子提出了一个严峻的人类难题：他们认为，如果全球经济按照当时的模式继续增长的话，那么要不了 100 年，人类的很多资源将被耗尽，我们的子孙后代将面临生存困境。

非常荣幸的是，在该书作者之一的乔根·兰德斯（Jorgen Randers）年近 70 岁的时候，我认识了他，并且有过几次交流。2012 年，兰德斯先生独著了一本书，题目叫作《2052：未来四十年的中国与世界》。为什么是 2052？道理很简单：往后推，从 1972 年《增长的极限》问世到 2012 年，正好 40 年过去了；往前看，再过 40 年，就是 2052 年。兰德斯先生非常看好中国，对中国在 2012 年后 40 年间的发展给予了非常乐观的期待。《2052》这本著作，译林出版社于 2013 年出版了中译本。

正是因为这本书在中国的出版，兰德斯先生几次来到上海，每次我们都有很不错的交流。老先生还喜欢中国的京剧，我曾带他去上海的逸夫舞台看过两次京剧演出，尽管完全听不懂，但是他自始至终都看得津津有味，非常入神。

我在跟兰德斯先生的交流中，反复要表达的一个观点，即是说，自从《增长的极限》问世以来，也差不多快半个世纪了，这近半个世纪的增长态势，似乎比他们当时的想象还要快，但是另一方面，也并没有任何所谓资源枯竭的迹象。恰恰相反，从最近几十年的资源来看，无论是探明储量还是开采量，似乎都出现了不减反增的趋势。再者，科学技术的发展使得增长对资源的依存度日益降低，这也是一个必须注意到的现象。

兰德斯先生同意我说的这些观点，但他还是表示，从长远来看，所谓增长的"极限"依然是存在的。

鉴于我本人专业领域的局限性，我也没有办法用数据或者模型来反驳兰德斯的判断。但是从我的经历以及相关学科的知识积累来研判，至少可以断定，在我们可以预见的未来，增长难有极限。

在增长难有极限的背景下，我倒是想到了另一个比增长有没有极限更重要的问题，那就是：发展务须理性。

这样的命题说起来似乎有点匪夷所思，因为在很多人看来，发展总是值得欢欣鼓舞的事情，难道还有什么理性和非理性的问题？

推动现代社会经济增长的主要是两个方面的力量：

一是政治的推动。尽管经典的理论不认为经济增长是政治的责任，但是在现代社会，人们普遍把经济增长的状况视为政治是否成功的重要标志。在这种情况下，积极推动经济增长就成了政治运行的重要取向。

二是科技的运用。我们说现代社会的增长难有极限，在很大程度上是因为科学技术的发展及其广泛运用。尤其是，随着科技的发展，人类有可能在不增加甚至减少资源消耗的条件下获得经济的持续增长。

但是，增长不等于发展。自从那个关于增长极限的问题被提出来之后，人们常常把增长与发展分开。在谈到发展的时候，注重的恰恰不是量的增长，而是质的提升，是可持续问题，是经济、政治、社会、文化、生态诸多方面的平衡的、协调的发展。也就是说，唯有这种平衡和协调，才是可持续的、理性的发展，否则，仅仅是量的增长对人类带来的也未必就是福音。

劲松君《生态治理现代化》一书，我想也是把可持续、理性发展的视角作为基本出发点的。我本人上述的一点浅显的认识，也仅仅为劲松君的新著做点注脚而已。

就此姑且为序了。

上海市政治学会会长、复旦大学教授

桑玉成

2021 年 3 月于上海

目　录

第五篇　政府生态治理能力

第六篇　总结

第一篇
基　础

国家治理体制和治理能力的现代化，包括了国家在生态治理上的现代化，也是当代中国政府生态文明建设的主要议题。

中国改革开放 40 余年，取得的经济成果丰硕，但其代价也是很高的，其中资源和环境的代价尤其令人叹息。因此，与经济发展伴随进行，中国的生态治理现代化从来没有停顿过。特别是自党的十七大以来，我国生态治理的步伐之大尤其明显，取得的成果也是巨大的。

中国的生态治理主体，从原先以政府为中心，逐步形成了当下政府、企业、社会和公众共治的环境治理主体体系。多中心共治的体系形成，推动治理现代化加速，使中国人有信心看到蓝天白云和绿水青山。

第一章　生态治理现代化：当代中国政府生态文明建设的主要议题

第一节　治理现代化概述

治理、治理现代化、治理体系现代化、治理能力现代化、生态治理、政府生态治理，这些名词都是最近 30 年内才出现的或成为热门的词。作为"范式"的"治理"，正成为解释中国现当代国情或新时代中国特色社会主义建设的重要依据，因此需要我们对这个新出现的范式做一简要的概述。

"治理"一词成为"显学"主要是在 20 世纪 90 年代之后。"了解和把握学术前沿问题对于学者来说之所以至关重要，是因为这些问题反映了相关研究领域的最新趋势，预示了这些研究领域未来的发展方向。学术前沿问题并不是忽然冒出来的，它必然有一个知识的积累和演进过程。"① "治理"一词的思想渊源可以追溯到很早以前，它首先于 20 世纪 70 年代的国际金融业中出现，目的是解决金融业过于依赖自由市场理论，出现的市场失灵的困境。"自 70 年代末开始，这些机构的政策越来越多地受自由市场意识形态的支配，顺理成章地陷入了经济主义；第三世界国家债务缠身急需资金，而借贷机构却可以拥有大量借款或抽走资金的权力，坚持要求借款国逐步实现国内市场自由化，消除贸易壁垒。而早期以国家发展战略为基础，保护本地利益免受外国竞争的经济管理政策则受到强烈批评。"② 因此，国际金融界需要国家各自对政府的"管理"加以限制，取而代之的新范式叫"治理"。由此，1989 年世界银行最早使用"治理危机"一词，并在 1992 年将其年度报告标题定为"治理与发展"。

分析治理范式的兴起，需要将其置于"政府-市场-社会"三元社会结构中。政府管理失灵，需要有社会力量的介入；无政府状态下，由社会来

---

① 俞可平主编：《治理与善治》，社会科学文献出版社 2000 年版，总序第 2 页。
② 辛西娅·休伊特·德·阿尔坎塔拉：《"治理"概念的运用与滥用》，载俞可平主编：《治理与善治》，社会科学文献出版社 2000 年版，第 18 页。

救急显得更为迫切。西方发达国家政府在金融界的管理失灵，因而寄希望于有社会广泛参与的"治理"，西方学者认为管理活动的主体未必是政府，也无须依靠国家的力量来实现，可以通过社会参与的方式来实现；同时，在苏联、东欧原社会主义国家，原先的政府倒台后，新的政府刚上台执政，政府的力量很弱，社会事务处于无政府状态，此时，西方国家将其社会广泛参与的"治理"理论作为救急的"药方"提供给了俄罗斯及东欧原社会主义国家，希望社会力量来填补无政府状态下社会事务管理的缺位。这是无政府状态国家治理兴起的根源。

在 20 世纪 90 年代，当治理理论在西方国家和俄罗斯及东欧原社会主义国家盛行的时期，中国正处于从计划经济向社会主义市场经济转轨的时期，这一时期正好契合了推行治理的基本条件。在中国从计划经济向社会主义市场经济转轨的过程中，政府力量从社会的各个领域退出，发展市场经济，拓展市场主体，并让社会力量承接政府退出后的社会公共事务。这样一种新型的"政府-市场-社会"关系形成，"强政府、弱社会"就要逐步转化为"强政府、强社会"格局。在公共领域，政府退出与社会进入，是一个过程的两个方面，这个过程中政府必须更多地依赖社会，原来的政府"管理"，需要逐步"去中心"，形成"多中心"的治理格局，党和政府仍然是社会领导力量，但不再是唯一力量，政府、市场、社会三者之间需要合力共治形成全新的共治格局，这种共治就是"治理"。西方国家的治理理论被中国人所采用，并将其"中国化"，形成了中国语境下的全新的有别于西方国家的"治理"范式。在这个范式中，中国与西方国家的最大区别在于中国共产党是公共管理的当然主体，"随着公共管理主体范式研究的深入，对于执政党在我国公共管理中的地位问题的研究也随之深入。由于我国执政党的执政宗旨、执政方式和执政产品都具有公共性，因而可以说执政党是我国公共管理的当然主体。这一认识有利于完善公共管理的主体范式和建立公共管理的生态理论，也有利于公共管理理论与实践相结合、公共管理实践的治理化和公共管理理论的本土化"①。中国语境的治理范式具有很强的国际话语权，中国政府将治理理论发展到了一个全新的阶段。"治理"乃至"全球治理""全球气候治理"都离不开中国的实践，也离不开中国共产党人的全新释述。治理理论已经被打上了中国印记。

党的十八届三中全会上，习近平总书记指出："国家治理体系和治理

---

① 张劲松、金太军：《执政党：我国公共管理的当然主体》，《南京政治学院学报》2003 年第 1 期。

能力是一个国家制度和制度执行能力的集中体现。国家治理体系是在党领导下管理国家的制度体系，包括经济、政治、文化、社会、生态文明和党的建设等各领域体制机制、法律法规安排，也就是一整套紧密相连、相互协调的国家制度；国家治理能力则是运用国家制度管理社会各方面事务的能力，包括改革发展稳定、内政外交国防、治党治国治军等各个方面。"[1]这是中国对治理现代化的全新阐述。从"治理"到"治理现代化"，中国人做出了自己的理论贡献，"治理"问题有了中国话语。

中国学者对"治理"也无比亲近，以"治理"为检索词，可以在中国知网上检索到的论文就有673602篇（截至2019年10月20日），而以"治理现代化"为检索词，也可以检索到3980篇论文（截至2019年10月20日）。治理及治理现代化，正成为中国社会科学研究的"关键词"。因为治理正成为当下中国的一个"关键"问题，沿着治理之路，"生态治理"也成了最热门的问题之一，中国知网上篇名包含"生态治理"的论文就有2138篇。中国社会正走在治理现代化的大道上。

第二节　政府生态治理现代化的成就与不足[2]

经历40年的改革开放，中国经济取得了长足的发展，一个大国正在崛起，中华民族的伟大复兴也似乎不再是梦。然而，不断出现的席卷全国的雾霾给中国人敲响了警钟：我们需要什么样的现代化？我们是否能摆脱各种生态环境危机的威胁？

中国不是没有进行生态治理，也不是不重视生态治理，那又为什么会出现像雾霾这样的生态环境危机呢？这就需要我们回顾20年来的生态治理史，从中认清我们污染了什么，以及我们治理了什么。

首先让我们看看，中国在生态治理上取得了哪些成就。

自改革开放以来，中国在经济领域快速发展的同时，生态问题日益严重。保护自然资源和生态环境，推进生态文明的法治建设，实现可持续发展，是中国进行现代化建设、广大群众致富奔小康的客观要求，也是环境保护工作的重要组成部分。进入20世纪90年代，中国环境形势已经十分严峻，自然生态破坏呈加剧趋势，这引起了社会各界的广泛关注。为了保护和建设我们赖以生存的生态环境，各级环境保护部门正积极会同有关部

---

① 习近平：《习近平谈治国理政》，外文出版社2014年版，第91页。
② 该部分由张劲松署名发表，未注明课题号。张劲松：《破解生态问题需提升政府治理能力》，《国家治理》2015年第41期。

门通过防治乡镇工业和农药、化肥污染，保护生物多样性，建设自然保护区，发展生态农业，治理生态退化区域，强化对建设项目的生态环境管理，预防新的生态破坏等一系列工作，促进生态环境的建设，使生态恶化趋势有所控制。20 世纪 90 年代初期，各地政府和环境保护部门，在生态建设方面进行了积极探索，一些地区开展了生态村、生态乡、生态县和生态市的建设，积累了经验，取得了一定成绩。在此基础上，为加快生态建设的步伐，实施可持续发展战略，促进区域经济社会与环境保护协同发展，生态示范区域建设试点工作在全国展开。

自 1995 年至今，国家级生态示范区推广了六批，共有 389 个城市进入生态示范区名录。经过政府多年来的生态治理，可以得出如下结论：第一，生态环境问题已成为制约经济和社会可持续发展的重要因素。基于实施可持续发展战略的需要和适应全国环境保护形势，特别是农村环境保护形势的需要，在全国范围内推进生态保护工作，是伴随着经济发展的一项必须做好的工作，无良好生态，则发展失去意义。第二，生态环境保护能力，与经济发展关系密切。越是经济发达地区，生态保护的意识越强，推进生态保护工作的积极性也越高。第三，生态保护从试点中的各个点，逐步向全局推进，在这种逐步推进的过程中，也逐渐形成了一个个区域性的生态保护带。沿海发达地区经济起步早，发展快，受环境破坏的威胁也很大，在经济快速发展的同时，地方政府意识到环境保护与经济发展之间的内在联系，在能力所允许的前提下，较早地投入生态保护之中，取得的成就也是巨大的。

的确，生态治理所取得的成就有目共睹。在沿海一些较为发达、经济实力较强的地带，甚至已经建成一片片的生态城市群，在可见的地面上，绿化越来越好，城市建设也越来越美丽。全国各地新建的城区或原城区的拓展地带，都非常注重生态建设和生态保护，设计理念上也非常注重人与自然的和谐。可以这样说，没有人会与美丽的生存环境过不去，没有人希望自己生活在污染中。

同时，最近几年，雾霾袭击了全国二十九个省区，中国大部中"霾"伏。生态危机的这种跨域特点，正是当下人们热议的"风险社会"的体现，生态现状说明了"风险在边界之下蔓延。空气中的酸性物质不仅腐蚀雕像和艺术宝藏，它也早就引起了现代习惯屏障的瓦解。即使是加拿大的湖泊也正在酸化，甚至斯堪的纳维亚最北端的森林也在消失"①。现代社

---

① 乌尔里希·贝克：《风险社会》，何博闻译，译林出版社 2004 年版，第 30 页。

会的生态风险超越了地域限制，以前仅为北方"专利"的雾霾，现在同样也会频繁地光顾南方。沿海发达城市能治理好地面上的绿化，却防不住空中、河流、地下等等可流动的污染。

一方面生态治理卓有成效，另一方面生态仍然在被污染，这就是生态治理的"局部有效，整体失效"现象。更为严重的是，当前，人们仍未看到生态向良好转向的丝毫迹象。生态治理整体失灵的状况，让人如此悲观，以至于一些学者悲观地认为未来地球上的环境不足以支撑人类千年的发展。悲观之后，一些人就会迁怒于政府为何不能创造一个良好的生态文明社会。

难见生态好转，到底与政府有何关联呢？政府是生态破坏的罪魁祸首吗？这就需要通过深入地分析生态危机产生的根源来找寻答案。

地球环境出现生态危机，它危及人类文明，主要从农业社会开始。农业文明使人类过着复杂的社会生活，"在公元前 3500 到公元前 500 年间，世界上的很多地方，包括美索不达米亚、埃及、印度北部、中国、中美洲以及安第斯山脉中部都独立发展了复杂社会。绝大多数的复杂社会，其前身都是最初生活在能够灌溉的河谷地带或是靠近水源地区的规模较小的农业群体，他们都建立了政治权威和政府管理部门，通过税收和收取贡赋的方式将社会剩余产品集中起来，再分配给那些不从事农业生产的人们"①。过着复杂社会生活的农业文明带来的最大变化就是人口猛增和人类定居生活的形成。为了满足人类的需要，在较适合人类生存的地区，大量的森林变成了农田，地表植被被破坏，生物多样性减少，地球生物圈的面貌改变。为了满足人类越来越多的需求，过度放牧、过度耕种成为必然，人类文明的发源地遭受着地球生态的报复。

人类最早的古巴比伦文明也是最早遭受到地球生态报复的文明。美索不达米亚平原曾被森林所覆盖，但在公元前 2000 年前后，古巴比伦王国汉谟拉比王朝开始大肆砍伐两河流域上的森林，失去了森林的护卫，上游的水土开始大量流失，河床变浅，土质盐碱化。失去了森林保护，沙漠不断推进，于是千里沃土变成了不毛之地，当地的人类文明没落。古埃及文明也遭遇了同样的命运。"由于埃及是世界上最富庶的国度，我们惯于将埃及看作是一处天堂。在那里，我们只要随便翻一下土，撒下种子，我们就等着收庄稼了。"② 在那里，田地和水源受到人们的控制，以服务于人

---

① 杰里·本特利、赫伯特·齐格勒：《新全球史（第三版）》上册，魏凤莲等译，北京大学出版社 2007 年版，第 2 页。

② 汤因比：《历史研究》，刘北成、郭小凌译，上海人民出版社 2005 年版，第 91 页。

类的目的。然而同样地，人类文明破坏大自然，却反被大自然所毁灭，"在那些地区，一度被人类的英雄主义所征服的执拗不驯的大自然挣脱了束缚，导致曾经是文明的家园或象征人类其他成就的某些地区，又恢复到了旧有的宇宙洪荒状态"①。在大自然面前，人类早期的农业文明仍然很脆弱，继古巴比伦文明和古埃及文明的崩溃之后，古印度文明、玛雅文明也重复着他们的命运。这些文明毁灭后，人类在这些地区虽然能重新建立文明，却再也不能延续这些文明此前的辉煌。

当然早期的农业文明中，中华文明一枝独秀，延绵至今。有学者将其独特性做了归纳，其原因有三："（1）人类掌握的破坏地球的能力还相当有限，人类的破坏行为还没有危及地球自身的生态平衡；（2）人类的人口数量还没有超过地球的承载极限；（3）人类还没有形成明确的征服自然的统治自然的观念。"②

但是，当人类从农业文明进入工业文明之后，人类对自然界的影响力远超农业文明时期。大约在 18 世纪，人类首先在西欧进入了工业文明阶段。工业文明的基本特征是通过科学技术来控制和改造大自然，制造出在大自然状态下不可能出现的产品。人类对大自然的态度也与农业文明时期大不相同，人类以大自然的主人自居，征服自然、控制自然成了人类对待自然的主流思想，人类将大自然当作是取之不尽的资源的来源。

中国农业文明的繁荣昌盛，在一定程度上被证实是对自然掠夺速度较慢的一种发展模式，以中国封建社会生产方式发展经济，虽然不能像资本主义生产方式那样创造出庞大的生产力，却也不会创造出一种强大的吞噬自然的力量。大约在 18 世纪，农业社会进入工业社会后，征服自然与统治自然成为人类对待自然的基本态度。大机器的使用、城市的发展、交通的便捷、人口的激增……工业革命从根本上提升了社会的生产力，创造出巨量的社会财富。工业化的发展以矿物燃料为主要动力，黑色的石油和煤炭被开采，黑色的烟雾、黑色的河流随之带来的是黑色的工业文明。

在工业文明时代，人类取得了光辉灿烂的成就，物质、精神生活得到了极大的改善和发展，科技的进步使生产力得到空前的提高，人类在这一阶段拥有了改变地球命运的能力，却不知命运之神把人类推向了另一个深渊。工业文明实际上遵循的是野蛮的丛林法则。所谓文明，不过是相对于

---

① 汤因比：《历史研究》，刘北成、郭小凌译，上海人民出版社 2005 年版，第 92 页。
② 杨通进、高予远：《现代文明的生态转向》，重庆出版社 2007 年版，第 3 页。

大自然的野蛮和无情而言的。当人与自然的和谐关系破裂之后，人类真正的灾难开始了。大气污染、水体污染、土壤污染……每一个环境污染的实例，都是大自然对人类敲响的一声警钟。

中国的工业化道路是中国人民自己的选择，中国共产党执政后，就坚定地确立了优先发展重工业的目标，走工业化道路。康乾盛世时，即便英国大力发展工业，仍然是中国的 GDP 稳居世界第一。此后，农业社会的中国虽然并未停止发展，但以英国为代表的西方国家却在很短的时间内超越了中国，这是工业文化对农业文化的胜利。帝国主义国家凭借着工业文化的优势入侵中国，他们用坚船利炮打开了中国的大门，从此中国人才开始开眼看世界。无数仁人志士得出的共同结论是必须走西方国家正在走的工业化道路，只有走这一条道路才能富民强国，才能抵抗外侮。自中国共产党成立以来，共产党人带领中国人民抵抗外敌，推翻反动统治，最终走上了富民强国的工业化道路。今天，中国终于在工业化道路上取得了举世瞩目的成就。今后，中国仍然要靠工业的现代化实现中华民族的伟大复兴。

然而，工业化是把双刃剑，具有两面性：一方面，它让我们发达起来了，人类取得了前所未有的成就，人类文明达到了顶峰；另一方面，生态破坏就像魔咒一样伴随着工业化的国家，中国也未摆脱生态破坏的魔咒。事实上，后发展的中国，已经充分认识到西方工业化会带来的环境污染，并一直致力于生态保护。而其结果仍然是政府生态治理"局部有效，整体失效"。检讨政府生态治理行为，难道是因为我们政府治理能力不足吗？答案显然是错误的，工业化取得成就的那一面，就充分证实了中国政府治理能力的强大。准确地说，政府治理能力并非不强，而是政府在某些方面的治理能力强大，在另一些方面却因各种原因未能显示出其强大的治理能力。当前，政府在生态治理上就未能体现出治理能力的强大。

中国无法保证地球上的生态治理"局部有效，整体失效"的局面出现逆转，但是若没有中国自身实现生态治理在全局的有效性，就绝对不能改变全球的生态治理局面。因为，保护地球需要全人类的共同努力才能做到，而破坏地球只需要极少的一部分人就能做到，这也是工业化的强大的"改造自然力"造就的。

中国政府除了实现在工业化过程中发展经济能力的现代化之外，还必须实现在工业化的过程中治理生态能力的现代化，实现生态文明的法治建设。中国工业现代化已初具规模，科学技术和国防正在赶超发达国家，农业虽然稍显落后，但实现其现代化并非不可能。"四化"实现指日可待，这是生态文明法治建设的重要体现。中国在改革开放后的 40 年里，能通过工业化实现富民强国，也能在工业化过程中实现生态的良好治理。在快速工业化的过程中，政府发展经济取得成就的一面，是政府能力现代化的主要方面，达到这一方面现代化的原因就是政府将"能力"的全部放在了"发展是硬道理"上，政府的一切力量都以发展经济为中心。今天，检讨政府能力的现代化，就可发现我们还没有像发展经济那样，把生态治理当作"中心"工作。当前，政府能力的现代化，需要政府把更多的"能力"放在生态治理及生态文明法治建设上。

第三节　政府生态治理现代化的主要难点和重点①

自党的十六届五中全会以来，"生态文明"成了地方政治生活的重要组成部分。历经十七大、十八大直到如今的十九大，10 年来生态治理得到了各级政府的高度重视，生态治理工作取得的成绩也十分喜人，然而生态破坏容易，恢复起来极其艰难。10 年的生态治理仍然留下了许多治理难题，地方生态治理任重道远。

一、中国地方生态治理十年回顾

地球属自然的一部分，地球上的生态环境也是自然的一部分。生态环境成为"问题"主要是基于人的生存而言。人与环境之间的关系是生态问题的根本，人类认识到地球环境成为生态问题，始于 20 世纪 50 年代。人类改造自然，是人类社会的进步，而这种进步建立在对自然"破坏"的基础上。从农业文明到工业文明，人改造自然的能力越来越强，自然（生态）付出的代价越来越大。人类一直延续着这种"进步"，并以之作为人类的骄傲。进入 20 世纪之后，地球环境开始严重影响到人类的生存，我们才发现对于人类来说自然出"问题"了。首先是西方工业化进度较快国家的学者，认识到地球的生态问题，并重新审视人与自然的关系。中国从 20 世纪 80 年代开始，改革开放，发展经济，中国重复着发达国家"昨天的故事"，中国大地上的快速工业化进程开始了，生态环境问题也随之产生。

---

① 该部分成果由张劲松署名发表，未注课题号。张劲松：《中国地方生态治理的主要难点与对策》，《国家治理》2017 年第 40 期。

改革开放至今 40 年，中国外向型工业化道路，始于接纳西方国家和地区转移来的产业。中国走上这条道路既是机遇也是挑战，机遇存在于走工业化道路就能快速赶超，挑战在于工业化伴生着污染与生态破坏；对于地方政府来说，工业化则是"先走一步"的问题，因为马太效应，一步领先则步步领先。沿海地区就是这样，搭上了改革开放的"顺风车"，经济发展步步领先。

沿海经济发展领先，伴生的生态问题也"领先"出现。面对环境恶化的压力，面对以习近平总书记为核心的党中央确立的"绿色发展"要求，地方政府变压力为动力，近几年在全国各地掀起生态建设高潮。"生态省""生态城市""生态园""生态农庄"，像雨后春笋般出现。我们的社会主义大协作体制优势在生态治理上发挥得淋漓尽致。

通过 10 年来的生态文明建设，中国大地上生态治理成效从东到西呈现出良好的发展态势。总体来说，生态治理虽然在空中（霾）仍未见"拐点"到来，地下水污染也需要漫长的时间净化，但地面上的"绿色"实实在在越来越多。从东部沿海地区来看，城市大面积绿化，封山又育林，湿地保护宜人又养目，这些成果得益于东部地区经济率先发展，有充裕的城市生态建设资金做后盾，有地方政府强烈的生态政绩的追求。中部地区地面上的绿色也在日益增多，其中一个重要的原因是先行工业化、城镇化的地区吸引了大量的农民迁移到东部或城镇，中部地区的人口减少，生态足迹缩小，部分地区抛荒土地较多，良好的雨水条件使自然得到自动修复。另外，随着工业化进程的加深，传统的生活方式发生了巨大的变化，原来作为生活燃料的柴草、煤炭，被燃气所取代，农村地区的山林、灌木得以保存并自然生长成林增绿。而西部地区，虽然环境脆弱，生态环境未见根本性的扭转，但在政府的强力推动下，生态保护成为当地生活中的重要内容。生态治理改变了人们的生活方式，人们已经开始探索在生态环境脆弱的地区处理人与自然关系的道路和策略。

二、中国地方生态治理主要难点

中国各地生态治理的主要难点，有共性的，也有个性的。

（一）中国地方生态治理共性的难点

其一，生态问题的根源在于工业化道路，中国不可能放弃工业化道路。中国从东部到西部，工业化将呈梯度发展，中国幅员辽阔，完成全面的工业化将是一个漫长的过程，这个过程将免不了遭受生态环境恶化的"痛苦"。西方先行工业化国家解决环境危机的"痛苦"，采用的主要方式是产业升级，将低端的污染严重的产业转移到欠发达或不发达的其他国家。虽然这个转移过程遵守了市场规则，但是也导致先发展国家一步领先，将步步领先。中国没有这种先发展优势，也不愿走这种牺牲他国利益来满足自身发展的老牌发达国家的老路，中国道路依赖于全国一盘棋地进行全面的生态治理。地方政府紧密合作与协同，共同解决中国的生态问题。

其二，各地方协同治理生态是必然之路，但是如何协同却没有有效的体制和机制。东部地区经济快速发展，但自身的资源能源不足，对中西部地区的依存度很高。东部地区经济的发展也得益于中西部地区人、财、物的支持，中西部地区资源能源开发会带来污染，而东部地区从中受益，但是生态治理的难题却由中西部地区独自承担，建立在市场等价基础上的交换，看似"公平"，实则没有实现生态治理的"公平"。在地区生态治理中，东部地区理应做出更多的贡献。但是，协同治理生态需要有体制和机制，当前的生态治理往往局限在各地方政府管辖区域内，区域之间的协同在现行的行政区域分割的大前提下，难有大的作为。

其三，生态治理需要有合理的生态补偿，而生态补偿需要有生态治理质量的量化，在生态治理质量的理论建设上，我们处于起步阶段，许多工作未得到重视。各地虽然已经有了干部离任的生态审计制度，但在没有实现生态治理质量量化的前提下，离任生态审计制度往往流于形式。

（二）中国地方生态治理个性的难点

不同的地区在生态治理上有着不同的难题，个性难题差异很大。东部地区经济发展，工业化、城镇化程度很高，大多数城市都走上了工业化道路，已经不可能再回到农业社会。工业化需要大量的能源和资源做支撑，工业化又带来了大都市化，人口越来越多，资源依赖越来越严重，生态足迹扩大，消耗能源和资源对自然造成了巨大的治理和修复的压力。人们对飘荡在空中的雾霾深恶痛绝，却又不愿意牺牲来之不易的生活质量，更不愿以降低发展速度来换取良好生态。同时，东部地区在率先改革开放的过程中、在我们还没有进行生态治理或需要在工业化过程中同时进行生态治理之时，已经接受了发达国家转移的落后产业，其中包括一些污染产业。在我们没有意识到生态问题的严重性时，许多地区的地下水或土壤已经被污染了。这种污染往往是不可逆的或可逆时间可能是以千年计的，毒地、毒水可能会伴随着周边人群很多年。

中部地区的崛起，同样依赖于工业化和城镇化，但是工业化过程中的污染问题再也难以为人们所接受。因此，中部地区崛起的成本变得尤其高，而在人、财、物不断向东部地区流动的过程中，发展的成本恰恰是其缺乏的。其他发达国家是"先污染后治理"，我国东部地区是发展了一个较长时间后再来治理，而我国中部地区在生态治理高压下只能"即时"治理。工业化成本高，污染治理任务重，中部崛起与生态治理往往出现两难，在中部个别地区出现经济发展与生态治理同时下行的情况。

西部地区生态脆弱，生态治理难度大。10年来的生态文明建设，让西部地区明确了生态治理道路的重要性，如云南、青海、西藏都在努力建设生态省，青海的三江源地区开始建设生态保护的国家公园，"不发展就是最大的发展"成了西部人的认知。但是，西部地区的"不发展"让其失去了许多发展的机会，一些地方的矿山停止开挖，许多草场退牧还草，为国家全局性治理生态做出了巨大的牺牲，也做出了巨大的贡献，理应得到相应的生态治理补偿。当前西部地区的治理提速，成果斐然，其生态服务功能已初见成效。但是生态治理补偿的理论仍处于研究中，若补偿没有跟上，则生态治理的成果无法长期保持，西部地区需要解决生态和发展协调问题。

三、中国地方生态治理可行对策

（一）中国地方生态治理的适度发展策略

首先，中央政府要为地方政府确立经济适度发展策略。近10年里，绿色GDP成了考核地方政府官员的指标，离任生态审计也给地方官员增加了一个"紧箍咒"，但在发展才是"硬道理"的前提下，拼命取得经济发展成果仍然是各地方政府官员的"最爱"。生态问题根源于工业化，适度工业化才是最优的发展策略。根据相关学者的研究成果，当前中国GDP增长率保持在6.5%左右是适度的发展，但是低于5%的发展速度也会带来很多社会问题。在"硬道理"之下，中央并未给地方政府一个适度的标准，GDP的赶超仍然火热。每增加一个点的增长率，就需要大量资源和能源的支撑，相应的环境治理难度就增大，中国的整体环境已经无法承担起过快的增长了，没有中央的发展限速，地方发展的"机器"就不会停止。石油和煤炭的燃烧总量不降下来，雾霾治理难以出现拐点。

其次，东部地区应立足于转型升级来达到适度发展目标。传统工业尤其是制造业，虽然能快速带动GDP增长，但是过度依赖则超过环境承载能力。东部地区各行各业同时发展，优先发展第三产业，尤其是互联网产业，将带来经济新的发展极。产业的转型和转移需要同时进行，"一带一路"合作倡议将为东部地区带来产业发展的新机遇。产业转型和转移才是从根源上解决生态治理问题的方法。浙江杭州比较成功的产业转型，对其他地区产生了示范效应，也增加了发展信心。

最后，中西部地区应立足于本地实际适度发展工业。改革初期的工业发展狂潮期已经过去。中西部地区的后发，也存在一定的优势，即发展道路可借鉴、发展技术可跨代，中西部地区不需要重复东部地区发生过的故事。选择适应本地的发展速度，就是最优策略。例如，在生态极为脆弱的青藏高原，青海选择了在高原草场退出工业化（开矿），优先保护生态，这是难能可贵的适度发展之路。

（二）中国地方生态治理的质量量化策略

生态治理的投入需要有收益，才能可持续。市场经济行为的投入，往往有着相关的回报，有回报才能保护再生产的持续。但是，东部地区在生态文明建设过程中，往往面临着投入保护了生态，但是无法通过市场获取相应的收益的情况。这就导致了许多地区对生态治理投入的顾虑。所以，东部地区往往在区域内的湿地公园建设，生态农业、生态工业园的投入上不遗余力，但在易"搭便车"的生态治理领域的投入则不情不愿。原因是生态治理的质量难以量化，无法将投入转化为收益，生态治理往往不可持续。

解决生态治理质量量化问题，首要的对策是要解决理论问题，理论解释清楚，然后用法律制度确立，才能在实践上得以贯彻。

（三）中国地方生态治理的集体行动策略

现行的体制优势是集体行动策略在省域内容易形成，在市域内则更容易形成。生态治理的可行策略，首先可在市域范围内推进。例如，在某些市，市域内的生态治理补偿就能全面地推行。市域内的生态补偿由市政府组织和实施，有市财政做保障，市场内的"搭便车"行为最终由市政府"买单"，政府实现了提供公共产品的职能。

但是，跨域的生态治理将由谁来"买单"呢？生态治理的"搭便车"行为不可避免，因此，中央政府在跨域的生态治理集体行动中，有不可推卸的责任，生态治理集体行动所需要的"激励"等待着中央政府来提供。当前，西部地区的许多地方已经自觉进行了生态治理，但要实现可持续发展，就需要进一步的集体行动策略，推动受益的东部地区参与到跨域的生态治理投入中，需要中央政府将全国作为一盘棋，明确的"激励"体制和机制不可或缺。

第四节　政府生态治理现代化建设中的去中心化与共治①

政府是生态治理理所当然的主体，生态治理功在当代，利在千秋。习近平指出：党和政府要"以对人民群众、对子孙后代高度负责的态度和责任，真正下决心把环境污染治理好、把生态环境建设好，努力走向社会主义生态文明新时代，为人民创造良好的生产生活环境"②。中国政府有责任担当起生态治理乃至全球生态治理的责任，在中国已然形成了以各级政府为中心的生态治理体系。然而，生态治理任务之艰巨，某个政府甚至某些国家都难以胜任，生态治理不仅要有政府中心，还要去政府中心，形成全社会最广泛参与的多中心治理，这是政府生态治理能力现代化的必由之路。

一、中心形成：生态治理过程中政府治理主体地位的确立

生态治理过程中政府中心地位的形成，与其代表的国家利益或区域整体利益有关，全球生态治理需要中央政府出面代表国家进行行动，国内生态治理需要各级地方政府作为核心行动者主持生态治理。

（一）全球生态治理过程中代表国家的中央政府是理所当然的中心

现代工业化、城市化后的风险越来越具有跨越地域性的特点，"旱灾、洪水和暴力风暴可以摧毁一个地区、一个国家或者整体区域。没有减缓的气候变化可能加剧所有这些风险。而且，这些风险每一种都能够逆转发展收益，危及几代人的福利。……没有一个国家或代理机构可以有效地独立应对跨越国家疆界的风险"③。生态风险日益扩大且已经危及到了人类的生存，全球生态治理的任务越来越艰巨，开展全球生态风险管理，展开全球生态治理的集体行动，成为当前国际社会共同的生态政治活动。

管理全球生态风险成了全球公共产品。这种公共产品同样具有"搭便车"的特性，管理这类风险同样也具有全球性的福利。因为公共产品的公共性，全球生态治理需要各国中央政府出面代表国家来参与治理的集体行动，全球生态治理的中心非各国中央政府莫属，且只有各国中央政府才有能力承担起全球生态治理合作的责任。

---

① 该部分内容作为先期成果由张劲松署名发表。张劲松：《去中心化：政府生态治理能力的现代化》，《甘肃社会科学》2016 年第 1 期。
② 习近平：《习近平谈治国理政》，外文出版社 2014 年版，第 8 页。
③ 世界银行：《2014 年世界发展报告：风险与机会》，清华大学出版社 2015 年版，第 277 页。

全球生态治理首先要以发达国家的中央政府为中心，这个中心注定是以承担生态治理责任为主的中心，而并不仅仅是生态治理模式（包含与生态治理有关的国际贸易方式）制定的"权力"或"权利"的中心。

导致地球生态危机的首要责任者就是那些发达国家，它们在过去的近400年里，通过不断地发展工业化、城市化，并不断地掠夺全世界的资源和能源以壮大自己。近400年来发达资本主义国家的工业化运动，是造成地球环境整体恶化的主因。哪怕这些国家正在走向资源比较节约的"后工业社会"，它们仍然是生态危机的主要制造者。"在工业资本主义发展史上，资源利用率的提高也始终伴随着经济规模的膨胀（和更加集约的工业化过程），所以也始终促使着环境在不断恶化。而且，垄断资本主义的发展，通过大量研发生产各种毫无价值的商品，鼓励各种废物的产生，只1年之内，工业国家年资源投入的一半到四分之三就被作为废物排入环境。"① 发达国家没有理由不充当全球生态治理责任主体的"中心"。

当然，也只有发达资本主义国家才有能力成为全球生态治理的中心，经过400多年的工业化发展，发达国家已经具备了生态治理的经济能力和技术能力，后发展的国家以及一些极端落后的国家，不完全具备全球生态治理的能力。在当前的生态危机风险之下，没有一个国家能够逃脱跨越国界的生态危机（如气候危机），那些跨越国界的影响全球以及全人类几代人的生态危机，不可能等到全球所有国家都有能力参与生态治理时再来商谈治理，恐怕那时地球已经没有能力支撑人类的生存了。我们面临着严酷的选择："要么摒弃阻挠把自然与社会和谐发展作为建立更公正社会秩序的最基本目标的一切行为，要么面对自然后果，即迅速失控的生态与社会危机及其对人类和众多其他与我们共存物种所造成的无可挽回的毁灭性的后果。"② 事实上没有选择，有可能承担起全球生态治理的发达国家必须成为承担责任的中心，以其为中心形成全球各国中央政府参与的各国中心。

中国是一个负责任的大国，虽然中国仍然是一个发展中国家，但随着中国经济的发展，中国中央政府在国际上自觉地承担起了应有的生态治理责任。中国是全球生态治理的最为积极的参与国之一，常常单方面承担起生态治理的责任，习近平总书记就曾郑重地承诺："不管全球治理体系如

① 福斯特：《生态危机与资本主义》，耿建新、宋兴无译，上海译文出版社2006年版，第16页。

② 福斯特：《生态危机与资本主义》，耿建新、宋兴无译，上海译文出版社2006年版，第17页。

何变革，我们都要积极参与，发挥建设性作用，推动国际秩序朝着更加公正合理的方向发展，为世界和平稳定提供制度保障。"①　正是因为中国中央政府的努力，中国常被一些西方学者看好，被认为可能是未来除西方国家之外的另一个生态治理中心。中国从未回避过自己应该承担的全球生态治理的责任，随着中央政府治理能力的提升，将越来越有能力承担更多的生态治理责任。中国已经成为后发展国家以及不发达国家的榜样，生态治理是全人类共同的目标，所有国家的中央政府，不管自己有多大的能力，都有责任参与全球生态治理，并承担力所能及的责任。

（二）国内生态治理过程中代表区域的地方政府是不可或缺的中心

生态环境的区域性以及生态治理的跨域性，很难让地方政府自觉地承担起生态治理责任。生态治理投入巨大，但是其收益却是跨域性的，具有"搭便车"的属性。这就决定了某些地方政府常常不愿投入更多的资金和精力用于生态治理。加上生态治理投入巨大而成效却往往不能如人意，且生态治理的收效时间长，大量的投入需要在很长的时间后才能勉强看到收益，这往往与官员的任期短相冲突。地方政府投入巨额资金于短期难见成效的生态治理，对于地方政府官员来说，其政绩考核中难以因此而加分。

由此，代表区域的地方政府往往在投入生态治理方面动力不足，在全国范围内，区域性的地方政府对生态治理难以主动进行。但是，这并不能说明，代表区域利益的地方政府就不会采取生态治理的共同行动。如果条件具备，地方政府作为生态治理的中心，开展全方位的生态治理的合作也是可能的。

地方政府成为生态治理中心的前提条件主要包括两个：

条件之一：区域生态治理具有潜在的利益。对于地方政府来说，其愿意成为生态治理的中心需要有充足的理由，生态治理带来的潜在利益就是非常充分的理由。这种潜在收益主要表现在三个方面：一是财富效应。地方政府成为生态治理的中心，它代表地方利益，其生态治理的成就就是地方的成就，一个具有良好生态的地方，就是宜居的地方，也是适宜于投资的地方，生态良好预示着投资环境良好，更适合投资人居的房地产业、服务业。东部发达地区良好的生态，正是吸引大量外来投资的重要原因。二是改革效应。地方政府进行生态治理无不从产业转型升级上下功夫，以地方政府为中心的生态治理主要由政府有意识地引导产业改革和发展。三是

---

① 习近平：《习近平谈治国理政》，外文出版社 2014 年版，第 325 页。

文化效应。以地方政府为中心的生态治理体系和能力的现代化建设过程，就是生态文明建设的过程，它是现代先进的文明和文化，某一地方政府生态文明程度越高，更高层的政府及底层的公众对其认同度就越高，上层与下层都拥护，正是许多地方政府及其领导人所愿。先进的生态文明及其所带来的社会效应（上级政府和公众的广泛认同），让更多的政府官员在任职期间的生态审计中频频"得分"。正是因为有如此多的经济和社会效应，一些地方政府及其主要领导人往往充当了生态治理的核心行动者，他们积极推动地方生态治理，创造良好的人与自然和谐的区域环境。

条件之二：区域生态治理的产出高于投入。以环太湖地区的地方政府成为地方生态治理的中心为例，国家环保部自然生态保护司对环太湖生态建设的成效做过如下总结："环太湖地区生态文明建设已经走在全国前列。在全国已经获得命名的 11 个生态县（市）中，环太湖地区有 7 个（张家港市、常熟市、昆山市、江阴市、上海市闵行区、浙江省安吉县、太仓市）。下一批即将公示的 14 个生态县（市）中，环太湖地区有 7 个（临安市，常州市武进区、金坛市，无锡宜兴市、滨湖区、锡山区、惠山区）。在环保部批准的 18 个生态文明建设试点地区中，环太湖地区有 8 个（张家港、安吉、闵行、常熟、昆山、江阴、太仓、无锡）。"[1] 正是因为，生态治理具有如此大的收益，环太湖各地方政府早在 20 世纪 90 年代中期开始，就纷纷采取了生态建设，且成就是非常显著的。可以这样说，环太湖各地的生态文明建设热潮出现，是各地方政府作为核心行动者自觉与不自觉的结果。而这种结果却说明了各地方政府生态治理的集体行动是可能的。

二、中心偏离：生态治理任务的艰巨与政府治理能力的不足

政府是生态治理理所当然的中心，但它不是也不可能是唯一的中心。生态治理的任务极其艰巨，仅由政府这个中心完成治理任务，实在勉为其难。现行单中心的政府生态治理，其成效的不足显示出政府能力的严重不足。政府治理单中心的失重与偏离，说明了政府实在再难以独自承担起挽救地球生态的重任。

（一）生态治理任务的艰巨促使政府生态治理中心的偏离

今天自然生态的日益恶化，令人类沮丧。而更令人类沮丧的是，今天自然生态的危机，不是由于人类不进步，而恰恰是人类不断进步的结果。

---

[1]　中华人民共和国环境保护部：《生态建设示范区工作简讯》2010 年 10 月 18 日，第 7 期。

正如吉登斯所说："生态威胁是社会地组织起来的知识的结果，是通过工业主义对物质世界的影响而得以构筑起来的。它们就是我所说的由于现代性的到来而引入的一种新的风险景象（riskprofile）。我用风险景象这个特殊合成词，来描述以现代社会生活为特性的威胁与危机。"①

在资本主义发展的最初的 200 年里，工业化的发展模式就在欧洲奠定，"随着欧洲的城市增长和森林越来越遥远，随着沼泽被排干并把人工渠道组成的几何图案强加在地表风景上，随着巨大有力的水轮、高炉、吊车、锻炉和踏车越来越主宰工作环境，越来越多的人开始把自然当作被机械技术改变和操纵的自然来感受"②。欧洲工业化发展的模式就是通过操纵自然为人类服务，人们通过缓慢又不可逆的方式疏远自然、控制自然，人类从洪荒时代起就与自然和谐相处的关系，遭到破坏。

在最近的两百多年里，尤其是在最近的半个世纪，人类活动让自然走向了终结。正如美国学者比尔·麦克基本所说："人类第一次变得如此强大，我们改变了我们周围的一切。我们作为一种独立的力量已经终结了自然，从每一立方米的空气、温度计的每一次上升中都可以找到我们的欲求、习惯和期望。"③ 的确改造自然的能力，在最近的 200 年里，空前高涨，我们追求过着美好生活，这本身没有错，只是人类在追求美好生活中导致了自然终结的严重后果。彼得·圣吉指出："实现雄心勃勃又合情合理的物质发展要求，正在驱使如中国和印度这样的发展中国家，走向空前增长的化石燃料消费——这提醒我们去考虑一个令人困扰的议题：我们的社会危机和环境危机总是紧密相连的。"④ 危机已经发生，自然正趋终结，人类又做了些什么呢？当前，真正的问题不在于发生了什么，而在于我们采取了哪些行动，这些行动是否阻遏了生态危机。

事实证明，生态危机并没有因为各国政府的生态治理措施而逆转。当然，我们不应否认各国政府生态治理所取得的成绩。否认，既于事无补，也于人无益。每一个时代都会走向终结，不管它影响多么深远，从没有一个时代能够永久地存续下去。工业化时代因促使了自然的终结，最终自身也将终结。"正如铁器时代的终结，不是因为我们用光了铁；工业时代的终结，也不会是因为继续工业扩张的机会逐渐消失。工业时代走向终结，是因为个人、公司和政府组织正在逐步认识到，工业时代的副作用是不具

---

① 安东尼·吉登斯：《现代性的后果》，田禾译，黄平校，译林出版社 2000 年版，第 96 页。
② 卡洛琳·麦茜特：《自然之死》，吴国盛译，吉林人民出版社 2004 年版，第 77 页。
③ 比尔·麦克基本：《自然的终结》，孙晓春、马树林译，吉林人民出版社 2000 年版，第 4 页。
④ 彼得·圣吉：《必要的革命》，李晨晔等译，中信出版社 2010 年版，第 5 页。

有可持续意义的。"① 个人、公司和各种社会组织的觉醒，正是推动工业时代终结的重要力量，也是促使以政府为中心的生态治理中心发生偏离的重要力量。生态危机日益严重，政府采取的生态治理措施虽然有效，但仍不足以阻遏危机的扩大，这使人们认识到源自工业化时代发展模式的深层问题：政府单中心生态治理解决不了工业化模式的问题，而终结工业化发展模式，必须依赖全社会、全人类的共同努力。

　　而任务的艰巨就在这里！全社会、全人类的共同努力，是极难形成的，所有人和组织的共同努力，共同采取集体行动，历史上几乎没有发生过，而我们却不得不去这么努力，没有共同的努力就看不到生态逆转的希望。生态治理中心要逐步偏离政府，需要依赖政府全面发动个人、社会组织真正行动起来，朝着恢复人类已然被破坏的生态方向去努力。

（二）政府治理能力的不足促使政府生态治理中心的偏离

　　比尔·麦克基本认为，自然已经走向终结，但是我们不能停留在这个结论上，"如果我们现在限制我们的人口、我们的物欲和我们的野心，或许自然能够在某一天恢复它独立的运行机制。或许气温可以在某一天会对它自己的趋势自行调整，雨水也可能会根据它自己的步调做出调整"②。我们也认识到阻遏生态危机需要从很多方面开始行动，如限制人口、削减消费、控制物欲，各国政府及一些有识之士也在不断地强调这些思想，很多政府还采取了许多有益的行动和政策措施，且效果不错，但终不能改变生态治理"局部有效，整体失效"的局面。其中原因是多方面的，政府治理能力不足就是一个重要原因。

　　从控制人口方面来看，很少有政府能像中国这样，采取强制的极为严格的手段。严格的人口政策使中国人口增速得到了遏制，但也将让中国在未来过快地进入老龄化社会，影响中国社会的正常发展。由于人口控制受国家制度、意识形态、政府政策、宗教等诸多因素的影响，全球范围内的人口失去了控制。人口以几何级数地增长，而财富则为线性增长，当两者无法均衡时，生态支撑将达极限。人自身增长的控制，仅依靠政府力量是远远不够的，即便像中国政府那样具有强大的控制力，仍然不免有诸多超生现象，更不用说对人口鲜有控制的印度等国了，一些后发展国家经济愈发展，支撑人口增长的能力愈强，人口几何级数增长的可能性愈大，对自然的需求也就更大。增长的极限到来后，"最可能的结果将是人口和工业

---

　　① 彼得·圣吉：《必要的革命》，李晨晔等译，中信出版社 2010 年版，第 7 页。
　　② 比尔·麦克基本：《自然的终结》，孙晓春、马树林译，吉林人民出版社 2000 年版，第 212 页。

生产力双方有相同突然的不可控制的衰退"①。对于大多数国家的政府来说，明知这个结果将在未来某个时间发生，仍无力回天。政府治理能力的不足，将严重依赖社会自觉起来控制人口增长，政府中心将逐步偏离，出现更多的中心。

从控制消费方面来看，政府以保证人民日益增长的物质和文化需要为重要目标，这一目标与自然供养人类的能力有较大的冲突。"生态运动的目光旨在恢复曾被工业化和过量人口所打破了的自然平衡。它强调我们需要生活在自然的循环之中，与永远进步、开发的线性思维相对立。它强调进步的代价、增长的极限、技术决策的缺陷以及自然资源之保护和回收的急迫性。"② 满足人类的需求，这是社会进步的体现。社会进步不能以牺牲自然为代价，这是人类的共识。那么政府应该如何做呢？一般来说，各国政府既不愿控制消费，也无力控制消费。因为控制了消费，就控制了需要，也就抑制了增长。最直接的表现就是企业停工乃至破产，失业人口增加，人民生活水平下降，就可能迫使执政的政党下台。所以，我们把希望寄托在政府身上，依靠政府去控制人的欲求，实在不太"靠谱"。政府这个中心无法实现目标，就需要中心偏离，依赖社会、依赖制度的创新，才有可能实现对消费的控制。

仅控制人口和消费这两个方面，政府能力就已经表现出严重的不足，而治理生态需要政府作为中心去完成的任务有千千万，政府中心的偏离，已成为必然。如果人类与自然想继续存续下去的话，"消解中心主义，有机化的非等级形式，废物回收，包括着更少污染的'软'技术的简单生活风格，以及劳动密集型而非资本密集型的经济方法，是仅有的开始接受检验的可能性。共同体中能源和资源的未来分布，应该建立在人类和自然生态系统的整合之上"③。人类若不想像今天这样继续下去，要找寻可持续发展之路，消解政府这个生态治理的单中心，是全社会必须立即做出的行动。

三、去中心化：政府生态治理能力现代化的必然取向和实现途径

日益严重的生态危机表明，政府生态治理虽有成效，却未能扭转生态恶化的趋势。政府生态治理现代化需要政府生态治理能力的现代化，它是国家治理现代化的重要内容。当前，政府生态治理能力的现代化需要制度

---

① 丹尼斯·米都斯等：《增长的极限》，李宝恒译，吉林人民出版社1997年版，第17页。
② 卡洛琳·麦茜特：《自然之死》，吴国盛译，吉林人民出版社2004年版，第2—3页。
③ 卡洛琳·麦茜特：《自然之死》，吴国盛译，吉林人民出版社2004年版，第327页。

创新和方式创新。单中心的政府生态治理已经不足以担当生态治理重任，政府在担当生态治理责任主体的同时，还要推进社会多中心的形成，全社会共同治理是必然选择。

（一）政府去中心：政府生态治理能力现代化的必然取向

生态治理需要政府承担责任，政府是理所当然的中心（核心）。生态治理的责任，政府不能推卸！然而，从治理成效来看，仅有政府这个生态治理的单一中心，无法逆转生态危机，因此，还需要政府在治理能力上再进一步，实现治理能力的现代化。政府生态治理能力的现代化应从治理行动上采取去中心方式，生态治理需要更多的人和组织共同参与。

首先，生态治理能力现代化需要去西方政府中心。吉登斯指出："在工业化社会中，某种程度上在整个世界中，我们正进入一个高度现代性的时期，它摆脱了传统中的稳定关系的支撑，而且，也丧失了相当长一段时间以来一直都显得如此固定的（对于'内部'和外部的人均是如此的）'优越地位'：西方的统治。"[1] 长期以来，因西方国家国力雄厚、科技发展，他们率先实现了产业转型升级，并实现了国内生态治理的高效，这些国家常被看作生态治理能力现代化的榜样。事实上，这些国家生态治理的现代化建立在高度现代性的基础上，他们将污染的产业转移至后发展的国家，从而实现了本国生态治理能力的现代化。后发展国家无法效仿，且以发达国家政府为中心的生态治理体系，常常以后发展国家的生态治理能力不足对这些国家横加指责，更加影响了全球生态治理的共同行动。比如，在中国正在完成工业化、新型城镇化的过程中，生态治理尤其是全球气候治理常常成为发达国家用来阻碍中国发展的工具。"欧洲人通过建构全球气候变暖之间的科学关系，将二氧化碳排放导致的气候变暖置于人类活动与人类毁灭之间的中介环节之上，给后发优势国家制造发展障碍。"[2] 生态治理需要全球各国政府共同承担治理责任，以发达国家为治理中心的体制，仍然存在着诸多不足。这一体制也不足以承担全球生态治理的重大责任，要让后发展国家在生态治理上有更多的发言权、更充分的利益表达及获取更多的生态治理技术支持，才能形成全球生态治理能力现代化的提升。去西方中心，形成多方参与的尤其是后发展国家政府有更多话语权的治理主体体系，这是推进全球政府生态治理能力现代化必不可少的前提。

---

[1]　安东尼·吉登斯：《现代性的后果》，田禾译，黄平校，译林出版社 2000 年版，第 154 页。
[2]　杰拉尔德·G. 马尔腾：《人类生态学》，顾朝林等译校，商务印书馆 2012 年版，译序。

其次，生态治理能力现代化需要去政府行动中心。"大量经验研究发现，虽然大规模的治理单位是大都市地区有效治理的一部分，可是中、小型治理部门也是必要的补充。一个重要的教训就是，仅推荐单一的治理单位来解决全球集体行动问题的做法需要认真的反省。"① 我们不可否认政府作为生态治理中心所取得的成效，更要看到单一的政治生态治理中心无法承担起日益严重的环境威胁。保护生态，需要千千万万人共同努力才可能取得一定的成效；而破坏生态，仅需要极少的一部分就可将千千万万人世世代代保护的成果毁于一旦。以政府单一中心采取的生态治理行动是必需的，却不能看是作是唯一的。生态治理需要政府承担起主要责任，而生态治理现代化的行动则需要去政府行动中心，要依靠发动更大的主体行动。比如促进企业行动，成为生态企业；促进人群行动，成为现代生态人。仅靠政府采取提倡、建议、制度还不够，还要让所有人和组织都成为生态治理的行动者。政府作为生态治理核心行动者，是表率；全社会作为生态治理必不可少的行动者，是地球的护道者。生态治理能力的现代化体现为政府核心行动、社会全民行动。

最后，生态治理能力现代化需要去自我治理中心。今天严峻的生态危机，让我们认识到重建家园需要跨地域的集体行动，正如布伦特兰（Brundtland）所说："寻求可持续发展道路的挑战势必会带来刺激力——确切地说，是强制力——推动我们重新探索多边的解决方式以及重新组织国际经济合作体系。这些挑战超越了国家主权的界线，也超越了局限的经济发展策略和相互分割的科学学科的界限。"② 生态治理不仅仅是一个国家的问题，也不仅仅是一个国家内部某一区域的问题，生态危机的跨域性决定了中国的生态危机同样是地球的生态危机。如果认为某一地区发生的生态问题，就该这一地区来自我治理，这是大错特错的。"当具体到一国的冲击由于太大而仅靠一国能力难以解决时，即使冲击的影响并不蔓延到国家之外，国际行动也是合理的。管理这类风险成了全球公共商品，带来的福利超越了国界，为国际社会采取集体行动承担提供这一公共商品的任务提供了核心的理论基础。"③ 生态治理现代化需要去自我治理中心，因治理成效具有跨域性，其收益也是巨大的，可见国家间共同"行动带来的

---

① 埃莉诺·奥斯特罗姆：《应对气候变化的多中心治理体制》，载曹荣湘：《生态治理》，中央编译出版社 2015 年版，第 173—174 页。

② 世界环境与发展委员会：《我们共同的未来》，王之佳等译校，吉林人民出版社 2005 年版，第 7 页。

③ 世界银行：《2014 年世界发展报告：风险与机会》，清华大学出版社 2015 年版，第 277 页。

福利是持久的，福利已经超过了控制成本的好多倍"①。国际社会的合作其收益是巨大的，一些生态风险若被国际社会确定为治理目标，未来几代人将可能从中受益。同理，国内跨域的生态治理，也不仅仅是生态危机发生地的自我治理的问题，它是跨域全国范围内所有政府、所有人的共同问题，北方的雾霾同样威胁南方的空气质量。当前，一些不发达国家、中国国内的中西部不发达的地区，都面临着治理能力弱的问题，如果仅依赖生态危机地自我治理，无疑是放任生态危机的恶化。当区域生态危机严重到一定程度，全球（全国）生态治理将投入更大更多的成本，且可能无法逆转生态破坏状况。自我治理中心，相比共同行动的成本远高于收益，因此，只要有可能，任何一个国家、任何一地区的政府都要尽可能投入生态治理，这是政府生态治理能力现代化提升的必然取向。

（二）社会多中心：政府生态治理能力现代化的实现途径

生态治理去政府中心，与树立多中心的社会组织或个人，是一个问题的两个方面。"'多中心的'意味着许多个决策中心，它们形式上相互独立……它们在竞争性关系中将彼此考虑在内，进入各种契约性及合作性的任务，或求助于中心的机制以解决冲突，在一个大都市地区的各种政治管辖机构可能以一种内在一致的方式，以相互协调和可预测的互动行为模式发挥作用。"②

首先，生态治理能力的现代化需要除了政府之外的多中心主体的广泛参与。实现政府生态治理能力的现代化，不仅需要强有力的政府中心，即以政府为主体的生态治理体系发挥主要作用，更需要去政府中心之后的全社会共同参与的生态治理。其中，尤其是全世界范围内日益发展的各类绿色组织及其行动支持者，他们将在生态治理中填补政府的不足，甚至成为与政府分庭抗礼的生态治理决策中心。当前，就有许多企业将生态建设作为企业最重要的社会责任之一，在政府提倡生态文明建设的大背景下，为了适应未来市场的需求，他们率先在本企业内部进行转型升级，并花大力气将生态建设作为企业未来的生存根本。的确，生态企业正在迅猛地发展，成为生态治理能力现代化建设的生力军。没有高调的誓言，有的只是为了将来更好生存的具体行动。这些组织去政府中心，自成中心。其决策自成中心，其行动却与政府保持一致。

其次，社会多中心，尤其是个人生态治理的自觉行动，成了政府生态

---

① 世界银行：《2014年世界发展报告：风险与机会》，清华大学出版社2015年版，第275页。
② 埃莉诺·奥斯特罗姆：《应对气候变化的多中心治理体制》，载曹荣湘：《生态治理》，中央编译出版社2015年版，第172页。

治理能力现代化建设中的一个极有个性的方面。"多中心体系的特征在于在不同维度上多重治理权威，而非单一中心的单位。一个多中心体系内的每一个单位都在特定的领域内展现制度规范和规则的相当独立性。"① 进入后工业社会之后，单个的人越来越有个性，随着教育文化程度的日益提升，知识群体的自觉比政府中心的不断说教更有效且动力更持久。没有人希望地球毁灭，也没有人希望把子孙的饭都吃光，理智的人越来越多，虽然其自利理性仍占主导，但这并不排斥其采取积极行动保护生态。这样的主体将越来越多，他们不一定信服政府中心，也有不少人远离政府，他们去政府中心，并保持相对独立性。这样并非不好，因为他们以自我为中心，常常以个体的自觉行为，自觉或不自觉地在配合着政府行动。这种个人权威中心，在不知不觉中成为政府生态治理能力现代化的一个重要组成部分。

最后，打破传统工业系统所带来的过度消费，多中心的社会组织及个人通过自觉行动或自我控制，是实现生态治理能力现代化的重要途径。我们熟悉的工业系统是这样的："工业社会自 1950 年以来的驱动因素越来越以消费为主。各类产品几乎都是企业利用自然资源生产出来的，即从自然获取原材料，制成商品卖给消费者使用，消费后的废弃物不加处理即返回自然。"② 如果我们将工业系统置于更为宏大的自然系统中来看，如果人类从自然界获取资源和能源的速度低于或等于自然的再生速度，并且能妥善处理好工业系统所产生的废弃物的话，就可看作是人与自然的和谐相处。要做到人与自然的和谐，政府单中心无法实现，生态治理中心从政府扩展到全社会乃至每一个人，这是治理能力现代化的一个重要阶段。消费来自人的欲望，只有每一个人越来越理性，控制过度的消费，才有希望消除传统工业系统的副作用。虽然这样做很艰难，但我们仍然能看到有许多组织和个人正在采取行动。

---

① 埃莉诺·奥斯特罗姆：《应对气候变化的多中心治理体制》，载曹荣湘：《生态治理》，中央编译出版社 2015 年版，第 173 页。
② 未沙卫：《有个世界在变绿》，科学出版社 2012 年版，第 29 页。

第二篇
重点场域

相对于社会学、政治学、管理学等多学科领域学者高度的研究参与热情和丰硕的研究成果，对政府生态治理体系和能力现代化的理性分析与实证研究则显得比较薄弱，尤其是基于生态治理现代化的相应重点场域的研究更加薄弱，而将已有研究成果应用于实践的甚至更少，学界的研究成果与地方政府处置生态危机的结合尤其少，也缺少针对性的对策研究。生态治理现代化研究存在着如下重点研究场域：生态正义、风险社会、政府环境治理、现代生态社区、可持续发展的企业生态责任、网络社会、网络意见领袖、公共知识分子、环境污染群体性事件。其中环境污染群体性事件又关涉生态政治、环境治理、生态社会、网络意见领袖等重要的研究场域。

我们需要回答：何为生态正义，以及为何全面建成小康时代生态文明建设地位凸显。马克思、亚里士多德、罗尔斯等人的正义学说是重要的借鉴。生态正义的首要内容是人与自然关系的调整，敬畏自然并非捍卫自然的权利，而在于对自然的物质本原性、客观实在性的尊重；人与自然关系的演变受制于生产力发展的历史逻辑。就人与人的关系而言，代际生态正义须把握对后代负责任的度；代内生态正义须分清损益的责任，及保护弱者。因此，只有到了小康时代，生态文明建设才成为中华民族必须面对的严峻挑战、重要价值及文明进步的突出标志。

绿色发展理念的核心是"生态"问题，只有厘清了绿色发展理念的生态内涵，才能采取正确的实践行动。中国在经济发展和工业化过程中，生态压力呈现，像雾霾、水质恶化之类的生态问题不断出现。"生态现代化"理论源于西方，中国人选择了一条继承西方优秀思想又不同于西方的生态道路，我们的绿色发展理念坚持以人为本的科学发展，坚持走实现经济与环保双赢的道路。依循生态逻辑，中国生态治理从新法律法规方面迈向绿色发展，从多元主体共治上着力绿色发展，从供给侧结构性改革上实现绿色发展。

要改变生态治理"局部有效，整体失效"的局面，需要创设生态商业制度，让更多的人投入有利于生态或直接从事生态建设的商业（产业）中来，让他们有利可图，让他们自觉自愿地建设生态文明，而不仅仅是局限于提倡或道德的教化。生态资本理论、生态系统服务价值理论、管理自然可创造财富理论，支撑了生态商业使之有利可图。有利可图的生态商业并非那么玄奥，有时它就藏在我们的日常生活中，当然更多的时候需要政府的制度设计。我们需要设计这样一些体制：增长和赢利将越来越依赖于减轻环境恶化、促进生态恢复；生态治理需要千千万万人共同努力，采取集体行动；生态价值计入资产负债表。

大数据战略克服了全球环境治理的数据障碍，使生态信息成了重要的生态治理资源。大数据技术具有挖掘生态信息的优势，而生态信息的价值化离不开数据、技术与思维三者的融合。生态危机的全球性、弥散性、治理成本和治理难度要求全球生态治理现代化做到国家间生态数据交流与共享、制定相应的国家大数据策略、参与主体多元化及培养大量的数据技术人才。在国家层面，应从制定数据政策、处理数据共享与数据安全的关系、加强数据技术创新与数据基础建设和建立生态数据法律法规体系四个方面推进大数据战略。

第二章 生态正义：当代中国政治与 经济发展的重要目标[①]

正义是一个相当令人迷惑的概念。我们在主张自己权利或批判他人时，常常以正义作为理据。但我们又很难说清楚何为正义。这种矛盾性在生态正义方面尤甚。比如：我们在论及生态正义时，是不是意味着人类与其他物种是平等的，人类对其他物种负有义务？又如，就碳排放来说，中国可能是当今最大的二氧化碳排放国，是否意味着中国负有最重的环境治理义务？等等。在党和国家把生态文明建设作为"五位一体"战略布局重要组成部分的新的历史时期，对生态问题进行哲理层面的思考，是时代赋予我们的义务。

第一节 人与自然：生态中心还是人类中心

一、敬畏自然并非以生态为中心

通常的正义理论指向的是社会主体之间关系的合理性问题，而生态正义首先指向的却是人与自然关系的合理性问题。这里的巨大争议是坚持人类中心主义，还是否弃人类中心主义，坚持所谓生态中心主义，或曰自然中心主义、宇宙中心主义等等。20 世纪 70 年代欧美各国产生的绿党，其首要宗旨即在于环境保护。但至 90 年代绿党内部却产生了"绿色绿党"（绿绿派）与"红色绿党"（红绿派）的纷争。绿绿派要求放弃人类的中心地位，主张人与其他物种平等，人类有保护地球乃至宇宙的义务。红绿派反对这种说法，认为人类的利益还是要放在优先地位，保护生态环境最终还是为了人类。"红绿双方围绕环境问题而展开的正义理论的讨论，实际上是人类中心主义与非人类中心主义对立在有关生态正义问题上的集中反映。"[②]

[①] 该部分内容作为前期成果由张传文署名发表。张传文：《全面建成小康时代的生态正义辨析》，《甘肃社会科学》2016 年第 4 期。

[②] 王建明：《谁之正义？生态的还是社会的》，《思想战线》2008 年第 3 期。

生态中心论与人类中心论争论的关键内容，也是疑难问题，是人类对于其他物种是否负有义务。答案应该是否定的。其一，其他物种很多，有的物种的存在人类目前尚不清楚。这些物种各自的需要是什么？这些物种之间会发生哪些矛盾与冲突？对这些冲突人类应否予以协调，如何协调？这些问题仅就认识层面而言，就是人类无法企及的。庄子言："吾生也有涯，而知也无涯。以有涯随无涯，殆已！"（《庄子·养生主》）对此不失为至理名言。其二，有的物种在地球生命进化的过程中已经灭绝了，如恐龙，可以预计有的物种即使人类不加影响它也会灭绝，如何捍卫它们的权利呢？其三，维护其他物种的权利，如果理解为佛教徒式的禁止侵害动物，甚至更进一步要求禁止侵害一切生命体，则人类如何解决食物来源问题？如果像某些西方学者所主张的，大地与荒野都有其权利，人类都不得侵犯，那就必然导致否定人类利益乃至存在的结论。如佩珀所言："授予非人自然特权似乎将人们引向一个危险的滑坡——或者导致中间阶级自然保护的精英主义或者导致严重的厌世主义。"① 反人类中心论貌似很崇高、很彻底，实质是人类中心论的另一种表现形式，试图让人类来扮演上帝的角色，让人类来决定物种的存在与秩序，是狂妄自大的表现。至于部分生态中心主义者主张放弃工业生产，倒退回农业文明时代；或者建议大家都去过修道士的生活，这些主张无异于异想天开。

由于西方发达国家最先遭遇生态危机，部分西方学者对固有的西方文化产生了怀疑。他们认为西方文化中有根深蒂固的人类中心、征服自然的倾向，而东方文化特别是中国文化则相反，向来倾向人与自然的和谐，因而解决生态问题应当从东方文化中寻找思想资源。美国学者克利福德·柯布说，"已经用仪器得到证明……如果面前展示出一幅照片，西方人几乎毫无例外地关注前景中的物体，几乎对环境或背景视而不见。与之相反，东亚人均匀地注视整幅照片"②。言下之意，西方人的人类中心主义几乎是出于本能，而中国等东方人则相反。

但在笔者看来，无论是东方还是西方，主张人与自然的和谐，以及优先关注人类这两个方面，都是非常古老而悠久的传统。在中国古代先哲中，一方面，道家说"人法地，地法天，天法道，道法自然"（《道德经·第二十五章》），儒家呼应之，"大哉尧之为君也！巍巍乎！唯天为

---

① 戴维·佩珀：《生态社会主义：从深生态学到社会正义》，刘颖译，山东大学出版社 2005 年版，第 374 页。

② 乔瑞金：《生态文明是可能的——"马克思主义与生态文明"国际学术会议综述》，《马克思主义与现实》2007 年第 6 期。

大，唯尧则之"（《论语·泰伯》），"天命之谓性，率性之谓道"（《中庸·第一章》）。另一方面，道家说，"道大，天大，地大，人亦大。域中有四大，而人居其一焉"（《道德经·第二十五章》），儒家说，"水火有气而无生，草木有生而无知，禽兽有知而无义，人有气、有生、有知，亦且有义，故最为天下贵也"（《荀子·王制》），要求人类"参赞天地之化育"（《中庸·二十二章》）。宋儒周敦颐不除去窗前之草，问其原因，称"与自家意思一般"（《二程遗书·卷三》），被宋明理学家传为美谈。而王阳明在与弟子的对话中则宣称，"草若有碍，何妨汝去？……不作好恶，非是全无好恶，却是无知觉的人。谓之不作者，只是好恶一循于理"（《传习录·卷上》）。王阳明的意思是，人类的行为不得主观任意（"作好恶"），要合于天理；而天理一则要合乎自然规律，二是要合于人的正当需求；如果绝对无所作为（"草妨也不除"），那是佛道的主张，实际上是行不通的。

就西方文化来说，古希腊自然哲学时代把宇宙的本质归结为四种元素，"火、水、土以及那崇高的气……这四大元素是势均力敌的……在元素以外没有什么东西产生，元素不也消灭"①。恩培多克勒等哲学家崇尚自然的心态不言自明。后来的普罗泰戈拉提出"人是万物的尺度"，苏格拉底强调"认识你自己"，上述命题被归结为强调人的崇高性、优越性是可以的，但被解读为人是自然的主人并不确切。苏格拉底被以不敬神的名义处死，而其本人否认这一罪名。神首先是强大的自然力的幻象。恩格斯说："一切宗教都不过是支配着人们日常生活的外部力量在人们头脑中的幻想的反映……在历史的初期，首先是自然力量获得了这样的反映。"②延续达500年之久的斯多亚学派的一个基本观点，是"把自己看成广阔无垠的宇宙体系中的一个原子，一个微粒，必须而且应当按照整个体系的便利而接受摆布"③。"他的全部幸福，首先存在于对宇宙这个伟大体系的幸福和完美的思索之中。"④ 将基督教的创世说理解为人类中心论也不十分恰当，否则无以解释西方文化中神法、自然法、人定法三者之间前者决定后者的逻辑次序。

西方近代以来，人类中心论确实成为一股强大的思潮。但如果说思想

---

① 北京大学哲学系外国哲学史教研室编译：《西方哲学原著选读》上卷，商务印书馆1981年版，第43页。
② 《马克思恩格斯选集》第3卷，人民出版社2012年版，第703页。
③ 亚当·斯密：《道德情操论》，蒋自强等译，商务印书馆1997年版，第363页。
④ 亚当·斯密：《道德情操论》，蒋自强等译，商务印书馆1997年版，第364页。

家们不知道尊重自然，也未必恰当。人类中心论最著名的理论表述莫过于康德哲学，即所谓"人为自然立法""人为自我立法"。但康德哲学的核心，是两个世界的划分，即感性世界（也即自然世界、物理世界）与理知世界（也即自由世界、道德世界）的划分。两个世界前者遵从"自然律"，后者遵从"自由律"。这种区别在康德所说四组二律背反（特别是第三组）中集中表现出来。然而康德的最终结论是，"它在这里教我们从两种不同的意义来设想对象，也就是或者设想为现象，或者设想为自在之物本身；……这同一个意志就被设想为现象中（在可见的行动中）必须遵循自然法则、因而是不自由的，然而另一方面又被设想为属于物自身，并不服从自然法则，因而是自由的，在这里不会发生矛盾"①。不管如何理解，康德认为人的自由绝不意味着可以不遵守自然法则。孔德则明确告诉我们，我们所有的科学知识都是出于人类、为了人类的，"考察现象只能凭唯一的感官进行……在一个盲人种族那里不可能有任何天文学"，"我们的任何观念都应视作人类现象……科学的改进只能局限于我们各种实际需要所要求的理想极限"②。马克思说得很清楚，"自然界，就它自身不是人的身体而言，是人的无机的身体。人靠自然界生活。这就是说，自然界是人为了不致死亡而必须与之持续不断的交互作用过程的、人的身体"③。"这种共产主义，作为完成了的自然主义，等于人道主义，而作为完成了的人道主义，等于自然主义，它是人和自然界、人和人之间的矛盾的真正解决。"④

二、人类中心论的形成及其危害

但是从人类文明进程，特别是生产力的发展历程来看，迄今人类确实经历了"臣服自然—控制自然—破坏自然"的过程。在漫长的农业文明时代，人类慑服于大自然的威力，各民族不约而同地膜拜河神、海神、山神、风神、水神等各种自然神，就是这种困境的曲折反映。邓拓的《中国救荒史》较为详细地记载了中华民族历史上遭受的重大自然灾害事件，从一个侧面说明了农业文明时代的中华民族面对自然灾害的痛苦与无助。

工业革命终于使人类掌握了控制自然的力量，这种反仆为主的喜悦心

---

① 康德：《纯粹理性批判》，邓晓芒译，杨祖陶校，人民出版社2004年版，第二版序第21页。

② 孔德：《论实证精神》，黄建华译，商务印书馆1996年版，第10—11页。

③ 《马克思恩格斯文集》第1卷，人民出版社2009年版，第161页。

④ 《马克思恩格斯文集》第1卷，人民出版社2009年版，第185页。

态在近代思想家的著作中表露无遗。康德说："理性必须一手执着自己的原则……另一手执着它按照这些原则设想出来的实验，而走向自然，虽然是为了受教于她，但不是以小学生的身份复述老师想要提供的一切教诲，而是以一个受任命的法官的身份迫使证人们回答他向他们提出的问题。"① 马克思说："动物只生产自身，而人再生产整个自然界；……正是在改造对象世界的过程中，人才真正地证明自己是类存在物。这种生产是人的能动的类生活。通过这种生产，自然界才表现为他的作品和他的现实。"② "自然力的征服，机器的采用，化学在工业和农业中的应用，轮船的行驶，铁路的通行，电报的使用，整个大陆的开垦，河川的通航，仿佛用法术从地下呼唤出来的大量人口——过去哪一个世纪能够料想到在社会劳动里蕴藏有这样的生产力呢？"③ 康德的"拷问自然"，马克思的"征服自然"，非人类中心论而何？不是说康德、马克思等人短视，而是他们生活的年代，生态危机尚未充分暴露，再伟大的人物都要受到时代的局限。至于把生态危机的发生归之于资本逐利的本性，因而主张只有否定资本主义社会才能解决生态危机，这是当代西方马克思主义者根据马克思学说所做的发挥，把此类高论归之于马克思本人并不符合史实。

在与工业文明相伴生的资本主义发展过程中，虽然有周期性经济危机，甚至是世界大战的困扰，但在科技、工业与商业的推动下，人类物质文明有了很大进步。特别是"二战"之后长达几十年的总体和平环境，使资本主义进入所谓"黄金时期"，西方发达国家的人们进入了一个相当富庶的生活状态。所谓"生活在90年代的人们比生活在上一个世纪之交的他们的祖父们平均富裕四倍半"④，所言非虚。

然而老子所言"反者道之动"，真是事物发展的铁律。人类，主要是西方发达国家，在物质财富迅速增长的同时，却带来了严重的环境与资源问题。开始是令人震惊的伦敦雾霾、日本水俣病等环境公害事件，随后《寂静的春天》揭示农药等污染物对人类的危害，继之是《增长的极限》等报告警告人类因资源耗竭而有发展停滞与倒退的危险，当下则演变至全球大气、水体、土壤全面污染，森林、湿地锐减，物种加速灭绝，气温上升，冰山融化，海平面上升，恶劣天气频繁。"北极冰盖的面积比以往缩

---

① 康德：《纯粹理性批判》，邓晓芒译，杨祖陶校，人民出版社2004年版，第二版序第13页。

② 《马克思恩格斯文集》第1卷，人民出版社2009年版，第162—163页。

③ 《马克思恩格斯文集》第1卷，人民出版社2012年版，第405页。

④ 艾伦·杜宁：《多少算够》，毕聿译，吉林人民出版社1997年版，第6页。

小了一百一十万平方英里"，"南极的冰也在迅速减少"，"喜马拉雅的冰川、拉丁美洲的安第斯山脉以及美国内华达的喜艾拉山脉的冰雪都在融化"，"热气候……带来了更多的降雨，不过不是稳定的降雨……印度河的洪水导致了一千三百万人无家可归，摧毁了众多的基础设施"。① 人类岌岌乎有末日来临之忧。

中国古人说："天作孽，犹可违；自作孽，不可活。"（《孟子·公孙丑上》引《尚书·太甲》）科技进步与经济发展确实有使人类毁灭自身的可能，核武器的使用会导致这一灾难，生态危机的持续恶化同样会导致这一灾难。"DDT 以及同类化学品的一个最危险的特征是，它们可以通过食物链从一个有机体传递到另一个"②，最后富集于人体达到很高的浓度，从而危害人类的健康。"有些时候，我们甚至还没有研究明白，就已经开始采取行动。"③ 历史一再表明，一个国家一个民族会犯严重的错误，推论下去，人类作为一个有限的存在物，同样可能犯严重的错误，而且可能导致万劫不复。但是，动辄以人类的名义云云，也会模糊问题的根源。因为在认识上与实践上犯错误的，往往只是部分社会成员，而不是所有的成员。这就涉及生态正义的责任区分问题。

三、敬畏自然的理由在于世界的物质本原性

如何正确处理人与自然的关系，还是中国古人的说法比较得体，即人类只能"参赞天地之化育"。不是绝对的无为，也不是肆意妄为，而是有限地参与自然演变；合目的的前提是合规律。准确理解康德哲学也足以表达这一理念：生态正义依然是以人类为目的，追求的是人类的自由，但人类在追求自由时必须以遵循自然律为前提。康德反复强调要为人类的认识能力划定界限。"知性就永远不能跨越感性的限制，只有在感性中对象才被给予我们。"④ "一切在思辨运用中的理性……永远也不能超出可能经验的领域之外。"⑤ "轻灵的鸽子在自由的飞翔时分开空气并感到空气的阻力，它也许会想象在没有空气的空间里它还会飞得更加轻灵。同样，柏拉图也因为感官世界对知性设置了这样严格的限制而抛弃了它，并鼓起理念的两翼冒险飞向感官世界的彼岸，进入纯粹知性的真空。他没有发觉，他

① 罗斯玛丽·鲁瑟、郭海鹏：《生态、女权主义和精神：为了一个适于居住的地球》，《江苏社会科学》2014 年第 2 期。
② 蕾切尔·卡逊：《寂静的春天》，许亮译，北京理工大学出版社 2015 年版，第 17 页。
③ 蕾切尔·卡逊：《寂静的春天》，许亮译，北京理工大学出版社 2015 年版，第 7 页。
④ 康德：《纯粹理性批判》，邓晓芒译，杨祖陶校，人民出版社 2004 年版，第 223 页。
⑤ 康德：《纯粹理性批判》，邓晓芒译，杨祖陶校，人民出版社 2004 年版，第 545 页。

尽其努力而一无进展，因为没有任何支撑物可以作为基础。"① 依照康德哲学推论下去，人类的行动自由也要划定界限，这个界限就是自然的许可，也就是生态正义。

人类需要敬畏自然，不在于自然对人类有什么权利，而在于世界的物质本原性、第一性。恩格斯说："什么是本原的，是精神，还是自然界？……凡是认为自然界是本原的，则属于唯物主义的各种学派。"② 列宁说："物质的唯一'特性'就是：它是客观实在，它存在于我们的意识之外。""物质……是不依赖于人的意识并且为人的意识所反映的客观实在。"③ 把敬畏自然的根据置于自然的客观性、不可侵犯性，才能真正理解生态正义的本质。

第二节　人与人：责任不清还是制度不力？

生态正义涉及两类关系，一是人与自然的关系，一是人与人的关系。生态问题虽然以调整人与自然的关系为基本内容，而一旦涉及责任问题，只能是人的责任。自然，特别是其他动物种群，谈不上令其负责。动物与其他自然物对人类没有义务，相应地它们对人类也没有权利，因为权利与义务相联系才合乎逻辑。说人类应维护自然，而不能破坏自然，说到底是因为破坏了自然人类将无法很好地生存，甚至会自取灭亡。而一旦涉及人与人的关系调适，还是要回溯正义理论的本源。亚里士多德对正义的区分是经典的，即正义包括分配正义（公正）与矫正正义（公正）两个方面。"矫正的公正又有两种，相应于两类私人交易：出于意愿的和违反意愿的。"④ 亚里士多德正义论可以被视为正义理论的起点，但也只是起点，许多问题在亚里士多德的时代是不存在的，或未予深入考察。

一、代际生态正义：对后代负责任的角度

代际问题任何时代都有，造福子孙也一直是人类的重要价值追求。但因为生态危机造成子孙后代有生存之忧，却是现当代才出现的问题。这主要是目前人类面对的严重的资源与环境问题。就资源方面来说，自工业革命以来，人类的生产活动严重依赖煤炭、石油等不可再生资源。而随着工业化在全球范围的迅猛发展，石油等不可再生资源正在迅速枯竭，子孙后

---

① 康德：《纯粹理性批判》，邓晓芒译，杨祖陶校，人民出版社 2004 年版，第 7 页。
② 《马克思恩格斯选集》第 4 卷，人民出版社 2012 年版，第 231 页。
③ 《列宁选集》第 2 卷，人民出版社 1995 年版，192 页。
④ 亚里士多德：《尼各马可伦理学》，廖申白译注，商务印书馆 2003 年版，第 153 页。

代的生产活动有无法维持之忧。从环境方面来说，由于到目前为止人类的工业活动带有严重的不可循环的特点，每日每时产生大量的自然环境无法降解的甚至有毒有害的污染物，许多地域空间甚至整个地球正变得越来越不适合人类生存。

代际生态问题变得越来越明显，但也有其令人困惑之处。一是资源环境问题的爆发在时间上有滞后性。什么时候问题严重到子孙真的无法生存，现在人类无法准确预判。二是科技正日益取得进步，许多资源与环境问题也正在逐步得到解决。什么时候生态危机的严重性与科技的进步性矛盾到人类无法生存，目前也无法准确预判。1980 年美国经济学家埃尔利赫（悲观论者）与赛蒙（乐观论者）就铬、镍等五种金属 10 年后的价格打赌，到了 1990 年，出乎很多人意料的是"埃尔利赫团队选定的五种金属的价格均下降了"①。《增长的极限》预言人类的生产将会在未来某一时期停滞，但是"预言者实际上自己也不相信这些预言"②。这就产生了当代人与后代人的矛盾，当代给后代人留下多少的资源为合适？为了子孙后代的环境，当代人的污染排放限制到何种程度为好？这里既涉及事实的疑难，就是对未来科技进步的判断；也涉及价值的疑难，即过分偏向后代人的利益，或过分偏向当代人的利益，都不符合公平正义的要求。

现代流行的社会政治学说是源于西方的社会契约论。但由于子孙后代的缺位，后代人不可能与当代人协调谈判，签订契约，社会契约论因而陷入了运用的疑难。对此罗尔斯的无知之幕假说是一个比较好的思路：无知之幕中"既然没有人知道他属于哪一代，那么我们就从每一代的观点来考察这个问题，而且采纳的原则表现了一种公平的调节"③。说得直白一点，就是要求公平无偏地对待当代人与后代人。其实就原则来说，解决代际生态问题，不一定要依靠玄奥的哲学推理，大众对子孙负责的常识与情感就够了，"它也表现为一种朴素的生活意识和感觉，甚至是一种对生活的直觉，因为任何一个正常人在做任何事情的时候都会有计划，都会未雨绸缪，防止坐吃山空"④。

但是对代际生态正义来说，最大的问题是由代内正义导致的。是同代人的不同群体之间的生态不正义状况的延续与累积，导致了代际正义问题。

---

① А. И. 科斯京：《生态政治学与全球学》，胡谷明等译，武汉大学出版社 2008 年版，第 245 页。

② 杜思韦特：《增长的困惑》，李斌等译，中国社会科学出版社 2008 年版，第 168 页。

③ 罗尔斯：《正义论》，何怀宏等译，中国社会科学出版社 1988 年版，第 288 页。

④ 李培超：《多维视角下的生态正义》，《道德与文明》2007 年第 2 期。

二、代内生态正义：集体行动的疑难

基于亚里士多德的理论，就生态的分配正义方面来说，生态利益的分配与能力、成绩与德性依然是正相关的，就人类最基本的实践生产劳动来说，越是能发明与运用更节约资源、更保护环境的工艺，其生态收益应当越大。但就生态正义来说，矫正正义层面更重要，也更困难。

论及生态，研究者们发现它具有一些突出的特点，如公共性、外部性、脱域性等等。这些发现从不同视角揭示了生态领域各社会主体间的权利与义务、损害与责任的难以界定。生态影响的外部性包括正外部性，但主要是指负外部性。正外部性显示部分社会主体的环保增益行为，周围的人都跟着受益，但却不会或难以令其付费。负外部性显示大多数工业生产活动都对周围造成了污染，但是确定其合理可容忍限度、确定其污染产生的量、确定污染与损害的因果关系，都比较困难，特别是运用市场自由价格机制来抑制污染的产生注定会失灵。脱域性的提出，一是对生态行为的负外部性在空间向度的更精准描述，二是表明生态问题压根不是局部地域能够解决的。局部努力要么是白费力气，要么会付出与所得失衡而难以为继。公共性一是显示了生态权益享有的非排他性，二是显示生态领域的规制只能遵循集体行动逻辑，依靠政府的强制税收征管、强制约束与政府提供服务才是行得通的。

明确了生态问题的外部性、公共性等特点，相应地应该有两个解决路径。其一，生态方面的权利与义务、损害与赔偿虽然难以界定，但也并非不能界定。不断完善我们的科技手段，特别有解决问题的决心与意志，这方面的问题必定会逐步得到解决。其二，既然生态问题的解决不能完全依靠市场，政府等公共权力就要负起责来。这里有一些现实的斗争与博弈，如无论是全球范围，还是中国国内各区域间的历史旧账都应当清算，并应当赔偿与补偿。"区别考虑的因素就不只是当前排放量，还有历史排放量和人均排放量。科学研究显示，温室气体在大气中长期存在并发挥累积效应，西方发达国家自工业革命以来的两百多年间排放了大量温室气体，是导致气候变化的主要原因。巴黎气候变化大会官方网站的数据显示，2010年发达国家人均排放量约是发展中国家的 3 倍。"[1] 在这方面，发达国家与发展中国家存在激烈的斗争。又如，中国是制造业大国，产品供全世界

① 《"共同但有区别的责任"使全球气候谈判艰难进行》，新华网，2015 年 11 月 25 日，http：//news. xinhuanet. com/world/2015 -11/25/c_ 128466388. htm。

使用，市场所决定的价格并不能完全包括生态成本。中国不能推卸自己的生态治理责任，但是使用中国制造产品的国家，特别是发达国家，也不能把责任推得干干净净，对此我们也应当主张自己的权利。

三、生态公平：弱者权益的保护

亚里士多德正义理论的突出贡献是提出了分配正义问题，就是说具有不同能力的社会主体得到不等的利益，貌似不公平，实质是公平的。这对打破平均主义而言，不失为灼见。但是固守亚里士多德的正义论，也会得出一个冷酷的结论：强者享受更多的生态权益，或者强者依其力量损害与剥夺弱者的生态权益是天经地义的。社会主义思想家反对的就是这一点，社会主义思想家认为不平等是不能接受的。但人人平等的共产主义式的理想国，对目前的人类来说只能是遥远的梦想。罗尔斯式的改良版正义理论，具有更强的现实性。罗尔斯说："两个正义原则……（1）每一个人对于一种平等的基本自由之完全适当体制（scheme）都拥有相同的不可剥夺的权利，而这种体制与适于所有人的同样自由体制是相容的；以及（2）社会和经济的不平等应该满足两个条件：第一，它们所从属的公职和职位应该在公平的机会平等条件下对所有人开放；第二，它们应该有利于社会之最不利成员的最大利益（差别原则）。"[①] 据此，罗尔斯式的生态正义理论的要点有二：一是生态基本权益方面必须人人平等；二是在不得已的差别分配方面，必须照顾弱势群体的权益，使弱者的生存境遇也能不断得到改善。

当今世界的生态权利义务分配处在严重不均衡的状态。就资源的分配来说，发达国家、地区与富裕人群享受大量的资源，特别是石油、矿产等不可再生资源；而落后的国家、地区与人群，由于所在地的资源贫乏或生产力落后，可享用的资源很少，甚至是挣扎在死亡线上。就环境的格局来说，发达国家或地区常常将污染物以及重污染产业链转移到落后国家或地区，使落后地区深受其害。上述不公平状况，既可能是通过市场等合法途径造成的，也可能是以赤裸裸的强权造成的。强势国家或群体甚至以生态保护为名，禁止落后地区进行资源开发与产业发展。

生态权益的绝对均衡分配可能过于理想化而难以实现，但加强保护弱势群体的利益，如罗尔斯所主张的，既是必要的，也是可能的。如果生活

---

① 罗尔斯：《作为公平的正义：正义新论》，姚大志译，中国社会科学出版社 2011 年版，第 56 页。

在北极圈内的因纽特人只能靠捕猎海豹为生，而其他社会组织又不能帮助他们找到现实的新型生存路径，就不能禁止他们捕猎海豹。就此来说，就是反对罗尔斯正义学说，认为损害了富人权益的诺奇克也是认可的，"当对某些人禁止这种类型的行为的时候，那么这些实行禁止以增加自己安全的人必须为他们给被禁止的人所造成的损失而对他进行赔偿"①。如果说广大发展中国家的人民都过上欧美发达国家人民的物质生活，就得有几十个地球来供给人类资源。这个判断就事实层面而言应该是没有问题的，但如果由此得出结论说，发展中国家的人民不应提高其生活水平，那就是荒唐的，而应反过来思考发达国家的生活水平是否正当。至于落后国家与地区反抗强者污染转嫁的行为，如 1982 年美国北卡罗来纳州沃伦县发生的抗议活动，"沃伦抗议首次把种族、贫困和工业废物的环境后果联系到了一起，凸显了环境问题上的社会正义问题"②，对于此类反抗，任何正义学说都难以否认其正当性。

第三节 小康时代：生态文明建设的挑战与梦想

一、生态文明建设的必要与可能

中华文明作为一个历史悠久的农业文明，发展过程中虽然自然灾害不断，但是带有现代属性的系统性生态危机却未曾出现过。然而近代以来落后挨打的命运，使中华民族决心由一个传统的农业国发展为以工业文明为基本标志的现代化国家。这一过程艰难困苦，屡遭挫折。但自 1978 年以来，随着内外政策的调整，中国走上了工业化、商业化与城市化的快车道。经过 40 多年的快速发展，中国取得的经济成就相当可观。中国虽然是发展很不平衡的大国，但东部与南部发达省份的经济水平与西方发达国家已相差无几，其他地区也有了很大进步。2014 年底，中国仍有 7000 多万农村贫困人口，但至 2020 年 11 月 23 日，贵州宣布最后 9 个深度贫困县退出贫困县序列，这不仅标志着贵州省 66 个贫困县实现整体脱贫，也标志着国务院扶贫办确定的全国 832 个贫困县全部脱贫摘帽，全国脱贫攻坚目标任务已经完成。中国完成全面建成小康社会任务为时不远了，中华民族百年来的强国梦、富民梦将基本变为现实。

---

① 诺奇克：《无政府、国家和乌托邦》，姚大志译，中国社会科学出版社 2008 年版，第98 页。

② 王建明：《谁之正义？生态的还是社会的》，《思想战线》2008 年第 3 期。

我们欢庆中国在几十年的时间内取得西方发达国家几百年的经济成就的同时，也必须清醒地认识到，西方近代以来所出现的经济与社会问题，也必然会在中国集中地爆发出来，生态危机就是其中之一。就资源来说，由于中国作为世界工厂、制造业大国，加之总体粗放式的生产经营模式，中国的能耗之高与能源需求之大已到了难以为继的程度。自 2003 年起，中国已成为规模仅次于美国的石油进口国，即其证明。就环境来说，高能耗必然导致高污染，中国的大气、水体与土壤均遭到严重的污染。以经济社会发展处于全国领先地位的江苏为例，2007 年 5 月 29 日无锡市的自来水突然变得恶臭而不能饮用，原因是太湖蓝藻的暴发。"苏南经济取得的成就是有目共睹的。……然而，太湖一场水危机，就给苏南人泼了一盆冷水，人民群众喝不上洁净的水，一切发展都是惘然。"① 近年来"雾霾"成了使用频度很高的词语，"霾"字在 2013 年、2014 年都入选了一些媒体所评选的年度汉字。媒体统计的科学性虽有待考察，但已经可以说明空气污染已严重困扰中国人的日常生活。

生态文明建设对于当代中国来说既是必要的，也是可能的。生态文明建设与其他领域的建设一样，除了消极的限制，也需要积极的发展，需要以经济实力作为基础。当代中国仍然是发展中国家，并不富裕。但 40 多年的高速发展，毕竟积累了可观的财富。经过科学的规划，只要主动降低一些物质生活享受，主动调低一些经济增长速度，我们是可以拿出一定份额的财富来致力于生态文明建设的，特别是东部经济发达地区更有力量，也更有义务做到这一点。生态文明建设首先是一个认识、动机与意志问题，如孟子所言，"是不为也，非不能也"（《孟子·梁惠王上》）。

二、生态文明建设对于其他建设的限制与提升

目前中国提出"经济建设、政治建设、文化建设、社会建设、生态文明建设"的"五位一体"总体布局。五大建设之间的关系，特别是经济建设与生态文明建设的关系值得思考。有学者提出必须把工业文明提升至生态文明，或者认为生态文明是后工业文明的本质特征。这些说法很高明，但也有令人困惑之处：工业文明能否否定，如何否定？在笔者看来，生态文明对工业文明的影响，或者说生态文明与其他四个领域的建设的关系，一为限制，二为提升。

---

① 张劲松：《生态型区域（苏南）治理中的政府责任》，广东人民出版社 2011 年版，第 50 页。

生态文明建设是对其他几大建设的限制。生态文明建设只是五大建设中的一员，不能取代其他方面的建设，不能包打天下。但生态文明所蕴含的人与自然关系的协调是人类一切社会活动的前提与基础，也可以说是不可逾越的红线。一旦人与自然的关系被严重破坏，其他领域建设的目标都会落空，所有经济建设、社会建设等方面的努力都只能事与愿违。在这方面，一是要提高各类社会主体的生态危机意识，因为认识是行动的先导。由于生态危机的到来在时间上有一定程度的滞后性，加之局部私利的遮蔽因素，很多社会主体对生态问题的认识是不到位的。对此应加强理论研究与对公众的宣传教育。二是要加强生态领域的法治建设，特别是执法与司法环节。有法不依比无法可依的后果更为严重。违法不受追究，甚至由此而升了官、发了财，引起竞相效仿的"多米诺效应"会造成整体生态秩序的崩溃。

生态文明建设是对其他几大建设的提升。贝克主张，应当"把生态问题看作是上帝恩赐的礼物，可借此对先前的宿命式的工业现代性进行自我大改造"[①]。把生态文明建设作为重要的努力方向，我们的经济建设必然是集约性的、环保性的、高品质的，比如，"不久的将来中国将领先于西方成为最大的风能发电和太阳能发电的生产者"[②]，由此才更能与中华民族的永续发展、与人的全面自由发展的本质要求相吻合；同样，我们的政治建设也才能更加符合大众的意愿，动员更多的社会组织与社会公众参与其中，因而是更为真实的民主；我们的文化建设也才能更有效地消减人类近代以来日盛一日的唯物质倾向，更加符合人的精神需求；我们的社会建设才能更好地促进民生建设，更好地促进社会公平，社会的和谐也才能更为彻底。

三、生态文明建设中的合作与救济

由于生态问题带有脱域性、公共性等特征，没有区域间的合作，生态建设注定会陷入"囚徒困境"或"公地悲剧"。以长江水污染治理为例，由于长江地跨九省二市，如果每个省市各自为政，既容易滋生"以邻为壑"的不负责行为，又会出现"望洋兴叹"的无可奈何，最终是"九龙治水而水不治"。其实所有的江河湖海的水污染治理，以及空气污染治理、

---

① 贝克等：《自反性现代化》，赵文书译，商务印书馆 2014 年版，第 65 页。这一预期目前已经实现。

② 罗斯玛丽·鲁瑟、郭海鹏：《生态、女权主义和精神：为了一个适于居住的地球》，《江苏社会科学》2014 年第 2 期。

固体废物治理等等，都会出现此类窘境。生态文明建设只有进行区域合作才是可行的。有效的区域合作一是有赖于从中央政府开始的自上而下的命令与协调，二是有赖于多方区域现实可行、有约束力的共赢合作机制。在生态文明建设中，政府这只"看得见的手"的作用是否科学与有力，往往决定了事情的成败。比如 2014 年 8 月中国政府颁布了对地方政府及党政官员碳排放考核评估的行政法规，然而"碳强度考核与 GDP 考核之间存在着较大的冲突……经济建设这一目标更为明确，更容易测度，也更易见成效，自然受到地方政府的更多青睐"[①]。这说明只有把生态因素纳入考核指标体系，构建"绿色 GDP"才能扭转局面。

在生态文明的合作方面，一个重要的内容是对落后地区与弱势群体的补偿与救济。比如，苏州的一个重要污染源是所谓"老虎灶"，其存在的原因是"部分地区聚集大量外来流动人口，老虎灶对外出售的热水价格便宜……低收入阶层的居民生活对老虎灶的依赖比较大，取缔后必然影响居民生活"[②]。除非我们能为这些贫困农民工找到替代生活用品，并代替其支付多出的费用，否则我们就没有理由禁止。同理，落后地区为生存之需进行的资源开发、生产经营活动，即使不完全符合生态文明建设的价值取向，造成一定的生态危害，但是如果经济发达地区不予以充分的生态补偿与产业帮扶，就不能禁止他们的行为。这对诸如长江流域水污染治理中的上游省份与下游省份的生态权责界定与补偿方面，是非常现实的问题。目前中国落后的农村地区出现了一些因经济发达地区转嫁污染所致的"癌症村"，生态危害触目惊心。鉴于危害形成的既成事实，及污染物必须加以处理的不得已性，必须抓紧对这些污染地区采取有效的补救措施：一是通过资金援助、设施建设等手段，解决污染地区人民的生命健康安全问题，此为治标；二是加速引进与研制科学有效的污染处理工艺，研究科学合理的污染处理方案，此乃治本。上述问题，也正是全面建成小康社会的重要内容。

生态危机是现代人类遇到的重大问题，生态文明建设也是全面建成小康社会的中国特色社会主义的重要内容、严峻挑战与突出标志。生态问题的正确处理是为生态正义。正义的社会才是一个理想的社会。

---

① 张劲松、杨书房：《碳强度考核背景下地方政府的行为偏差与角色规范》，《中国特色社会主义研究》2015 年第 6 期。

② 张劲松：《生态型区域（苏南）治理中的政府责任》，广东人民出版社 2011 年版，第 258 页。

第三章 绿色发展：人与自然的友好关系[①]

党的十八届五中全会提出"五大发展理念"，将绿色发展理念上升为统筹谋划解决环境与发展问题、关系中国发展全局的一个基本理念。它体现在国家发展思路方面，就是要推动形成人与自然和谐价值取向的现代化建设新格局；体现在经济发展方面，就是坚持保护改善生态环境，就是保护发展生产力的观点，要把调整优化产业结构和推动绿色发展、循环发展、低碳发展结合起来。粗放型发展方式使中国能源、资源不堪重负，造成大范围雾霾、水体污染、土壤重金属超标等突出环境问题，成为全面建成小康社会的最大瓶颈制约。生态与绿色发展理念两者是高度契合的逻辑联系。从绿色发展理念提出的着眼点、涉及的中心内容、贯彻实施的措施等方面来看，都是谈论人类社会生活中如何处理与自然环境的关系，美丽中国的基本要求是解决好经济社会发展和环境保护的关系。绿色发展理念的核心是"生态"问题，只有厘清了绿色发展理念的生态内涵，才能采取正确的实践行动。

第一节 生态危机：绿色发展理念提出的时代背景

绿色发展理念从提出的时代背景、社会发展环境看，是针对自然生态问题而言的，是应对中国经济社会发展中出现的环境问题而提出的。

一、中国经济社会发展中生态压力的呈现

建设美丽中国，体现了以人为本、执政为民的理念，顺应了人民群众盼环保、要生态社会的发展趋势。中国自然资源人均占有量少，相对稀缺。自然资源质量参差不齐，地理条件复杂，开采成本高。在工业化过程中，出现了自然资源开发强度大、自然资源利用率不高、生态环境破坏比较严重、自然资源后续储备严重不足等问题。在中国工业化发展进程中，中国的环境污染问题没能得到有效控制，新污染问题日益凸显，重特大环境事件出现的频率越来越高。例如中国的二氧化碳排放量已居世界第一

[①] 该部分内容作为前期成果由柯伟、毕家豪署名发表。柯伟、毕家豪：《绿色发展理念的生态内涵与实践路径》，《行政论坛》2017 年第 3 期。

位，人均二氧化碳排放量超过世界人均值。

当代中国面临着环境保护与经济发展问题、环境保护与社会稳定问题等多重社会矛盾交织的局面，工业污染物排放量高于环境自净能力（例如雾霾）、农业水质土质污染加重（例如农产品有害物残存量超标）、水土流失与荒漠化等问题日渐显现。我国生态环境问题已成为影响百姓民生、关乎社会稳定、制约经济发展的关键问题。

我国经济社会发展尚未达到发达国家行列，且人均发展水平仍然落后于许多国家，这决定了我国在将来相当长的时期内，仍然要以发展为主要任务。在发展与生态压力并存的现实挑战下，绿色发展成了一条正确的中国道路。

二、绿色发展理念是中国经济社会发展新常态的生态要求

当前中国经济社会发展的新常态的特点是"三期叠加"。在增速换档期，中国需要更多的资源和能源，原有的低效粗放式的生产不可持续了，绿色发展成为唯一选择；在转型阵痛期，中国需要克服生态破坏所导致的社会不稳定，公众不仅要求发展，还渴望蓝天白云；在改革攻坚期，中国进入了供给侧结构性改革阶段，产业升级大力发展服务业，成了绿色发展的核心内容。"三期叠加"之后，经济社会发展需要从生态上取得突破。

当前我国绿色发展的社会氛围正逐步形成。中国环保类非政府组织发展迅速，并在全国乃至全球范围形成网络，逐步发挥积极的作用；公众已经开始自救，环境污染不仅仅是政府的责任，公众也是导致生态危机的重要源头，过绿色生活，在生活的点点滴滴中落实绿色理念，才能形成生态治理共治的局面；对于企业来说，在经济发展新常态下，绿色发展既是对企业的要求，也是企业发展的全新机遇，适者生存。

三、中国生态环境保护能力的提升

在改革开放实践过程中，我国提出了追求可持续发展与科学发展观、生态文明建设与循环经济等理念与概念，进而凝练出绿色发展理念。因为生态压力，我国政府选择放弃对 GDP 的单一追求，放弃"先污染，后治理"的工业化道路，走出了一条不同于西方的"中国道路"。西方代表性学者福山承认："的确存在一种中国模式，这种模式包括了市场经济、一党执政、出口导向的发展战略、非常有能力的政府等等。"① 相较而言，

---

① 陈家刚编：《危机与未来——福山中国讲演录》，中央编译出版社 2012 年版，第 5 页。

福山对资本主义工业化所导致的全球气候变暖表示出担忧：假如全球气候变暖，那么它导致的结果就是增长是不可持续的。

针对发展不可持续难题，中国政府的环境政策逐步完善并实现与其他政策融合，在生态补偿制度、水资源保护制度、国土保护制度、矿产保护制度等多个领域的政策制定都考虑了生态保护问题，某些制度建设过程中，甚至直接以绿色发展作为政策制定的主要目标，用制度保护生态环境的局面正在初步形成。同时中国生态环境保护初步形成了一定的创新能力。主要表现为：一是运用市场化的政策工具。排污费征收、排污权交易、生态补偿、绿色采购，这些工具已经被普遍采用；企业强制承担生态责任政策工具也在全面推行。二是运用生态考核制的官员任职政策工具。政府在全国范围内推行官员任职期间的生态考核、生态审计，将生态作为评价官员政绩的重要指标。

日益加深的生态危机促使中国政府主动参与全球生态治理，共同应对环境变化。近年来，中国主动参与了多项国际环境公约谈判和环境标准制定活动。《人民日报》报道："中国把应对气候变化融入国家经济社会发展中长期规划，通过法律、行政、技术、市场等手段全力推进。目前，中国可再生能源装机容量占全球总量的 24%，新增装机容量占全球增量的 42%，已成为世界节能和利用新能源、可再生能源的第一大国。"[①] 中国政府宣布于 2017 年实施碳排放交易制度，还确定了 2030 年左右碳排放达峰并争取尽早达峰的自主贡献目标。这既是我国对国际社会做出的庄严承诺，也是在国内发挥目标引领作用、倒逼绿色低碳转型的战略举措。环境污染既是中国发展中的危机，也是中国发展的外在压力。

第二节　人与自然友好：绿色发展理念的中国生态观

绿色发展理念的中心思想是生态问题，是解决人的社会活动与自然环境友好互动问题。

一、伴随生态理论的发展完善，绿色发展理念的价值取向确立

生态理论产生于 20 世纪 60 年代，以蕾切尔·卡逊为代表的学术界开始反思工业化对环境的破坏，在《寂静的春天》一书中，卡逊质疑了长期以来人们征服与控制大自然的思想，认为这一思想带来了环境危机，导致

---

① 韩家慧：《绿色发展，走向生态文明新时代》，《人民日报》2016 年 2 月 16 日，第 1 版。

"人类已经失去了预见和自制的能力，它将随着毁灭地球而完结"①。经过反思，工业化国家需要摆脱工业污染的发展道路，要走可持续发展道路。从此，生态理论尤其生态政治理论，在发达国家率先得到研究并逐渐走向成熟。

20 世纪 80 年代之后，中国经济的超常发展，得益于工业化的超常发展，但是持续 40 年的经济增长，也带来严重生态危机。虽经历了近年来的生态文明建设，仍未看到环境向好的方面转变的拐点。出现了环境治理问题之后，21 世纪以来中国学术界非常重视生态研究，西方国家的生态治理理论深受学术界的推崇。但是，经过对近年来生态文明建设实践的探索，我们也认识到了从国外传入的"生态现代化"理论等西方国家相关生态环境治理理论，是基于西方国家现实状况、价值取向、分析方法等提出的理论，存在着很多局限性，似乎还不足以成为指导中国生态文明的唯一选择。因此中国人选择了一条继承西方优秀思想又不同于西方的生态道路，我们的绿色发展理念是要坚持以人为本的科学发展，它是实现经济与环保双赢之路。

二、伴随生态治理的全球合作，绿色发展理念的基本伦理确立

在全球生态治理的合作大背景下，代际公平、代际伦理是绿色发展理论中生态观的最重要的发展。人与自然的友好，包括了代际伦理（代际公平原则）。"各国为了当代和后代的利益应保护和利用环境及自然资源。"②地球的资源和能源是有限的，无法满足人类不断提高的发展需求，必须为当代人和下代人的利益改变发展模式。

环境危机、能源危机和发展危机不能分割，可持续发展环境伦理观是绿色发展理论中生态观的又一重大进步。人类环境伦理观念经历了从人类中心论到非人类中心论、从非人类中心论到可持续发展伦理观两次大的飞跃。人类中心论强调人类利益至上，但随着社会的发展、科学技术的进步，人类发现当自身的利益增加到一定程度的时候，其他部分的利益就会成为决定人类利益能否继续增加的关键性因素，人类开始寻找这个平衡点，最初的探索是非人类中心论，但是又有些过于强调自然的利益了，并没有实现平衡，最终出现了可持续发展的伦理观。

全球生态治理的合作之所以可行，源于全球性的绿色发展理念基本伦

---

① 蕾切尔·卡逊：《寂静的春天》，吕瑞兰、李长生译，吉林人民出版社 1997 年版，扉页。
② 世界环境与发展委员会：《我们共同的未来》，王之佳等译校，吉林出版社 2005 年版，455 页。

理观的确立，"那些可以从严肃的民主辩论中存活下来的价值，将是那些弘扬共同体作为一个整体的利益的价值，而不是那些为了共同体之内（或之后）的自私利益的价值"①。参与全球治理的各国家作为一个共同体而存在，其理由是依赖于生态基础的完整性而形成全球共同的利益。绿色发展，是全球共同的利益、共同的伦理。

三、伴随人与自然的日趋友好，绿色发展理念的中国道路确立

遵循人与自然和谐友好发展的规律，顺应人民期待，彰显执政担当，中国密集推出一系列生态文明建设顶层设计与战略部署。十八大报告中把生态文明建设融入我国政治、经济、文化、社会建设全过程，指出节约资源是保护生态环境的根本之策；十八届三中全会更是直接表述为"五位一体"，提出政治、经济、文化、社会、生态要统筹考虑、系统谋划。"生态""绿色"成了我们日常生活中的重要组成部分，也是国家党政领导高度重视的部分，我们必须为子孙后代留下青山绿水蓝天。

我们知道，对待生态危机仅有认知是不够的，克服生态危机更需要我们承认现实，并采取行动，彼得·圣吉认为，我们认知了全球工业化的副作用，"但是，要想成功限制排放，仅仅是认知是远远不够的。产生崩溃的真正威胁，更多来自拒绝承认现实，而不是缺乏认知"②。中国政府除了正确认知生态危机之外，更重要的是切实采取了生态治理的行动，以之落实绿色发展理念。

第三节　生态逻辑：绿色发展理念在宏观
与微观层面的实践路径

绿色发展理念的实施方案和措施是依据生态逻辑进行的：生态也是人类是否能存续下去的重要组成部分，人必须与生态保持着共生关系，强大的人类不再凌驾于生态之上。中国生态治理制度法律层面、市场经济实践层面的措施都是围绕生态逻辑的延展。

一、依循生态逻辑，中国生态治理从新法律法规方面迈向绿色发展

工业化文明催生的各种技术让人类控制自然的能力越来越强大，传统

---

① 约翰·德赖泽克：《地球政治学：环境话语》，蔺雪春、郭晨星译，山东大学出版社2008年版，第274—275页。
② 彼得·圣吉：《必要的革命》，李晨晔等译，中信出版社2010年版，第32页。

的生态观念是对自然征服改造，使得自然已经不再是原本的"自然"了。这种对自然界扭曲的观念，让人类在短短的不足 400 年时间内，彻底改变了人与自然的关系，人类的工业化道路终结了"自然"。如今，人们不得不解决如何亲近自然、人与自然如何和谐共生等问题，它迫使人类要遵循着生态逻辑去思考和行动。

适应生态逻辑的需要，中国发展取向发生了巨大的转变，绿色发展成了我们在宏观和微观层面生态治理实践的重要内容。为保证绿色发展，中国政府首先从生态治理的新的法律法规上进行了突破，将生态治理纳入法治化的轨道。实现生态治理制度化、生态行业规范化、生态保护标准化成为中国发展目标。中国政府相继颁布实施新修订的《环境保护法》《水污染防治法》《大气污染防治法》《规划环境影响评价条例》等。2016 年新任环保部副部长黄润秋表示中国当前改善环境质量推动绿色发展，关键是加快推动环保工作实现从微观到宏观的多方面转变：从抓污染物质量减排向改善环境质量转变，从以毒气为主向既抓毒气又抓毒症转变，环境治理方式从单打独斗向形成政府、企业、公众共治的环境治理体系转变。2016 年为督促地方政府履行环境保护责任，解决突出环境问题，环保部制定了《建设项目环境影响评价区域限批管理办法（试行）》。依据生态逻辑，中国正在通过法律法规的完善，走上生态法治的实践之路。

依循生态逻辑，中国全面地走上了全新的绿色发展道路。长期以来，以经济建设为"唯一中心"的发展道路，今天正受到质疑和纠偏，生态成了党政干部政绩考核的重要指标，离任生态审计、终身追究领导干部生态责任等制度的完善与确立，将成为绿色发展的常态。正因如此，中国绿色发展之路被西方学者广为关注，"中国可以因循集中式能源供给模式驱动的大规模集中工业化发展模式，也可以选择一种较为分散的模式，在农业、制造业和服务业之间实现一种不同以往的平衡，让人们得以保留和恢复已经被现代城市化运动割裂了的土地和自然的历史联系"①。中国绿色发展道路有多种可能，其中，更有一种可能是成为世界各国尤其是发展中国家生态治理的榜样，一种完全不同于西方发达国家的生态之路。

二、依循生态逻辑，中国生态治理从多元主体共治上着力绿色发展

依循生态逻辑，中国生态治理采取了政府、社会和企业多元共治的道路，绿色发展不是某个组织或某个人的责任，也不是某个组织或某个人，

---

① 彼得·圣吉：《必要的革命》，李晨晔等译，中信出版社 2010 年版，中文版序第 5—6 页。

就能独立完成的。绿色发展建立在多元主体共同治理的基础上，多元主体的共治是绿色发展的重要前提条件，且多元主体缺一不可。中国的生态治理需要在中央与地方协同及权责界定、市场化组织形式、城市发展规划等多个方面努力。

依循生态逻辑，绿色发展首先需要政府积极地采取生态治理措施。而中国政府在生态治理上已经取得了重大成果，如为了落实政府环保责任，政府开展了中央环保督查巡视，强化省级党委政府环境保护工作党政同责、一岗双责，上收环境监测事权，三年内完成国家大气、水、土壤监测点位的建设和事权上收，为保障监测数据质量、强化环境质量指标的硬约束提供支撑，推进省以下环保机构监测监察执法垂直管理；为了将绿色发展落到实处，中央推动了党政领导干部生态环境损害责任追究、自然资源资产离任审计、自然资产负债表编制等改革措施的落实。近年来，公众可以看到，全国各地的生态建设正在大步上台阶；出现生态责任的地方官员正被问责。政府在绿色发展上，实实在在地采取了行动并取得了可喜的成绩。

依循生态逻辑，中央政府与地方政府在绿色发展上采取了相应的新的分权体制。通过划分中央与地方的行政事权与财权，明确地方政府具体的生态责任，还要促进地方与地方之间环境治理的协作。"生态难题和议题超出了既有的政府管辖区域，因此人类社会或许必须依据适合特殊议题的大小与范围来实施民主活动。"[1] 一些区域（流域）在各地政府的协作下，打破了"集体行动"的困境，为了美丽中国目标正在自觉地采取生态治理行动。

依循生态逻辑，企业越来越注意环保，一些企业甚至直接从事生态生产，成了生态产业（企业）。当前，强化企业环保主体责任的方法有实施新的环境保护法和大气污染防治法，推进水污染防治、土壤污染防治、环境保护税等方面发展规划的制定和修订，通过环境法律的完善和执行，使企业环境行为的外部压力与内部动力有效统一。我们可以相信企业正处于一场变革的边缘，这是一场由生态逻辑引发的巨变，适应生态逻辑的企业将越来越多，越来越成为生态可持续发展的支柱。

依循生态逻辑，公众越来越成为绿色发展的主体力量。公众在生态治理中的积极行动，成了今天绿色发展的一支不可或缺的力量，这支力量的作用越来越凸显。绿色理念正通过公众中流行的自媒体网络等新渠道得以

---

① 约翰·德赖泽克：《地球政治学：环境话语》，蔺雪春、郭晨星译，山东大学出版社2008年版，第275页。

贯彻。一些影响生态或产生环境污染的企业、事件，正被公众全方位地关注与监督。在自媒体传播手段越来越发达的今天，公众正在利用一切可以利用的手段，监督和保护着与自己息息相关的生态，任何组织或个人的破坏，都不被公众容忍。绿色发展正在成为公众的发展。

三、依循生态逻辑，中国生态治理从供给侧结构性改革上实现绿色发展

树立绿色发展理念，需要加快建设资源节约型、环境友好型社会。中国模式的生态文明之路，要靠完善的市场经济体系来建立。当前，中国生态治理需要从生态供给的结构性改革上实现绿色发展，具体来说：

首先，要从绿色供给上着眼进行改革。例如，推广绿色信贷。绿色供给是有利于社会的事，政府应该鼓励更多的人和企业投入绿色事业中来。但是，更多的中小企业或公民个人虽有投入建设绿色社会的积极性，却苦于缺乏投资绿色建设的渠道和资金。对于这些有益于地球环境的事业，就需要政府大力扶持，政府推广绿色信贷，就是一项重要的措施。它的好处实在明显："这些好处包括更清洁的空气和水，更少的在人类环境中流通的毒素，一个环境安全的未来，不断改善的城市、郊区、乡村和荒野的审美，更安全的生态系统和物种。"① 这些好处将支撑着政府着力于全面推进绿色信贷，引导更多的人参与生态供给侧的结构性改革实践行动中。

其次，要从生态供给的资本化着眼改革。这就要求做到向自然资本进行投资，"通过不断恢复和扩大自然资本存量的再投资，使生物圈能生产出更丰富的自然资源，推动生态系统服务，朝着使全球范围免遭巨大破坏的方向努力"②。中国的生态治理要从生态资本供给方面下功夫，在生态供给侧投资越多，就越能减少对环境的破坏。生态系统需要不断地进行供给侧投入的增长，投入自然资本并由此而获得不低于普通商业的回报率，刺激更多的企业与资金流向生态治理领域。

最后，倡导全民参与的生态环境国情教育和生态价值观教育，让全体民众共同参与生态供给。绿色发展理念，包含了绿色价值取向、绿色思维方式、绿色生活方式。经过多年的生态文明建设，公众大多已经形成绿色消费的理念，政府也引导公众向勤俭节约、绿色低碳、文明健康的生活方

---

① 约翰·德赖泽克：《地球政治学：环境话语》，蔺雪春、郭晨星译，山东大学出版社 2008 年版，102 页。

② Paul Hawken 等：《自然资本论》，王乃粒、诸大建等译，上海科学普及出版社 2000 年版，第 12—13 页。

式转变。这些都是非常重要的生态消费侧的绿色发展，然而仅有生态消费领域的绿色发展还不够，我们也需要引导和鼓励政府之外的环保类非政府组织、公众、传媒等主体参与到生态决策与供给中来，所有人都参与环境保护、美化环境，才能更好地"减少无效和低端的供给，扩大有效和中高端供给，增强供给结构对需要的变化的适应性和灵活性，提高全要素生产率"①。全民参与生态供给，将高效地提高要素生产率。

---

①　中共中央宣传部编：《习近平总书记系列重要讲话读本》，学习出版社、人民出版社 2016 年版，第 156 页。

第四章　生态商业：让生态文明建设成为有利可图的制度设计[①]

　　保罗·霍肯在《商业生态学》一书中描述了传统商业活动对地球资源大量吞噬所导致的生态环境恶化，使人类的可持续性面临空前挑战，而环保主义者和支持环保企业的种种措施也未能触及问题的要害。他认为："环境问题的关键是设计而非管理问题，创造一个可持续发展的商业模式才是我们唯一的真正出路。"[②] 从全球范围看，不管我们是否愿意，现代工业化生产行为，往往导致环境恶化，而不是相反。正如彼得·圣吉所说："工业文明的好处超出人们的想象——从私人汽车到 iPod，从航空旅行到 eBay，各种产品和服务层出不穷，医学、通信、教育和娱乐的进步也日新月异。工业革命的成就如此斐然，人们忽视了这个成功故事的副作用，也就不足为怪了。"[③]

　　20 世纪 90 年代初期，中国政府已经认识到了生态问题的严重性，全面进行生态建设的任务被适时提出，并吸取了发达国家"先污染后治理"道路的教训。一方面，在对外开放的同时，为防止污染企业的进入，设置严格的环评标准；另一方面，开展了生态村、生态乡、生态县和生态市建设。2007 年 10 月，党的十七大把建设生态文明列为全面建设小康社会目标之一，作为一项战略任务确定下来，提出"要基本形成节约能源资源和保护生态环境的产业结构、增长方式、消费模式，推动全社会牢固树立生态文明观念"[④]。在政府推动下，中国许多城市相继进入"生态文明"城市行列。甚至在一些区域出现了连片的"生态文明城市群"。中国生态文明建设的成就不可否认，也不可诋毁。从环境保护建设，到提出"生态文明"，再到将"生态文明"列入党的重要议程，生态文明得到了党和政府的高度重视，并在全社会推进了生态文明建设。

　　商业走向生态化就是在这样的背景下推进的。若想在未来取得可持续

　　① 该部分内容作为前期成果由张劲松署名发表。张劲松：《生态商业：让生态文明建设成为有利可图的制度设计》，《国外社会科学》2015 年第 5 期。
　　② 保罗·霍肯：《商业生态学》，夏善晨等译，上海译文出版社 2007 年版，内容简介。
　　③ 彼得·圣吉：《必要的革命》，李晨晔等译，中信出版社 2010 年版，第 14 页。
　　④ 胡锦涛：《高举中国特色社会主义伟大旗帜　为夺取全面建设小康社会新胜利而奋斗》，人民出版社 2007 年版。

的发展，商业企业的行为趋向生态化是不可或缺的条件。但仅有商业走向
生态化，改善环境的作用仍然有限，主要原因是创造（改善）良好的生态
需要千千万万人共同努力，而破坏生态仅需要一部分人、一部分企业就能
做到。这就导致，要让中国的生态乃至全球的生态出现逆转（即"整体有
效"），必须让尽可能多的公众及企业参与生态治理，其任务十分艰巨。正
因如此，团结一切可以团结的力量，以之建设生态文明，这是达到生态治
理整体有效的可行途径。仅由企业承担生态责任的商业行为还不足以解决
问题，为了弥补现行商业行为的不足，还需要更多的生态性的商业（产
业）兴起。要让越来越多的企业或人投入生态的商业（产业）中来，要
让越来越多的企业和人从事环保（生态）的商业（产业）活动。

第一节　依据：生态文明建设中设计有利可图制度的理论

要吸引人们或企业投入生态性的商业（产业）中，形成大规模的生态
商业，不可或缺的前提是生态商业必须有利可图。而要让更多的人和企业
投入生态文明建设，首先必须提供有利可图的生态商业模式的理论依据。

一般来说，设计有利可图的生态商业制度，首先要认清资本的逻辑。
资本的逻辑认定生产为利润而进行，企业生产人们所需要的产品，是因为
这些商品能带给生产者利润；反之，若生产无法带来利润，哪怕这种生产
是人类所必需的，也不会让生产者投入生产。日本学者岩佐茂认为："对
资本的逻辑来说，无偿接受来自环境、大气、水等的环境资源，如果没有
法律规定，在生产过程中把污染的大气、水排放到环境中，这是理所当然
的事。其结果是环境被破坏，对此资本的逻辑是毫不关心的。"①

资本的逻辑导致环境破坏而无法产生环境保护的逻辑，建设生态文明
要从生活的逻辑上着眼。生活的逻辑"是指在人的生存或'更好的生存'
中发现价值，在劳动生活和消费生活的各个方面重视人的生活的态度和方
法。对人的生存来说良好的环境是不可缺少的，因此生活的逻辑也就必不
可少地包含环境保全之意"②。从生活的逻辑出发，向大自然排污要受处
罚并支付治理费用，而投入有利于环境保护的生态商业中来，其投入是有
利于人的生活的，它符合生活的逻辑，因此，应认可其资本投入的价值。
这就是生态资本理论产生的重要前提。生态资本是指："存在于自然界可

---

① 岩佐茂：《环境的思想》，韩立新等译，中央编译出版社 1997 年版，第 149 页。
② 岩佐茂：《环境的思想》，韩立新等译，中央编译出版社 1997 年版，第 149 页。

用于人类社会经济活动的自然资本，因为现代生态系统已经是人化的自然系统，只有投入一定量的劳动和资本，才能再生产出维持生态环境具有人类生存和社会经济发展程度所需的使用价值，因此，生态资本在本质上是自然-人工资本。"① 生态资本理论告诉人们，生态也是资本，利用生态就要付出，投入生态建设就期望从中得到回报。比如，生态保护就是一种生态资本的持续投入，在江河湖泊、山林周边地区对工业的严格控制及对城市周边绿化及湿地的建设，都是良好的生态投入，既然投入了生态资本，可通过政府设计有利可图的生态商业制度从而实现生态商业投入的理所当然的回报。生态商业主体将资本投入生态中，使整个区域获得了良好的生态，那么生活在这一区域的人们因生态的改善，生活水平也得到了提高，为此付费也是理所当然的。日本学者岩佐茂极为推崇建立一个使保护环境能够获利的经济体系："这是因为，在现实的环保实践中，建立一个保护环境会获利的经济体系比酿成保护环境的规范意识更有效。德国就是通过这一手段使风力和太阳能发电取得了飞速发展。"②

投入相应的生态资本后，如何才能获取相应的收益，国外相关生态资本理论的研究为有利可图的生态商业制度的实施提供了一定的依据，而生态系统服务理论进一步完善了生态资本理论。科斯坦萨（Costanza）等人在《自然》杂志上发表了《世界生态系统服务价值和自然资本》一文，他们以森林提供的生态系统服务为例，描述了生态系统服务提供的 17 种产品和服务。③ Daly 等称"我们把对人类有价值的生态系统功能称为生态系统服务"④，例如，森林覆盖的流域有利于维持农业所需的稳定气候，防止旱灾、净化水及提供休闲娱乐，森林的生态系统功能为人类提供了很多促进服务的东西，可以确定地说人类几乎受益于所有的生态系统功能。令人遗憾的是，我们还不清楚生态系统结构是怎样产生生态系统服务的，人们也有意或无意中忽视这种服务功能价值。科斯坦萨等人在这方面做了有益的探索，以之证明这种生态系统服务功能的价值是可计量的。投入生态建设应从中获利，同时，享受这种服务就应因此付费。

世界银行认为对自然资源进行管理也可以创造国民财富。自然资源是特殊的经济商品，假如能进行适当的管理，将产生经济利益——租金。

---

① 原新：《可持续适度人口的理论构想》，《人口学与计划生育》1999 年第 4 期。
② 岩佐茂：《环境的思想》，韩立新等译，中央编译出版社 1997 年版，第 256 页。
③ R. Costanza, R. d'Arge, R. Groot, et al., "The Value of the World's Ecosystem Service and Natural Capital", *Nature*, Vol. 387 (1997), p. 256, Table 2.
④ Herman E. Daly, Joshua Farley：《生态经济学——原理与应用》，徐中民等译，黄河水利出版社 2007 年版，第 76 页。

"生物资源是非常独特的资源，因为它们是一种资源租金的潜在持续来源，确实是大自然给人类的一份礼物。对这些资源实行可持续性管理是最佳策略。"① 商业性的自然资源可以成为利润和外汇的重要来源，可枯竭型、可再生的和潜在的可持续资源的租金可以以其他财富的形式用于金融投资。

只有在有利可图的情况下，生态的商业（企业）投入生态建设才能实现可持续投入。保罗·霍肯认为："任何使环境恶化逆转的'计划'，如果需要改变整个市场动态，那都是推行不下去的。我们必须与我们自己共事相处，这其中的含义包括，我们都有强烈的本能到市场选购，以最低的价值购买相对高质量的产品。我们不能一味要求人们为拯救这个星球而多掏腰包。在有些情况下，他们不愿意这样做，而大多数情况下，他们力不从心。"② 有利可图的生态商业的制度设计，必须基于生活的逻辑，人生存于地球上，就需要地球上有良好的生态，在人类进入快速发展的工业化进程之后，良好的生态成了奢侈品，而投入这种良好生态的"生产"过程中，正是基于让人类过上美好生活。投入生态资本，从而具备了生态系统服务功能价值，获取相应的收益，这是理所当然的，它通过符合人的生活逻辑从而实现了与市场逻辑的协调。

第二节　利润：符合生态文明要求的生态商业得以实现

事实上，有利可图的生态商业并非那么玄奥，有时它就藏在我们的日常生活中，当然更多的时候需要政府的制度设计达成。

一、市场自发形成的有利可图的生态商业

并非所有的生态商业都需要政府和社会去推动，有许多生态性的商业（产业）自身就能带来利润，正是因为有利可图，市场这只看不见的手正在引导着一部分人自发地投入某些有利可图的生态商业（产业）中了。

废品回收业具有典型的生态商业性质，这个产业因为有利于资源节约、保护环境，又有利可图，所以在全世界各国都自发地形成了一个繁荣的生态商业。比如，一些资料显示："瑞士人是废品再循环方面的佼佼者。目前，城市废品的 47％ 被回收。其中包括 70％ 的废纸，95％ 的废玻璃，

---

① 世界银行编：《国民财富在哪里》，蒋洪强等译，中国环境科学出版社 2006 年版，第 7 页。
② 保罗·霍肯：《商业生态学》，夏善晨等译，上海译文出版社 2007 年版，第 5 页。

80%的塑料瓶，85%—90%的铝罐和75%的锡罐。"① 在美国，使用再生物质生产的产品越来越多。"据美国全国物质循环利用联合会公布的数字，全美共有5.6万家公私企业涉及该行业，为美国人提供了110万个就业岗位，每年的毛销售额高达2360亿美元，为员工支付的薪水总额达370亿美元。在一定程度上，该行业的规模已与汽车业相当。目前，美国纸张的回收利用率为42%，软饮料塑料瓶的回收率为55%，啤酒罐和其他软饮料罐的回收率为55%，铁质包装的回收率则高达57%。"②

中国人的节俭更是奠定了其成为废物回收行业佼佼者的基础，该行业有利可图，且不需要什么门槛，它吸引成千上万的低端劳动力的投入，随处可见的"破烂王"是城市和乡村的一道独具特色的风景线。

总之，生态商业（产业）只要有利可图，市场这只看不见的手就能做到自发地引导人们进入，它并不比国家宣传工具不断地教育环保的成效差多少。生态商业，只要有着利润存在，就能自发吸引人们投入这个产业中来，比人们有意识地去环保更有驱动力。令人遗憾的是并非所有的生态商业都有利可图，有许多生态商业需要制度设计才能做到存在利润。

二、社会自觉形成的有利可图的生态商业

对于工业制度下的人的处境，马克思、爱因斯坦、托尔斯泰等人都有过类似的发现："人失去了他的中心地位，变成了达到经济目标的工具，人已经同他人、同自然相疏离，失去了同他们的具体的联系，人的生命已不再有什么意义。"③ 处于工业制度下的人，"他的智力卓越，他的理性却堕落了，就他的技术力量而论，他正严重地威胁着文明甚至整个人类的生存"④。没有人愿意地球就这样走向衰败，人类不断地反思自己的行为，并重新做出了行为选择，正如弗洛姆所说："如果人生活的条件违背了人的本性，没有达到人的成长与精神健全的基本要求，人就必定会作出反应。他要么堕落、灭亡，要么创造出一些更适合自身需要的条件。"⑤ 人类社会自觉选择和支持生态商业是这个时代发展的必然。

的确，生态商业时代比以前的工业时代更具有前途，最终也更能使人们得到满足，所以在全社会很容易从理念上认定我们应该走生态文明之

---

① 丽琴：《瑞士：把废品回收再生作为"国策"》，《中国包装工业》2006年第2期。
② 晓伴：《美国的废品回收》，《冶金企业文化》2005年第2期。
③ 艾里希·弗洛姆：《健全的社会》，孙恺祥译，上海译文出版社2011年版，第229页。
④ 艾里希·弗洛姆：《健全的社会》，孙恺祥译，上海译文出版社2011年版，第229页。
⑤ 艾里希·弗洛姆：《健全的社会》，孙恺祥译，上海译文出版社2011年版，封四。

路，人类社会要延续，就需要全社会自觉地走生态商业之路，至少要做到支持生态商业。保罗·霍肯特别强调："如果企业愿意反省自己的潜在臆断，听取生态学家、植物学家、毒理学家、动物学家、野生生物管理专家、内分泌学家的建议，听取本土文化的要求，听取工业生产过程的受害者的呼声，不再用企业内部的什么原理或偏见去歪曲它们，那它就不仅将完成为社会提供产品和就业的机会、促进繁荣的使命，而且它还将我们带入一个生态商业的新时代。"①

在德国，社会自觉地认同生态商业。德国对生态建设的重视，不仅表现在对企业和商品的等级划分上，还表现在国民对企业的投资上。"由于长年的国民环境保护教育，使得每一个国民都有着很强的环境意识。人们已不单单满足于为了保护环境而购买和使用生态商品，而是直接向生态企业投资，热心扶持生态企业，使其得到不断的发展和壮大。"②

当自发引导人们从事的生态商业越来越少后，社会自觉选择去从事生态商业，就越来越重要，这是生态商业形成的社会基础。中国社会的这种自觉性仍然不够，主要原因是我们长期以来一直认为生态危机都是资本主义国家的危机，直至中国的工业化越来越强大，导致的污染越来越多后，才意识到生态危机超越了意识形态，它全面地威胁着人类的生存和发展。仅在近 10 年时间内，中国才在全社会全面深入宣传和教育生态文明建设。当生态文明成为社会的主流后，中国社会自觉地投入生态商业才真正成为时代潮流，可以预见，中国社会将越来越自觉地投入生态文明建设。

三、政府设计形成的有利可图的生态商业

对于生态商业的发展来说，最困难的就是生态产业和产品成本高且不赚钱，大多数生态产业因难以达到有利可图的目标，鲜有个人或企业愿意投入。人人都知道生态建设的重要性，但要真正让人人都投入生态商业中来，实在勉为其难。人人建设生态文明的自觉，一时可行，难以恒久。因此，现代生态商业既要通过项目的实施实现生态保护，又要有利于人们的生活，通过法律上的保护和税收的优惠，使投资者通过对生态项目的参与而获得利润。因而让生态商业有利可图，就需要政府的制度设计才能实现。

德国在生态商业的政府设计上有着诸多成功的经验，在德国，"为了

---

① 保罗·霍肯：《商业生态学》，夏善晨等译，上海译文出版社 2007 年版，第 9 页。
② 刘志军：《德国的生态商业》，《生态经济》1999 年第 5 期。

鼓励人民向生态企业投资，专门有环境银行为投资者提供有利的企业和项目的选择，使投资者能得到丰厚的利润。并且德国政府也在税收上给予优惠措施和法律的保护，保证投资者的高回报率"①。投资者在投资有利于环境保护的风力发电时，政府规定用比购买火力发电贵许多的价格，优先购买风力发电，从而保证投资者的收益。

"环境危险及其对社会带来的风险经常是工业化生产过程带来的未预料后果，是一种剩余产品。作为多余的产品，它们有着超出有意识生产出来的产品和服务之外的效用。"② 克服产品的这种外溢性的"效用"，需要政府设计出创新性的生态商业模式。其中的关键是对工业生产外部不经济行为进行制约（如征收排污费或关停严重污染的企业），对外部经济的生态商业，因其有利于人们的生活，符合人的生活逻辑，就应从中获取收益。正如德国政府所采取的措施，保证投资人有利可图，市场无法做到的，让政府制度来设计，只有做到了从事生态商业就能有利可图，才不愁没有人投入生态商业。只有越来越多的人参与乃至投入生态商业，才能彻底改变生态治理"局部有效，整体失效"的局面。

第三节　设计：以制度促进有利可图的生态商业得以勃兴

生态文明建设已经成为社会共同努力的目标，为防止自然世界内发生的种种变化与我们现行的经济和技术方面不断的变化相冲突，我们不是要与自然界相隔绝，而是要设计一种新的生态商业模式，它"是立足于这样一种观念的模式：应站在我们价值体系的高度上来保持变化的多样性，而促进多种生命与多种变化和平共处是一件应做的合理的事情"③。设计有利可图的生态商业模式，不再让人们去控制自然。"控制自然既不容易也不明智。我们轻率地干预了我们几乎不了解的事务，并且是在拿我们自己的性命和别的有机体的生命去冒险。"④ 团结一切可以团结的人，让他们投入生态商业建设中来，符合我们这个时代的大方向。

---

① 刘志军：《德国的生态商业》，《生态经济》1999 年第 5 期。
② 芭芭拉·亚当等：《风险社会及其超越：社会理论的关键议题》，赵延东等译，北京出版社 2005 年版，第 20 页。
③ 唐纳德·沃斯特：《自然的经济体系》，侯文蕙译，商务印书馆 1999 年版，第 498 页。
④ 唐纳德·沃斯特：《自然的经济体系》，侯文蕙译，商务印书馆 1999 年版，第 9 页。

一、美好愿景：投入生态商业就能获致利益的环境制度由政府设计

诺贝尔经济学奖获得者加尔布雷思对美好社会有着这样的设计："在美好社会里，所有公民都必须有个人自由、基本的福利、种族和民族平等以及过一种有价值生活的机会。"① 为此，"所有工业国家对消费型经济深信不疑——将用于消费的产品和服务当作人类满足和愉悦的主要来源，以及衡量社会成就最显著的标准"②。而这种消费型经济却是导致资源和能源越来越紧张的重要原因，它不具有可持续性。

皮拉杰斯认为要构建起一个可持续发展的社会，就意味着要找到使人类的满足最大化、同时使人类对环境的影响最小化的办法。因此，一个完善的可持续发展的美好社会应该是这样的："其经济活动的发生只使用那些可再生的或可循环的资源，并且对环境不产生长期影响。在这样的社会里，其政策强调的应该是满足人类的需要（needs），而不是刺激人类的需求（wants）；是追求消费的质量，而不是消费的数量。通过可持续社会的过程，应该以重新界定效益为起点，这种效益强调的是资源的可用性和产品的耐用性。"③

长期以来，中国政府也提出了美好社会的愿景：满足人民日益增长的物质和文化生活的需要。然而，现实是严峻的，要实现美好的愿景，需要政府设计完善的生态制度，否则地球上的资源和能源无法保证能够满足人民日益增长的需求，这一点，已经通过发达国家所走过的道路得到了印证。唐纳德·沃斯特认为："工业资本主义，大肆渲染过对所有对手的胜利，预示过建立一个永无止境地追求财富的'新世界秩序'，但是，没有提出过任何可以达到社会、经济或者生态方面的稳定状态的希望。它们压倒一切的观点是永不停息的变革、无限的可能性和无止境的创造力。"④ 工业化能带来财富的增长，能满足经济和人口不断增长的需要，但是，在经济和人口更快增长的前提下，日益严峻的生态状况威胁着人类生存。

生态文明建设中有利可图的制度设计也要有美好愿景，我们需要设计这样一种体制：要让有利于生态保护的好事，做起来轻而易举。这种有利

---

① 加尔布雷思：《美好社会》，王中宏等译，江苏人民出版社 2009 年版，第 3—4 页。
② 加尔布雷思：《美好社会》，王中宏等译，江苏人民出版社 2009 年版，第 3 页。
③ 皮拉杰斯：《建构可持续发展的社会》，载薛晓源、李惠斌编：《当代西方学术前沿研究报（2005—2006）》，华东师范大学出版社 2006 年版，第 516 页。
④ 唐纳德·沃斯特：《自然的经济体系》，侯文蕙译，商务印书馆 1999 年版，第 492 页。

可图的生态商业体制需要做到：工作和生活中自然的日常行为理所当然而不是有意识地利他，尤其是有利于自然环境。

衡量这种有利可图的生态商业制度设计成效的标准，应该是生态商业不会把我们引向一种令人麻木的舒适和方便的生活。它要求做到：增长和赢利将越来越依赖于减轻环境恶化、促进生态恢复。富裕将与"小气"结合在一起，物质的短缺不仅不会消失，而且将成为社会的主要方面。我们要珍惜一切可获得的资源，每颗沙子都必须被珍惜。我们的美好生活，既是富裕的，又是看起来"小气"的，我们没有可以浪费的资源，投入生态商业就是要实现这种节约的促进生态恢复而非破坏的产业，追求财富的经济新秩序是能通过生态商业制度获取来的，这种富裕既让人感到"富足"，又促进了生态恢复。我们盼望越来越多的这样的生态商业的出现。

二、集体行动：争取共同努力才能获致利益的环境制度由政府设计

美国学者比尔·麦克基本在《自然的终结》一书中断言："在我们这个世界，在我们这个时代，将要发生一些足以影响我们生活的变化，这种变化与战争不同，但却比战争来得更加强大和猛烈。我相信，就在我们还没有认识到它的时候，我们已经迈进了自然界巨变的门槛：我们生活在自然将要终结的时刻。"[①] 麦克基本的悲观，让我们警醒。

对生态危机的警示，我们已经不止一次听到。但是，一些国家或政府往往忽视它，他们对待自然往往表现为"有组织的不负责任"，任由地球环境继续恶化。像中国政府这样大张旗鼓地进行生态文明建设的国家，实在不多。即便中国以及一些发达国家正在进行着艰苦的生态治理，仍未能改变地球生态治理"局部有效，整体失效"的局面。放任环境恶化的主因是私人利润的获取，正如康芒纳所说："由环境危机所引起的各种问题是太深刻和太普遍了，它们是不可能由技术妙计、聪明的纳税规划，或者拼凑起来的立法来解决的。它们召集来一次全国性的大辩论，不是去寻求最有效的利用美国能源的办法来满足长远的社会需求，而是眼前的私人利润的获取。"[②] 许多企业生产还未走向生态化，更别说向生态性的商业（产业）提升了。

当生态危机越来越严重后，中国政府被许多西方学者所看好，并寄予了厚望。如彼得·圣吉认为："正是在这个世界中，中国，很快还有印度，

---

① 比尔·麦克基本：《自然的终结》，孙晓春、马树林译，吉林人民出版社 2000 年版，第 8 页。

② 巴里·康芒纳：《封闭的循环》，侯文蕙译，吉林人民出版社 1997 年版，第 6 页。

将在塑造我们大家的未来路径中扮演关键角色。尽管从许多方面来看，让最新加入全球工业扩张竞赛的这些国家承担这样的责任并不公平，但从另一些角度看，中国恰恰具备了独一无二的资格，来胜任这一角色。"① 中国政府不会因外界的推崇而昏了头，但也不能不正视现实。的确，争取大家共同努力才能获致环境利益，中国政府需要承担这样的重任。

生态治理需要千千万万人共同努力，需要采取集体行动，这正是生态文明建设的难处所在。在资本的逻辑（利润）和生活的逻辑冲突的过程中，如果还有一百个烟囱在排硫，那么消除一个烟囱排硫就没有太大的意义，因为，"在别人可以做坏事而无须付出代价的情况下，你想做好事就可能无法生存"②。实现集体行动，其逻辑是要有必要的激励。政府负的激励措施主要靠严格地、公平公正地执法，以之促进按生活的逻辑建设生态文明；政府正的激励措施主要靠制度设计引导多元主体投入生态商业。拯救地球的计划，如果仅来自几个专家或是政府，那么他们的方案即便聪明和巧妙，也无法彻底解决生态恶化的局面。政府治理生态的制度设计应来自于多元化的社会主体的参与，仅靠政府肯定不够。因为，保护生态需要所有人的共同努力才能获致相应的环境利益。

三、生态价值：保护自然资源可以获致利益的环境制度由政府设计

从理论上讲，我们可以将地球上的资源和能源做到最大可能的高效利用，我们可以做到地球资源利用的极限，但是，即便如此，也不能解决地球上的资源和能源短缺的问题，我们能够争取到的延续人们生存和发展的时间仍然有限，唯一的出路是政府要设计出有利可图的生态商业制度，"在尽可能节约资源、提高效率的同时，利用我们的智慧和创造力，改变人类对待自然的方式，构建生态商业系统，重塑一个在阳光下持续发展的未来世界"③。

现代资本主义道德是以人道主义的个人主义为核心的，它把人推崇至极，人人都具有不可剥夺的权利，只有人才有理性和自主性，所以只有人才有内在价值，非人的一切都没有内在价值，因此，"现代社会对人的生命的极端重视和对其他物种的大量灭绝则导致了全球性的生态危机。生态伦理要求人类彻底改革长期形成的伦理偏见，希望道德不仅能保护人，而

① 彼得·圣吉：《必要的革命》，李晨晔等译，中信出版社 2010 年版，中文版序第 IV 页。
② 罗尔斯顿：《哲学走向荒野》，刘耳、叶平译，吉林人民出版社 2000 年版，第 311 页。
③ 未沙卫：《有个世界在变绿》，科学出版社 2012 年版，第 5 页。

且能保护生态平衡"①。人类中心主义引导人们"控制自然",但当城市不断扩张、自然风景迅速消失的时候,人们才惊醒,认识到自然的重要性,20世纪初在美国兴起的"返回自然"运动中,他们意识到:"城市的扩张造成严重的噪音、污染、拥挤和社会问题。在这种情况下,没有受到破坏的自然环境就显出特殊的意义,那就是,城市生活的压力使城市中产阶级对乡村生活和户外活动越来越怀念。"② 返回自然运动让人们认识到自然界的生态价值,从人生活的逻辑上看,自然界正是我们所需要的,因此它具有生态价值。改革消费和生产方式是在短期内实现自然生态价值最大化的唯一途径,"工业化的世界需要从根本上提高资源生产力。任何开始扭转自然资源的损失并增加其供给,这是目前世界各地改善生活质量的唯一途径,而不仅仅是对稀缺资源的再分配"③。

戴利在考察纽约市的"绿色黄金"运动时对生态价值有着惊人的发现:保护自然资源可以挣钱,而且是很多钱,"树木可以提供的就不仅仅是木材,它生机盎然并属于健康的、发挥作用的森林的一部分时,还可以提供更多的经济价值。土地的价值也不仅仅局限于从地里挖点东西或者从田里收获点什么。在以前看来是'免费'的生态系统的工作,甚至可以通过某些方式进行量化,记录在资产负债表里,并在决定时郑重考虑"④。近年来,中国的一些地方政府正是这样做的,生态价值计入资产负债表,对凡投入生产商业中来的农田(湿地)、林地、果园等有利于生态文明建设的生态资本投入给予生态补偿。这样做的成效喜人,在一些实施生态补偿的地方,生态商业吸引着越来越多的人投入。因生态资本的投入可以带来相当可观的收益,保护自然资源能带来令人满意的收益,这些地方政府的制度设计已经达到了促进生态商业勃兴的目标。

---

①　卢风:《从现代文明到生态文明》,中央编译出版社2009年版,第95页。

②　约翰·汉尼根:《环境社会学(第二版)》,洪大用译,中国人民大学出版社2009年版,第43页。

③　Paul Hawken等:《自然资本论》,王乃粒、诸大建等译,上海科学普及出版社2000年版,第189页。

④　戴利、埃利森:《新生态经济》,郑晓光、刘晓生译,上海科技教育出版社2005年版,第5页。

第五章 网络社会：生态治理的大数据战略[①]

近年来，人类已经处在全球污染的时空之中。但污染的程度到底如何？污染已经达到严重威胁人类健康的程度了吗？如何划分和确定各国在全球污染中的责任？如何进行高效的环境治理？所有这些问题的解决都需要对污染信息有全面的掌握，然而这在大数据时代之前是根本无法实现的。大数据技术的产生克服了全球环境治理的基础性障碍——环境数据收集、存储、处理和广泛应用的困难。因此，可以转变思维，从数据驱动的角度创新生态危机治理思维。

第一节 大数据使生态信息成为生态治理资源

生态信息在生态治理中具有基础性作用，没有足够准确的信息就无法正确判断面临的生态危机、无法预测生态危机的发展趋势，也就根本制定不出高效可持续的生态治理对策。然而，生态危机是一种超出自然范畴的社会学问题，它既涉及政治、经济方面的利益格局，也涉及社会群体的直接利益，因而在治理上存在多种壁垒与合作的障碍，导致生态信息无法被聚集，无法共享，无法实现资源价值，也就无法控制生态危机的蔓延，最终形成生态治理上的"公地悲剧"。比较幸运的是，"大数据轮动促进资源最优化，扩展社会服务的范围并提高服务质量。例如紧急救灾服务中心（Emergency Service）就是通过自建和共链大型数据库，捕获与分析海量灾情数据、救助状况与重建信息，大幅度地提高防救灾害能力"。[②]

一、大数据技术具有挖掘生态信息的优势

"大数据分析的价值和意义就在于，透过多维度、多层次的数据，以及历时态的关联数据，找到问题的症结，直抵事实的真相。"[③] 大数据技

---

① 该部分成果作为前期成果由李娟署名发表。李娟：《生态危机治理的大数据战略》，《理论探讨》2016 年第 2 期。

② 蒋洁：《大数据轮动的隐私风险与规制措施》，《情报科学》2014 年第 6 期。

③ 喻国明：《大数据方法与新闻传播创新：从理论定义到操作路线》，《江淮论坛》2014 年第 4 期。

术很好地解决了生态信息收集的维度、层次和时效问题，更能反映真实的生态状况，大数据的价值可拓展性和附带性可以降低生态信息收集的成本，大数据本身的商业特性保障了数据收集的连贯性和可共享性。

首先，大数据有别于样本数据的特性是能够更加全面及时捕捉生态信息息。样本数据产生于信息缺乏和记录存储技术有限的模拟数据时代，是利用尽可能少的数据来证实尽可能重大的发现。"它的成功依赖于采样的绝对随机性，但是实现采样的随机性非常困难。一旦采样过程中存在任何偏见，分析结果就会相去甚远"①，这也是样本数据存在的固有缺陷。而且样本数据需要结构化查询语言，数据收集录入必须有统一语言编码，而且只能在预设的变量之中研究问题的相关性，此种数据模式适用于小范围的专门性研究。而生态危机已经成为一个涉及范围更广的重大领域，专门性的研究也无法准确发现影响生态恶化的多重因素。若要把握生态危机的全面信息，就必须跳出生态领域本身，去探究与生态危机密切相关的人类生产、生活和消费行为。人类生产、生活和消费行为的高纬性和个异性超出了样本模式的统计能力。此外，在数据处理上，样本数据只能够处理本地数据，必须将数据放在同一数据库中才能够处理，而大数据云计算可以跨地区和跨数据库进行复杂数据处理。正如涂子沛所言，大数据等于传统小数据加现代大记录，大数据等于结构化数据加非结构化数据，大数据等于大价值加大容量②。现代大记录是指包括文本、图像、音频、视频等所有信息表达形式在内的全部记录形式，多样化的记录形式决定了数据的非结构化特征，虽然增加了数据处理的难度，但是呈现了事实本身的多维信息。"大数据对极其复杂的人类行为的社会学研究起到了重大作用，通过网络数据，大量的个人的或很小组织的真实行为通过计算机以数据形式被记录下来，这些数据为人类行为研究提供了丰富的可靠信息，避免了研究者认知的偏见、感知的误差和框架的歧义"③，所以，需要分析处理大数据，从而挖掘数据价值。

其次，大数据有助于低成本获得更加全面真实的生态信息。虽然对于个人或大多数组织团体而言，数据的收集、存储和处理仍然是一个高成本甚至不可能的工作，但是对于人类历史而言，大数据突破了数据收集和存储瓶颈，大量信息可以被低成本地捕捉、记录和保存。大数据收集克服了

---

① 维克托·迈尔-舍恩伯格、肯尼思·库克耶：《大数据时代：生活、工作与思维的大变革》，周涛译，浙江人民出版社 2013 年版，第 34 页。
② 涂子沛：《大数据及其成因》，《科学与社会》2014 年第 1 期。
③ Duncan J. Watts, "A Twenty-first Century Science", *Nature*, Vol. 445 (2007), p. 489.

样本数据应用目的单一和变量限定造成的信息贫乏的局限。目前，只有像腾讯、Twitter、电信运营商、亚马逊和阿里巴巴等拥有庞大用户群的公司才能够接触到更广泛的数据，他们有使用数据的便利或者将数据授权给渴望挖掘数据价值的人。大数据收集依赖于网络终端设备，数据在用户使用网络应用程序的过程中不可避免地被自动收集。用户使用的网络终端设备功能越丰富，产生的数据量就越加多维和多层次，而且数据来源无限广泛，也不需要支付数据费用。也就是说，无须针对生态环境进行专门性信息收集工作，便可以通过人类在各类网站上的消费习惯的数据中发掘生态信息。例如，可以分析人们在淘宝网站上对一次性用品的消费偏好和消费数量来预测此种消费与生态资源破坏和环境污染之间的关系；利用 QQ 或微信用户对雾霾防护工具的讨论，判断全国哪些地区雾霾程度严重，人们对治理和抵御雾霾的觉悟较高。相比于专门针对一次性用品消费对环境污染和雾霾情况的实地调研，此种数据借用方式不仅大大节约了调研成本，更为重要的是，能够提供更加全面准确的生态信息，可以根据生态治理的不同需要进行多元的信息聚合。

最后，从商业大数据中获得生态数据保障了数据的不间断获取和数据共享。大数据产生于移动互联网、物联网和社交网站等媒介的快速发展与融合，数据原本被收集分析处理是为了帮助企业准确有效地把握商机和正确预测市场趋势。大数据技术的发展也完全取决于企业对大数据与企业发展关系的认识程度。IBM 全球副总裁兼大中华区软件集团总经理胡世忠如是说，"通过数据洞察到的需求，便是一个新的市场机遇"①。因此，在商业经济发展的无限增长需求之下，大数据的收集存储会越来越丰富而且持久。又因为数据的价值并不仅限于特定的用途，它可以为了同一个目的而被多次使用，也可以用于其他目的，所以大量全面真实的生态数据可以从商业大数据中获得，生态数据会随着商业数据的增长而增长，随着商业数据的丰富而丰富。此外，大数据是与人力资源、资金、物质资源一样的商业资源，因而可以产生商业价值，有价值就有交换，因而数据在交换和买卖的过程中可以实现共享与综合。

---

① 胡世忠：《要让数据实现货币化》，腾讯网，2014 年 9 月 2 日，http：//tech. qq. com/a/20140902/040766. htm。

二、大数据模式下生态信息价值化离不开数据、技术与思维三者的融合

要了解大数据何以能够应用于生态危机治理，如何构建生态危机治理的大数据框架，就必须首先熟识大数据价值产生过程，以及各个环节的作用地位和突破点。舍恩伯格明确提出数据本身、技术与思维三者构成大数据价值链①，三者缺一不可，缺少任何一项，数据都仅仅只能是数字而已。如图 5 -1 所示，数据与技术之间，必须通过思维才能结合，三者的融合才能产生具有特定目的需求的价值。生态数据要发挥治理价值，就必须深入理解三个环节的特征与地位。

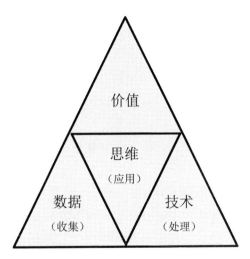

图 5 -1 数据、技术和思维的关系及价值的产生

数据本身是最基础的环节。在大数据时代，谁掌握数据谁就有决定权。2014 年阿里巴巴和腾讯不计成本地抢占打车软件用户，事实上是两家公司均认识到了大数据时代数据本身的重要性——只有自身拥有庞大的数据来源才不会在大数据商业竞争中受制于人。而且随着大数据时代的真正到来、大数据处理技术的普及，数据本身将更加具有决定性地位。在数据本身环节，生态治理的主要任务是如何搭建专业平台或者综合其他商业化数据收集平台获取生态数据。

"大数据技术是产生数据价值的金钥匙，它是指设计用于高速收集、发现和分析从多种类型的大规模数据中提取经济价值的新一代技术和体系，涉及数据存储、合并压缩、清洗过滤、格式转化、统计分析、知识发

① 维克托·迈尔-舍恩伯格、肯尼思·库克耶：《大数据时代：生活、工作与思维的大变革》，周涛译，浙江人民出版社 2013 年版，第 160 页。

现、可视呈现、关联规则、分类聚类、序列路径和决策支持等技术。"①
目前，包括数据挖掘、云计算、机器学习等的数据分析使用的技术已经非
常成熟，并且形成了一个谱系。以数据挖掘为例：数据挖掘就是要在错综
复杂的数据当中，消除数据"噪音"，剔除无关数据，找到有用数据的过
程，但这是一个需要专业计算机技能的工作，需要根据用户需求，建立数
据模型，对数据进行分类与统计，查找数据分布的关联性，例如 Hadoop
项目。Hadoop 是 Apache 软件基金会组织开发的与谷歌的 Mapreduce 系统
相对应的开源式分布系统的基础架构，能够处理大量未预先设定记录结构
的五花八门的数据。大数据处理通常由咨询公司、技术供应商或者分析公
司等的专业人才来完成。目前而言，大数据存量丰富，但处理能力欠缺，
因而在未来一段时间内"数据科学家"将是稀缺人才。大数据处理技能将
成为生态治理专家必备的一项基本技能。

思维是数据产生应用价值的关键，大数据思维就是指建立大数据与需
求之间的联想的能力。没有明确的需求，就没有满足需求的动机；没有动
机，就没有寻求方法的可能，也就不会联想和应用大数据。虽然大数据的
应用范围极其广泛，但是要在某一领域中建立大数据与专业的联系还需要
大数据创新思维。

有研究显示，在企业中，"40% 的调查者认为广泛采用（数据）分析
技术的主要障碍是缺乏了解如何利用分析技术改进业务"的思维②。思维
是连接数据和技术的桥梁，是技术转化为应用，数据产生价值的连接器。
大数据与生态危机治理不会自动结合，需要生态治理者充分发挥想象力，
将生态治理的环节与大数据进行自觉链接与构建，才能使大数据作用于生
态危机治理。

第二节　生态危机治理的大数据战略要求

生态数据资源的形成无疑为生态危机的全球治理提供了可能，但是生
态危机治理的主体仍然是决定治理成败的关键因素。应从生态危机的国家
间合作、国内地区和部门间合作、普通民众的广泛参与和技术人才培养四
个维度对生态危机治理进行战略性规划。

---

①　邬贺铨：《大数据思维》，《科学与社会》2014 年第 1 期。
②　IBM 商业价值研究院：《大数据、云计算价值转化》，东方出版社 2015 年版，第 10 页。

一、生态危机的全球性要求国家间生态数据交流与共享

"环境破坏的发生并非偶然，它是资本主义制度下生产与消费的组织方式，以及这些方式考虑或不考虑其所带来的环境破坏的结果"①，生态危机并发于资本主义经济增长方式，环境破坏的危害程度随资本主义经济全球化的深度和广度而越发严重。在发展经济的框架内，无论对于发达国家还是发展中国家，经济全球化都促进了各国经济的发展，与此同时，资源损耗和环境废弃物常常在人们对全球经济总量增长的狂热追求中被忽视。从商品链角度分析，产品的产生和消费是全球化的，那么生产和消费产生的废弃物也应该由全球来承担。"阶级社会能够被组织为民族国家，风险社会则带来了'危险社区'，它最终只能被组织为联合国"②，生态危机的全球化已经是不争的事实，"贫穷是等级制的，化学烟雾是民主的"③。可是，全球化产生的生态问题并不像经济关系中的权责那么容易划分和界定，"风险的全球性并不意味着风险在全球是平均分配的"④，虽然"污染总是与贫穷形影相随"，富裕国家的空气和水污染程度要比发展中国家低，但是并不意味着富裕国家不产生污染。

本质上，经济全球化过程是发达国家进行产业升级和产业转移的过程，在这个过程中发展中国家成了发达国家转移高耗能高污染产业的承接对象。由于富裕国家的消费需求和治理需求更多，因此产生的污染更严重，只是转移到了他域而已，"一个国家的相对富裕不但有助于它提高消除污染的能力，还有助于它将污染转移到国外"⑤。但是"飞去来器效应"⑥ 精确地打击了那些富裕的国家，贫穷地区的环境污染最终还是传染到了富裕地区。在绝对知识层面，没有任何国家真正知道全球面临的生态危机和预测全球生态后果，因此在信息严重不充分的情况下做出的决策则会"鼓励一种令人厌恶的赌博，一种对于宿命的讽刺性的颠覆：在没有适

---

① 罗尼·利普舒茨：《全球环境政治：权力、观点和实践》，郭志俊、蔺雪春译，山东大学出版社 2012 年版，第 92 页。
② 乌尔里希·贝克：《风险社会》，何博闻译，译林出版社 2004 年版，第 54 页。
③ 乌尔里希·贝克：《风险社会》，何博闻译，译林出版社 2004 年版，第 10 页。
④ 乌尔里希·贝克：《世界风险社会》，吴英姿译，南京大学出版社 2004 年版，第 6 页。
⑤ 罗尼·利普舒茨：《全球环境政治：权力、观点和实践》，郭志俊、蔺雪春译，山东大学出版社 2012 年版，第 11 页。
⑥ "飞去来器效应"是苏联心理学家纳季控什维制首先提出的概念。飞去来器为澳洲土著使用的一种抛出去又会重新回来的武器。在社会心理学中，人们把行为反应的结果与预期目标完全相反的现象，称为"飞去来器效应"，即"飞镖效应"。这好比用力把飞去来器往一个方向掷，结果它却飞向了相反的方向。

当的情境知识的情况下我对于我被迫做出的决定负责"①，必然导致各国对现有的生态治理原则和措施的不认可与不执行，例如"谁污染谁治理"就是一种严重缺乏公平责任观的环境治理原则，无法得到彻底贯彻。生态责任应如何分配不仅是一个重要的政治问题，而且也是技术手段的问题。乌尔里希·贝克指出，现代社会的进步性在于，"前工业社会的无法计算的威胁（瘟疫、饥荒、自然灾害、战争，同时还有魔力，上帝恶魔）在工具理性控制（现代化过程在生活的各个领域都提倡这一点）的发展之中被转换为可以计算的风险"②，人类为了防止风险转化为危险，就必须遵循"怎样使这种自我生产的后果在社会意义上成为可计算的、可解释的，使其冲突成为可控制的"③ 现代自反（自我反思）思维。贝克深刻洞察到了人类突破生存危机的出路，但是在大数据之前，这只能是美丽的神话。"在大数据时代，合作比竞争更重要，交流比交易更重要，灵活的同伴关系比冰冷的阶级斗争更重要。"④ 世界各国都已经认识到了互联网技术之于国家合作的可能性和重要性，大力发展数字基础设施，为国与国之间的交流和互通建立便利的桥梁。国家间生态数据交流与共享，有利于解决国家之间由于信息孤岛无法正确判断和预测的生态危机问题，有利于生态责任分配与相互帮助，有利于国际协同治理生态问题。

二、生态危机的弥散性要求制定相应的国家大数据战略

生态危机具有类似公共物品的非竞争性和非排他性特点，无法通过市场手段得以解决，更何况生态危机本身产生于市场化经济。"由于污染的因果关系很难建立，因此环境责任和法律责任的落实也是成问题的"⑤，生态治理不免陷于"'有组织的不负责任'的一种新形式，因为它是一种极端非个人化的制度形式，以至于即便是对自己也无须为此承担任何责任"⑥ 的"公地悲剧"的境地。虽然人们认为"国家是生态恶化的难题的一部分而不是解决方案所在"⑦，"但也不能由此假定我们设想或创造的其

①　乌尔里希·贝克：《世界风险社会》，吴英姿译，南京大学出版社 2004 年版，第 101 页。
②　乌尔里希·贝克：《世界风险社会》，吴英姿译，南京大学出版社 2004 年版，第 100 页。
③　乌尔里希·贝克：《世界风险社会》，吴英姿译，南京大学出版社 2004 年版，第 101 页。
④　阿莱克斯·彭特兰：《智慧社会》，汪小帆、汪容译，浙江人民出版社 2015 年版，第 XXI 页。
⑤　马克·史密斯、皮亚·庞萨帕：《环境与公民权》，侯艳芳等译，山东大学出版社 2012 年版，第 16 页。
⑥　乌尔里希·贝克：《世界风险社会》，吴英姿译，南京大学出版社 2004 年版，第 8 页。
⑦　罗宾·艾克斯利：《绿色国家》，郇庆治译，山东大学出版社 2012 年版，第 77 页。

他替代物（替代国家）就可以完全摆脱或减少上述难题（生态问题）"①。国家及政府拥有绝对权威和强制力，可以通过国家命令、政府政策和法律等形式打破有组织不负责任的生态治理困境。因此，国家在生态危机治理中仍是主要力量。

我国在环境信息建设中已经形成了系统完整的生态信息管理和应用体系，但是与大数据相比，其开放性与合作性还非常有限，而且大数据生态治理不能自发形成，在数据转化为价值的过程中还有不少的困难和问题。在政府环境治理体系内，环境信息化和数据化以业务部门需求为牵引，各级环境数据化机构具体实施和推动，各业务部门与管理部门之间缺乏环境数据共享机制，应用系统不互通，缺乏统一协调的管理机构和环境信息管理制度，导致环境数据化建设各自为政，"信息孤岛"和"信息烟囱"遍地都是，低水平重复和资源浪费层出不穷，难以发挥环境数据的聚合效应，数据资源开发和利用能力不强。"数据割据状态，纵向上体现为上级单位无法全面实时访问下级单位的详细数据；横向上体现为部门间的利益纠葛，而且不希望、不愿意把数据公开给其他部门。"②

在社会环境治理系统中，企业环境责任所拥有的数据、绿色生态组织所拥有的数据等更加缺乏制度化的统一。这就要求生态危机的数据治理由国家进行顶层设计，破除数据壁垒，创建利益共享机制，打破横向和行业之间的藩篱，制定统一、协调、合作和互益的数据政策，搭建统一的生态大数据平台，使环境数据在各生态治理相关部门之间自由共享。

三、生态危机治理成本过高要求参与主体多元化

大数据处理在带来巨大收益的同时，也会引发处理成本过高的问题。由于大数据的数据量巨大和数据结构复杂，对其进行处理需要专业的技术人员、高级配置的硬件设备和复杂稳定的软件系统，这都需要大量资金的投入。生态大数据的成本问题决定其使用程度。数据的商品化是使数据收益大于成本的必然选择，它使数据成为一种可以用货币衡量、能够在市场自由流通的商品。大数据商品化之后数据就不再是单纯意义上的数据，它能够被挖掘出新的价值。

大数据在市场中的分布是不均匀的，它往往掌握在一些大的公司手中。业务公司要想深度开发和扩展数据，就必须从数据公司获取数据，当

---

①　罗宾·艾克斯利：《绿色国家》，郇庆治译，山东大学出版社 2012 年版，第 77 页。
②　赵国栋等：《大数据时代的历史机遇》，清华大学出版社 2013 年版，第 83 页。

然数据公司不会无偿开放数据，必须以一定价格购买或出售。在信息时代，数据将成为独立的生产要素，其重要性犹如农耕时代"土地"的属性①，"因为在未来，我们可以利用数据做更多的事情，而数据拥有者们也会真正意识到他们所拥有的财富。因此，他们可能会把他们手中拥有的数据抓得更紧，也会以更高的价格将其出售"②。

目前数据商品化仍然在摸索阶段，尚未真正进入市场化和商品化阶段。例如，大数据公司 Twitter 拥有海量数据，它的数据通过两个独立的公司授权给别人使用。现在比较广泛的数据开发模式是自身拥有大量数据的业务公司与技术公司合作，请技术公司帮助业务公司从已有的数据中发掘出更加有价值的信息来解决面临的问题。以上两种模式表明数据尚未进入流通市场，数据的巨大价值仍然被隐匿着。数据的商品化不仅有利于大量数据公司使现有数据发挥更大的商业价值，而且商品化之后，能够激励数据公司更好地收集存储数据。相比于商业大数据，生态数据的收集本身就存在高成本低回报的弱势。除非环保部门或环保产业公司，否则其他公司没有收集生态数据的兴趣和积极性。生态数据商品化之后，很多数据公司发现其商业价值，则会拓展其数据收集业务，数据公司开发生态数据收集软件，则使更多社会主体参与到生态数据的生成与收集之中。

四、生态危机治理难度大要求培养大量的数据技术人才

"工欲善其事，必先利其器。促进大数据在各行各业落地的重要因素，除了建立大数据思维以外，必须掌握新兴的处理技术，需要重新审视企业的软件开源策略、数据处理技术、人才培育计划。"③ 生态危机是一个涉及人类所有社会活动的社会性问题而非简单的环境问题。生态危机生成机理的复杂性、危机状态的流动性和危机影响的时空性等问题都要求人类在回应和治理过程中掌握一种能够实时跟踪和准确评估的技术手段，数据专家应运而生。数据分析家、人工智能专家、数学家或统计学家将在未来的职业领域中占有重要地位，将与行业专家和技术专家齐头并进成为行业中的核心竞争力。"但是如果想要成功运用大数据技术，达成企业战略目标，最大的制约因素往往是大数据人才的匮乏。这一点已然成了推广可利用大

---

① 赵国栋等：《大数据时代的历史机遇》，清华大学出版社 2013 年版，第 80 页。
② 维克托·迈尔-舍恩伯格、肯尼思·库克耶：《大数据时代：生活、工作与思维的大变革》，周涛译，浙江人民出版社 2013 年版，第 172 页。
③ 赵国栋：《大数据时代的历史机遇》，清华大学出版社 2013 年版，第 XVII 页。

数据技术的阿喀琉斯之踵。"①

在大数据发展的现阶段，大数据及人才是最为关键和稀缺的资源。在生态治理领域中，生态学专家必须具备大数据思维，充分认识到大数据相比于小数据的优越性，形成循数管理思维，相信数据预测比直觉和经验更准确。虽然人类已经掌握了大量丰富的有关生态治理的数据，但是由于大量数据噪音和数据废气的存在，简单粗放式 IDE 数据统计和分析往往不能得到真正有价值的内容，甚至可能得到相左的结果，所以需要相关数据挖掘技术进行更加有效的、精工细作的处理。这就对大数据技术人才提出了更高的要求。不仅亟需专门技术人才，而且对数据管理人才的需求也更加急切。要求专业的数据管理人才提供有关数据质量、元数据、隐私和信息生命周期管理的政策，承担数据发起者和数据保管者等角色和责任，监测对数据政策遵从情况，定义数据问题的可接受阈值，等等。

第三节　生态危机治理的大数据战略推进

生态危机治理的大数据战略推进是一个庞杂的系统工程，信息技术的灵活性、跳跃性和创新性也常常制造数据管理和控制上的难题，诱发新的数据风险。因此，为了预防和规避此类风险的产生，必须前瞻性地为大数据战略推进制定制度规范，制定与时俱进的数据政策，恰当处理数据共享与数据安全之间的关系，加强数据技术创新与数据基础建设，建立生态数据法律法规体系。

一、制定与时俱进的数据政策

政府必须顺应时代的要求，积极应对社会上的新事物。大数据市场快速发展要求政府必须在数据市场出现发展瓶颈与问题之前就制定好宏观数据战略，为数据共享、数据商品化和数据技术发展提供政策支持。数据、技术和应用是国外推进大数据战略的三大着力点。美国强调国家层级的战略规划，试图引领全球大数据发展方向；英国将大数据列为战略性技术，给予大数据高度关注；日本政府把大数据作为提升竞争力的关键；此外，澳大利亚、新加坡等国也非常重视大数据发展。对于我国而言，与大数据发展相关的发展规划尚属空白，为加快将我国大数据技术应用于产业发展，必须对大数据建设进行战略布局，明确我国发展大数据的目标定位、

---

① 赵国栋等：《大数据时代的历史机遇》，清华大学出版社 2013 年版，第 49 页。

主要内容和重点发展领域，制定具体的大数据政策，包括数据安全政策、数据资产政策、数据开放与共享政策等等。环境大数据数量越来越大，为了满足环境监管水平、环境执法能力和应急响应能力，环境主管部门必须与信息技术部门共同合作，确定各类数据性质，明确哪些数据应该被存储和收集，哪些数据是个人数据应该绝对保密，这就必须以相关"活文件"的政策、标准和程序为依据。

二、恰当处理数据共享与数据安全关系

所有的大数据推进工作都必须首先处理好数据共享与数据安全的关系。数据共享必须以数据安全为前提，但是又不能以数据安全为借口阻碍数据共享，因而必须制定明确的数据安全等级。国家须根据不同安全等级对数据进行安全保护和维护。只有明确了数据安全等级，才能确保大量非机密级数据能够在市场上自由流通；只有数据等级明确，大数据公司才能放手开发和利用自己的数据，例如电信等通讯公司拥有大量实名用户信息，因为碍于缺乏相关政策和法律的明确规定，不敢充分利用这些信息。只有数据自由流通与共享，才能使数据、技术与思维有融合的可能性。例如，美国要求政府机构减少对政府信息的过度定级，并要定期进行信息解密，促使政府信息的定密与解密程序具有更大开放性和透明度，为敏感但非涉密信息创建开放、标准的系统，减少对公众的过度隐瞒①。生态数据主要以环境部门收集的主数据为主，政府须着重处理生态主数据在系统内横向交流共享的问题。此外，生态危机治理还需要生态主数据与社会大数据的融合，要求政府必须加快推进公共环境信息的更新和开放速度，为内外数据融合创造有利的政策环境。

三、加强数据技术创新与数据基础建设

政府推动数据技术创新，首先要加强大数据技术研发方向的前瞻性和系统性，重点支持深度学习与人工智能、实施大数据处理、海量数据存储管理、交互式数据可视化在环境数据开发方面的应用；其次是着重发展开源新生态，也就是要将环境科学研究和环境产业结合起来，力争生态数据在大数据平台上实现突破；最后，通过直接补助或后期补助方式激励环境企业和环境科研机构参与开源技术发展，促进大数据技术扩散与技术转

① 张勇进、王璟璇：《主要发达国家大数据政策比较研究》，《中国行政管理》2014 年第 12 期。

化。大数据发展除了技术创新之外，还需要促进与其相关的基础建设。大数据的发展必须依赖于互联网、物联网、云计算和移动终端设备的发展与融合。例如，云计算为大数据提供弹性可扩展的基础设施支撑环境以及数据服务的高效模式。互联网和物联网建设的落后直接制约着数据来源的广度，多样化移动终端应用程序的开发影响数据收集的深度。物联网和互联网往往是跨行业、跨地区的，政府需要加强各部门的协同合作，打破地区之间、行业之间和部门之间的壁垒，促进资源联网共享，而且物联网和互联网的建设投资成本高，企业无力建设，需要由政府来解决资金投入的问题。

四、建立生态数据法律法规体系

随着大数据挖掘分析越来越精准、应用领域不断扩展，大数据立法迫在眉睫。在环境数据挖掘过程中，需要法律来保护个人可识信息的私有性，保护个人隐私。以往建立在"目的明确、事先同意、使用限制"等原则之上的个人信息保护制度，在大数据场景下变得难以操作，这些在法律上的缺位问题严重制约了环境大数据的开发。因此，需要在国家信息公开和有关法律法规的指导下，制定出台关于生态数据公开和管理的法律法规等规范性文件，赋予生态数据以明确的法律地位，将生态数据公开和管理纳入法治化轨道，确立生态数据管理和发布的法律原则，全面提升政府部门和社会各界对生态数据的重视程度。

第六章　生态治理的法治路径

第一节　生态文明十大制度的法治建设范畴

自党的十七大首次提出建设"生态文明"的要求以来，十八大报告再次单篇论及"生态文明"，并将其提升到更高的战略层面，与经济建设、政治建设、文化建设、社会建设并列，构成中国特色社会主义事业"五位一体"的总体布局，并提出了生态文明的十大制度建设。这十大制度建设是一个完整的体系，使"加强生态文明制度建设"成为十八大的最强音之一。十九大报告中再次指出："建设生态文明是中华民族永续发展的千年大计。必须树立和践行绿水青山就是金山银山的理念，坚持节约资源和保护环境的基本国策，像对待生命一样对待生态环境，统筹山水林田湖草系统治理，实行最严格的生态环境保护制度，形成绿色发展方式和生活方式，坚定走生产发展、生活富裕、生态良好的文明发展道路。"美丽中国，需要有良好的生态。若失去了生态的支撑，经济发展则失去了目标。生态伦理、生态价值、生态补偿、生态赔偿、生态保护、生态宣传、生态治理、生态危机等等，围绕生态文明制度法治建设的这些关键词，也将成为中国政治生活中的关键词。自党的十八大以来，中国生态文明形成了十大制度，这些制度领域的法治建设主要形成了以上述关键词为主体内容的范畴。

一、生态文明的评价及奖惩制度的法治建设范畴

十八大报告指出："要把资源消耗、环境损害、生态效益纳入经济社会发展评价体系，建立体现生态文明要求的目标体系、考核办法、奖惩机制。"① 报告将生态文明的评价体系和奖惩制度建设提升到一个新的高度。

发展是硬道理，其中经济发展常被看作是"第一"硬道理。以 GDP 作为评价地方政府施政成就的指标，引导了各地快速的经济发展，这是中

---

① 胡锦涛：《坚定不移沿着中国特色社会主义道路前进　为全面建成小康社会而奋斗》，《文汇报》2012 年 11 月 9 日，第 5 版。

国经历 40 余年改革开放，就成为世界第二大经济体的重要原因。自十七大以来，为了克服环境和资源破坏问题，制定符合生态文明建设的目标体系、考核办法、奖惩机制，就已进入政府和学界的视线，其中"绿色GDP"最被广泛关注，沿海发达地区的一些地方政府在这些方面已做了一些有益的尝试。

具体来说，生态文明的评价及奖惩制度可以从如下两个方面着手：

其一，改革政绩考核指标。在 GDP 指标指引下，"为了'先把经济搞上去'，不知不觉地付出了沉重的环境、资源代价"[①]。因此，必须改革以GDP 为核心的评价指标，要把资源消耗、环境损害、生态效益纳入经济社会发展评价体系之中。绿色 GDP 指标，必须成为当前评价地方政府政绩指标体系的重要组成部分。要由目前以 GDP 主导，逐步转化为包括绿色GDP 的综合化指标体系，其中资源、环境和社会指标要有更大的权重。2017 年 11 月出台的《领导干部自然资源资产离任审计规定（试行）》就是绿色 GDP 指标体系进入领导干部考核的标志。中共中央办公厅、国务院办公厅发文，明确从 2018 年起，领导干部自然资源资产离任审计由试点阶段进入全面推开阶段，这标志着一项全新的、经常性的审计制度正式建立。

其二，建立有利于生态文明建设的财政激励制度。"中央政府应加快完善立法、改革财税体制和行政考核体系，丰富对地方政府的监管和激励手段，为促进低碳生态城市发展模式的创新和实践营造良好的制度环境。"[②] 要尽快出台转移支付立法，通过对地方政府的财政激励引导其加大生态文明建设的力度，即在中央政府的约束下，出台相关措施，对地方政府的生态低碳建设的创新和探索予以财政支持。

二、国土空间开发保护制度的法治建设范畴

随着中国人口总量持续增长、工业化和城镇化加快发展、经济规模迅速扩张，有限国土空间面临承载规模更大、强度更高的经济社会活动的压力。"未来 10—20 年，在我国资源环境压力已较大的背景下，如何在有限的国土空间合理布局，以承载人口增长、经济扩张带来的高强度的经济活动，使我国生态脆弱和环境恶化的地区得到保护和改善，使大都市区、城

---

① 叶选平：《领导干部脱离群众不"接地气"关乎党性》，搜狐网，2012 年 11 月 2 日，http://news. sohu. com/20121112/n357322164. shtml。

② 中国城市科学研究会：《中国低碳生态城市发展战略》，中国城市出版社 2009 年版，第10 页。

市密集区、经济带等实现可持续发展，关系到国家的长治久安。"① 因此，生态文明建设需要建立国土空间开发保护法制制度。

当前，国土空间开发保护主要包括五大经济措施：积极打造国家级重点经济带、创造条件加快发展城市群、着力构建有影响力的经济区、努力建设区域性中心城市，以及有重点、有选择地培育增长极。除了经济措施以外，国土空间开发保护的生态文明制度建设也要提上议事日程，即重点实行区域生态文明建设一体化制度。

国土空间开发保护的经济措施，即区域经济一体化，无论是经济带，还是城市群，体现的都是经济联系。这种经济联系，可以由市场来自发形成，当然这并不否认政府在一体化过程中也起着重要的推动作用。而区域生态文明建设一体化制度，仅靠市场是无法形成的。生态文明建设受益者具有"跨域"特性，因为生态文明受益者的"搭便车"行为，单个区域的生态建设在现有体制下往往难以得到相邻区域政府的协作和配合，区域生态文明建设一体化制度建设受制于各生态建设主体的行为，跨域的生态文明建设要实现一体化，仅靠市场是无法实现"集体行动"的。这是因为："空间依旧是被看作是刻板的、僵死的、非辩证的东西，而时间却是丰富的、有生命的、辩证的，而且对批判社会理论化来说，是能揭示问题的语境。"② 各地方政府在辖区内推进生态文明建设易，甚至跨越时间（如 2020 年生态建设远景规划）也成为可能，但要打破空间的桎梏却无比艰难！跨域的生态文明一体化制度建设需要自中央政府至地方政府的集体行动，社会制裁和社会奖励这两种"选择性激励"是必不可少的，它们可以用于动员潜在的集团，这种社会激励的本质"就是它们能对个人加以区别对待：不服从的个人受到排斥，合作的个人被邀请参加特权小集团"③。区域生态文明建设也需要这样的选择性激励，只有这样才能推动跨区域生态文明建设的集体行动。

三、最严格的耕地保护制度的法治建设范畴

耕地保护事关国家粮食安全、经济社会的可持续发展及国家长治久安，而处于经济快速发展时期的中国，尤其是东部沿海地区，对土地资源的消耗具有刚性的需求。我国人多地少、人均耕地少、优质耕地少、耕地后备资源少的土地资源基本国情，使耕地保护的生态文明制度建设面临着

---

① 黄征学：《优化国土空间开发格局》，《中国发展观察》2012 年第 7 期。
② 爱德华·W. 苏贾：《后现代地理学》，王文斌译，商务印书馆 2004 年版，第 16 页。
③ 奥尔森：《集体行动的逻辑》，陈郁等译，上海三联书店 2003 年版，第 71 页。

严峻形势。保障发展和保护资源的双重压力和两难局面，将在相当长的时期内存在。切实实行最严格的节约集约用地制度，更加严格落实耕地保护责任，坚守耕地红线，这一项工作的确需要常抓不懈。而面对即将来临的人口 65% 的城市化水平，最严格的耕地保护制度需要进行制度创新和完善，具体来说应该做如下制度建设：

首先，既要切实坚持和完善最严格的耕地保护制度，又要制定国土利用的新制度。把划定永久基本农田作为确保国家粮食安全的基础，强化耕地保护责任制度，健全耕地保护补偿机制，从严控制各类建设占用耕地，这些都是必须做好的基本工作。但是保守地进行这些工作又是不够的，因为，城市化、工业化、现代化过程，必须在某些发达地区快速地进行，这个过程也是一个土地工业化、城市化运用的过程，在某些区域耕地减少势不可当。基于此，最严格的耕地保护制度，不仅在于节约用地，还要"开源"，即增加耕地。在发达地区扩张用地的同时，应该建立耕地资源占用的补偿机制，完善耕地的占补平衡，应该运用制度创新来实现，如在发达地区占多少耕地，就应该在欠发达地区创造出"新的耕地"来补偿，实现资源的最优化利用。事实上，在中西部地区，仍然有许多国土可以开发成耕地，只是中西部地区的人口外流严重，资金紧张，开垦能力弱，无法实现土地的最优利用。对于东部沿海地区来说，严控其用地，不如鼓励其更大规模地造地。东部沿海地区发展快，缺地却有资金；中西部地区发展慢，有待垦、待复垦地却缺资金，两者有机结合，既保证了运用，又保证了总量平衡乃至增加。

其次，既要切实实行最严格的节约用地制度，又要有城乡土地置换的新理念。强化土地利用总体规划的整体管控作用，合理确定新增建设用地规模、结构、时序，走集约式城市化道路，这些也都是必须做好的基本工作。但是，节约用地制度不能仅限于此，要有辩证思维，大规模向城镇集约式移民，其实置换出了大量的原有农村居民分散居住的国土。从工业化的角度来看，分散化的农村居住方式，是最不利于农业的工业化生产的。农村人口移居城镇，使原来的分散居住地可以腾出进行农业的工业化生产，用规模化的工业方式来推进农业生产，就可实现农业的现代化，从而实现有限土地的集约化生产，增加农地的利用率。

最后，既要切实推进土地管理制度改革，又要有有偿使用国土的新思维。国土管理，不仅要管，更要将国土运用盘活，要深化国有土地有偿使用制度改革。一分地的有偿使用，要实现再造出超出一分地的使用效果来。如城市建设中通过有偿使用土地，要求使用者进行多空间层次利用，向高空"要"土地资源。一分土地的运用，从高空中获取多分土地。制度创新，需要建立在新思维、高技术的基础上。

四、最严格的水资源管理制度的法治建设范畴

2012 年 1 月国务院发布的《关于实行最严格水资源管理制度的意见》中指出："水是生命之源、生产之要、生态之基，人多水少、水资源时空分布不均是我国的基本国情和水情。当前我国水资源面临的形势十分严峻，水资源短缺、水污染严重、水生态环境恶化等问题日益突出，已成为制约经济社会可持续发展的主要瓶颈。"[①] 因此，建立最严格的水资源管理制度非常迫切。解决我国日益复杂的水资源问题，实现水资源高效利用和有效保护，根本上要靠制度，而最严格的水资源管理制度包括：

一是用水总量控制。水资源时空分布不均，西北、华北普遍缺水，对节制地表、地下水资源的使用能得到共识。但在水资源相对丰富的长江以南区域，洁净的淡水仍然短缺，究其原因是水资源利用总量缺乏控制、流域取水无限制、水体使用无节制，本就不太丰富的水资源在无偿使用的前提下，予取予夺，随心所欲，更有甚者，污染有限的水资源的行为未能得到控制，导致全国优质水资源严重缺乏。针对这种状态，在发展的同时，严格实行水总量控制，实施有偿使用制度迫在眉睫。

二是用水效率控制制度。中国并非是水资源十分丰富的国家，水资源短缺与水资源利用效率低乃至浪费现象并存。人们对用自来水冲洗汽车习以为常，对向河流排污习以为常，对抽取深层地下水洗煤习以为常。当水生态危机出现时，人们再也不能对上述行为习以为常了，再也没有那么多的洁净的水供我们挥霍了。节水、限水、改水将成为生活中的常态，必须从生活中的各个层面进行用水效率控制。

三是水功能区限制纳污制度。区域、流域水资源利用的"搭便车"行为，决定了跨域的水体治理的外部性。严格控制入河湖排污总量，限制纳污，推进"谁污染谁治理"，"谁修复和保护就给谁补偿"的制度。在一些地区，污染者付费制度，保护者获得生态补偿的制度目标，都在一定程度上实现。

四是水资源管理责任和考核制度。对于地方官员来说，"一票否决"制度往往能让某项工作得到重视。水资源管理责任也应成为其中重要的

---

① 《国务院关于实行最严格水资源管理制度的意见》，水利部网站，2012 年 1 月 12 日，http://www.mwr.gov.cn/zwgk/zfxxgml/201305/t20130502_963800.html。

"一票"，以用来考核地方官员的生态治理成绩。喝上一口洁净的水，是美好生活的重要标志。

五、最严格的环境保护制度的法治建设范畴

未来中国发展的道路必须充分考虑环境的承受能力，实行最严格的环境保护制度，坚决避免以牺牲环境换来的 GDP 增长。

的确，从现有体制来看，我们有最严密的环境保护职能部门，有最专业的环境保护队伍，也有最为规范的环境保护立法，但是，我们仍然缺乏最严格的环境保护，最严格的环境保护制度未能建设起来。出现上述悖论的原因是地方保护主义，以及现有的地方发展竞争的格局，再加上缺少跨区域的环境保护协作机制。

建立最严格的环境保护制度应从如下几个方面着手：

其一，在空间上严格界定。需要从全国的总体上优化产业布局，实现东部—中西部梯度发展战略。

其二，在产业上严格定位。沿海地区率先实现产业结构转型升级，发展低能耗、高附加值的产业，大力发展第三产业。中西部地区在接受转移来的产业时，必须注意环境保护，不能走"先污染后治理"的老路子。

其三，在项目上严格准入。需要严格落实环保优先方针，制定和执行国际最先进的环境准入标准，凡在环评上不合格的产业，不能进入中国市场。应以此标准严格核查中国产业转移过程中，地方政府为了本地 GDP增长不顾环境危害引进企业的做法；避免因群体性的环保事件的出现，对地方政治与经济生活产生极大的影响。

六、资源有偿使用制度的法治建设范畴

生态也是资源，生态也是资本，利用生态就要付费。生态资本是指："存在于自然界可用于人类社会经济活动的自然资本，因为现代生态系统已经是人化的自然系统，只有投入一定量的劳动和资本，才能再生产出维持生态环境具有人类生存和社会经济发展程度所需的使用价值，因此，生态资本在本质上是自然–人工资本。"[1] 人们投入生态建设就期望从中得到回报。生态资本理论认为，对生态资源的保护使生态资本增值。伴随生态产品稀缺性的凸显，人们意识到，对生态环境，不能仅有索取，还应有大量的投资。如果要保持这种投资的持续性，就要通过制度创新保障生态资

---

[1]　原新：《可持续适度人口的理论构想》，《人口学与计划生育》1999 年第 4 期。

源保护者的合理回报，而生态有偿使用制度能够有效地激励人们从事生态投资并使生态资本增值。

首先，要深化资源性产品价值和税费改革。资源性产品主要是指水、能源、矿产、土地四大类产品，资源性产品大多不可再生。随着中国经济快速增长，对资源的需求不断扩大，而且由于长期以来资源价格不合理，造成的资源浪费和资源配置效率的低下，资源紧张的态势正日益显现，资源问题已经成为制约中国经济社会可持续发展的现实瓶颈。"如何获得并高效利用资源，是实现我国经济社会可持续发展必须解决的突出问题。加快推进资源性产品价格改革，在更大程度上发挥市场配置资源的基础性作用，是完善社会主义市场经济体制的重要内容。"① 将资源性产品全部当成资本来看待，它是自然赋予我们的宝贵财富，只有充分认识到每一种资源都是十分重要的，使用就要付费，给资源一个合理的价格，并课以合理的税费，才能保障资源性产品不被滥用。

其次，在利用资源时要充分体现生态价值。科斯坦萨等人在《自然》杂志上发表了《世界生态系统服务价值和自然资本》一文，首次系统地设计出测算全球自然环境为人类所提供服务的价值方式，认为"生态服务"数值是全球国民生产总值的 1.8 倍，生态系统服务功能在提供物质资料的同时，维持了地球生命保障系统，形成了人类生存所必需的环境条件。生态系统为人类提供了生存的基础，只要利用了生态系统就应付费，而维系生态系统就应从中得到相应的收益。这是体现生态价值的两个方面。

最后，实现资源利用的代际补偿。地球上的资源不仅是为当代人所有，也为后代人所有。几千年的人类农业社会生活对自然的索取是较为有限的，但是几百年的工业革命，却将自然置于人类的"控制"之下，最终遭到了"自然的反抗"②。当代人不能不顾后代的资源需求，代际补偿制度极为重要。只有节约资源，节制需求，为后代多留资源，人类才能不断繁衍。14 亿人口的中国，不可能走美国式的高消耗生活方式，节约节制是重要的代际伦理。

七、生态补偿制度的法治建设范畴

有关生态补偿的概念出现的时间比较晚，也没有能得到学术界普遍认同的界定，笔者比较赞同吕忠梅在《超越与保守——可持续发展视野下的

---

① 马凯：《积极稳妥地推进资源性产品价格改革》，《求是》2005 年第 24 期。
② 威廉·莱斯：《自然的控制》，岳长岭等译，重庆出版社 2007 年版，第 143 页。

环境法创新》一书中阐述的观点。该书将生态补偿分为广义和狭义两种：
"生态补偿从狭义的角度理解就是指对由人类的社会经济活动给生态系统
和自然资源造成的破坏及对环境造成的污染的补偿、恢复、综合治理等一
系列活动的总称。广义的生态补偿则还应包括对因环境保护丧失发展机会
的区域内居民进行的资金、技术、实物上的补偿，政策上的优惠，以及为
增进环境保护意识，提高环境保护水平而进行的科研、教育费用的支
出。"① 这一概念界定了生态补偿中的人与人的关系、人与自然的关系。

　　从人与自然的关系来看，生态补偿应该是从事对生态环境有影响的行
为时对生态环境自身的补偿。如根据《森林法》第八条第六款中对森林生
态效益补偿基金的规定，可以认为森林生态效益补偿是一种人对自然的直
接补偿，即用于提供生态效益的防护林和特种用途林的森林资源、林木的
营造、抚育、保护和管理。《草原法》第三十九条中有关草原植被恢复费
的规定，第四十六条中对退耕还草，已造成沙化、盐碱化、石漠化的，限
期治理的规定，也可以理解为人对自然的直接生态补偿。

　　从人与人的关系来看，生态补偿应该是开发利用环境资源时对受损的
人们的补偿。如《环境科学大辞典（修订版）》上所定义的生态补偿：
"为维护、恢复或改善生态系统服务功能，调整相关利益者的环境利益及
其经济利益分配关系，以内化相关活动产生的外部成本为原则的一种具有
激励性质的制度。2007 年 9 月，国家环保总局印发了《关于开展生态补
偿试点工作的指导意见》，在四个领域开展了生态补偿试点工作，包括自
然保护区的生态补偿、重点生态功能区的生态补偿、矿产资源开发的生态
补偿、流域水环境保护的生态补偿。"②

　　有的生态补偿还体现为人与人、人与自然的双重关系。如对开发利用
所带来的生态风险（包括对环境的风险和对人的风险）的补偿，这种补偿
是针对环境风险的不确定性，其所采取的措施可以是设立生态风险基金。

　　生态补偿就其实质而言乃是对公益外溢的一种补偿，生态环境改善所
带来的惠益由全社会无偿分享，而生态建设者却要自己负担对生态环境改
善所支付的代价，承受着私益的损失。解决外部性问题，主要有两种不同
的路径：一是"庇古税"路径，二是"科斯产权"路径。外部性的内部
化是生态补偿的核心问题，庇古的福利经济学理论和科斯的交易成本理论

---

　　① 吕忠梅：《超越与保守——可持续发展视野下的环境法创新》，法律出版社 2003 年版，
第 355 页。
　　② 环境科学大辞典编委会：《环境科学大辞典（修订版）》，中国环境科学出版社 2008 年
版，第 566 页。

都为生态补偿机制的建立提供了重要的理论基础。公共物品理论是生态补偿制度的又一理论基础。生态系统服务所具有的公共物品或准公共物品属性意味着其必然存在供给不足、过度使用、"搭便车"等现象，不可避免地产生"公地悲剧"，必须通过相应的制度安排——建立生态补偿机制——来规制生态系统服务的提供者与受益者之间的利益分配问题，激励生态系统服务提供者的生产、消费行为，抑制受益者不利于环境资源保护的活动，从而达到保护生态环境的目的。

从深层次来讲，生态补偿遵循"谁破坏，谁受益，谁补偿"的原则是符合生存伦理这一生态伦理学原则的。生存伦理，包括发展中国家求生存求发展的伦理问题，也包括国内贫困地区生存发展的伦理问题。生存伦理关注生存权、发展权与环境权的协调发展，通过创设区域生态补偿机制，可以作为一种极其有效的调和剂，使生存权、发展权与环境权并行不悖。生态系统服务功能价值是建立生态补偿机制、反映生态系统市场价值的重要支持。自党的十七大以来，在建设生态文明的旗帜下，有许多地区正在投入生态资本，如何测算其生态服务的功能价值，并在此基础上测算不同区域的生态补偿值，是当前值得深入研究的课题。

八、生态环境保护责任追究制度的法治建设范畴

生态环境保护责任追究制度的重点，是对各级政府建立生态环境保护的约束性规范，要做到将主要污染物排放总量控制指标和其他重要指标层层分解落实到各地区、各部门，落实到重点行业和单位，确保约束性指标任务的完成。要实现这样的重点工作，前提条件是，把环境保护目标纳入党政领导考核内容，实行严格的环保目标责任追究制度。这就需要完善如下几个方面的制度：

首先，将环境保护与干部选拔重用挂钩。让那些不重视污染防治工作、没有完成年度任务的领导干部得不到提拔重用；让那些重视生态文明建设、防治污染工作取得成效的领导干部得到重用。地方发展，不仅是经济发展，还有美好生态的发展；无良好生态，发展就失去了目标。将环境保护目标与领导干部任用挂钩的制度，是最能直接提升生态文明的制度。

其次，对造成严重事故的责任人，包括地方、行政官员，应严格追究其法律责任，尤其是刑事责任。用刑罚手段来保护环境、治理污染，是治国的一大利器。我国1997年3月修改《刑法》时就在刑法分册中专门增加了一节破坏环境资源保护罪的规定，增加了"重大污染事故罪"等新罪名，并对罪状和量刑做了明确具体的规定。追究环境破坏者的刑事责任，

是保护环境的重要制度安排。

最后，推行地方领导干部离任生态审计制度。中国要实现经济的转型升级，必须建立一整套可持续发展的制度框架。把官员的升迁同对环境的考核挂钩，进一步把环保标准引入到官员的政绩考核中。尤其是在地方领导即将离任时，上级有关部门应对其辖区的山地、林地、草地、绿化、沿海、沙滩、江河等进行考察和检查。其中重点考核其在任期间生态环境是否遭受污染和破坏，特别是考核其在任期间各项经济决策和本人政绩是否以牺牲生态环境为代价。生态审计制度如果能全面推行，将有利于地方的全面发展，尤其是生态文明的全面发展。生态审计制度可以从根本上遏制地方领导急功近利的冲动，它是考量地方政府领导在任期间进行生态建设的"尺子"。

九、环境损害赔偿制度的法治建设范畴

环境损害"是指因人类的各种生产生活行为致使区域性的公共环境资源受到污染或破坏，侵害了自然体的生态利益，有引起生态系统结构或功能发生不利变化的危险或产生了实际损害后果的事实状态，主要表现为区域性环境质量下降、生态功能退化"[①]。在经济进入快车道的当下，快速的工业化带来了越来越多的环境公害，由此带来的破坏性后果逐步显现，但是，对于环境损害的理论认知、法律实践还处于刚起步的阶段，环境损害赔偿问题严峻，公共环境安全堪忧。由此引发的环境损害抗争乃至环境突发公共事件，时有发生。

建立和完善环境损害赔偿制度，首先要在观念上克服"人类中心"理念。传统的人类中心理念，一切以人为中心，自然界都是为人类服务的对象。基于此，人类行为产生一种最不合理的目标："把全部自然（包括人的自然）作为满足人的不可满足的欲望的材料来加以理解和占用。这一目标变成了强制的、盲目重复的，并将最终导致自我毁灭。"[②] 人类中心说，在对待生态环境问题上，强调资源的经济价值而无视其生态价值，强调当代人的经济利益及其舒适的生活而无视后代人的生存和发展。人类中心说，导致了代际不公平、资源利用的国家间不公平，最终导致了自然反攻人类——地球生态正在走向无法承载人类生存的境地。因此，"必须在观念上承认生态环境的内在价值或善性，而这种价值来源于生态环境本身所

---

① 张锋、陈晓阳：《环境损害赔偿制度的缺位与立法完善》，《甘肃社会科学》2012年第5期，第114页。

② 威廉·莱斯：《自然的控制》，岳长岭等译，重庆出版社2007年版，中译者序第3页。

具有的满足人类生存和发展需求的属性而非人类的劳动创造"①。生态自身也是有价值的，谁破坏了生态，就应当承担起赔偿的责任。

建立和完善环境损害赔偿制度，也要做到理论先行。中国生态文明建设刚刚起步，有关环境损害赔偿的理论研究也刚刚起步。何为环境损害？由于环境损害的加害主体和受害主体具有普遍性和交叉性，如何确定加害主体和受害主体？除了人类自身受害以外，自然界遭破坏，如何修复？谁来修复？跨国跨区域的环境损害如何赔偿？既知环境损害的致害过程及对公共环境安全和公共环境资源的危害巨大，而且在大多数情况下是不可恢复和难以逆转的，可人类仍放任这种状态发生，谁之责？总之，在这些问题得到理论研究和有效界定之前，环境损害赔偿制度难以健全。

建立和完善环境损害赔偿制度，还要做到法制完备。环境损害赔偿涉及赔偿的原则及范围、赔偿资金来源、赔偿数额的评估、赔偿程序等诸多方面，其关键在于环境损害赔偿责任的认定。这些都需要制定专门的法律来加以规范，这是当前和今后生态文明制度建设的重要内容。

十、生态文明宣传教育制度的法治建设范畴

实现美丽中国、优美生态，需要千百万人共同努力。而破坏生态，只需少数人就能达到。百亩林地，需要数十人数十年精心培育，才能成林；而破坏它，在现代科技条件下，仅一人一夕就可完成。这就是当前人类投入了大量的时间、金钱、人力保护环境，可生态治理仅局部有效，整体失效的根本原因。人类为治理生态付出了很多，但生态危机并未逆转。发展的可持续问题，摆在了人类面前。我们无法让所有人都起来保护生态，却必须努力争取每一个人尽可能地去这样做，这就是建立生态文明宣传制度的重要性。

生态文明需要全社会所有人共同努力，每个人都是重要的参与者，我们难以让每个人都具有高度自觉的生态文明行为习惯，但我们必须争取每一个人都参与到保护生态上来。这个过程是一个"零和博弈"，每争取一人保护生态，则减少了一位可能对生态破坏放任或冷漠的人，此增则彼减，反之亦然。因此，必须加强生态宣传教育制度建设，大力推动全民环境保护意识提升，构建全民参与环境保护的社会行动体系，这是当前生态文明的一项重要任务。2011 年，环境保护部等 6 部委首次联合下发了指导

---

① 张锋、陈晓阳：《环境损害赔偿制度的缺位与立法完善》，《甘肃社会科学》2012 年第 5 期，第 115 页。

全国环境宣传教育工作的纲领性文件《全国环境宣传教育行动纲要（2011—2015 年）》，对于增强全民环保意识、建立全民参与的社会行动体系、提高生态文明水平发挥了重要作用，生态文明宣传教育行动正在各地兴起。

第二节　生态治理法治建设的期盼与现实差距：以跨域水环境为例

中国生态文明建设已经有十余年了，生态文明法治建设也取得了较大的成果。但是，人们仍然不满足当前的生态文明法治建设成果。生态文明法治建设成果与人们的期盼之间存在着较大的差距。以跨域水环境的法治建设为例来分析人们的期盼与现实差距，比较有代表性。人类生存和发展离不开水环境，改革开放 40 年来，中国水环境破坏严重，而在生态文明建设的大背景下保护水环境也极受重视。党的十九大报告中就指出："必须树立和践行绿水青山就是金山银山的理念，坚持节约资源和保护环境的基本国策，像对待生命一样对待生态环境，统筹山水林田湖草系统治理，实行最严格的生态环境保护制度。"[①] 一方面中国出台了大量的法律法规保护水环境，也取得了重大进步；另一方面在跨域水环境问题上，我们又那么无能为力，人们常眼睁睁地看着污染物沿河道、海流、洪水等漂来或涌入。无论是地方政府或是公众，都盼望有良好的水环境，可一旦水资源具有跨域性时，又表现为强烈的保护无力感。从整体性治理理念出发，采用系统性治理、综合性治理手段，是当前深化跨域水环境管理的必由之路。

一、零散化治理：中国跨域水环境管理体制的现状

（一）中国跨域水环境管理权限的零散化

目前，中国水环境的管理侧重于流域管理与政府行政区域行政管理相结合的体制，水环境管理权主要控制在中央政府和地方政府的相关部门，其中最主要的部分是各级环保部门。同时，从中央到地方的各级水利、住房城乡建设、农业、国土资源等部门也都有相关的水环境管理职能。从全局来说，水环境管理权集中于各级环保部门，其他与水环境有关部门又具有相应的管理权限。

---

① 习近平：《决胜全面建成小康社会　夺取新时代中国特色社会主义伟大胜利》，人民出版社 2017 年版，第 23—24 页。

根据 2017 年新修订的《水污染防治法》第九条规定："县级以上人民政府环境保护主管部门对水污染防治实施统一监督管理。交通主管部门的海事管理机构对船舶污染水域的防治实施监督管理。县级以上人民政府水行政、国土资源、卫生、建设、农业、渔业等部门以及重要江河、湖泊的流域水资源保护机构，在各自的职责范围内，对有关水污染防治实施监督管理。"① 仅从水污染的防治，我们就可以看到，它涉及了环保、交通、水行政、国土资源、卫生、建设、农业、渔业等诸多部门。这一方面说明水环境管理的复杂性，它需要多部门共同参与；另一方面说明相关管理部门是零散的，职能是分化的。

水环境管理具有复杂性，而跨域水环境管理尤其，因此，"九龙治水"现象将在很长一段时间内存在，这是无法回避的问题。在中国跨域水环境管理权限的零散化状况不可避免的前提下，深化水环境管理体制改革，必须立足于这一现状，并在此基础上提出相关的对策和策略。

（二）中国跨域水环境管理法规的零散化

中国水环境管理法规的完善持续了近半个世纪，尤其是改革开放 40 年来，中国先后出台了《环境保护法》（1979 年试行，2014 年修订）、《水污染防治法》（1984 年制定，2017 年第三次修订）、《水法》（1988 年制定，2016 年第三次修订）、《水土保持法》（1991 年制定，2010 年修订）、《防洪法》（1997 年制定，2016 年第三次修改）等有关水的法律，这些法律形成了中国水环境保护和水环境管理的制度与思想。

现有的水环境管理法规已经形成体系，法律法规初具规模。而法律法规的零散化是这个体系的特征之一，这一持续了半个世纪的法律法规建设，既有国家层面发起的全国环境保护大会（1973 年第一次，2018 年第八次）确立环境保护方方面面的原则和制度，又有国家层次的水环境保护法律，还有国务院及各部委（省、自治区、直辖市）的法规规章。一个初具规模、比较科学和完善的水的法规体系已经出现了，但在人们的心目中，各种各样的法律法规，都涉及水环境，因具零散化而难以引起人们的高度重视。因为，近 10 年来生态文明建设越来越受人们重视，而生态文明建设是"山水林田湖草"全方位的、系统的、整体的。仅仅涉及水环境的法律法规及其保障制度就有如此之多，且执行过程中又涉及很多的国家行政机关，职责交叉就不可避免了。

---

① 《水污染防治法》，中国人大网，2017 年 6 月 29 日，http：//www．npc．gov．cn/npc/xinwen/2017 -06/29/content＿ 2024889．htm．

表 6-1　我国水环境治理历程时间表

发布年	法律法规或环保会议名称	发布（主持）者	主要内容	治理主体
1973	第一次全国环境保护会议	国务院委托国家计委	揭开了中国环境保护事业的序幕	国家计委
1979	《环境保护法（试行)》	全国人大	确立国家环境保护的基本方针和政策	各级人民政府
1983	第二次全国环境保护会议	国务院	将环境保护确立为基本国策	中央人民政府
1984	《水污染防治法》	全国人大	确立水污染防治的管理体制和基本制度；规定污染物排放限制、排污收费、限期治理、排污申报、法律责任；水污染防治基本制度和环境标准体系	各级人民政府
1986	《关于防治水污染技术政策的规定》	国务院环境保护委员会	逐步实行污染物总量控制制度	国务院环境保护委员会
1988	《水法》	全国人大	合理开发、利用、节约和保护水资源	各级水行政主管部门
1989	第三次全国环境保护会议	国务院	"三大环境政策"（预防为主、谁污染谁治理和强化环境管理）和"八项管理制度"（环境影响评价制度、"三同时"制度、排污收费制度、环境保护目标责任制、城市环境综合整治定量考核、排污许可证制度、污染集中控制制度、污染限期治理制度）	中央人民政府
1991	《水土保持法》	全国人大	预防和治理水土流失，保护和合理利用水土资源，减轻水、旱、风沙灾害，改善生态环境	县级以上人民政府
1996	第一次修订《水污染防治法》	全国人大	实现了水污染防治工作的战略转移	各级人民政府
1997	《防洪法》	全国人大	防治洪水，防御、减轻洪涝灾害	各级人民政府
2008	第二次修订《水污染防治法》	全国人大	强化地方政府水污染防治的责任	各级人民政府
2010	修订《水土保持法》	全国人大	强化政府的水土保持责任	县级以上人民政府
2012	党的十八大	中国共产党	提出建设生态文明，美丽中国	中国共产党

（续表）

发布年	法律法规或环保会议名称	发布（主持）者	主要内容	治理主体
2014	首次修订《环境保护法》	全国人大	立法理念创新，技术手段加强，监管模式转型，监管手段强硬，鼓励公众参与，法律责任严厉	各级人民政府
2015	《水污染防治行动计划》	国务院	"水十条"	中央人民政府
2015	《关于推进水污染防治领域政府和社会资本合作的实施意见》	财政部和环境保护部	在水污染防治领域大力推广运用政府和社会资本合作（PPP）模式，提出逐步将水污染防治领域全面向社会资本开放	中央人民政府
2016	修订《水法》	全国人大	强化水资源统一管理，理顺水资源管理体制	各级水行政主管部门
2016	《关于全面推行河长制的意见》	中共中央办公厅、国务院办公厅	由中国各级党政主要负责人担任"河长"，负责组织领导相应河湖的管理和保护工作	全国各级党政主要负责人
2016	修订《防洪法》	全国人大	进一步树立公众正确的公共危机意识，提高公众依法承担防汛抗洪责任的自觉性，激励与保障群众更好地依法履行防汛抗洪义务	各级人民政府
2017	修订《水污染防治法》	全国人大	落实预防为主的原则，建立流域间协同合作长效机制，将规模化畜禽养殖场列入点源污染控制范围，加大违法成本，完善水污染法律责任	各级人民政府
2018	第八次全国生态环境保护大会	国务院	加大力度推进生态文明建设，解决生态环境问题	中央人民政府

资料来源：作者编辑整理。

（三）中国跨域水环境管理手段的零散化

中国水环境治理不仅在国家层面上制定水环境保护法，还需要深入到跨域的水（江河湖海）的领域中去。由此，中央政府各部门或地方政府根据已有水环境治理法律法规，制定了一系列的流域规章或规划，比如针对大江大河中的黄河、长江、淮河、辽河，大湖泊中的太湖、滇池、巢湖、三峡库区，都相继制定了水污染防治规划。

有些地区还根据本地水环境治理的需要，积极地制定地方性法规来保护水环境。如《苏州市金鸡湖保护管理办法》，这是中国首个对一些小湖泊实施保护的地方性立法。这对指导流域水资源和水环境的综合管理发挥了重要作用。

一些地方政府除了用法律规划从侧面来管理水环境之外，还非常重视科技手段在水环境管理领域的作用。在水环境管理领域中国政府运用了大量的科学手段，如在水管理领域引入数字化、信息化手段，建立了水环境质量监测和污染源排放监督体系，建立跨域的河长制，实行流域干部离任生态审计。可见，技术手段在水环境管理中得到了全面的运用。

总体来说，改革开放 40 年来，虽然有"三同时"、水环境标准、水环境影响评价、目标责任制等制度，以及排污收费、总量控制、排污许可证、淘汰落后产业、限期治理、河长制这些不断创新的制度建设，但各种手段仍然是零散的，不成体系的，或者说虽有一些体系形成，但不同的体系之间也是松散关系。

二、碎片化治理：跨域水环境管理体制存在的问题

中国跨域水环境管理体制的零散化，是在长期以来中国治理水环境过程中形成的，它与中国的体制改革的逐步深化有关，是中国体制改革的产物。虽说这种零散化有其存在的理由，但是，这种零散化现象正是导致水环境治理碎片化的主因。当前，中国水环境管理体制的碎片化主要表现在如下几个方面：

（一）决策碎片化：跨域水环境治理与经济发展缺乏互动

在水环境宏观决策支持方面，政府决策很少顾及经济的长期发展与水环境保护的互动、定量关系。改革开放 40 年来，中央政府不断强调生态环境建设，但真正落实生态环境建设的决策较少。虽说早在 1973 年就召开了第一次全国环境保护会议，揭开了中国环境保护的序幕，但当时正处在"文化大革命"阶段，"阶级斗争"是主要任务，又有多少地区关心环境保护，尤其是跨域的水环境保护呢？！1979 年第一部《环境保护法（试行）》经全国人大常委会通过，确立了国家环境保护的基本方针和政策，但当时改革刚刚起步，在经济水平十分低下、生产力落后的基础上，又有哪个地方政府会把环境保护当作是重要任务呢？中央有了决定，国家有了法律，最终都要靠地方政府去落实。在"文化大革命"时期和改革开放的初期，前者的主要任务是"阶级斗争"，后者的主要任务是"以经济建设为中心"，水环境宏观决策仅仅碎片化地散落在国家治理的相关领域。

改革开放 40 年来，中国在一个相当长的时间里，没有把水环境管理置于社会经济发展大系统下统筹考虑，没有制定一套把经济发展—水资源

消耗—水环境污染三者结合起来的情景分析模型，缺乏全国性的水污染控制战略。正是这个时期，随着中国经济的迅猛发展，各种污染物排入大自然，水环境在很短的时间里出现了严重的污染问题，如太湖蓝藻事件，这引发了党和国家以及全国人民的深度关注。

水环境管理因为没有与经济发展相匹配的顶层制度设计，管理和政策常常不具有预见性。水环境管理往往受个别污染事件或小概率环境事件所左右，常常"水来土掩，污来放水"，环境事件阶段性反复、波动甚至逆转。

（二）体制碎片化：跨域水环境治理与社会治理缺乏协调

水环境管理体制构架不完善，水环境管理体制机制缺乏统一协调性。根据水环境特征，国际上通行的管理模式是"分区、分类、分级、分期"管理，而我国目前对水环境"分区、分类、分级、分期"管理仍处于初级阶段，研究并不深入。在基础研究还不够全面的前提下，中国水环境治理尤其是跨域水环境治理系统化的全局性体制并未形成，跨域水环境治理仍停留在"有污就治"的阶段，从源头上治理仍停留在初始阶段，如青海推行的"三江源国家公园"体制，虽然人们认识到了保护江河源头的重要性，也在努力治理水环境，但是，深入的配套的措施手段仍然处于初级阶段。

体制的碎片化导致了水污染治理投资激增而水污染并未减速的境况。跨域水环境治理现有碎片化的体制主要体现为：水资源管理与水污染控制的分离、水环境治理与社会治理的分离、国家与地方水环境治理权的分割等方面。体制的碎片化，让治理主体对水资源抢着管，因为它是"资源"，可以带来相应的收益；但是，对于水污染控制这种需要大量财政投入且见效甚微的生态治理事务，大多数行政机构会推诿。体制的碎片化，让涉及相关权益的社会主体不愿参与或者不知道如何参与水环境治理，国家水环境的治理与社会治理脱节，水环境治理投入得不到社会主体的理解与配合，治理成效不明显。

总体来说，各部门难协调，体制不顺畅，任务分割不明确，七大流域管理机构缺乏权力，所有这些都给跨域水环境治理带来了巨大的障碍。

（三）职责碎片化：跨域水环境治理与管理权限缺乏界定

自 1973 年第一次全国环境保护会议以来，中国环境治理已经历了近半个世纪，其中中央的国务院、国家计委（后改革为发改委）、水利部、环保部，地方的各级人民政府及相应职能部门，都是水环境治理的责任主体，也是治理主体。由此可见治理主体的宽泛。

治理主体的宽泛，导致了水环境治理主体管理权限不明的现状。若每一个治理主体都有责任，就容易出现大家都不负责任的后果。因为任何一个主体，总能找到"理由"为自己推卸责任。而跨域水环境治理，因其跨域的复杂因素，突破了国家行政区区域治理的范围，变成了"共管""共治"，"公共的"更容易导致"搭便车"现象，因而跨域水环境治理的难度更大。中国当前对跨域的水环境治理虽然设立有一些河流治理委员会，但因其承担起的河流治理责任的权限不足，与区域内的治理职能交叉，导致资源抢着管理、污染治理推脱管理。管理权限缺乏明确的界定，职责的碎片化现象严重。

（四）体系碎片化：跨域水环境治理与行政体制缺乏共振

一个好的体系在于各要素之间能形成"共振"效应，将要素的功能发挥到最大。共振是指一物理系统在特定频率下，比其他频率以更大的振幅做振动的情形；"只要我们认真了解共振的本质，抓住它的特征——外来作用与振动系统本身固有的振动节奏之间的合拍——那么，在遇到各种形态的共振现象时，一眼就能把它识别出来"[①]。当前，跨域水环境治理从表面来看已经形成了"体系"，事实上体系中的各要素难以形成"合拍"的"共振"，体系的碎片化严重。

其一，当前水环境治理的两大行政主体——水利和环保——这两大行政机关的职责难以分清，出现了人们常说的"水利部门只负责水上，不上岸；而环保部门只负责岸上，不下水"的现状，权责难分，行政机关治理主体体系难以"合拍"，体系的碎片化严重。

其二，区域行政管理体制与跨域行政管理体制的权力交叉，使其在功能发挥过程中"共振"效果难以形成，不协调的时候反而居多。而如何促使其形成共振，当前的碎片化的体系还给不出合理的答案。

其三，跨域水环境治理的政策法律体系的碎片化严重，在上下游的水权界定、水质保障的政策、水资源综合开发和运用、水资源综合决策和法律保障、水环境纠纷的处理所有这些涉及跨域水环境治理的问题上，法律、法规、政策、决策冲突居多，形成"共振"效果的少。没有一个良好的治理体系，体系功能发挥最优状态的共振就难以出现。当前的跨域水环境治理的政策法律体系不是没有，而是体系内的各要素之间形成共振的条件不多，形成共振的局面也就更少。

---

① 李守中：《共振》，科学出版社 1987 年版，第 9 页。

三、分割式治理：跨域水环境管理体制机制存在问题的原因

中国跨域水环境管理体制机制存在问题的主因是分割式治理，体现为体制与治理要求的分割、机制与治理复杂性的分割、手段与依据的分割等。

（一）结构分割功能：跨域水环境管理体制不能适应治理的要求

水的流动性与跨越地域性导致水环境管理难以形成统一高效的体制。水的流动性形成水的流域，水环境管理的跨越地域性形成多头管理、多层级管理的局面。

流域自然属性要求流域水环境的管理要以流域为划分管理的依据进行，但是从现有的行政管理体制上看，我们习惯于行政区的管理体制，"实现从'行政区经济'向'经济区经济'转变已成为区域经济发展的必然趋势，但由于行政区经济的封闭性致使经济区经济发展受到阻碍"①。即便是具有鲜明跨域特色的水环境管理的规章《关于全面推行河长制的意见》，亦采取行政区首长管理体制，如对河长的组织形式的规定为："全面建立省、市、县、乡四级河长体系。各省（自治区、直辖市）设立总河长，由党委或政府主要负责同志担任；各省（自治区、直辖市）行政区域内主要河湖设立河长，由省级负责同志担任；各河湖所在市、县、乡均分级分段设立河长，由同级负责同志担任。县级及以上河长设置相应的河长制办公室，具体组成由各地根据实际确定。"② 表面上看，河长制是跨域的河湖水环境的整体治理，而深入分析谁任"河长"后，就可以发现跨域的水环境主体的结构被分割成了一小块一小块，每一小块对自己的这一块负责。然而，河湖水环境是跨域的，上游出了问题，全流域都会出现问题。这种分割式的治理方式难以保证河长制功能的有效发挥。

由不同行政主体分别行使的以区域分割为特征的管理权，这种体制最容易将环境治理权益与经济发展利益两者分割开来。从地方政府角度来看，经济发展涉及当地民生，经济发展水平更涉及其政绩，在经济发展与水环境治理两者之间进行选择的话，无疑经济发展优先，"先污染后治理"发展模式成为共同的选择。

水环境的治理具有特殊性，水体尤其是地下水体一旦污染或水质下降

---

① 张劲松：《区域政府：从行政区经济到经济区经济转变的路径选择》，《河南大学学报（社会科学版）》2008 年第 3 期，第 141 页。

② 中共中央办公厅、国务院办公厅印发：《关于全面推行河长制的意见》，中国政府网，2016 年 12 月 11 日，http：//www. gov. cn/zhengce/2016 -12/11/content_ 5146628. htm。

就可能是不可逆的，保护水体尤其是地下水体就像是保护人的生命一样重要。但是在很长一段时间里，人们没有意识到这一点，有些地方政府即使意识到了，也可能采取"放任"策略。这就导致经济发展到今日，人们突然发现中国的水环境出现了不可逆的破坏。以区域化的行政管理体制管理跨域的水环境，出现了治理主体结构无法实现其应该完成的水环境保护功能的严重现象，结构分割了功能。

（二）过程分割结果：跨域水环境管理机制不能适应治理复杂性

中国跨域水环境治理过程中创立了许多有益的管理机制，这些管理机制如果单个看其效用，在实行的过程中也取得了许多成果，但从最终的水环境现状来看，单个的管理机制的有效并未能解决水环境持续恶化的大趋势。我们要的水污染治理向良性转化的结果，当前仍然没有到来，即良好转化的上行线未出现。跨域水环境治理机制在不断增加，各自也取得了效果，而所有的成绩加起来，却并未改变水环境仍在下行的现状。现有水环境管理具体制度还不能适应如此复杂的系统性的水环境治理要求，治理过程中的现行机制分割了我们所追求的结果。主要体现为如下几个方面：

首先，上下游之间的经济补偿机制，不能适应跨域水环境治理复杂性要求，过程分割了结果。跨域的水环境治理机制，既要看实施过程中流域内的上下游之间的合作，还要看互相之间的经济补偿是否科学且补偿到位。当前，水环境治理过程中，因其跨域治理机制涉及的方方面面极为复杂，"目前，大多数实施生态转移支付制度的国家和地区，其生态转移支付的衡量指标只是基于数量指标而进行的，对于质量指标如何确定仍缺乏合理的方案，关于生态转移支付的制度设计仍在不断摸索中"[1]。当前，中国的跨域水环境的补偿机制，仅仅停留在一定的量的补偿上，且这样量的补偿往往是通过中央或共同主管行政机关以行政命令式的方法进行的，质量上的合理的补偿机制尚未形成，而市场化的补偿机制更未起步。现有经济补偿的过程，事实上与补偿要达到的目标是分割的。

其次，水使用权的交易机制，不能适应跨域水环境治理复杂性要求，过程分割了结果。"水权能够自由转让，用水者必然会仔细评估水的全部成本，包括其他用途的价值。如果一种用途的价值高于另外一种，所有者就可以出售或出租自己的水权，重新配置水资源。"[2] 当前中国水使用权

---

[1] 祁毓、陈怡心、李万新：《生态转移支付理论研究进展及国内外实践模式》，《国外社会科学》2017 年第 5 期，第 54 页。

[2] 罗小芳、卢现祥：《环境治理中的三大制度经济学派：理论与实践》，《国外社会科学》2011 年第 6 期，第 60 页。

交易机制则没有考虑到水资源成本与收益问题，如南水北调工程，中国人能做到巨大的工程的修建，但是调水之后的水资源的成本高于收益，导致工程无法实现良性运转。其中的主要原因是水使用过程中水使用权机制与最终的水治理的复杂性脱节，导致过程与结果分割开了。

最后，水污染损害的认定和评估机制不能适应跨域水环境治理复杂性要求，过程分割结果。"排污权是一种特殊的财产权利，它是对环境容量这一稀缺资源的明确界定和分配。排污权的分配和交易许可，大大减少了环境政策的执行成本，同时，环境资源使用中的'产权拥挤'问题也得到了解决，使用者在追求自身利益最大化的同时，也将使整个社会的利益实现最大化，使环境容量资源得到高效配置。"① 我们认定水污染，收取相应的排污费，实行"谁污染谁治理"。事实上，这样仅重视了治理过程，而忽视了治理结果。将过程与结果分割开来的治理，并非好的治理。跨域水环境治理对水污染认定和评估以及采取的治理措施，这些过程性的内容，还需要与治理结果结合才能起到效果。当前，各地在治理过程中执行法律，尤其是执法收取排污费上，政府下的功夫很大，但在治理结果上，还没有得到更多的重视。

总之，水环境管理具体机制仍然不够完善，是导致水环境管理缺乏系统性和协调性的重要原因。

（三）手段分割依据：跨域水环境管理技术缺乏理论支撑

我国跨域水环境治理全国性的信息技术还不够成熟。气象部门每天公布每个城市的 PM2.5 值，引发了公众对空气质量的全面关注，并对政府环境保护行为形成强大的社会舆论压力，有力地促进了各地政府改进空气质量。但是全国性的水环境信息难以获取，甚至一些重要流域的水环境信息都不易获取，因此，公众参与水环境管理的积极性与可行性不高。从理论上讲，公众参与将在跨域水环境管理中发挥重大作用，推动公众对水环境治理的参与具有重要的意义，而当前的信息技术还未能适合公众广泛参与的要求。全国性的水环境管理的信息技术提升势在必行。当前，跨域水环境治理参与不足的主要原因，不是公众不愿意参与其中，而是公众能参与的渠道和途径受限制，当前的科技手段虽然足够人们做到广泛的参与，但是因各种原因，跨域水环境治理的具体技术没有跟上。具体来说，技术也需要有理论支撑，没有理论指导，没有政策支持，水环境治理的参数指

---

① 穆贤清、黄祖辉、张小蒂：《国外环境经济理论研究综述》，《国外社会科学》2004 年第 2 期，第 30 页。

标体系就没有相应的职能部分承担起来。习近平同志强调"绿水青山就是金山银山",绿水青山如何来,如何变成金山银山,这些都需要深入的理论研究,提供充分的理论依据。当前,缺的是将技术与理论的完美结合,技术分割理论现象比较严重。

另一方面,支撑水环境管理的水生态补偿量化理论在国内外都刚刚起步。水生态补偿涉及的面很广,补偿主体、受偿主体、补偿依据条件、补偿的科学计算工具、补偿的量化工作程序等等,都还在研究之中。党的十九大报告中提出:"设立国有自然资源资产管理和自然生态监管机构,完善生态环境管理制度,统一行使全民所有自然资源资产所有者职责,统一行使所有国土空间用途管制和生态保护修复职责,统一行使监管城乡各类污染排放和行政执法职责。"① 我们要设立的自然资源资产的管理和监管机构,职责也包括了实现跨域水环境管理。但是,当前的理论研究成果仍不足以支撑起水污染等水环境治理的需要,政府职能转变的任务很重,而相应的支撑理论没有跟上,当前的跨域水环境治理面临着手段与理论依据分割的难题,跨域水环境治理还有太多的前期基础工作需要去做。

---

① 习近平:《决胜全面建成小康社会 夺取新时代中国特色社会主义伟大胜利》,人民出版社 2017 年版,第 52 页。

第七章　生活垃圾处置及管理模式创新：
以苏州为例

人类社会发展速度越快，所产生的垃圾也就越来越多。我国绿色城市建设中垃圾分类推进艰难且垃圾处置风险也越来越大，严格实现垃圾分类、实现垃圾"零填埋"是生态城市建设的重要环节。苏州垃圾处置工作在全国领先，但现行的垃圾管理模式仍无法满足垃圾处置的社会需求，管理模式创新是时代要求。

第一节　苏州垃圾处置的艰难背景与时代要求

垃圾是城市发展的附属物，城市和人的运转，每年产生上亿吨的垃圾。一边是不断增长的城市垃圾，一边是无法忍受的垃圾恶臭，成为城市垃圾处理中的棘手问题。高速发展中的中国城市，正在遭遇"垃圾围城"之痛。

一、垃圾处置的艰难背景

（一）中国垃圾存量巨大，无处可堆

住建部的一项调查数据表明，全国有三分之一以上的城市被垃圾包围，全国城市垃圾堆存累计侵占土地 75 万亩。"近年来，我国很多城市陷入垃圾围城的尴尬。全国生活垃圾年增长率由五年前的 3% 提高到 2015 年的 7%，其中，北京 2016 年生活垃圾比 2015 年增长 10%，广州则增长 16%。"① 全国 600 多座城市，有四分之一的城市已没有适合场所堆放垃圾。

《"十二五"全国城镇生活垃圾无害化处理设施建设规划》提出，对由于历史原因形成的非正规生活垃圾堆放点和不达标生活垃圾处理设施进行存量治理，使其达到标准规范要求。"十二五"期间，预计实施存量治理项目 1882 个。其中，不达标生活垃圾处理设施改造项目 503 个，卫生

---

① 《我国低值可回收物被大量废弃加剧"垃圾围城"趋势》，《经济参考报》2017 年 8月 28 日。

填埋场封场项目 802 个，非正规生活垃圾堆放点治理项目 577 个。

面对庞大的垃圾存量数量，2012 年住房和城乡建设部会同国家发改委、环保部出台了《关于开展存量生活垃圾治理工作的通知》，要求开展非正规生活垃圾堆放点和不达标生活垃圾处理设施普查工作，逐步建立台账，促进规划实施。

随着社会经济的发展，苏州的生活垃圾处理量呈快速增长趋势，2000年仅为 1000 吨/日，2017 年已超过 3000 吨/日，目前市级公共财政用于生活垃圾的收运处理的总投入已达 2 亿元/年。仅以苏州市城区为例，2014年生活垃圾产量达到了惊人的 177 万吨，我们居住的环境有被人类自身制造的垃圾吞噬的危险。为了解苏州垃圾分类情况，苏州市环卫管理处曾经对一些小区和学校垃圾分类情况进行调查，调查显示，苏州市区生活垃圾增量明显，2015 年首次突破 200 万吨，2017 年一季度生活垃圾处理量已超出预期，较去年同期增长达 9.4%，四月份日均已超 6300 吨，其中多日已超 7000 吨。

苏州市经济仍然会保持着较快的发展速度，这是可以预见到的。伴随着经济的持续发展，城市化进程相应地加快，苏州城乡一体化进程也在加快，越来越多的乡村即将成为城市的一部分，乡村垃圾被逐步纳入城市垃圾处置的范围内，城市需要处置的垃圾总量也将与日俱增。垃圾即将成为城市的"公害"，我们不知道到哪里可以去处置不断增长的垃圾。

（二）生活垃圾处置政策要求越来越高

垃圾的总量在与日俱增，同时生活垃圾处理政策也越来越严格。垃圾处置政策、处理现状变化迅速：

一是国家环保部等四部委于 2016 年 10 月底联合发布《关于进一步加强城市生活垃圾焚烧处理工作的意见》，要求大力发展垃圾焚烧处理，进一步提高垃圾焚烧比例。

二是《苏州市"两减六治三提升"专项行动实施方案》提出，到2020 年，全市要基本实现生活垃圾全量焚烧。由此，苏州市相关部门对原提标改造方案优化调整，提高苏州市垃圾焚烧发电厂焚烧规模，由原定的 5250t/d 提高至 6850t/d，苏州市区原生生活垃圾填埋规模降为零，实现苏州市区生活垃圾全部焚烧。

三是 2017 年 3 月 30 日，国务院办公厅《关于转发国家发展改革委住房城乡建设部生活垃圾分类制度实施方案的通知》正式发布。直辖市、省会城市、计划单列市以及第一批生活垃圾分类示范城市的城区将率先实施生活垃圾强制分类，苏州市也名列其中。根据通知的要求，到 2020 年底，基本建立垃圾分类相关法律法规和标准体系，形成可复制、可推广的生活垃圾分类模式，在实施生活垃圾强制分类的城市，生活垃圾回收利用率达到35%以上。这个目标要在未来三年内完成，任务十分艰巨，若不采取创新措施，像苏州这样的特大城市难以在规定时间内达到目标。

（三）垃圾处置的邻避行为将越来越强烈

邻避（Not In My Back Yard，NIMBY，即"不要建在我家后院"），是指居民或当地单位因担心建设项目（如垃圾场、核电厂、殡仪馆等设施）对身体健康、环境质量和资产价值等带来诸多负面影响，从而出于嫌恶情结而采取强烈和坚决的、有时高度情绪化的集体反对甚至抗争行为。随着后工业社会的来临，人们对美丽环境的追求越来越强烈，进而越来越多地抗拒乃至激烈反对影响生活质量的邻避设施，很容易出现因抗议邻避物而导致的邻避型环境群体事件。

城西的七子山是苏州垃圾填埋与垃圾焚烧主要场地，无论是技术，还是社会效益，苏州垃圾处置皆走在我国前列。七子山行政上隶属吴中区，虽靠近木渎、胥口、横塘三镇，但在几年前尚属市郊。随着苏州城区规模的外扩，附近先后建成国际教育园（北区）、胥江新城，居民区也在如火如荼地建设起来，这里显然即将成为集教育、商贸（尤其汽车建材贸易）、居住于一体的又一规划区域。即便七子山垃圾处置成绩喜人，但名城苏州也仍被垃圾所累，七子山垃圾处置面临多重困境，必须尽早寻找出路。

其一，垃圾填埋场的有限性。苏州作为一个拥有千万人口的，尤其是市区超过五百万人口的特大城市，随着经济的进一步发展，以及人口的进一步城镇化，日产垃圾将会越来越多，苏州城区的垃圾处置已经达到了饱和状态，垃圾填埋地七子山即将失去填埋能力。

其二，因邻避现象，垃圾处置遭遇多方抵制。现在正在运转的七子山填埋场，不时遭遇周边民众乃至社群的"邻避"抗议，尤其是附近的村委会、社区组织更希望垃圾处置场搬迁，以便其他产业的发展。

其三，垃圾处置科技手段的公信力不高。在网络或新闻中，对七子山垃圾焚烧业务的比较有代表性描述是："几座高高的烟囱向外尽情地喷放着浓烟，随风飘散，飘进千家万户，弥漫在空气中。"然后，就有了"垃圾焚烧厂污染引起居民抗议"，继而指责"政府机关不作为"。但是，笔者到包括七子山在内的多个垃圾焚烧厂实地考察后，得出相反的结论——垃圾焚烧烟囱向外尽情地喷放着的"浓烟"，其实是"蒸气"；直至走近焚烧区才会有淡淡的焚烧物的味道，在焚烧厂工作的技术工人，也未见身着特殊装备；排出的水体为中水，严格来说仅有的"污染"是温度，排出的水温超过 30 度。由此可见，先进的技术，还需要有广泛的宣传才能被公众所接受。七子山垃圾处置与公众的接受度之间的差距，说明了科技手段的公信力并不高。

二、垃圾处置的时代要求

（一）垃圾处置是美好生活的要求

党的十九大提出当前社会的主要矛盾"已经转化为人民日益增长的美好生活需要和不平衡不充分的发展之间的矛盾"。我国稳定解决了十几亿人的温饱问题，已经全面建成小康社会，人民美好生活需要日益广泛，不仅对物质文化生活提出了更高要求，而且在民主、法治、公平、正义、安全、环境等方面的要求日益增长。

满足人民群众日益增长的"美好生活需要"，是党在当前及今后一个相当长的时间内的重要目标和美好的愿景。这个愿景延续了早在 1981 年十一届六中全会上指出的愿景。十一届六中全会上的表述是："在现阶段，我国社会的主要矛盾是人民日益增长的物质文化需要同落后的社会生产之间的矛盾。这个主要矛盾，贯穿于我国社会主义初级阶段的整个过程和社会生活的各个方面，决定了我们的根本任务是集中力量发展社会生产力。"

人民日益增长的"物质文化需要"这个愿景，在十九大的表述中转化为"美好生活需要"的愿景。从其内涵来看，"美好生活需要"比"物质文化需要"更进一层，要求更高。从满足"物质文化需要"转化到满足"美好生活需要"，这个过程共历时 36 年，这个时间段正是我国改革开放不断深入的阶段。为了满足人民的"物质文化需要"，中国共产党人用了三十多年时间集中力量发展生产力，实现了从"落后的社会生产"到"社会生产力水平显著提高，社会生产能力在很多方面进入世界前列"[1]的转变。

中国以奇迹般的速度持续发展着，自十一届三中全会提出开始改革开放以来，近 40 年的高速发展，展示了中国特色社会主义制度的优越性。我们还可以自信地说，往后的 10 年、20 年中国经济仍然能持续增长！这是我们的道路自信。

当然，我们也要十分清醒地认识到，前面 40 年的高速发展过程中，我们受资源环境制约有限，在中国，"增长的极限"还没有到来。但是，

---

[1]　习近平：《决胜全面建成小康社会　夺取新时代中国特色社会主义伟大胜利》，人民出版社 2017 年版，第 11 页。

同西方发达国家一样，过去的40年里资源与环境也被中国"高速"地消耗着，尤其是境内的资源和环境消耗极其严重。

前面40年，在解决"人民日益增长的物质文化需要同落后的社会生产之间"矛盾的过程中，我们的愿景是满足"物质文化需要"。满足的方式是不断发展，以经济建设为中心，以GDP增长为"硬道理"。在物质和文化生活各个方面需求都受制于落后的生产力的前提下，我们没能将资源和环境的约束作为主要制约因素。经济的高速发展建立在资源和环境快速消耗的基础上，使愿景得到了较高程度上的实现。

但人们的需要是永无止境的，十九大报告告诉我们，今天"物质文化需要"正转化为"美好生活需要"，"美好生活需要"的外延远远超过了"物质文化需要"，还包括了"民主、法治、正义、安全、环境等方面的需要"，"美好生活需要"是全面的"需要"，是更高层面的"需要"。这个更高层次的愿景，表明了中国共产党人不忘初心，"坚持以人民为中心的改革价值取向不能变"①，也不会变。

愿景总是很美好的，而实现愿景的过程却是"残酷"的。今天，实现愿景的过程事实上已经变得更加艰难。一方面愿景目标更高了，另一方面资源环境约束更强了。以苏州为例，苏州资源短缺而环境脆弱，日益增多的垃圾给环境带来了巨大的压力。环境约束将制约着苏州市政府满足人民美好生活需要的方式，原有的以大量消耗资源环境为代价的满足方式无法再重复了，经济适度发展是最优选择，满足方式将以适度为主成了必然选择。

（二）垃圾处置是当前政府工作重点之一

其一，重新选址，抉择艰难，迫使政府重视。填埋式的垃圾处置方式，最大的缺点是填埋场地的有限，苏州七子山在垃圾填埋上做了许多细致而有效的工作，但它也将很快面临着场地填完的那一天了。苏州的城乡一体化发展速度非常快，再也不可能像当年选址七子山那样找一个"边远"的城乡接合部处置垃圾了。由此，政府必须从现在开始筹划即将到来的"无处可埋"时的垃圾处置难题。

其二，垃圾邻避，危机重重，迫使政府重视。当前环保问题邻避现象中，垃圾处置最具典型。垃圾填埋场和垃圾焚烧发电厂项目广受关注，也极易引发环境群体性事件。比如，2006年6月，湖北省仙桃市部分群众反

---

① 2017年11月20日，十九届中央全面深化改革领导小组的第一次会议强调"三个不能变"，为今后全面深化改革定调。

对建设垃圾焚烧发电项目，引发环境群体性事件，市主要领导因在事件中领导不力、工作失职而被问责。没有人喜欢与"垃圾"为邻，对垃圾天生的厌恶让人不自觉地抵制将垃圾处置场建在自己身边。因此，七子山上的垃圾填埋场及光大环保能源（苏州）有限公司的垃圾焚烧发电项目，都遭到邻近居民和相关地方群体组织的抵制，也就可以得到合理解释了。如何协调垃圾处置项目与周边居民之间的关系成为政府头痛的事务。

其三，公信不足，误会不断，迫使政府重视。从世界范围来看，垃圾填埋与垃圾焚烧的技术已经过关，造成的环境污染绝不像一些媒体上所说的"对环境的伤害无法估量"。不断出现的对垃圾处置的误会，根源于当前中国的污染处置手段和技术的公信力不足，公众选择性地"相信"垃圾处置对环境造成严重威胁。事实上，笔者曾实地考察和调研台北市北投垃圾填埋场和焚烧厂，它距密集的居民区不足千米，因其采取了诸多的"和谐"手段和技术，取得了公众的"信任"，获得了良好的"厂地"关系。长期以来，苏州市政府虽然为公众做了大量的实事，但整体来说，政府的服务总跟不上公众的需求。要满足不同群体的各种各样的需求，实属不易，苏州市政府对此仍在持续努力改进。

第二节　苏州垃圾处置的现有管理模式[①]

垃圾处置具有公共性，中国各地在垃圾处置上共性较多。苏州垃圾处置走在全国的前列，现有管理模式包括三大内容：以政府为主导，以市场为辅助，以公众为基础。三者构成了一个体系，这个体系既有地方政府管理的共性，也有苏州的特色。

一、苏州垃圾处置以政府为主导

垃圾处置的公共性，决定了其主要由政府来主导和管理。《中华人民共和国固体废物污染环境防治法》（2020 年修订版）对垃圾处置主体有着明确的规定："国务院生态环境主管部门对全国固体废物污染环境防治工作实施统一监督管理。国务院发展改革、工业和信息化、自然资源、住房城乡建设、交通运输、农业农村、商务、卫生健康、海关等主管部门在各自职责范围内负责固体废物污染环境防治的监督管理工作。地方人民政府

---

① 该部分内容作为前期成果由张劲松署名发表。张劲松：《城市生活垃圾实施强制分类研究》，《理论探索》2017 年第 4 期。

生态环境主管部门对本行政区域固体废物污染环境防治工作实施统一监督管理。地方人民政府发展改革、工业和信息化、自然资源、住房城乡建设、交通运输、农业农村、商务、卫生健康等主管部门在各自职责范围内负责固体废物污染环境防治的监督管理工作。"

垃圾处置的总体规划由政府承担。《中华人民共和国固体废物污染环境防治法》（2016 最新修订版）规定，县级以上人民政府应当将固体废物污染环境防治工作纳入国民经济和社会发展计划，并采取有利于固体废物污染环境防治的经济、技术政策和措施。国务院有关部门、县级以上地方人民政府及其有关部门组织编制城乡建设、土地利用、区域开发、产业发展等规划，应当统筹考虑减少固体废物的产生量和危害性、促进固体废物的综合利用和无害化处置。《苏州市生活垃圾分类促进办法》规定，市、县级市（区）人民政府（含管委会，下同）应当将生活垃圾分类工作纳入国民经济和社会发展规划，组织指导、协调解决垃圾分类工作中的重大事项。镇人民政府、街道办事处具体实施本辖区内生活垃圾分类工作，指导督促单位、个人履行生活垃圾分类投放、收集、运输、处置和源头减量等义务。

垃圾处置的科研开发和宣传教育工作由政府承担。《中华人民共和国固体废物污染环境防治法》（2016 最新修订版）规定，国家鼓励、支持固体废物污染环境防治的科学研究、技术开发、推广先进的防治技术和普及固体废物污染环境防治的科学知识。各级人民政府应当加强防治固体废物污染环境的宣传教育，倡导有利于环境保护的生产方式和生活方式。《苏州市生活垃圾分类促进办法》规定，教育行政主管部门负责学校、幼儿园的生活垃圾分类宣传教育和推广工作；农业行政主管部门负责农村可堆肥垃圾制成的有机肥的推广工作；商务行政主管部门或者其授权机构负责再生资源回收经营者的备案等行业管理工作。

垃圾处置的奖励、惩治工作由政府承担。《中华人民共和国固体废物污染环境防治法》（2016 最新修订版）规定，国家鼓励单位和个人购买、使用再生产品和可重复利用产品。各级人民政府对在固体废物污染环境防治工作以及相关的综合利用活动中做出显著成绩的单位和个人给予奖励。任何单位和个人都有保护环境的义务，并有权对造成固体废物污染环境的单位和个人进行检举和控告。《苏州市生活垃圾分类促进办法》规定，市容环境卫生行政主管部门为生活垃圾分类工作的主管部门，负责生活垃圾分类工作的组织实施和监督管理。

垃圾处置的最重要的管理基础是资金问题，《苏州市生活垃圾分类促进办法》规定，财政部门每年安排专项经费用于生活垃圾分类工作的开展，并纳入财政预算。苏州市垃圾处置的资金由市财政负责。

二、苏州垃圾处置以市场为辅助

新公共管理理论强调公共物品的供给主要由政府提供，政府可以克服市场失灵的缺陷。但是现实告诉人们，个人对公共物品的需要在现代代议制民主政治中得不到满足，公共部门在提供公共物品时趋向于浪费和滥用资源，致使公共支出成本规模过大或者效率很低，政府不总像人们所说的那样"有效"，也就是说政府和市场一样会失灵。公共选择理论的创立者布坎南认为，引起政府失灵的原因主要包括：公共决策失误、政府工作机构的低效率、政府的扩张和政府的寻租行为。克服政府失灵的一个重要的途径，就是扩大公共事务管理的主体，让政府之外的社会公共组织参与公共产品的供给，在政府管理的范围内引入竞争机制，促使政府行为的高效和公正。公共管理主体的拓展使公共事务管理更能体现公益性，控制政府的自利倾向，克服政府管理失灵。参与式公共管理在主体上充分体现了公共利益，克制政府的自身利益，这是民主政治的进步。

新公共管理理论的相关论述，为政府提供公共产品打开了一个全新的思路。政府可以通过购买公共服务，让市场主体来生产公共产品。使政府提供公共产品与政府直接生产公共产品分开，生产公共产品功能交由市场主体来完成，市场主体（企业）是专业者，对于如何制造（生产）出社会所需要的公共产品，更有专业性，更具有优势。

苏州市在垃圾处置中充分运用了新公共管理理论，正确引入了市场主体参与生产公共产品的过程。共中七子山垃圾处置中引入光大集团，可谓成功的典范。光大环保（苏州）固废处置有限公司位于苏州市木渎镇七子村填埋场内，该公司由苏州市政府公开招商，并授权特许经营苏州唯一填埋处置固体危险废物的填埋场。项目按照"一次规划、分期建设"的目标建设。一期工程总投资 8000 万元，最终投资约为 2.5 亿元。场址位于苏州市吴中区木渎镇姑苏村七子山北坡 3 号和 4 号山坳，总占地面积 60000平方米，一期工程库容为 20 万立方米，最终库容为 60 万立方米，年处理能力为 2 万吨，设计填埋周期为 30 年。一期工程于 2007 年 6 月 27 日取得江苏省颁发的经营许可证，并于 2007 年 7 月 4 日投入试运行。填埋场以接受重金属类、酸碱类、非金属无机类废物为主，类别为《国家危险废物名录》中的 22 类。填埋场的建设、运营均严格执行国家各项法律法规和技术标准，对入场危险废弃物的安全填埋按照发达国家的技术标准和要求进行控制。同时该公司还会根据实际填埋量及时进行二、三期库区的扩建，以保证苏州市所产生的危险废弃物全部得到最终的安全处置。

苏州光大国家静脉产业示范园是在苏州市新区木椟镇七子山地区建设的一个完整处理整个城市工业、生活固体废物的综合环保产业园，包括生活垃圾焚烧发电厂、生活垃圾填埋场、工业危险废物安全处置中心、生活垃圾填埋场沼气发电厂、园区垃圾渗滤液集中处理厂、市政污水厂污泥焚烧处理厂、环保技术设备研发制造以及固体废弃物预处理中心等。

三、苏州垃圾处置以公众为基础

垃圾是公众在生活中"制造"出来的，是生活的副产品。没有人喜欢垃圾，可人人天天都在"生产"垃圾。因此，处置垃圾不仅要依靠公众，更要将之作为公众必须尽的义务与责任，"压"在公众的身上。公众要享受美好生活，就必须作为主体来承担自己生产的垃圾的处置责任，权利与义务应该是一致的，公众制造了垃圾，相应地就要承担责任。

生活垃圾分类是一项社会系统工程，需要社会力量的广泛参与和积极配合。在以往的生活垃圾分类试点工作中，政府组织不力、社会力量参与不足、公众反应冷漠等问题大量存在。为此，《苏州市生活垃圾分类促进办法》从以下几个方面规定了生活垃圾分类中的各相关主体的责任：首先，第四条规定了社会参与的基本原则；其次，第八条、第十三条、第十六条、第十七条、第十八条、第十九条、第二十条、第二十一条具体规定了生活垃圾分类各环节中居委会、村委会、单位和个人以及农村地区各主体应承担的责任；最后，第四章专章规定了生活垃圾分类中对单位和个人的奖励和考核措施。《苏州市生活垃圾分类促进办法》对有关各主体应承担的责任的规定坚持了权利与义务相结合、规制与倡导相结合的原则，并融入了行政指导、行政奖励等新型行政管理方式，体现了政府主导、社会参与的现代社会治理理念，有利于推进生活垃圾分类工作。

在具体的实践中，以苏州农贸市场有机垃圾就地处置年内全覆盖工作为例，公众的主体作用发挥得淋漓尽致。2018 年 1 月 29 日，苏州市新民桥农贸市场有机垃圾处理站内，随着垃圾桶被提起翻倒，桶内的菜边皮、鱼肚肠等稳稳落在戴着手套、口罩的工作人员面前，经过人工快速分拣后，这些垃圾再通过传送带进入有机垃圾生化处理机内，制成有机肥原料。苏州是常住人口超千万的城市，每天产生的大量生活垃圾日益成为城市负担。2017 年，苏州市区累计处置生活垃圾 274.84 万吨，对终端处置造成巨大压力。作为全国首批垃圾分类示范城市，苏州一直在探索各种办法实现垃圾源头分流减量。城市中随处可见的农贸市场，是不折不扣的垃圾"高产户"。苏州全市当时有216家农贸市场，其中仅姑苏区当时的49家农贸市场，每天就产生140吨左右有机垃圾，一旦全域试行易腐垃圾就地处理，垃圾源头分流减量效果将非常可观。以新民桥农贸市场为例，2017年一年，该市场就地处理近800吨有机垃圾，不但变废为宝，还实实在在为城市垃圾处理减轻压力。相比居民小区生活垃圾，农贸市场的垃圾成分相对简单，其中蔬果、餐厨类有机垃圾要占到所有垃圾八成以上，更适合有机化处理。同时，垃圾分类对象主要是摊主，更易管理执行。所以，作为公众主体之一的摊主就成了垃圾处置的主体，承担起相应的责任。

第三节　苏州垃圾处置管理模式的困境

目前，苏州垃圾处置的首要任务是完成生活垃圾强制分类工作，当前的管理模式也围绕着这项任务进行。同时，苏州垃圾处置管理模式目前也存在着一些困境，需要我们深入分析其存在的原因。

一、城市生活垃圾实施强制分类管理的条件高

全面实施生活垃圾强制分类的最困难的地方是，必须有近乎"严苛"的法律做保障。包括我国台湾地区在内的经济发达国家和地区，全面实施生活垃圾强制分类，都是以看似"严苛"的法律制度做保障的。且这些国家和地区，为此都花了至少20年时间，才得以实现目标。国务院办公厅《关于转发国家发展改革委住房城乡建设部生活垃圾分类制度实施方案的通知》（以下简称《方案》）提出，推进生活垃圾分类要遵循减量化、资源化、无害化原则，加快建立分类投放、分类收集、分类运输、分类处理的垃圾处理系统，形成垃圾分类制度。这样的分类制度，是一个全面的、严密的系统，需要配套的法律做保障。从国外及我国台湾地区的成功经验来看，如下几个方面的工作是实施强制分类时应该做到又难度极高的工作：

（一）要全面取消城市公共垃圾桶

以往我们的城市生活中，对待生活垃圾主要采取混合收集方法。其具体做法是："在居民区一般都建有专门的垃圾堆放处或垃圾桶，居民将家中垃圾装袋放入其中，每天由环卫工人或垃圾车将这些垃圾运往垃圾中转

站；在公共场所或马路两边，分段设置垃圾箱，由专人定时清理。"① 垃圾混装方式简便易行，被世界许多国家采用。一些发达国家早期在城市生活中处置生活垃圾也经历过这个阶段。

但是，这种垃圾处置方式大大降低了垃圾可用物质的回收利益率，也不利于垃圾的资源化及后期的处置，因此，发达国家及一些地区，在完成混装处置垃圾的阶段任务之后，纷纷采取更高层次的"垃圾分类"措施。

发达国家实施垃圾分类的共同经验是，强制实施生活垃圾分类后，除了车站码头、商场等特殊公共场所以外，全面取消城市公共垃圾桶。

全面取消城市公共垃圾桶，这一举措不是垃圾处置的退步，而是强制垃圾分类的必要条件。垃圾处置靠自觉并不可靠，自愿自觉地分类垃圾，可以提倡，但缺乏可操作性。强制性措施，才是保障。取消公共垃圾桶后，后续的强制措施，才能推进。这是由"垃圾处理"提升到"垃圾管理"的重要一步。为此，台湾地区在 1996 年政府就开始执行"垃圾不落地"措施，没有公共垃圾桶，垃圾集中收集。

（二）要实行垃圾专用袋制度

个人、家庭处置生活垃圾必须付费。各国成功的经验是：实行垃圾专用袋制度，购买使用。

在取消城市公共垃圾桶之后，生活垃圾强制分类的下一个环节就是垃圾处置必须付费，主要措施是实现专用袋制度，购买使用。垃圾处置费通过垃圾袋来收取。

垃圾处置的付费制度是符合生态建设的基本原则的，"谁污染谁付费"。处置垃圾是需要付出极大的成本的，免费的公共垃圾桶置于城市街边，这只是垃圾处置的初级阶段，它能解决不乱扔垃圾问题，但不利于垃圾资源化利用。

（三）要实行生活垃圾强制分类装袋

通过垃圾专用袋的使用，实现强制分类。垃圾分类装袋，这才是强制分类的重要一环。如何具体地装袋，发达国家都经历了一个很长时间的试验、试运行过程，甚至需要政府组织人员手把手教。

凡去实现严格垃圾分类的国家或地区生活过一段时间的人，都可能在这个方面有着深刻认识。民众可能自认为分类知识已经很丰富了，或者在国内一些试行分类的城市初步试验过分类，但是，当认真进行分类的时

---

① 谭文柱：《城市生活垃圾困境与制度创新——以台北市生活垃圾分类收集管理为例》，《城市发展研究》2011 年第 7 期。

候，仍然有时会手足失措，犹豫不决。

成功实行垃圾分类的国家和地区，对这一环节往往零容忍。这也是我们常从这些国家的相关报道以及民间的认知中可以看到的，旅居海外的华人常因为在垃圾装袋上不达标被他人诟病。

（四）要实现生活垃圾定时定点收集

取消公共垃圾桶之后，生活垃圾不能再随意处置了，必须由专业环卫机构（企业）定时定点收集。且严格执法，乱扔垃圾会被严厉处惩。

分类之后，就进入了收集环节，这一环节需要用"苛法"来规定，即不能随意处置，长期以来形成的想什么时候扔就什么时候扔的习惯得改变，必须由专业部门定时定点收集，错过时间段的垃圾需要居民各自储存等待下次收集。若乱扔垃圾，或不做严格分类，或不用专用垃圾袋分装，都会被拒收。在一些国家或地区，若乱扔垃圾，被定点地区的摄像设备抓拍到，将受处罚，后果严重者甚至会被行政拘留。

（五）要做到垃圾由具有资质的专业公司依法依规收集和运输

垃圾也是资源，放置在正确的位置，就可以被有效地利用。即使无用的生活垃圾，也可以被正确的处置，如焚烧等。

收集到的垃圾，最后需要由专业的公司依法依规处置，分类后的垃圾有的就是可以再生的资源，正确地收集和运输到相应的地方，既可以实现资源的有效利用，也可以补充专业公司收集过程中的资金投入，这是垃圾资源化的阶段，这个阶段保证了垃圾成为有利可图的资源。

（六）要做好焚烧与填埋

在分类、回收之后，生活垃圾必须做到全面焚烧，实现"零"填埋。

一部分可回收资源被回收之后，更多的生活垃圾将被处置。这个阶段，世界各国的通例是焚烧与填埋。

垃圾分类越详细，最后留下的生活垃圾越容易处理。一般来说只留下部分固体垃圾需要焚烧和填埋。像台北，经过长期严格分类之后，焚烧的量越来越少，远低于设计产能。以至于周边城市的垃圾都运往台北处置。

上述六个方面是已经实施垃圾分类的国家或地区都遭遇过的难点问题，中国强制分类也会遭遇到，而这些问题对中国来说，有些难度更大。《方案》对此没有严格的要求，多为一些倡导性的建议，如"引导居民逐步养成主动分类的习惯"等。我国许多城市多年前就倡导垃圾分类了，但效果有限。向成功实施垃圾强制分类的国家学习，是当务之急。

二、城市生活垃圾实施强制分类困难的原因

城市生活垃圾强制分类，看似简单，实则极难推行下去。已经成功实施强制分类的国家和地区概莫能外，我国城市当前正在实行的生活垃圾强制分类，也是如此。究其原因，主要有如下几个方面：

（一）没有足够的时间让城市慢慢地来推行

其一，我们制订了一个在规定时间内"不可能完成"的任务。当2020年到来时，我们仅来得及开始运行生活垃圾强制分类，还未做好全面严格实现垃圾分类的心理准备。这一项需要时间慢慢进行的工作，要在短时间完成，西方国家没有先例。生活垃圾强制分类做得比较成功的国家和地区，都经历了一个漫长而艰辛的过程。没有任何一个国家在两三年时间内就能完成"垃圾强制分类"。当然，中国完成其他国家"不可能完成"的任务也是有先例的，其前提是政府高度重视，充分发挥社会主义集中力量办大事的优势。当前，在推行城市生活垃圾强制分类中，各地政府正在"集中力量"来推行，但真正实行严格的垃圾分类还有许多工作要做。

其二，我们把任务交给了两个没有强制力的政府部门去执行。城市生活垃圾强制分类的发起部门是"发改委"和"住建部"。我们的垃圾分类《方案》将这个过程压缩到一个很短的时间内完成，这需要强力的组织来强力地执行。而"发改委""住建部"这两个部门自身缺少推进垃圾"强制"分类所需的强大的国家强制力。缺乏强有力的部门推进，及缺乏强有力的部门执行，垃圾强制分类就可能无法在几年之内"强制"执行下去。

其三，我们到了没有更多土地即时"安置"垃圾的阶段。"在我国城市生活垃圾逐年增加的大背景下，生活垃圾处理越来越困难，加上人民群众对生态环境质量的要求日益提高，我国很多大城市的生活垃圾处理设施都面临着无地可选的困境。"① 因为垃圾处置的"邻避现象"，在城市垃圾生产量越来越多而环保意识越来越强的大背景下，城市处置垃圾已经很难找到"土地"，即使有这一条件的区域，周边的居民也会强烈抗议把垃圾处置场置于自家的"后院"。在短时间内，如果没有创新性的措施出现，城市垃圾处置将困扰着城市政府。

---

① 谭文柱：《城市生活垃圾困境与制度创新——以台北市生活垃圾分类收集管理为例》，《城市发展研究》2011年第7期。

（二）没有足够的文化程度等社会环境条件支撑

城市生活垃圾强制分类需要有一个良好的社会环境，例如良好的文化教育、社会公德心等等。具体来说，主要包括如下几个方面：

首先，生活垃圾强制分类，需要"全社会"参与，这项工作需要的参与程度是"一个也不能少"！垃圾分类看似简单，但要让"全社会"在"一个也不能少"的广泛程度上执行，其难度不言而喻。《方案》要求执行的主体范围较窄，强制参与的主体有限，达成目标的难度大。而"全民"文化、智力程度不一，社会的复杂性也是一种客观的状态，哪怕"绝大多数人"达到了"99%"的程度，只要还有"1%"的人不能参与或不愿主动参与，垃圾强制分类工作就难以做得彻底。因为，在绝大多数人认真参与的分类垃圾中，如果有那么"1%"的人没有严格分类，并将其"错误"分类的垃圾卷入"正确"分类垃圾中，也就出现了一锅饭中混入一粒"老鼠屎"的状况。

其次，必须克服长期以来形成的不良习惯。垃圾混装，懒得分类，这是城市中许多居民最常见的不良习惯。"尽管市民垃圾分类意识已经比以前增强了不少，但仍有很多人连简单的干、湿垃圾粗分一下的工作也懒得做。他们往往用一个垃圾袋把乱七八糟的东西一股脑儿全装进去后，一扔了事。"[1] 不良习惯要改变十分艰难，而垃圾分类却建立在所有人必须改变这种习惯的基础上。

最后，不是所有人都有良好的社会公德心。垃圾分类工作的顺利进行，建立在所有人都具有良好的公德，不乱扔垃圾，认真执行垃圾分类的各种工作，尤其是垃圾分类袋主动购买使用的基础上。免费扔垃圾，已经成了人们的固定心理习惯，而垃圾强制分类打破了这种心理预期，因而不是所有人都能形成良好的社会公德心，尤其是在付费的前提下，垃圾分类的强制性、付费性，会打消一部分人的"公德心"。

（三）没有足够的舆论认知工作的难度

垃圾分类，不是什么新鲜事，也不是没有进行过。试点城市的街头随处可以看到"分类"的垃圾桶存在，"可回收""不可回收"的垃圾桶随处可见。难以见到的是，没有几人真的按"可回收""不可回收"的分类标准在执行，也难以看到环卫部门真的认真地执行分类回收和运输。在全国各地，这项工作基本上流于形式。

事实上，垃圾分类是一个强制性的工作，也是一个难度极大的工作。

---

[1]　殷京生：《绿色城市》，东南大学出版社2004年版，第77页。

我们仍然停留在"不乱扔垃圾"阶段，还远未进入强制分类阶段。生活垃圾强制分类最终要达到的目标，是街道将不再设免费的垃圾桶，垃圾收集向有偿转化。

有史以来，大自然无限制地为人类提供了赖以生存的各种自然资源，人类安之若素，浑然不觉，但"当洁净的空气和水、良好的植被、优美的自然景观等提高人类生活质量的资源要素日渐稀少时，公众就更愿意以各种方式购买这些资源要素。计算良好生态系统的经济价值，让环境保护和商业利益紧密地结合在一起，这是一种新的环境保护思想"①。新的环保思想被接受，需要广泛的舆论宣传，而至今仍缺少垃圾处置必须付费的舆论宣传。

免费阶段尚没有完全达到"不乱扔垃圾"，收费阶段"不准乱扔垃圾"、购垃圾袋定时定点交付垃圾的工作难度何其大可想而知。当前，没有舆论进行宣传，很少人认识到强制分类将要达到什么状况，更鲜有人认识到要达到这种付费交付垃圾的工作难度何其大！强制分类，需要做的社会舆论宣传工作何其多！

（四）没有足够的"严苛"法律规定

我们不习惯于法律的"严苛"，甚至忌讳用"严苛"来修饰"法律"。但只要认真研究垃圾强制分类做得好的国家和地区所采取的措施，无不在垃圾强制分类这样看起来不起眼的"小事"上严厉。在我国，如果宣传"乱扔垃圾要坐牢"，甚至真的认真执行了，可能有不少人难以接受这样的事实及法律。而不采用"严苛"的法律来推进，我们又需要有多少宣传、劝告的力量来推进？这是一项极为耗费人力、物力、财力的艰难工作！

垃圾处置不好，我们的美好生活立即会受到影响。"无论何时，领土扩张终会结束，人类将被迫靠地球上有限的资源为生。有限资源的分配问题将变成人类事务的中心。"② 长期以来施行的污染一个地方然后迁往他处的做法行不通了，我们应该有组织地安排我们的城市生活。

长期以来，我们认为城市生活垃圾可以转移至乡村，在乡村总有一块我们处置垃圾之地。但是城乡一体化进程加快，乡村日益城镇化，不再是城市垃圾的"归属地"了。"在许多地区，某些工业和服务行业正在乡村地区发展。尽管处于乡村地区，它们仍具有高质量的基础设施，并能得到

---

① 戴利、埃利森：《新生态经济》，郑晓光、刘晓生译，上海科技教育出版社 2005 年版，第 3—4 页。

② 加勒特·哈丁：《生活在极限之内》，戴星翼、张真译，上海译文出版社 2007 年版，第 22 页。

良好的服务。它们具有先进的电信系统，保证了它们的生产活动成为全国乃至全球城市工业系统的一个组成部分。其结果是这些乡村正在开始城市化。"[①] 城市垃圾即将无处可去，只能依靠城市自身来消解。城市政府若不运用"苛法"手段，将难以达成目标。可是，我们多年来早就没有实行"苛法"的社会环境了。垃圾强制分类，需要我们不断地培育严厉执法的社会环境。

第四节　苏州垃圾处置管理体制的构建

一、生活垃圾"严厉"实施强制分类

生活垃圾实施强制分类工作已经进入苏州市政府议事日程，建立具有强制性的地方性法规是强制分类的必要前提。没有严厉的法律做保障，强制分类难以达到目标，因而政府需要着手制定保障生活垃圾强制分类的地方性法规。垃圾强制分类是一个严密的体系，下面几个方面是推进垃圾分类必须具备的：法治为基础、政府推动、全民参与、城乡统筹、因地制宜。这个体系也需要在地方性法规中予以确立，同时它们也是城市政府的必然选择。

（一）法治为基础

苏州市必须尽快着手立法工作。垃圾强制分类的推进，建立在有一个"严苛"内容的法律制度体系的基础上。

以台湾地区为例，台湾当局在 1974 年就出台了所谓"废弃物清理法"，到 2006 年经过 9 次修订，最终形成一个较完善的版本。该规定对废弃物的回收、清运、处理作了详细规定。为了配合所谓"废弃物清理法"的实施，台湾当局还出台了所谓"废弃物清理法施行细则""废物品及容器回收清除处理办法""废容器回收贮存清除处理方法及设施标准""回收废弃物变卖所得款项提拨比例及运用办法""奖励实施资源回收及变卖所得款项运用办法""一般废弃物清除处理费征收办法""应回收废弃物回收清除处理补贴申请审核管理办法""应回收废弃物稽核认证作业办法""违反废弃物清理法按日连续处罚执行准则""废弃物品及容器资源回收管理基金收支保管及运用办法""废弃容器回收清除处理办法""一般废弃物回收清除处理办法"等管理办法，以保证所谓"废弃物清理法"

---

① 世界环境与发展委员会：《我们共同的未来》，王之佳等译校，吉林人民出版社 1997 年版，第 205 页。

的有效实施。

如果没有一个严密的、系统的法律做保障，强制分类就无从着手。台湾地区的规范体系建设，为大陆地区的城市强制垃圾分类立法提供了借鉴。垃圾分类看似"小题"，却不得不"大做"。这项立法工作需要有广泛的社会参与与认知才能在落实时顺利，因为它实实在在关涉到每个人及其生活。只要生活在城市，每天都会生产"垃圾"以及倒"垃圾"，这部法规与每个人的日常生活有关。稍不留神就可能被"强制"，包括处罚。这部法规从其制定时开始，就要进行广泛的宣传。社会认知度、认同度越高，强制分类工作越容易做好。

台湾地区在强制推行垃圾分类的过程中，既不断完善相关规定，同时在完善的过程中认识到加强处罚的重要性，"对任意弃置、未妥善处理废弃物者，涉及人的死、伤，危害人体健康，或非法经营废弃物清除处理，也明定刑责"①。乱扔垃圾，不仅罚款，甚至还要担"刑责"。完善的法律体系以及严厉的执法，这是城市推进垃圾强制分类无法回避的选择。

（二）政府推进

强制分类是项艰巨的工作，没有政府强力推进是不可能完成的。作为《方案》发文部门的"发改委""住建部"，垃圾强制分类是其难以承受之重。因此，需要苏州市创新推行体制，多部门协同。

根据《方案》，目前实施的主体范围是：（1）公共机构。包括党政机关，学校、科研、文化、出版、广播电视等事业单位，协会、学会、联合会等社团组织，车站、机场、码头、体育场馆、演出场馆等公共场所管理单位。（2）相关企业。包括宾馆、饭店、购物中心、超市、专业市场、农贸市场、农产品批发市场、商铺、商用写字楼等。这些区域是最容易率先推行垃圾强制分类的，但这仅仅是开始。苏州市需要有一个整体的认知，公共机构和相关企业，仅仅是垃圾强制分类的开端。苏州市首先要在这些机构推进强制分类，然后要在全社会推广。当在全社会进一步推进时，垃圾强制分类需要进行垃圾收费。这就需要政府来支持，政府的强制推行非常重要。

以台北市的生活垃圾处置为例，台北市生活垃圾处理费（规定名称为"一般废弃物清除处理费"，简称垃圾费、垃圾处理费或清理费）从1991年9月开始征收。2000年7月1日后，台北市垃圾处理费改采用销售专用垃圾袋方式征收（简称"随袋征收"），专用垃圾袋售价内含垃圾费，只

---

① 杜沁：《台"修正废弃物清理法"加强刑罚》，《福建环境》2000年第2期。

有以专用垃圾袋盛装的垃圾，清洁队才予以清理，但资源回收物可以免费交给清洁队回收。

大陆地区城市未来的垃圾处置也会走上收费制，随袋征收，街头将取消垃圾桶。这项工作难度很大，只有政府才能推进。而政府必须发动多个部门协同才能推动这项工作。

（三）全民参与

强制分类的"全民"参与，不是一个说说就可以完成的工作。它需要实实在在的、"全民"一个不少地参与。有时"关键少数"是工作成败的关键！

苏州市政府部门要充分认识到全民参与的难度。"就像研究亚马孙雨林的人员搭机去参加气候变化会议或科学家在加拿大破冰船上发动柴油经擎，我把自己的需要放在首位。世界可能已经张开了双眼，认清气候变化的事实，但我们一直没有采取有效的行动。我们就像个抽烟的医生，一边吞云吐雾，一边翻阅探讨肺癌的医学杂志，同时希望这种病不会发生在自己身上。"[1] 研究问题的科学家尚且如此，再何况是一般民众呢？我们知道要进行垃圾分类，我们也知道垃圾分类的好处，但是，要从我做起，时刻做好分类，对于所有人来说，实在勉为其难。全民参与垃圾分类，绝大多数人可以接受并践行，但总有那么一些"关键少数"做不到。城市政府要充分发动群众推进这项工作，尤其是要做好"关键少数"的工作。有时，这些工作还需要使用国家强制力来保证施行，严厉处罚在一定的时期十分必要。

全民参与，还有一个重要的环节必须做好，即垃圾分类从娃娃抓起，从学校做起。在学校对"娃娃"进行宣传教育，然后发动"娃娃"们对身边的家人"传授"分类方法。这项工作看似"幼稚"，实则是各国常用的措施。一些垃圾分类做得非常成功的国家和地区，常常以"大毅力"从娃娃抓起，为垃圾分类工作做好持久战的准备。从娃娃抓起，这批在不断进行的垃圾分类教育中成长起来的娃娃，是未来真正做好垃圾分类的主体！不要把垃圾分类当作是一朝一夕可以完成的工作，到现在正在抓的娃娃们成长起来的那一天，才是垃圾分类"真正"完善的那一天。全民参与垃圾分类，需要进行持久战。

（四）城乡统筹

垃圾强制分类最终要走上付费道路，处置垃圾收费、转运、收集、回

---

① 史蒂芬·法里斯：《大迁移》，傅季强译，中信出版社 2010 年版，第 191 页。

收、焚烧等一系列的工作，需要做到城乡统筹进行。

城市是由人自己创建的有机系统，而城市又改变了人本身、人们的生活乃至人类进化历程。"人类的生活质量在很大程度上取决于我们建设城市的方式、城市人口密度和多样性程度。城市人口密度越大、多样性程度越高，对机械化的交通系统依赖越小，对自然资源消耗越少，那么对自然界的负面影响就越小。"① 传统的处置垃圾的方式主要将垃圾转移到城市之外，这一道路肯定行不通了。城乡一体化进程加快以及城乡居民环保意识的提高，使得我们必须以城乡统筹思维来解决城市生活垃圾的处置问题。

世界各国科学家和思想家都在思考着同样的问题：垃圾的资源化和能源化。美国学者里夫金坚信："历史经验告诉我们，在一定时期内，向可再生能源时代转型是可能的。"② 他的天才的构想是："网络技术与可再生能源技术相融合。"③ 这是一种跨界的思维方式，他的第三次工业革命的想法，就包括了垃圾处置的革命性思想。例如，台北市就做到了这种跨界思维，北投垃圾焚烧厂，既做到了用垃圾来发电，又吸纳了周边城市和乡村将垃圾运送到台北北投垃圾焚烧厂来处置。垃圾处置的城乡统筹不是要将垃圾转移到乡村，乡村不是垃圾场！就地处置，乃至将垃圾资源化、能源化，都是可能的。其前提是城乡都应做好严格的垃圾分类。

自古以来，中国人对自己的生存环境十分重视。"中国不仅有思想基础，有实证经验，而且有能力和潜力去改变这个世界。这个思想基础就是中国 5000 多年来积淀的天人合一的人类生态观和儒释道诸子百家融于一体的传统文化；这个实证经验就是中国传统农耕村社朴素的自力更生传统和风水整合、阴阳互济的乡居生态原则。"④ 风水整合、阴阳互济等传统文化，都可以用于垃圾处置，我们不是没有好的生态治理思想，我们缺少的是发动更多的人参与生态治理。垃圾强制分类，也迫使城市政府认真研究如何发动每一个人参与到这项艰难的工作中来。

当前，没有舆论进行宣传，很少有人认识到强制分类将要达到什么状况，更鲜有人认识到要达到这种付费交付垃圾的工作难度何其大！强制分类，需要做好城乡统筹，做好系统推进工作。

---

① 理查德·瑞吉斯特：《生态城市》，王如松、于占杰译，社会科学文献出版社 2010 年版，第 3 页。
② 杰里米·里夫金：《第三次工业革命》，张体伟译，中信出版社 2012 年版，第 33 页。
③ 杰里米·里夫金：《第三次工业革命》，张体伟译，中信出版社 2012 年版，第 33 页。
④ 理查德·瑞吉斯特：《生态城市》，王如松、于占杰译，社会科学文献出版社 2010 年版，第 30 页。

（五）因地制宜

城市生活垃圾强制分类需要做好多项前期准备工作，包括人们的心理准备。任务艰难、时间紧迫，需要苏州市因地制宜创造性地发挥能动作用。

《方案》提出一些措施，比如，通过建立居民"绿色账户""环保档案"等方式，对正确分类投放垃圾的居民给予可兑换积分奖励。苏州市可以因地制宜，探索"社工＋志愿者"等模式，推动企业和社会组织开展垃圾分类服务。

苏州市人文素质相对较高，各级地方政府创新动力足，完全可以因地制宜地创新性探索独特的垃圾强制分类之路。这些经济实力较为雄厚的地区，可以直接学习西方国家的一些做法，比如，"美国旧金山为了在全市推广垃圾分类，除了大力加强宣传之外，还采取了两种方式区别收取垃圾费：一是按垃圾丢弃量的多少收取。每户居民每月扔的垃圾多，垃圾费就高，反之则低。这样可以抑制垃圾总量的产生，促进居民自身对垃圾进行再循环处理。二是按丢弃的垃圾是否进行分类区别收取。如果居民对丢弃的垃圾主动进行了分类，则收取垃圾费时就可以按比例打折。显然这种物质利益和垃圾丢弃行为直接挂钩的方法直接促进了居民遵守垃圾分类政策的自觉性和积极性"[1]。为了尽快推进垃圾分类，苏州市可以因地制宜地在推进的早期沿用长期以来免费收集垃圾的方式，在条件成熟之后，逐步实行垃圾收费制度。并可创造性地对认真执行且做到资源化的居民实施奖励制度，负激励与正激励应该两手抓。

苏州市可以根据本地城市的特点，引入企业化、资源化、市场化的手段，吸引更多的企业投身于有利可图的垃圾生态产业中来。苏州市在垃圾强制分类的措施选择上，往往也会受制于资金。的确，现在的地方财政本就困难，更难以有充足的资金支持推进垃圾分类工作。因此，因地制宜的创新思维就显得尤为重要。一些学者为此提出了理论建议："确立对自然资产和服务的拥有权，使得那些受环境外部因素影响的群体与导致这些因素的群体进行交易。它创建了一个人们可以聚在一起交易的地方——一个集市，不管是在市政广场或者在因特网上——老法新用，为的是获取生态系统资产的价值。"[2] 垃圾处置也是一个有利可图的产业，这个产业为公

---

① 刘梅：《发达国家垃圾分类经验及其对中国的启示》，《西南民族大学学报》2011 年第10 期。

② 戴利、埃利森：《新生态经济》，郑晓光、刘晓生译，上海科技教育出版社 2005 年版，第 14—15 页。

众提供了良好的"环境服务"，通过付费方式人们从中获取自己所需要的良好环境，从而支持垃圾分类的顺利进行。苏州引入光大集团进行垃圾处置工作，是非常成功的案例。政府推进垃圾分类时，可以创新思维地做到因地制宜。

二、努力实现垃圾"零填埋"

绿色城市、垃圾"零填埋"的目标，绝非轻而易举就能实现的，它需要各地城市的党政、人大进行顶层制度设计。可以预见，不久后的某一天，苏州各地都会面临垃圾无处可填埋，新辟填埋场必遭"邻避现象"而难以落实的困境。因而需要从今天就开始展开顶层制度设计，从根源上做到垃圾分类、减少垃圾总量，大部分焚烧，最终"零填埋"。顶层制度设计，需要各地城市的党政机关高度重视，要将其作为城市的大事来抓；同时，还需要全国（以及苏州）人大来进行立法，在城市全面推行严格的垃圾分类。

（一）垃圾分类，从源头上减少垃圾

在全面进行学术、学理研究，对世界各国的比较研究，尤其是经过在中国台湾地区、韩国、日本等国家和地区的实际考察后，我们可以得出这样的结论：全面实行垃圾分类，并通过严厉的法治手段保障垃圾分类及时、正确地实施，从源头减少需要填埋的垃圾，甚至最终实现"零填埋"，是可行也是必由之路。

笔者曾就台北市的垃圾处置做过深入的研究，发现台北市北投垃圾焚烧厂已经实现了垃圾零填埋，焚烧炉也基本处于半产状态，原因是垃圾量越来越少，远低于原设计的焚烧能力。究其原因，台北实现了极为严格的垃圾分类，并以严厉的法治手段保障垃圾分类、投放的准确实施。当然，台北的垃圾分类现有成效的取得，实为不易，持续了20年才有今日之成效。从源头上减少甚至消除需不断填埋的垃圾，才是实现垃圾治理的出路。

垃圾分类不是什么新事物，苏州在部分地区也试行了垃圾分类，但是效果并不太明显。主要原因是垃圾分类说起来容易做起来极为艰难。垃圾分类要从娃娃抓起，在现有人口素质的基础上，苏州从源头上治理垃圾，就得有至少10年的长期的时间准备，而这项工作宜早不宜晚。全面推进，从学校的娃娃抓起，这是最基本的起点。台湾地区花了20年才完成这项艰巨的任务，我们要解决垃圾问题，现在就必须实行，迫在眉睫！

推进垃圾分类，除了让分类意识深入到每一位苏州公民（包括娃娃）脑海里以外，还有许多困难要克服。其中，城市全面取消公共垃圾桶，全面实现付费（购专用垃圾袋）回收，加上定时定点回收等等具体工作，乃其具体实施的机制，这些都是一个系统工程。这是一项需要大量投入人力、物力，当然也是有很大收益的工作。制度设计、体制机制完善，需要长期的研究、试点、制订方案，才能推进下去。

（二）邻避处置，从根源上建设和谐社群

谁也不愿与垃圾为邻，可谁家不产生垃圾？！谁家都得丢垃圾，可谁家愿意垃圾箱放在自家门口？！生活中不断产生垃圾，但没有人愿意与垃圾一起生活。这就是垃圾邻避现象。

破解的出路在哪里？

首先，必须认识到位。要让公众清楚，这些垃圾就是在我们生活中制造出来的，处置垃圾是我们应尽的责任。

其次，谁受损谁接受补偿。主要的措施是七子山垃圾处置场要与周边社群建立和谐的关系，让周边社群获得实惠与补偿。台北北投焚烧厂的做法值得借鉴：北投垃圾焚烧厂距密集的居民区不足千米，然而它与周边社群有着良好的关系。这与垃圾焚烧厂采取的和谐社群措施有关，先进的技术可以解决垃圾焚烧问题，更需要周边社群的理解和支持，给予周边社群相应的福利是必要的。北投焚烧厂给予周边社群的福利有如下几项：一是免费图书馆、运动场、游泳池，周边居民凭身份证，可以免费享受这些福利，尤其是游泳池的建设充分利用了焚烧厂的余热，保证四季水温适宜；二是免费幼儿园，为周边社群提供社会福利；三是免费进入厂区参观，厂区建设得像公园一样美丽，周边的湖、塘边步道蜿蜒，海鸟成群，不排斥居民在其中散步和参观；四是建立景点式旋转餐厅，高耸的垃圾处置塔既然能做到安全无味地焚烧垃圾，也能建设高档休闲的观光餐厅。这就将生态建设资本化，垃圾处置做到了"有利可图"。人们见到垃圾不再避之不及，和谐的社群关系，才能让垃圾处置场长存。

最后，谁受益谁承担费用。当前，中国丢垃圾、集中垃圾，仍处于一个初级阶段，表现为：只要收集了垃圾就是"讲卫生"了，乱扔垃圾被认为不文明。这是垃圾处置的初级阶段，随着工业化的发展，后工业社会的来临，垃圾将会越来越多，垃圾围城将成为普遍现象，垃圾填埋选址将成为环境邻避的主要原因。由此，谁丢垃圾谁付费，将是未来处置垃圾的必由之路。发达国家已经进入了这个阶段，苏州也需要尽快进入这个垃圾处置收费的阶段。

（三）科技推广，从根本上引导参与

垃圾处置的科技手段，本不是一个问题。但这个科技手段的普及与宣传，却是当前的难题。七子山垃圾处置在技术上全国领先，却没能做到让公众"亲近"垃圾处置场。垃圾处置要做到让公众放心乃至亲近，要做好如下工作：

其一，监督信息的公示。让公众接受、明白科技的本质和衡量度，让公众做到即时的监督。如北投焚烧厂设置大幅电子显示牌，立于交通要道，将焚烧厂的环境指标公示于众，公众可以一目了然地监督即时的指数。

其二，排放物的公开。公众有理由怀疑焚烧厂提供的环境指标，那么就可让公众随时获取样本进行监测。如北投焚烧厂所有排水口都做了标示，允许任何人、任何单位取样监测。技术过硬，不怕公众的质疑，这样才能做到让公众放心，公众从根子上参与就成为可能。

三、有机垃圾就地处置实现全覆盖

2018 年 1 月，苏州开始强制推行有机垃圾就地处置制度，年内要实现全市 216 家农贸市场有机垃圾就地处置全覆盖。这是一个好的开端，未来要实现有机垃圾就地处置全市覆盖。

此后苏州一大批农贸市场上马建设处置点。但是，离实现全市农贸市场全覆盖的目标，仍有较大差距。资金投入大是造成农贸市场有机垃圾就地处置推进难的首要原因。当前推行有机垃圾就地处理的农贸市场，几乎都是采用财政补贴、财政购买服务的办法推进。每吨垃圾的处理需要一笔不小的费用，包括场地、设备、人工和处置费等，所以要全面推行，财政压力会非常大。而且，在现有的技术条件下，也很难让这些菜叶子变成市场价值较大的"宝贝"，因此市场化运营也是困难重重，当前只能以追求社会效益为主。即便投入了大量资金，处置点仍面临"落地难"的困境。比如，目前新民桥农贸市场只有一台小型设备，但是到夏天旺季的时候，农贸市场一天要产生 5 吨到 8 吨有机垃圾，超出部分只能直接送到垃圾终端处置。苏州市高凡生物科技有限公司目前负责新民桥农贸市场有机垃圾处置点的运维，总工程师唐兴法坦言，作为中心城区农贸市场，新民桥农贸市场原本就寸土寸金，结构非常紧凑，要在市场内或附近挤出空间安置设备，确实非常困难。相比之下，面积较大的城镇农贸市场，则不存在这样的问题。破解这些难题，除了政府加大投入，苏州还将尝试建立合适的经费保障机制，农贸市场根据强制分类的要求，也承担一部分垃圾处理

费。此外，用共享理念来解决"痛点"也是对策之一。除了小型、分散的有机垃圾处置点，苏州高新区、苏州工业园区正在建设 2 座餐厨垃圾处理厂，建成后这些区域的农贸市场、居民小区的有机垃圾等，或可共享垃圾处置点。

有机垃圾处置在市民生活中未进入实质性阶段。农贸市场的有机垃圾较为单一，分类起来也较为容易，政府管理机关可以集中组织与管理。相较而言，单个的市民生活过于分散，强制分类工作进展不大。但是，大量的生活垃圾中有机垃圾占了半数以上，如果这部分垃圾全部实现了就地处置，实现了"零填埋"，那么城市垃圾处置的任务将极大地减少，甚至处置垃圾的难题也可能迎刃而解。

苏州农贸市场即将做到就地处置有机垃圾，变垃圾为肥料的处置方式，这将引发全市范围内市民生活垃圾处置的革命性变革。实现全市有机垃圾的就地处置，是切实可行的，垃圾处置模式创新可以从这项工作中实现突破。

四、共治：苏州垃圾处置主体模式的改革

苏州垃圾处置主体的模式改革应该是共治模式，要加强对政府、企业、公众共治的垃圾治理体系和治理能力的研究。

政府、企业、公众共治的垃圾治理体系与治理能力两者之间存在着内在关联，共治的垃圾治理体系建设关系到垃圾治理如何全面地进行，而垃圾治理能力的现代化是垃圾治理共治体系的实现和落实，能力是体系的功能实现。

政府是垃圾治理共治体系中最重要的主体，但垃圾治理却不是政府单方面就能做好的，它需要社会各个层面、各种主体共同努力，采取"集体行动"才能实现，也需要企业全面实现企业生产的生态责任，还需要公众广泛地参与垃圾治理，所有这些又需要这些治理体系全面地良性地发挥功能，即实现治理体系能力的现代化。

目前苏州垃圾治理工作还没有上升到政府、企业和公众共治的高度来研究；政府、企业、公众共治体系建设的权责研究还有待深入，权责失衡的现象在垃圾治理中都较为严重；怎么建设垃圾治理的共治体系，如何发挥政府、企业、公众等方方面面的功能，实现治理能力的现代化，理论上都有待认定，只有理论研究的成熟才有可能对垃圾治理的共治做出系统规划。因此，本项目在大量典型个案分析的基础上，研究影响垃圾治理共治体系建设的原因，从加强苏州垃圾治理机制完善着手，建立与健全垃圾的

源头治理、动态管理、应急处置等长效社会稳定机制，并从垃圾治理体系与治理能力现代化的互动角度进行系统而全面的研究。

　　科学发展观要求树立科学的政绩观，科学的政绩观需要科学的绩效评估来保证。政府绩效评估作为政府再造的重要内容和根本性措施，已经成为改进政府管理的有效工具。严重的"白色污染"频发与政府垃圾治理体系的效率不高有着直接的关系，因此，对政府垃圾治理工作进行评估是提升政府绩效的重要途径。政府应把"服务质量"作为考虑绩效问题的基础，重视管理和服务的效果，注重绩效评估目标和标准的设立。通过建立一套监督体系和评估机制，为政府管理的有效性奠定基础。

　　当前，除了垃圾治理体系存在较大缺陷以外，企业、公众在环境治理的功能发挥远远不够。企业承担垃圾治理的社会责任是其应尽义务，因为大多数的垃圾问题就是由企业直接造成的，而企业参与垃圾治理的机制体制还不健全，未能在垃圾治理的共治体系中发挥应有能力；与企业相同，公众在当前垃圾治理中的作用发挥也远远不足，政府垃圾治理已然取得了巨大成就，却仍不能阻遏生态恶化的势头，我们寄希望于政府倡导全民参与垃圾治理来逆转地球生态的恶化。除非有政府管理体制的创新，全民行动的垃圾治理几乎不可能实现，因此，教导公众建设社会主义生态文明是政府不得不推动的一个重要目标，而全民推动是政府制度创新的愿景目标。政府垃圾治理管理体制创新，需要通过全民参与的机制目标来实现。

第三篇
内外系统

政府生态治理体系和治理能力现代化包括内外两方面的系统因素：

内系统包括：（1）生态价值观的权重提升与意识形态化。（2）纵向权力分工，即生态治理主体责任的纵向配置。（3）横向权力关系，即区域生态治理中的合作与欺诈，因而需要实现地方政府间生态治理上的"集体行动"。（4）政府官员的素质结构与利益结构。

外系统包括：（1）社会领域，包括公民、第三部门与媒体。其一，公民：公共需求形成的"压力"和"公共参与"形成的助力。公民的广泛参与有利于分担政府治理责任，提升政府治理意愿。其二，第三部门：公民"集体行动"的组织载体。其三，媒体：双向功能与两难困境，即介于政府与公众之间的媒体受到来自政府与公众的双向制约。（2）市场领域，即企业的污染行为与企业的社会责任。（3）域外，即面对生态问题的"脱域"特点，需要生态治理上的国际合作。

内外系统的结合：生态治理体系和治理能力现代化中的多主体间协商体制。（1）公共协商体制，强调激活协商存量，孕育协商增量；（2）选举体制，强调拓展选举广度，挖掘选举深度；（3）社区自治体制，强调厘清权力边界与实现权力对接。

第八章　政府生态治理现代化的内系统[①]

政府生态治理是对生态系统的治理。系统是由要素构成的。要素有人的要素与物的要素之分。作为系统要素的人，既是物质存在，又是精神存在。唯物主义哲学认为物质第一性，意识第二性，物质决定意识。这当然是正确的，但强调这一点只是在讨论哲学基本问题的意义上有其必要性。撇开物质与意识哪个是第一性及意识起源的维度不谈，意识的作用，或曰人的主观能动性还是非常重要的。"从短期着眼，我们就是我们所创造的观念的俘虏。"[②] 人与动物的原则区别，即是在相同情况下，人可以在不同认识的指导下，做出迥然不同的事。

第一节　生态价值观：权重提升与意识形态化

对于政府生态治理来说，政府官员与社会公众的生态观念如何，是影响生态文明建设的非常重要的因素。社会主体的生态认识有不同的层次，有低层次的感觉、心理等感性认识，也有高层次的理性认识。系统的理性认识，可以称为哲学观、价值观。而社会主体对于生态的系统的、稳定的理性认识，可称之为生态价值观。

一、生态价值观的发展阶段：从无到有

说一个人没有生态价值观是在特定意义上说的。极而言之，任何人都有生态价值观，要么是正确的价值观，要么是错误的生态价值观。我们通常说某人没有生态价值观，确切的含义是指该人持有的价值观没有意识到生态的重要性，不重视生态的价值。

（一）缺少生态认知的现实根据

任何价值观的形成都有其客观的根据。意识不到生态的重要性，很重要的现实根据是生态危机没有凸显，生态环境本身没有遭到严重的破坏。

---

① 本章部分内容已作为阶段性成果发表。张传文、张劲松：《生态治理横向权力关系的冲突与规制》，《理论探讨》2018 年第 6 期。

② 哈耶克：《通往奴役之路》，王明毅、冯兴元等译，中国社会科学出版社 1997 年版，第 31 页。

从人类很长一段历史时期来看，生态危机不是人类面临的首要问题。在漫长的渔猎采集时代与农耕文明时代，人类对自然的破坏是局部的、有限的。在渔猎采集时代，人类只能逐水草而居；在农耕文明时代，也只能靠天吃饭。楼兰古国的灭亡经常被视为古代生态危机的典型案例，但实际情况要复杂得多。楼兰古国的灭亡肯定与水源枯竭有关，而水源枯竭主要是塔里木河改道、罗布泊北移所致。问题在于，塔里木河改道、罗布泊位移究竟是人为的泥沙淤积造成的，还是与人类无关的地质变化所致，或是以上原因同时存在，而哪个作用更大些，这些现在都说不清楚。易言之，在农业文明时代人类改造自然的能力相当有限，相反，人类总体上是匍匐于自然力的威严之下。一场水旱灾害就会导致大批的人畜死亡，乃至整个氏族、部落的灭绝。

就中国来说，截至 20 世纪 80 年代的改革开放之前，中国人民总体上还处于农业文明时代，生产劳动中最基本的动力源还是畜力与人力。而这样的动力源不可能对自然造成严重的破坏。因此长期以来中国人民也感觉不到生态问题的严重性。改革开放以后，中国迅速步入工业化轨道，生态问题日益严重。但问题还有另一方面：中国是经济社会发展极不平衡的大国，沿海与内地、东部地区与中西部地区的经济发展程度甚为悬殊。在我国中西部的广大农村地区，特别是偏远地区，人们仍然看不出生态问题的严重性，因而许多国民自然也就无所谓生态意识。

意识不到生态问题的严重性，也有生态恶化后果滞后呈现的原因。事物的发展都有从量变到质变的过程。进入工业文明时代，人类对自然的破坏能力越来越强，但也不是一天之内就把自然环境破坏殆尽。欧美发达国家基本上都走过先污染后治理的发展道路，就说明环境问题一开始虽有呈现，但并不显著，引不起广泛的重视，只是到了量变到质变的关节点，环境问题才显得严峻起来，人们才意识到环境治理的必要性。规律总是重复性的。中国是发展中国家，虽然有西方国家的前车之鉴，但在生态问题变得很严重之前，很多人仍旧满足于工业文明带来的前所未有的物质享受，总觉得生态警告是杞人忧天。甚至觉得生态警告是发达国家阻碍发展中国家谋求发展的主观恶意，而不予理睬。

缺乏生态意识也可能是生态问题中的"囚徒困境"导致的无可奈何。生态问题带有典型的脱域性、公共性、外部性。许多事物都有或多或少的"外部性"，如大学附近多少能沾上点"文化气"，而监狱附近有或多或少的"暴戾气"与不安全感。但生态方面的外部性尤为显著：工厂超标排污，附近居民乃至很大范围的居民都会深受其害。而如果营造了一片植物园，则附近的空气质量都会得到明显改善。由此外部性而导致了生态问题解决的公共性。一定区域的政府、企业或居民如果不能通力合作，仅靠部分主体的努力，要么无济于事，要么投入巨大而得不到应有的回报。这与"囚徒困境"颇为类似，各主体一方面为不能很好合作的"困境"而苦恼，另一方面都担心因自己的"义举"而吃亏。在这种"自己首先不能吃亏，应当及时捞一把"的短视行为下，局部主体的理性导致整体的非理性，从而产生普遍的不对环境负责的态度。

（二）生态意识从无到有的转变

历史发展的客观实际迫使人们改变了这种不重视生态的价值观。自英国工业革命以来，生态问题一步步加深，到了 20 世纪则发展成人类不得不正视的严峻现实问题。就现实的生产生活来说，首先是 20 世纪发生了几起举世震惊的环境公害事件，如伦敦雾霾事件、比利时马斯河谷烟雾事件、日本水俣病事件、苏联切尔诺贝利核电站事件等。如果说上述公害事件终究是个案，后来一些全球性的环境事件则引起世人的警醒，如南北极上空臭氧空洞的形成，全球变暖，海平面上升，土壤、大气、水体的全面污染，大批物种的灭绝，等等。就人类认识而言，1962 年美国人卡逊发表《寂静的春天》，揭示大规模使用农药对环境及人类的危害。1972 年，罗马俱乐部发表《增长的极限》，警告人类的发展受资源的约束，现在的模式不可持续，而且有突然崩溃的危险。此后大量的文章与著作参与到对环境问题的讨论中，众多标榜自身保护环境主张的所谓"绿党"走上政治舞台，表明人类越来越重视生态问题。

就中国来说，大约到了世纪之交，从政府到公众对生态问题已不能再视而不见了。随着中国工业化进程的加快，特别是成为"世界工厂"后，中国在工业化生产中耗费大量资源的同时，又对环境造成了严重的污染。就水体来说，太湖蓝藻水污染事件是较早的影响较大的环境公害事件。其实岂止太湖，中国江河湖海几乎都遭到了严重的污染。就土壤来说，农药与重金属的污染，让中国人餐桌上的安全成了问题。而所谓"癌症村"的出现，为数众多的工人染上硅肺病等诸如此类的案例，说明劳动群众为环境恶化付出了巨大的代价。就空气来说，近年来年复一年、越来越严重的雾霾事件，严重影响到广大国民的生产与生活。就认识层面，首先是外国大量生态事件及生态论著的介绍，对中国人民起到了他山之石的警醒作用。而中国学者对自身环境问题的调查研究，则让中国人民对生态问题有了切肤之痛。就党和政府层面来说，自 20 世纪 90 年代起就已经强调环境问题的重要性，到了 21 世纪党和国家领导人则提出把生态文明建设作为社会主义现代化建设的第五大领域，提出建设"资源节约型、环境友好型社会""建设美丽中国"等等。

（三）现有生态意识的不足

总体来说，中国人民已经完成了生态价值观从无到有的转变。但如果说中国人民已经有了很好的生态价值观，就言之过早了。其一，政府官员与人民大众重视生态价值的程度参差不齐。一则，"物之不齐，物之情也"（《孟子·滕文公上》），人的思想与品质有差异本属正常。二则，中国的地区差异极大，各地生态问题轻重不一，自然会影响到人们的生态思想。

其二，造成生态问题的工业文明生产与生活方式，已给当代人类造成了根深蒂固的影响。当代人类长期处于这种对生态环境有破坏作用的工业文明生存方式中，已经到了日用而不知、习而不察的程度。不仅中国人民是如此，就是西方发达国家的人民也是如此。今天的人类成员，在一举手一投足之间，皆有可能对生态环境造成破坏，比如使用自然界无法降解的产品包装、便捷而不环保的生活用品等等，我们却根本没意识到它对生态的破坏性。当代人类一定程度上如同"温水煮青蛙"中的青蛙，身处危险而不自知。这是当代人类的悲哀，而不是哪一个人的悲哀。

其三，即使我们已经觉察到生态问题的严重性，我们当中的很多人也不愿意放弃传统工业文明下的生产与生活方式。譬如说，如果保护生态环境就必须放弃优裕的物质生活条件，请问西方发达国家以及我国现在的富裕群体之中有几人愿意？又如，当代各国的经济发展与民众就业很大程度上确实依赖于 GDP 的增长。如果放弃 GDP 的增长，又有多少国家愿意，中国又有几个地方政府愿意？概言之，生态价值观的养成，既有认识的原因，又有意志的原因，是复杂的，又是困难的。

二、生态价值观的价值取向：由极端到中庸

生态价值观不仅是有无的问题，还有一个适度、恰当与否的问题。用古人的说法，就是要做到"中庸"。

由于"五四"以来的反传统，中庸常被误解为无原则的折中调和、和稀泥。其实作为儒学真谛的中庸是非常正确的道德原则。朱熹说："中者，不偏不倚、无过不及之名。"（《四书集注·中庸章句》）又引程子注曰："不易之谓庸。……庸者，天下之定理。"中庸就是要做到恰到好处。这当然是很难的，"中庸其至矣乎！民鲜能久矣！"（《中庸》）亚里士多德也说："要在所有的事情中都找到中点是困难的。……对适当的人、以适当的程度、在适当的时间、出于适当的理由、以适当的方式做这些事，就不

是每个人都做得到或容易做得到的。"①

（一）征服自然与臣服自然生态价值观

如同所有哲学理念一样，生态价值观既要处理人与人的关系，又要处理人与自然的关系。对于生态价值观来说，首要的内容是处理人与自然的关系。而这首先会遇到两个极端的观点：臣服自然与征服自然。

先说征服自然价值观。古代社会即有征服自然的思想，如荀子说"制天命而用之"（《荀子·天论》），就多少有这层意思。但征服自然的思想主要流行于工业革命之后。蒸汽动力的发明，使人类极大地克服了自然所施加于人的限制，使人类觉得可以对自然予取予求，颐指气使。所谓"征服自然是人类走向幸福之路"，连马克思在颂扬资本主义推动生产力发展的巨大成就时，也把生产力理解为"自然力的征服"②。但人类的肆意妄为，却吞下了毁灭自然同时也危害自身的苦果。恩格斯写道："我们不要过分陶醉于我们人类对自然界的胜利。对于每一次这样的胜利，自然界都对我们进行报复。每一次胜利，起初确实取得了我们预期的结果，但是往后和再往后却发生了完全不同的、出乎预料的影响，常常把最初的结果又消除了。"③ 虽然恩格斯举的例子都是农业文明时代古希腊人、意大利人毁坏森林而自食其果的事，但他的思想对于工业文明却更具有预见性。征服自然虽然表现了人类远为其他物种所不及的创造力，但我们的肆意妄为，却令自己走向了征服自然的反面。

臣服自然的思想有古代与现代两种表现形式。古代的臣服自然是因为人类生产力水平的落后，对自然威力的无可奈何。如马克思所说："人们同自然界的关系完全像动物同自然界的关系一样，人们像牲畜一样慑服于自然界。"④ 如同候鸟一年四季往返迁徙一样，远古人类只能逐水草而居。人类也曾想以祭祀山神、河神、海神、火神等方式来讨好自然，避灾求福。工业革命后，随着人类改造自然的能力的增强，消极臣服自然的思想被征服自然的心态所取代。但随着生态问题的越发严峻，当代部分思想家又提出了另外一种臣服自然的主张，即以自然为中心，以地球为中心，乃至以宇宙为中心，强调人类绝对不能干扰大自然固有的秩序，不能损害其他物种的利益。这就是当代西方部分学者所提出的生态中心主义思想，以及西方绿党中的"绿绿派"提出的所谓"深绿"主张。其具体的主张，

---

① 亚里士多德：《尼各马可伦理学》，廖申白译注，商务印书馆 2003 年版，第 55 页。

② 《马克思恩格斯选集》第 1 卷，人民出版社 2012 年版，第 405 页。

③ 《马克思恩格斯选集》第 3 卷，人民出版社 2012 年版，第 998 页。

④ 《马克思恩格斯选集》第 1 卷，人民出版社 2012 年版，第 161 页。

譬如要求禁止北极的因纽特人捕猎海豹，因为它严重危及了海豹的生存；主张禁止非洲与拉美地区的人民发展采矿业与制造业，因为其粗陋的工艺对资源与环境造成了严重的破坏；等等。

（二）克服极端走向中庸

无论征服自然或臣服自然的主张，都走向了极端，都不可取不可行。征服自然，毁灭了自然，也毁灭了人类的生存基础。恩格斯说得好："我们……决不像站在自然界之外的人似的去支配自然界——相反，我们连同我们的肉、血和头脑都是属于自然界和存在于自然界之中的。"① 但是，臣服自然，也否定了人类的主体地位，与人类的利益相违背。如果说古代臣服自然，只是因为人类的落后，人类在自然面前的无可奈何，人类没有责任可言；而当代的生态中心主义者，否定人类的中心地位，则带有典型的"厌世主义"。禁止落后地区人民的产业活动，危及了该地区人民的生存权利，引发了严重的公平问题；而部分学者主张人类倒退回史前的动物生存状态，这既与人类的文明进步方向相违背，而且也极其缺乏现实感。试问有几人愿意回到"茹毛饮血"的生活状态？

恰当的做法，是人类与自然和谐相处，共生共荣。人类需要也可以过上幸福的生活，但又不以破坏自然作为代价。中国先哲说，"万物并育而不相害"，"能尽人之性，则能尽物之性。能尽物之性，则可以赞天地之化育。可以赞天地之化育，则可以与天地参矣"（《中庸》）。梅多斯等人认为，我们需要的只是人民的幸福，而这并不需要通过严重耗费资源的经济增长来实现，"这一社会甚至可能会接受有目的的负增长理念，缓解过度需求，以回到极限之下"②。在人与自然的关系上，我们不能走极端，而是要恰到好处，也就是"中庸"。

三、生态价值观的提升过程：由认知到信念

一般来说，从认识到行动，从理论到实践，还有很长一段距离。心理学、教育学认为人的精神系统一般包括认知、情感、意志、信念、行动等几个要素与环节，这几个要素既独立发挥作用，同时又协同作用才能养成优良的精神品质与精神状态。

就认知来说，有一个少数人认识某个道理到大众普遍接受的过程。虽然说人人皆有理性，人人皆有认识真理的潜能。但是一则不同社会主体的

---

① 《马克思恩格斯选集》第3卷，人民出版社2012年版，第998页。
② 德内拉·梅多斯等：《增长的极限》，李涛、王智勇译，机械工业出版社2013年版，第239页。

认识有先后的问题。少数人因其能力与机缘最先认识某一道理，然后传播开来，为大众所接受，这就是中国古人所说的"先知觉后知，先觉觉后觉"（《孟子·万章上》）的现象。二则也是社会分工的必然结果。马克思说："分工只是从物质劳动和精神劳动分离的时候起才真正成为分工。"①"在这个阶级内部，一部分人是作为该阶级的思想家出现的……而另一些人对于这些思想和幻想则采取比较消极的态度，并且准备接受这些思想和幻想。"② 对于生态问题，如前所述，由于人类长期习染工业文明有害于生态的生活方式而不自知，因而一方面需要学者们深入研究、深入讨论，"以科学的方法阐明人们不了解或不去了解的东西"③，提出正确的生态观；另一方面，这些正确的生态观必须得到大力宣传，为广大人民群众所接受。用正确的生态观武装大众，这是生态文明建设的前提。

就情感来说，好恶的心理体验对人的行为的激发与抑制作用极大。功利主义思想家认为"趋乐避苦"是人的一切行为的原动力，可谓真知灼见。苦乐导源于社会主体的利益与需求，这当然是客观的、首要的一方面。但另一方面，如果社会主体对苦乐没有切身体验，也会缺少行为的动力。情感体验有直接的情感体验与间接的情感体验之分。直接的情感体验效果极佳。所有遭受环境污染之苦的社会成员，当然不会反对生态文明建设，甚至为此而奔走呼吁。但一般来说，直接的情感体验是很多人在很多时间内经历不到的。而通过书籍、网络等文化产品对生态问题的宣传，社会公众也能获得对于生态问题的间接情感体验。有效的宣传、教育与学习，一般都可以收获很好的间接情感体验效果，从而激发社会主体的生态行为动力。

就意志来说，有无克服困难、坚持下去的意志，对人的行为影响很大。意志力薄弱，做大事必然有始无终、虎头蛇尾，甚至功亏一篑。"如果没有各种流派的生态学家们执着的，甚至激进的战斗精神，在环境问题上可能会一事无成。"④

生态危机是当代全人类遭遇的重大问题，其困难之大可想而知。特别它带有典型的外部性、脱域性、公共性，需要集体行动与牺牲精神，弄得不好就会陷入"囚徒困境"。意志力一则产生于利益。老子说"慈故能勇"（《道德经·第六十七章》）。俗话说"女性本柔，为母则强"，女性为

---

① 《马克思恩格斯选集》第 1 卷，人民出版社 2012 年版，第 162 页。
② 《马克思恩格斯选集》第 1 卷，人民出版社 2012 年版，第 179 页。
③ 克洛德·阿莱格尔：《城市生态，乡村生态》，陆亚东译，商务印书馆 2003 年版，第 6 页。
④ 克洛德·阿莱格尔：《城市生态，乡村生态》，陆亚东译，商务印书馆 2003 年版，第 4 页。

了子女而肝脑涂地的意志力常常是令人惊叹的。随着生态利益的凸显，人类为此行动的意志力必然越来越强。二则意志力需要磨炼。久经沙场的将士，对于困难常常是一笑置之的。

信念是认知、情感、意志诸心理要素有机融合的产物。有了坚定的信念，人的主观能动性就会发挥到极致。玄奘等高僧九死一生取得真经是其信念使然，革命者流血牺牲、百折不挠也是如此。邓小平说："为什么我们过去能在非常困难的情况下奋斗出来，战胜千难万险使革命胜利呢？就是因为我们有理想，有马克思主义信念，有共产主义信念。"① 生态的认知、情感、意志诸要素，只有转化为信念，从精神层面来说才是最可靠的与最有效的。

心理系统最后的要素、环节是行动。一方面，行动是认识的归宿，"哲学家们只是用不同的方式解释世界，问题在于改变世界"②。另一方面，认知、情感、意志究竟如何，最后还要靠行动这一客观的存在加以检验，否则就会陷入神秘主义。

四、生态价值观的转化拔高：意识形态化

一个阶级或政党的信念也就是"意识形态"。

（一）生态思想向意识形态的转化

意识形态最初是法国的一个哲学团体用来描述所谓思想科学。由于该团体反对拿破仑称帝而被拿破仑蔑称为"意识形态主义者"。马克思主义在意识形态思想史上具有重要地位。马克思、恩格斯在《德意志意识形态》中，一方面批评德国哲学家们的唯心主义错误，"意识在任何时候都只能是被意识到了的存在"，"不是意识决定生活，而是生活决定意识"③。另一方面，他们也指出意识形态的阶级性与欺骗性。"统治阶级的思想在每一时代都是占统治地位的思想"④，"这一阶级的积极的、有概括能力的意识形态家，他们把编造这一阶级关于自身的幻想当作主要的谋生之道"⑤，"为了达到自己的目的不得不把自己的利益说成是社会全体成员的共同利益"⑥。后来曼海姆对于意识形态做了特殊含义与总体含义的区分。特殊含义的意识形态基本上沿袭了马克思的说法，着意于它的虚伪性。而

---

① 《邓小平文选》第 3 卷，人民出版社 1993 年版，第 110 页。
② 《马克思恩格斯选集》第 1 卷，人民出版社 2012 年版，第 136 页。
③ 《马克思恩格斯选集》第 1 卷，人民出版社 2012 年版，第 152 页。
④ 《马克思恩格斯选集》第 1 卷，人民出版社 2012 年版，第 178 页。
⑤ 《马克思恩格斯选集》第 1 卷，人民出版社 2012 年版，第 179 页。
⑥ 《马克思恩格斯选集》第 1 卷，人民出版社 2012 年版，第 180 页。

总体含义的意识形态则趋于中性化，"指的是某个时代或某个具体的历史-社会集团（例如阶级）的意识形态，前提是我们关心的是这一时代或这一集团的整体思维结构的特征和组织"①。随着共产党成为社会主义国家的执政党，意识形态"远远超出'虚假意识'和'颠倒意识'的经典含义所蕴涵的空间"②，而是强调"发挥主流意识形态的两种功能即辩护功能和规范功能"③。

马克思在分析当时德国的意识形态时说："德国的批判……没有离开过哲学的基地。"④ 意识形态很大程度上就是哲学。生态价值观作为与感觉、心理等感性认识相区别的系统化的理性认识，就是生态哲学。这种理论转化为某一阶级、政党、社会群体成员的共同信念，成为他们较稳定的内在品质，就成了意识形态。

（二）意识形态化的功能作用

生态价值观的意识形态化，有着重大的功能与作用。首先，生态价值观的意识形态化，可以推动整体社会结构的良性变迁。马克思主义唯物史观指出，生产力决定生产关系，经济基础决定上层建筑，这是一方面。另一方面，上层建筑对经济基础、生产关系对生产力，有巨大的反作用。意识形态作为思想上层建筑的核心内容，可以很好地反作用于政治上层建筑、经济基础、生产方式。生态价值观意识形态化后，也可以很好地影响党的政策及政府的立法、执法、司法等活动，以及经济体制、产业结构的调整改革等。用现在的话来说，"五位一体"之中，生态文明建设可以很好地引导规制经济建设、政治建设、文化建设、社会建设这四大领域，从而推动整个社会的进步。

其次，生态价值观的意识形态建设，可以有效应对错误的与敌对的生态意识形态挑战。任何社会都存在不同的阶级、阶层与群体，也必然有其不同的意识形态主张。多元的意识形态之间必然产生激烈的冲突与斗争。执政党在这些冲突中，一旦应对乏力或应对失当，使错误的意识形态占了上风，其后果不言自明。当代中国在生态文明方面，特别受到了西方敌对势力的指责与挑战。我们必须加强自己在生态文明建设方面的话语体系建设，并及时有效地揭露西方敌对势力生态价值观的自私、局限与虚伪。在

---

① 卡尔·曼海姆：《意识形态与乌托邦》，黎鸣、李书崇译，商务印书馆2000年版，第57页。
② 童世骏主编：《意识形态新论》，上海人民出版社2006年版，序言1页。
③ 童世骏主编：《意识形态新论》，上海人民出版社2006年版，序言5—6页。
④ 《马克思恩格斯选集》第1卷，人民出版社2012年版，第143页。

社会主义国家看来，"资本逻辑是造成生态危机的社会历史根源"①，因而消除生态危机的根本要求在于消灭资本主义。

最后，意识形态化了的生态价值观，对广大人民群众有强大的引导辐射功能。孔子说："君子之德风，小人之德草，草上之风必偃。"（《论语·颜渊》）精英阶层的思想行为，对大众有极强的示范引导作用。马克思说："统治阶级的思想在每一时代都是占统治地位的思想……那些没有精神生产资料的人的思想，一般地是隶属于这个阶级的。"② 马克思是在批评资本主义文化的不合理性时说这番话的。但换个视角，执政党的思想，包括生态思想，对广大人民群众的引领作用是毋庸置疑的。而一旦缺乏这样的引领，人民群众会因缺乏生态意识或面对冲突的生态意识而无所适从。正是在这个意义上，列宁说对人民大众需要"灌输"。21 世纪以来，从人民群众对"科学发展""低碳生活""美丽中国"等概念变得耳熟能详，说明党和政府的生态意识形态建设是卓有成效的。但如前所述，必须清醒地意识到，当前国人的生态意识还是相当薄弱的。

人是生态治理系统的首要因素，这里的人是一定价值观主宰下的人。生态价值观的有无、深度及其内容，很大程度上决定了政府生态治理能否发生、如何发生。

第二节　纵向权力分工：生态治理主体责任的纵向配置

生态治理的重要主体是国家机关。现代国家机关的系统性、复杂性绝非古代社会的小国寡民可比拟。仅就上下层级而言，就存在复杂的分层与分工。上下层级的国家机关之间的生态治理责任如何划分，以及与之密切相关的权力如何配置、赋予，本身就很复杂，在当代中国更是面临诸多现实问题，值得探讨。

一、市场与民主：生态治理纵向权力分工的前提要件

很多人在讨论生态治理的纵向权力配置时，仅仅关注中央政府与地方政府在生态治理方面的分权与分工。这当然是很重要的，但可能无意中忘掉了一些根本性的问题，如国家集中的权力应该有多大，国家权力的最终归属是哪些人，等等。

---

① 胡梅叶：《生态价值观重构与我国生态文明建设》，《安徽师范大学学报（人文社会科学版）》2013 年第 05 期。
② 《马克思恩格斯选集》第 1 卷，人民出版社 2012 年版，第 178 页。

（一）市场经济与有限政府

国家集中的权力应该有多大，可以从不同的维度加以讨论。如社会契约论中大契约与小契约的区分，就是一个非常重要的问题。卢梭等人主张的大契约，要求人民将几乎所有的权利交给国家，国家再平等地保护每个人。而洛克等人提出的小契约，则主张人民只应将裁判权交给国家，其他权利概由人民自己掌握。"立法权……是每一个国家中的最高权力，但是，第一，它对于人民的生命和财产不是、并且也不可能是绝对地专断的。"①"最高权力，未经本人同意，不能取去任何人的财产的任何部分。"② 由于20世纪纳粹、法西斯统治造成的惨痛教训，当代国际社会推崇的是小契约。但也并非绝对化，特别是在生态治理方面，由于生态问题具有突出的公共性、跨域性，如果不让国家集中更多的权力，生态治理是进行不下去的。

除了从社会契约论的维度讨论国家权力集中问题，从经济体制方面加以讨论，对当代中国具有更大的现实意义。纵观人类历史上的经济体制，主要是自然经济体制、市场经济体制与计划经济体制。经济决定政治，因而不同经济体制很大程度上决定了国家权力的集中度。中国古代长期是自然经济，主要的经济部门是农业，对于工商业基本采取政府垄断与抑制民间的政策。战国时期法家极力主张重农抑商，该政策至汉代趋于定型。对于汉昭帝时发生的盐铁官营辩论会，冯友兰写道："封建社会的掘墓人是商人。……它是潜在的资本家。……地主阶级……也许由于阶级本能吧，它对于农民和商人的态度是不同的，它对于农民采取仿佛矛盾的态度，对于商人采取打击的态度。"③ 对于自给自足的小农经济与地主经济，国家除了征税，其他事情基本上依道家的主张无为而治，类似西方近代以来的自由放任。就生态问题来说，当然不会成为封建王朝政治生活的主题。但古代社会也基于农业文明的现实需要，对一些生态问题进行干预。如秦朝法律规定："春二月，毋敢伐材木山林及雍（壅）隄水。不夏月，毋敢夜草为灰……到七月而纵之。"（《秦律十八种·田律》）就是说对于一定时期的伐木、纵火及堵塞水流是禁止的。而对于与生态关系密切的江河水患治理，自上古的大禹时代起，就是历朝历代的大事。

民国时期，国民党政府在保留封建经济的同时，又依靠执政权建立起官僚资本主义经济。官僚资本主义经济利用国家权力攫取超额利润，是一

---

① 洛克：《政府论（下篇）》，叶启芳、瞿菊农译，商务印书馆2009年版，第83页。
② 洛克：《政府论（下篇）》，叶启芳、瞿菊农译，商务印书馆2009年版，第86页。
③ 冯友兰：《中国哲学史新编（中）》，人民出版社1998年版，第191页。

种腐朽的经济体制与经济形态，严重阻碍了生产力的发展与中国的现代化进程。由于长期的内战与外敌入侵，民国政府无力开展江河治理等生态工程，更由于战争的因素，制造了花园口决堤这一人为的生态灾难。

中华人民共和国成立后，受苏联的影响，建立起完整而严密的计划经济体制，政府掌握了几乎全部社会资源，并以行政命令的方式推动一切经济行为。计划经济体制在中国工业化、现代化起步阶段，有其合理性，也取得了巨大的成就，如初步建立起独立的、比较完整的工业体系与国民经济体系。新中国对江河湖泊的治理，取得了很大进步。毛泽东关于"一定要把淮河修好"的要求，一度成为国家的最高指示。

但随着时间的推移，计划经济体制的弊端日益暴露：失去市场机制，价值规律这一基本经济规律无法发挥作用；集权过度，严重压抑广大人民群众积极性、创造性。当时中国虽然也曾多次进行放权尝试，但总是陷入"一放就乱，一统就死"的死结，因为根本的问题恰恰在于计划经济体制本身。

20 世纪 70 年代末开始的改革带有一定的偶然性，因为"文化大革命"已致中国有"亡党亡国"[1] 的危险。而改革的基本方法是所谓"摸着石头过河"[2]。但历史证明，中国改革开放的基本内容就是逐步确立市场经济体制的过程。就经济成分而言，放弃公有制的一统天下，允许各类民营经济自由发展。就行政体制而言，实现全能政府向有限政府的转变，即使对于公有制企业，也实行所有权与经营权的分离。市场经济赋予了广大人民劳动与创造的自由，激发了经济的活力，其创造的经济成就是举世公认的。但中国的市场化进程是漫长而曲折的，目前形成了所谓"'半统制、半市场'的混合体制"[3]。进一步发挥市场在资源配置中的决定性作用，是中国深化改革的重要内容。

表面上看，市场经济与生态治理是矛盾的、对立的。因为中国当代的生态问题，如资源过耗、环境污染，都是市场经济主体在逐利过程中造成的。但认真一想则不然，一则，就国计民生而言，事实一再证明，过去的计划经济总体上是低效的与无效的，而市场经济总体上是有效的。这就迫使我们在治理生态时，只能选择市场经济体制，否则生态无论如何治理，无论治理得"多么好"，都只能与国家与人民的利益相悖。二则，计划经济体制下的政企不分，造成广泛的义务责任归属不明。如果奉行计划经济

①　《邓小平文选》第 2 卷，人民出版社 1994 年版，第 143 页。
②　《陈云文选》第 3 卷，人民出版社 1995 年版，第 279 页。
③　吴敬琏、马国川：《重启改革议程》，生活・读书・新知三联书店 2013 年版，第 1 页。

体制，也必然造成严重的生态责任归属不明的问题。虽然企业生产过程污染环境通常具有严重的负外部性，确定其破坏环境的因果关系及相应责任是个难题，但也只有在市场机制下，确定市场主体的财产权界限与行为自由，才有理由令其承担生态责任，进而通过外部成本内部化等方法科学地确定其生态责任。

（二）人民民主与驯服权力

讨论生态治理纵向权力分工的另一个重要前提是权力归属问题。权力归属决定了利益的归属，其中当然包括生态利益的归属。

中国古代也常常强调人民的重要性，如"民惟邦本"（《尚书·五子之歌》），"民为贵，社稷次之，君为轻"（《孟子·尽心下》），以及体察民意的重要性，如"天视自我民视，天听自我民听"（《尚书·泰誓中》），认为民意即天意。但古人又认为人民不能成为统治的主体，只能由君主及官僚集团垄断权力，所谓"天子"代天统治，"劳心者治人，劳力者治于人"（《孟子·滕文公上》），乃至"溥天之下，莫非王土"（《诗经·小雅·北山》），"大清皇帝统治大清帝国，万世一系，永永尊戴"（清《钦定宪法大纲》第一条），等等。这就造成了"君本"与"民本"的深刻矛盾与严重冲突，并因此而造成周期性的起义与社会动荡。

人类近代以来的重大变化是强调国家权力的归属只能是人民，而不能是脱离人民掌控的任何人、任何集团。"伟大的法国大革命……提出了两个新原则：政治变革的常规性和人民的主权性。"[1] 近代以来民主政治的实质进步不在于宣扬人民的至上性，而是发明了代议制、选举制等机制使人民主权得以程序化、常态化，比较成功地驯服了权力这头猛虎，把它们关进了笼子。

当今世界几乎没有哪个国家不标榜人民主权，宣称政权是为民服务的机构。但由于复杂的现实国情与历史文化传统，人民主权在大多数国家的实现都不尽如人意。现实生活中政府既"作为公共资源的保护者或监护人，有责任依法保护公共资源"，同时又"以地方财政利益最大化作为公共资源分配的标准，默许或放任特许权人从事损害公共资源的活动"[2]。就是说，政府既是生态治理的责任者，同时又是生态问题的制造者。分析其原因，可能有纵向权力配置不合理的问题，但更为根本的应当是人民主

---

[1]　А. И. 科斯京：《生态政治学与全球学》，胡谷明等译，武汉大学出版社 2008 年版，第 8 页。

[2]　肖泽晟：《论遏制公共资源流失的执法保障机制——以公共资源收益权和行政执法权的纵向配置为视角》，《法商研究》2014 年第 5 期。

权没能充分落实的问题。如果政府行为能够从广大人民的利益与意愿出发，而不是从一部分社会集团的私利，甚至是官员个人的所谓政绩出发，许多生态问题本来就不会产生，即使由于认识的错误而产生了，也比较容易得到解决。民主制度当然也有缺点，最明显的是会降低行政效率，但是权衡利弊，民主制度仍是人类迄今发现的避免权力异化的最不坏的政治机制。

二、集权与分权：生态治理纵向权力配置的基本内容

纵向权力配置的基本内容是中央政府与地方政府的权力划分问题[①]，换言之，就是集权与分权问题。

（一）集权与分权的辩证

集权与分权都有其必要性。首先说集权，也就是中央政府必须掌握足够的权力。诺奇克在《无政府、国家和乌托邦》中论证说，无政府主义是行不通的，因为一旦社会主体之间发生利益冲突，任凭私力救济，就会引起无止境的冤冤相报与过度报复，因此起码得有最低意义上的国家以"定纷止争"。"支配的保护性社团在一个地域内满足了成为国家的两个关键的必要条件：它对该地域内的强力拥有必需的垄断权，以及它保护该地域内所有人的权利。"[②] 依诺奇克的理论推论下去，如果地方政府与地方政府之间发生利益冲突，也只能由中央政府"定纷止争"。这对于生态问题更明显，因为生态问题带有突出的负外部性、跨域性，更易引起跨地域的利益纠纷与责任推诿。例如，大江大河一般都地跨多省市，在河流生态治理上"以邻为壑"是常见现象。既然如此，如果中央政府不保留足够的权力，国家必然软弱涣散，内耗、内斗不已，跨区域生态治理很可能无从谈起。正因为如此，邓小平一再强调"中央要有权威"[③]。

但是现代国家大都广土众民，必须进行金字塔式的地域层次划分，如我国目前省、市、县、乡、村的划分；也必然依此建立金字塔式的各级地方政府。有一级地方政府的设置，而不赋予其相应的权力，地方政府实际上是无法运行的，这是一方面。另一方面，地方政府能积极地发挥作用，

---

① 这里只提及政府是为了论述的方便。现代社会每一级国家机关都有立法机关、行政机关（政府）、司法机关的划分，在中国实际上还有总揽全局的各级党的领导机构，每一级国家机关之间存在复杂的横向关系。但这里用一级政府代指一级国家机关，以论述上下级国家机关间的关系，本质上应该没有大的错误。

② 诺奇克：《无政府、国家和乌托邦》，姚大志译，中国社会科学出版社 2008 年版，第 134 页。

③ 《邓小平文选》第 3 卷，人民出版社 1993 年版，第 277 页。

实现局部地区的繁荣与稳定，才能有国家整体的繁荣与稳定。这种局部与整体的辩证关系，虽然浅显，却是不易之理。

集权与分权是一对矛盾体，在实际运行中难免发生龃龉。我国改革开放以来行政构架的垂直与分层的反复，就反映了这一点。分级管理造成中央对地方控制力的弱化，容易形成地方的尾大不掉。有学者就当年的食品安全管理写道，"全国各地自成体系，做法不一，纠纷不断"，中央与地方"两者之间出现了'争地盘''抢企业'的现象，但是一旦出现了重大食品安全事故，就开始推卸责任"①。而采取自上而下派出机构的形式进行所谓垂直管理，又架空了地方政府的很多权力，引起地方的强烈不满。而因为派出机构得不到有效的监督，同样成为腐败的渊薮。所以现在中央政府又再次强化了分级管理。看来无论分级管理还是垂直管理，都有利有弊，都不应绝对化，都需要相应的机制加以制衡。

有效的制衡有赖于科学与法治。中国古代也曾探索出相当精密的官僚体系，如秦汉的郡县制、三公九卿制，隋唐的三省六部制，等等。这些都不失为中国先民的伟大创造。但是相比于现代社会，古代中国的政治体制还是显得粗疏，更多的是依儒家的学说来治国。黄仁宇写道："施政的要诀，仍不外以抽象的方针为主，以道德为一切事业的根基。"②"因为本朝法令缺乏对具体问题评断是非的准则，即令有时对争执加以裁处，也只能引用经典抽象道德的名目作为依据。"③现代社会如果仍然依靠抽象的理论与原则来治国，必然造成责任不清、效能低下。

（二）单一制与联邦制的取舍

人们在讨论中央与地方的关系时，时常是在单一制与联邦制的框架内进行讨论的。单一制与联邦制的根本区别是清楚的：单一制的权力来源是自上而下的，而联邦制的权力来源是自下而上的。中国作为一个历史悠久的大一统国家，单一制是中华民族根深蒂固的政治与文化传统，对此大家应该是没有争议的。之所以目前中国学界要求打破单一制与联邦制的壁垒，兼采两种制度的长处，甚至个别学者主张中国放弃单一制，采取联邦制，其主要理由有二：一是从实然的角度说，中国的地方政府，主要是省级行政区域的国家机关享有相当大的权力。香港、澳门作为特别行政区拥有高度自治权，就不用说了。而其他省级政府，改革开放以来，特别是20

---

① 刘鹏、张苏剑：《中国食品安全监管体制的纵向权力配置研究》，《华中师范大学学报（人文社会科学版）》2015年第1期。
② 黄仁宇：《万历十五年》，中华书局2006年版，第41页。
③ 黄仁宇：《万历十五年》，中华书局2006年版，第42页。

世纪八九十年代也享有相当大的自主权力。二是从应然的角度看，由于中央与地方的权责不清，造成了一些严重的弊端，主要是遇到利益相互争夺，遇到责任则相互推诿。由于生态问题的脱域性，地方政府对于生态责任的推诿尤甚。"虽然《环境保护法》规定了地方政府对辖区内的环境质量负总责，但并未具体规定如何负责以及失职后应承担何种责任。这就为地方政府环境管理的缺位与机会主义行为遗留了立法漏洞。"① 而从多国联邦制的政治实践看，由于中央与地方一般存在契约式的权利义务划分，甚至是相当明确的权利义务清单，这方面的弊端很大程度上被克服了。这也是许多人要求兼采甚至完全实行联邦制的理由。

对于上述观点，应当辩证分析，谨慎取舍。一方面，中国的单一制政治传统应予恪守。传统是先民创造的适宜的生存方式，也是该群体成员几乎不学而能的生存方式，除非传统有重大缺陷，否则不应放弃。二则，单一制对于巩固国家的统一与完整有巨大的优点。如果采取联邦原则，也就是宣称现在的国家是几个主权国家的自愿联合，那么合则联、不合则分是逻辑的结论，这就为分裂与内战埋下了种子。从历史教训看，一些国家曾经发生的严重的内战，如 1861—1865 年的美国内战，1991—2000 年的南斯拉夫内战，很难说不是联邦制造成的后果。而从中国的国情看，一则中国疆域辽阔，民族众多；二则存在一些谋求分化中国的政治势力，根本不允许中国在单一制这一政治原则上有丝毫的动摇。"坚持单一制是我国经济全球化时代的唯一选择。"② 根本原则的动摇看似轻微，却会导致"失之毫厘，谬以千里"的后果。

另一方面，不采取联邦制政治原则，不等于不可以吸收联邦制政治实践中所蕴含的一些合理因素。一则，以清晰的法律法规严格区分中央与地方的权利与义务，符合现代社会所推崇的科学与法治原则，可以避免许多矛盾与内耗。二则，以适当的方式赋予各地较大的自主权，是可取的。从反面看，中国历史上过于强调集中统一，阻碍了社会的进步。如冯友兰所说，"统一是好事，有时也是坏事。中国沾统一的光，有时也吃统一的亏"。"沿海地区的进步比内地的进步快得多……内陆拖住了沿海的后腿。"③ 从正面看，我国改革开放以来，以建设经济特区等方式，赋予该地区特别的政策与法律制定权，实现了一部分地区率先发展起来，进而带动整个国家的进步的改革开放成功实践。邓小平说："深圳的发展和经验

---

① 王树义、蔡文灿：《论我国环境治理的权力结构》，《法治与社会发展》2016 年第 03 期。
② 王俊拴：《当代中国的国家结构形式及其未来走向》，《政治学研究》2009 年第 03 期。
③ 冯友兰：《中国哲学史新编（下）》，人民出版社 1999 年版，第 340 页。

证明，我们建立经济特区的政策是正确的。"① "能发展就不要阻挡，有条件的地方要尽可能搞快点。"② 从我国生态治理的现状来说，沿海与东部发达地区财力雄厚、科技发达，生态意识也更为成熟和自觉，由此决定了发达地区起码在区域生态治理方面，一般来说走在其他地区的前面。生态治理方面的先进带动后进，也不失为一条可取的路径。

三、税收与财政：生态治理纵向分工的物质基础

无论是中央政府还是各级地方政府，履行其职责都必须具备一定的物质手段，如人力资源、土地资源、矿产资源等等，而最重要的物质手段还是最常见的支付手段与一般等价物——金钱。政府所掌握的金钱财富，通常又称为财政、国库，其来源主要是税收。税收制度牵涉多方面的社会关系，如人民与政府间赋税的多寡轻重问题，纳税人相互之间的税负是否公平问题，等等。而就本文所说的纵向权力分工来说，主要是哪一级政府可以征收哪些税种，以及各级政府相互间的税收转移问题。

（一）统收统支到财政包干

计划经济年代，我国的财政制度是所谓统收统支。当时的财政收入主要是通过强制规定商品价格（如"工农业产品价格剪刀差"），然后由国民经济各部门，特别是工商部门向国家上缴利润与税款。其财政支出则是由各级政府自上而下向国民经济各部门，主要是工商部门，提供全包大揽式的资金投入。就生态来说，计划经济年代对水利工程建设与沙漠治理等，也投入了较多的资金。每年冬天都发动农民利用农闲时间进行大规模的水利建设。这些生态治理成就都是不容否认的。但是毋庸讳言，计划经济体制下的财政制度，既忽视了市场机制，有违经济规律，又严重束缚了地方及企业的自由，对其进行改革是必然的。

我国自 1980 年起实行"划分收支，分级包干"的"财政包干制"。最主要的内容是各省市确定向中央上缴税收的基数，多出的税收留给地方，且基数五年不变。这种财政税收制度的好处是地方获得了相当大的经济自主权，调动了地方政府大力发展地方经济，特别是将税款留给地方的企业的积极性。这对促进各地方，特别沿海开放地区的经济发展起到了不可忽视的作用。但它又引起了一些严重的问题。其一是包干基数确定的公平问题。东北等老工业基地确定的基数偏高，而其经济发展的速度与税收

---

① 《邓小平文选》第 3 卷，人民出版社 1993 年版，第 51 页。
② 《邓小平文选》第 3 卷，人民出版社 1993 年版，第 375 页。

增长的速度，显然无法与东南沿海地区相比。一反一正，得失悬殊。其二是引起了地方保护主义，有违市场经济的开放性，及市场规则的公平性。其三也是最主要的问题，中央政府掌握的收入比例日益下降，而地方特别是发达省份掌握的财力越来越雄厚。这种情况延续到 20 世纪 90 年代，中央政府已经到了经常向经济发达省份借钱度日的窘境，出现了如朱镕基所说，"如果这种情况发展下去，到不了 2000 年（中央财政）就会垮台"①的问题。

"财政包干制"对生态治理的不利影响也是很明显的。其一，地区财政收入的悬殊，导致贫穷地区根本无力从事生态治理。而富裕地区的经济发展，由于改革初期普遍的生态意识薄弱，很大一部分是以牺牲生态为代价而取得的。其二，地区保护主义严重影响了生态。既存在恶意的"以邻为壑"，又存在无可奈何的"囚徒困境"。其三，中央财力的匮乏，使跨区域的国家层面的生态治理无力进行。而大量的生态问题恰恰是跨区域的。

（二）分税制及其完善

1993 年，中共中央提出以"分税制"取代"财政包干制"。最主要的内容是取消所谓税收上缴基数，除了关税等税收归中央，房产税等税收归地方，主要的税种特别是增值税由中央与地方共享。"分税制"的重要作用是保证了中央税收的稳定来源与稳定增长。同时也一定程度上克服了"财政包干制"下的一些明显的弊端，如地方保护主义、难以监管的预算外收支、几乎专门为不正之风服务的小金库等。

"分税制"对生态治理的正面作用是很明显的。强有力的转移支付，使经济落后地区的生态治理得以进行。而中央政府力量的加强，较好地克服了生态方面的地方保护主义，国家层面的生态治理，如黄河、淮河、长江等大流域的治理，得以强有力地开展。

但是目前实施的"分税制"也带来了一些弊端。"分税制"保证了中央政府的财力，却勒紧了地方政府的财政。而且上行下效，省级政府进一步集中财力于自身，勒紧了市、县、乡的财政。但许多具体的公共事务，如九年义务教育、公费医疗等，又主要是由县乡等基层政府承担的。这就造成了所谓"中央财政喜气洋洋，省级财政勉勉强强，地市财政拆东墙补西墙，县级财政哭爹叫娘"②的现状。在地方财力有限的情况下，教育、

---

① 吴敬琏、马国川：《重启改革议程》，生活·读书·新知三联书店 2013 年版，第 190 页。
② 吴敬琏、马国川：《重启改革议程》，生活·读书·新知三联书店 2013 年版，第 196 页。

医疗、养老等民生问题被置于优先地位，而生态治理只能被置于次要地位，甚至是无暇顾及。

现行税收与财政体制需要进一步改革与完善。其一，要回归公共财政，及克服 GDP 崇拜。改革开放以来，以经济建设为中心一直是中国的最高国策。就中国的历史与现实来说，有其必要性与合理性，但也带来一些负面的影响。GDP 是当今世界考核经济发展的通用的、便于计算的指标。计划经济体制下常用的，用巨额财政资金投入生产领域的做法，虽然长期来看是低效的、不合算的，但会对增加 GDP 起到立竿见影的效果。因此，一些地方官员出于政绩的考虑，很是青睐这一做法。这样做不仅有违经济规律，同时也挤占了生态治理等公共支出的份额，使本就紧张的财政支出更是捉襟见肘。另外，通常 GDP 的计算是没有考虑生态成本的。这就容易造成因片面追求 GDP 而加重生态危机的现象。研究制定绿色 GDP 指标以取代目前的 GDP 指标，彻底抛弃计划经济思维，才能有效克服上述弊端。

其二，科学划分各级政府的事权与财权。正如许多学者所指出的，目前的财政体制使县乡等基层政府责任过大，而财权过小。对此应当进行调整。该由中央及省市政府承担的公共事务，不应随意转嫁给下级政府。如果出于具体落实便利的考虑，公共事务由地方举办更为方便有效，那也必须由充足的财政转移支付予以保证。财权与事权的划分，应强化民主与法制机制，由立法机关进行充分地讨论，由严格的法律予以规定，而不能只是由领导机构拍板。过度的领导决定，容易造成长官意志的主观随意，而且由于"跑步（部）前（钱）进"的现象，常常成为腐败的源头。

生态治理的纵向权力分工，既有一般纵向权力分工的普遍性，也有基于生态的特殊性。不断总结历史与现实的经验教训，使中央与地方之间分工更科学、民主更强化、法治有保障，应该是不断努力的方向。

第三节　横向权力关系：区域生态治理中的合作与欺诈

生态治理的国家机关主体，就横向权力关系而言，主要是两个方面，一是某一行政区域内的同层级的国家机关之间的关系，二是不同行政区域之间的国家机关之间的关系。横向者，没有隶属关系也。此类权力主体之间的合作与冲突，需要加以分析。

一、区域内的横向权力关系：加强法制与民主集中制

（一）法治成就与存在不足

就某一层级的国家机关的复杂性而言，古代与现代几乎是天壤之别。《红楼梦》作为文学作品，当然存在虚构的成分。但《红楼梦》作为伟大的经典，是中国古代的百科全书，它对古代中国的社会关系包括政治关系的描写，足资我们参考。《红楼梦》里的重要人物贾政就任江西粮道，专管江西一省粮食的征缴与漕运。粮食在古代中国的战略地位不言自明，因而粮道一职大约相当于新中国计划经济时期，某一省由中央垂直管理的专管国有大中型企业的副省长。粮道是显赫的封疆大吏，同时也是重要的经济部门。然而贾政的工作团队有哪些人呢？据《红楼梦》的叙述，请了几个幕友，算是最主要的助手；由一些家人与长随（家人之外托关系谋得差事的人）负责门房签押等日常办公事务，仅此而已。[①] 而且好像这些人的薪水都是由贾政来支付的。粮道既然如此简单，其他古代地方政府机构也不会复杂到哪里去。

我们在叹服古代国家机关精简的同时，必须承认它难以胜任现代社会的管理与治理。肇始于西方的现代国家机关，首先有所谓"立法机关、行政机关、司法机关"的明确分工与相互制约。其次，就现代国家机关的主体部分行政机关而言，它又有许多具体的职能部门的划分。当然受国别与时代的影响，各国行政机关的划分千差万别。如中国最高行政机关国务院的直属机构，1953 年有 42 个，1956 年有 81 个，后来在精简与膨胀中反复，"1981 年，国务院的工作部门有 100 个，达到新中国成立以来的最高峰。臃肿的管理机构已不能适应改革开放和经济社会发展的需要，亟待改革"[②]。改革开放以来，经多轮改革，2013 年，"改革后，除国务院办公厅外，国务院设置组成部门 25 个"[③]。国务院的机构设置直接影响到各级地方政府的机构设置，因为要保持对口联系，地方政府几乎是中央政府的克隆版。

国务院机构中直接管理生态的主要是生态环境部与国土资源部。国土资源部设立于 1998 年。生态环境部最早设立于 2008 年。顾名思义，生态

① 曹雪芹、高鹗：《红楼梦》，人民文学出版社 1996 年版，第 1361—1362 页。
② 《新中国成立以来的历次政府机构改革》，中国政府网，2009 年 1 月 16 日，http：//www. gov. cn/test/2009 –01/16/content_ 1206928. htm。
③ 《（两会授权发布）国务院机构改革和职能转变方案》，新华网，2013 年 3 月 14 日，http：//news. xinhuanet. com/2013lh/2013 –03/14/c_ 115030825_ 3. htm。

环境部门专司环境保护工作，国土资源部门专司资源开发与保护。但生态治理又绝非生态环境部门、国土部门单独可以完成，它必然涉及诸如交通运输、水利、农业、工业、商务、科技、发改等多部委，以及食品安全、医药卫生等主管机构。这就涉及多部门在生态方面的权利义务的划分。

我国现行法律对各部门在生态方面的权利义务做出了规定。如 2014 年 4 月 24 日修订的《环境保护法》第十条第 1 款规定了各级环境保护部门的职责："国务院环境保护主管部门，对全国环境保护工作实施统一监督管理；县级以上地方人民政府环境保护主管部门，对本行政区域环境保护工作实施统一监督管理。"该条第 2 款规定了相关部门的环保职责："县级以上人民政府有关部门和军队环境保护部门，依照有关法律的规定对资源保护和污染防治等环境保护工作实施监督管理。"我国 2017 年 6 月 27 日修订的《水污染防治法》第九条规定："县级以上人民政府环境保护主管部门对水污染防治实施统一监督管理。交通主管部门的海事管理机构对船舶污染水域的防治实施监督管理。县级以上人民政府水行政、国土资源、卫生、建设、农业、渔业等部门以及重要江河、湖泊的流域水资源保护机构，在各自的职责范围内，对有关水污染防治实施监督管理。"其他诸如现行《大气污染防治法》《固体废物污染环境防治法》等专司污染防治的法律法规也都有类似的规定。就资源管理与保护而言，2013 年 6 月 29 日修正的《草原法》第八条规定："国务院草原行政主管部门主管全国草原监督管理工作。县级以上地方人民政府草原行政主管部门主管本行政区域内草原监督管理工作。"我国的其他专司资源管理的法律法规，如《水法》《森林法》《矿产资源法》《土地管理法》《野生动物保护法》《野生植物保护条例》《渔业法》等也都做出了类似的规定。

我国法的渊源众多，除了全国人大制定的法律，还有行政法规、部门规章、地方性法规与政府规章等。如水污染防治方面法规，有国务院 1995 年制定 2011 修正的《淮河流域水污染防治暂行条例》，国家环保总局 2001 年制定的《淮河和太湖流域排放重点水污染物许可证管理办法》，水利部 2004 年制定的《入河排污口监督管理办法》，山东省 2000 年制定的《山东省水污染防治条例》，等等。

上述法律文件是我国在生态治理方面的重要法制成果，对推进我国的生态文明建设无疑起到了非常重要的作用。但是上述法律规定，对于生态治理，特别是横向权力关系来说，仍存在一些不足。其一，有过于原则与笼统之弊。法律规定一切相关行政机构都具有生态职责。但对"各自的职责范围具体为何，这些部门应如何履行管理职责却没有任何具体规定"，也"并未具体规定如何负责以及失职后应承担何种责任。这就为地方政府环境管理的缺位与机会主义行为遗留了立法漏洞"①。而眼下流行的法谚，如私权利的运用"法无禁止则自由"，公权力的运行"法无授权不可为"，更为相关部门推卸生态治理责任找到了绝佳的借口。

其二，生态职责的交叉规定造成了矛盾。由于中国是个大国，立法主体众多，地市级以上的人大及其常委会、政府、国务院各部委等都有立法权限，特别是存在所谓严重的部门立法现象，往往于不经意间就造成了职责的交叉规定，从而造成了冲突。如媒体曾报道过的，2005 年 4 月 5 日，水利部淮河水利委员会发布了"淮河流域限制排污总量最新指标"，根据是《水法》第 32 条的规定。而嗣后环保总局指责这一行为"违反了《中华人民共和国水法》和国家有关规定"②。这里的"有关规定"大概指《水污染防治法》第 25 条。而据该报道所说，环保总局与水利部门发生类似的争议也不是第一次了。

其三，除了法律制度的缺陷，在实际执法实践中也常常出现相关部门在生态治理方面的缺位与越位情况。借用民国时期的学者李宗吾的比喻，执法者运用"锯箭法"与"补锅法"，实在是常见的"智慧"。"锯箭"的故事说，中箭者请医生治疗，医生只是锯了箭杆就结束治疗，索要酬金，问为什么不拔出留在体内的箭头，回答是：我是外科医生，拔箭头"那是内科的事，你去找内科好了"③。"补锅"的故事说，补锅者趁锅的主人不注意，敲了几锤，把锅裂弄得很大，然后对主人说："你这锅裂痕很长。上面的油腻住了，看不见，我把锅烟刮开了，就现出来了，非多补几个钉子不可。"④"锯箭法"是常见的推卸责任的做法。地方政府从事生态治理，经常觉得无利可图，起码局部与短期看是如此，所以此类责任能推则推，甚至祭起"法无授权不可为""法无明文规定不为罪，法无明文规定不受罚"等大旗来。"补锅法"稍显复杂，通常是消极地（拖延时间坐等事情闹大）或积极地（煽风点火把事情搞大）使事情向自己期望的方向发展，以便扩大自己的干涉理由与干涉范围。这在生态治理中，就是发现某些事情有利可图或与自己利益牵扯太大，便说这在自己的职责范围之列，越权进行干涉。"中国人是天生的辩证法家"⑤，谙熟普遍联系法宝

---

① 王树义、蔡文灿：《论我国环境治理的权力结构》，《法制与社会发展》2016 年第 3 期。
② 黄勇：《水利部和环保总局淮河水质信息发布权之争背后》，中国新闻网，2005 年 4 月 13 日，https：//www.chinanews.com/news/2005/2005 - 04 - 13/26/562329.shtml。
③ 李宗吾：《厚黑学大全集》，翟文明编著，华文出版社 2009 年版，第 271 页。
④ 李宗吾：《厚黑学大全集》，翟文明编著，华文出版社 2009 年版，第 271 页。
⑤ 顾准：《顾准文集》，中国市场出版社 2007 年版，第 297 页。

的妙用，为自己的越权行为寻找理由，根本不是什么难事。

（二）原因分析与改善路径

如何认识上述的矛盾与问题呢？

其一，不能简单地归咎于相关部门及其工作人员的道德品质有问题。恰恰相反，上述矛盾的出现很大程度上正是根植于人性的。

这里对人性略说几句。把人的本性定性为天然就是恶棍，当然是不对的，因为这样人类从根本上就无可救药了。而把人的本性定性为一味济世救人的菩萨，也不符合现实，因为人世间随处可见的劣行乃至恶行就否证了这一点。关于人性，有两种说法比较靠谱。一是黑格尔的人性论。"唯有人是善的，只因为他也可能是恶的。善与恶是不可分割的。"[1] "恶也同善一样，都是导源于意志的，而意志在它的概念中既是善的又是恶的。"[2] 二是休谟的人性论。休谟认为一般情况下，人性处于善与恶的中间状态。他在论正义时写道，"人心异常温厚慈善或极其贪婪邪恶，正义在这些情况下就会变得完全无用……社会的通常情形是处于所有这些极端之间的一种中间状态。我们天生就偏袒我们自己和我们的朋友，但我们也能认识到较平等的行为所带来的好处"[3]。罗尔斯将之表达为，当事人"相互冷淡或对别人利益的不感兴趣"[4]。就本文所讨论的问题来说，我们不能对人性期许太高。人性的适度利己以自保是可信的。马克思说："各个人的出发总是他们自己，不过当然是处于既有的历史条件和关系范围之内的自己。"[5] 正因为人性的适度利己，才导致了无穷无尽的社会矛盾与冲突。但也正因为人的善的可能性，人类有理性有智慧，才能"签订社会契约"，走出过度恶斗的困境。就本文所说的生态治理中的各部门的矛盾与冲突来说，是必然要发生的，但又是可以规制引导的。

其二，能否因为法律有规定，就难免有漏洞可钻，就会给居心不良者以可乘之机，干脆就不做出法律规定呢？答案是否定的。确实，如果对某一部门的责任做出具体的规定，实际生活中就会出现如李宗吾所说的"锯箭"行为与"补锅"行为。但如果因为会出现这样的情况而因噎废食，则我们在生态治理制度建设上就永远不能前进。黑格尔思辨地写道，"不做什么决定的意志不是现实的意志；……如果做出规定，自己就与有限性

---

① 黑格尔：《法哲学原理》，范扬、张企泰译，商务印书馆 1982 年版，第 144 页。
② 黑格尔：《法哲学原理》，范扬、张企泰译，商务印书馆 1982 年版，第 145 页。
③ 休谟：《道德原理探究》，王淑芹译，中国社会科学出版社 1999 年版，第 17 页。
④ 罗尔斯：《正义论》，何怀宏等译，中国社会科学出版社 1988 年版，第 127 页。
⑤ 《马克思恩格斯选集》第 1 卷，人民出版社 2012 年版，第 199 页。

结缘，就给自己设定界限而放弃了无限性。但是他又不想放弃他所企求的整体。诸如此类的性情不论它怎样优美，总是一种死的心情。歌德说，立场成大事者，必须善于限制自己。人有通过决断，才投入现实"①。

我们要进一步加强生态领域的立法活动，推进生态法制"由粗向细"的转变。在立法方面有两点经验值得肯定，其一是继承中国古老的并能与欧洲大陆法系接轨的成文法传统。在调查研究的基础上，不间断地实现由制定政策，到制定法规（地方性法规，行政规章、行政法规等），再到制定法律的法制建设，实现生态法律责任的具体化与体系化。其二，适度借鉴判例法的立法经验。判例法或曰习惯法有严重的弊端，黑格尔写道，"习惯法所不同于法律的仅仅在于，它们是主观地和偶然地被知道了，因而它们本身是比较不确实的，思想的普遍性也比较模糊。……不论在英国的司法或在它的立法事业中，都存在着惊人的混乱……法官受到先例权威的拘束，因为这些先例不外表达了不成文法；但也可以说他们并不受其拘束"②。但任何事情都要一分为二地辩证分析。判例法有及时填补法律空白的明显优点。实际上中国最高人民法院不断公布各种典型的法院判例，就是在积极借鉴判例法的成果，也取得了很好的成效。当然，最终要实现判例向成文法规的转变，这既是中国成文法制体系的要求，也是如黑格尔所强调的认识须由感性上升理性、现象深入到本质、偶然归结为必然的内在要求。

立法固然重要，但我们要摒弃那种以为有了法律就可以"垂拱而治"的想法。这种想法是对法律的迷信，也是幼稚的。行政机关、司法机关、代议机构之所以存在，某种意义上正因为"徒法不能以自行"（《孟子·离娄上》）。首先，各级政府是解决横向权力矛盾的最基本的主体。平行的各部门互不隶属，但它们都从属于本级政府。一级政府的重要职责在于统一协调自己的职能部门。具体言之，一则各部门生态治理中的"各自为政"，需要党和政府予以整合；二则各部门一旦发生争执，首先应由本级政府予以协调裁决；三则在存在法律空白的情况下，各级政府有时须依"自然法"的要求，主动履行职责，并指令具体部门贯彻落实。在这方面，中国共产党所倡导的民主集中制原则依然是应予恪守的优良传统。

其次，立法机关与司法机关在解决横向权力之争方面也应发挥作用。作为立法机关的各级人大及其常委会，有两项重要职责，一是议决本区域

---

① 黑格尔：《法哲学原理》，范扬、张企泰译，商务印书馆1982年版，第24页。
② 黑格尔：《法哲学原理》，范扬、张企泰译，商务印书馆1982年版，第219页。

的大事，二是制定法律法规，而这两项职责在解决横向权力之争时，都可以发挥重要的作用。就司法机关来说，目前中国的法制体系不允许一个行政机构就行政事务之争去法院起诉另一行政机构，而应在行政系统内部解决。但我国的法院在解决其他民事、刑事、行政诉讼案件时，如果顺带发现横向权力关系方面的问题，有权向行政机关提出司法建议。因而在间接的意义上，司法机关对于解决横向权力关系问题也有一定的作用。

二、区域间的横向权力关系：协商谈判与权威裁决

（一）合作与冲突的现状

横向权力关系既指向某一区域内的平行的、没有隶属关系的国家机关之间，主要是行政机关之间的关系；也包括区域之间的没有隶属关系的国家机关，主要也是行政机关之间的关系。行政机关所在的不同区域，可能在空间上是相邻的，如上海市政府与江苏省政府所在的行政区域，安徽省宿松县政府与湖北省黄梅县政府所在的行政区域等等；也可能在空间上相隔甚远，但却发生了生态联系，如长江上游的青海省与下游的上海市。

不同区域的政府机构之间可能存在良好的合作。不同区域特别是相邻区域之间因为频繁的交往与密切联系，一般来说存在良好的合作关系，所谓"亲帮亲，邻帮邻""远亲不如近邻"；即使合作中产生一些纠纷，由于传统中国人重道德、重情义，也会有很好的互谅与礼让。但我们不能对人性期许过高，如马克思所言，"'思想'一旦离开'利益'，就一定会使自己出丑"[1]。为追求自己的利益不同行政区域之间常常发生严重的对立与矛盾。其一是存在恶意的以邻为壑，如长江地跨青海省、西藏自治区、四川省、云南省、重庆市、湖北省、湖南省、江西省、安徽省、江苏省和上海市等九省二市，好几个省市故意选择在长江流出本省而流入邻省的河段建立重污染企业，本省生产赚钱、污染留给下游省份的动机昭然若揭；又如淮河经过河南、江苏、安徽、山东四省份，也出现类似的情况。

其二是存在无奈的自我牺牲。有的地区为生态治理做出了很大贡献却没有得到应有的回报。如青海、西藏、四川等长江上游省份，严格保护森林与湿地，对长江水质是有利的，对下游省份产生了良好的生态效益，而这样做必然限制了自身的矿藏开采与工业发展，但却得不到下游省份的自觉的、足够的补偿，一定程度上影响了上游省份的经济发展，引起当地人民的不满。

---

① 《马克思恩格斯文集》第 1 卷，人民出版社 2009 年版，第 286 页。

其三是有意识地向落后地区转嫁污染。当代中国部分发达地区的经济水平已与西方发达国家不相上下，当地民众对生活质量与生态环境的要求也高了，继续运营重污染企业已不符合当地的发展要求。但这些重污染企业可能又是很赚钱的企业，或是该发达地区产业链中离不开的一个环节。于是发达地区就以投资帮扶、带动就业等名义向落后地区转移这些重污染企业。而落后地区为了眼前的利益，可能也欢迎发达地区的这种做法。但从长远看，这必然会给落后地区带来严重的生态问题。

（二）解决冲突的路径

如何解决区域间横向生态权力纠纷？

其一，明确利益界限与利用市场机制应该是根本的前提。

与区域内横向权力关系不同，区域间生态治理中的横向权力关系存在明确的利益内容。解决此类横向权力关系中的矛盾，首先要明晰各自的利益，以定纷止争，并在此基础上确定相互间的损益及其赔偿。

一说到定纷止争，人们很自然想到法律的作用。法律固然重要，但我们不要忘了一个更根本的机制，即市场的作用。亚当·斯密等人揭示了一个基本的原理：离开市场这只看不见的手，我们无法合理地确定价格。计划经济一个严重的教训是离开了市场机制，因而生产者既不知应当生产什么产品，也不知如何确定商品的价格。顾准在 1957 年论述价值规律时写道："为什么国家花了这样大的劲，供应农村的双轮双铧犁却大量退销？""为什么许多国营工厂堆积了大量机械工具没有投入生产？那些生产工具不是按计划生产，按计划分配的么？"[1] 我国改革的重要内容就是实现由计划向市场的转变。经过 30 多年的实践与争论，2013 年党的十八届三中全会终于宣布市场在资源配置中起决定性作用。

但一涉及生态问题，市场机制似乎是失灵的。霍肯说，"目前的经济制度中一个最大的危害，就在于市场的定价并不体现破坏地球的成本"[2]。既然市场失灵，是不是意味着我们又要回到计划经济体制呢？答案是否定的。我们再也不应该离开市场机制。我们所要做的是调整市场机制，要把两项成本，即被低估乃至无偿使用的资源成本与破坏环境的成本纳入到商品的成本之中，实现所谓外部生态成本内部化。这种生态成本当然意味着指标限制与征税，但它是指向不特定的社会主体的，与计划经济中的定向指令有本质区别。西方与我国既有的实践证明，此类做法虽有一定的难

---

① 顾准：《顾准文集》，中国市场出版社 2007 年版，第 380 页。
② 保罗·霍肯：《商业生态学》，夏善晨、方堃译，上海译文出版社 2014 年版，第 12 页。

度，但却是可行的。不仅如此，经济实践中还出现了一些与生态保护相契合的新的经济因素，如排污权的商品化与市场交易，专营资源回收或污染治理的企业增加就业并盈利，等等。

其二，协商谈判是解决区域间生态纠纷的一个重要的途径。不同区域的政府之间没有隶属关系，一方不能命令另一方，可行的路径是协商谈判。商谈的内容既可能是积极的，如两区域与多区域之间就资源开发或生态保护进行密切的合作；也可能是消极的，如只是就现有的生态损害及其补偿商讨出双方都能接受的方案。

其三，司法诉讼也是解决区域生态纠纷的一条可行的路径。我国目前不同区域就行政权力之争不允许提起诉讼，但就利益损害提起民事类诉讼，是法律所允许的。虽然到目前为止，很少听说有通过此一渠道解决区域生态纠纷的例证，但此路径是合法合理的。

其四，行政及立法手段是解决区域生态纠纷的常见而重要的手段。平行的区域间政府无法诉诸行政手段，但可申请共同的上级行政机构出面解决纠纷，实际上就是把横向权力关系转变为纵向权力关系。当然中央与上级政府，也经常出台一些区域类生态治理的机构与机制，以有效地协调处理区域间生态问题，如设立长江、黄河、淮河等水利委员会等。而所有的区域生态治理的实践经验与成功做法，最后必须由立法机关通知法制手段予以体现与保障才"带有根本性、全局性、稳定性和长期性"[①]。

三、动员型生态治理机制：合理性与局限性

（一）现状与质疑

上述对于生态领域横向权力关系及其治理的讨论，基本上是在常态与常规维度内的，但是还有一类非常规的解决路径值得关注，这就是动员型生态治理机制。

我国在解决生态问题，特别是一些紧迫的生态问题时，如 2008 年北京奥运会举办前夕的北方地区的沙尘暴问题，以及近年来每到冬季北方严重的已威胁到民众基本的生活秩序的雾霾，对此政府都采取一些非常规的手段，如禁止开垦林草、重污染企业停产、汽车限号等。有部分学者称之为"政府动员型环境政策"，并展开讨论。实事求是地说，采取运动式的生态治理措施，效果肯定是有的。重拳治理之下，顿时看见蓝天白云，大众很是神清气爽。但有的学者对这种治理模式表示反对，其理由一是破坏

---

① 《邓小平文选》第 2 卷，人民出版社 1994 年版，第 333 页。

法律秩序的稳定性。"运动式治理机制与法治理性并不兼容，其时常要打破常规，绕过既定的规则体系。因而，其在民主、法治趋势下，因受到多方挑战和质疑而难以为继。"[①]

二是不可持续。政治运动这一概念本身说明了它只能是一种短期性的行为，"飘风不终朝，骤雨不终日"（《道德经·第二十三章》），动员大量人力物力高强度地从事某一活动，常态化是不现实的。实践证明，许多政治动员型的社会活动最终呈现的是"一拥而上，一哄而散"的情况。

三是出现理想与现实的冲突，常常以失败收场。如有学者在研究 21 世纪初内蒙古某旗生态移民时所揭示的，此次"生态移民……是政府官员与市场精英头脑中一个细致入微的规划。……融入了政治热情、经济智慧与地理美学的设计"，然而它"忽视现象背后长期积累的问题的复杂性。……在具体实践中必然受到现实复杂性的挑战"[②]，不仅未达到预期目标，还留下了严重的后遗症。

（二）必要与限度

动员型生态治理机制的存在合理性不能完全否认。其一，完全否定了政府动员机制，从根本上说就是否认了社会上层建筑特别是国家政权对于经济基础的反作用。恩格斯的相关论述可资参考。马克思在唯物史观中着意强调经济基础对于上层建筑的决定作用，以此破除历史唯心主义。但唯物史观给后人造成了上层建筑无足轻重的印象。恩格斯晚年对此进行了批评："如果政治权力在经济上是无能为力的，那么我们何必要为无产阶级的政治专政而斗争呢？暴力（即国家权力）也是一种经济力量！"[③]顾准在研究资本主义发展史时也指出，"商业城市，唯有在合适的政治权力和强大武装保护下才能长出资本主义来"[④]。

其二，完全否认政府动员机制，忽视了事物发展的渐进与突变相统一的本性。在社会平稳的渐进的发展过程中，法律秩序对于保障生活秩序是重要的，捍卫法律秩序就等于保护生活秩序。但社会矛盾积累到一定时期，社会矛盾集中爆发，社会关系严重失序，这时法制体系实际上是失效的、无用的。在社会矛盾爆发期，必须使用非常规的"革命性"的举措，才能有效解决社会矛盾，强行恢复社会秩序。历史上各民族一再发生大的

---

① 王树义、蔡文灿：《论我国环境治理的权力结构》，《法制与社会发展》2016 年第 3 期。
② 苟丽丽、包智明：《政府动员型环境政策及其地方实践——关于内蒙古 S 旗生态移民的社会学分析》，《中国社会科学》2007 年第 5 期。
③ 《马克思恩格斯选集》第 4 卷，人民出版社 2012 年版，第 613 页。
④ 顾准：《顾准文集》，中国市场出版社 2007 年版，第 213—214 页。

社会革命是如此，和平时期有时遇到一些突出的社会问题也必须如此。就生态来说，政府动员机制的出现，常常是不得已的，说明依靠现有的法律体系与法律秩序已不能奏效。而实践经验也证明，依靠政府动员机制解决一些突出的、急迫的社会问题包括生态问题，是必要的也是有效的。

但是学界特别是法学同仁对政府动员或曰政治运动式的生态治理模式的批评并非毫无道理。上层建筑对经济基础有反作用，但这种反作用既有性质好坏的区分，也有程度强弱的区分。就生态治理来说，要注意两点：

其一，从时间上说，运动式治理应该是短期的，延续时间不能太长。事物发展进程中突然来一次震动，有时对事物的发展是必要的。如马克思恩格斯所说："革命之所以必需……只有在革命中才能抛掉自己身上的一切陈旧的肮脏东西。"① 但如果一个民族长时间陷于革命，那一定是灾难。黑格尔在论述法国大革命时说，"否定的自由……当它转向现实应用的时候，它在政治和宗教方面的形态就变为破坏一切现存社会秩序的狂热"②，"法国的革命人士把他们自己所建成的制度重新摧毁了，因为每种制度都跟平等这一抽象的自我意识背道而驰"③。

其二，从程度上说，政治对社会的干预必须有节制。如前文所述，计划经济时代政府对经济与社会事务的全包大揽，短期看似乎立竿见影，很有效。但长期算总账，就会发现计划体制不如市场体制有效率。诚如上述学者对内蒙古生态移民研究所揭示的，社会生活太复杂，政府过于简单化、理想化的干预是注定要碰壁的。

简言之，生态治理中的"号令天下"式的政府动员机制在特殊情况下有其必要性，但从时间上说应当是短期的，从程度上说应当是有限的干预。用古人的经权辩证法来说，生态治理依靠市场与法治应当是"常经"，而依靠政府的强力动员只能是"权变"，而且此"权变"措施只有为"常经"奠定基础与扫除障碍才有意义。

横向权力，因为是权力所以必然对社会主体的生态行为产生重大影响，又因为其横向而互不隶属，容易产生矛盾且不易解决。构建合理的横向权力关系并不断加以完善，是推进生态治理体系现代化与加强生态文明建设的重要内容。

---

① 《马克思恩格斯选集》第 1 卷，人民出版社 2012 年版，第 171 页。
② 黑格尔：《法哲学原理》，范扬、张企泰译，商务印书馆 1982 年版，第 14 页。
③ 黑格尔：《法哲学原理》，范扬、张企泰译，商务印书馆 1982 年版，第 15 页。

第九章　政府生态治理现代化的外系统

政府生态治理现代化的外系统包括社会领域、市场领域和域外三个部分。社会领域又由公民、第三部门（NGO）以及参与式社会三部分组成；市场主体在生态治理中应该承担自身的生态责任，毕竟大量的生态问题是企业在生产中造成的；从域外来看，欧美发达国家生态治理的成功，是一假象。走发达国家那种转嫁生态危机以达到国内生态治理成效的路径不具有生态性，它不可复制，也不可取。欧美发达国家的环境改善，与全球化体系有关！发达国家生态治理的成功，促进了产业的全球转移。一些发展中国家走上了发达国家曾经走过的工业化道路，承接了转移来的低端产业，虽然污染了环境，却也达到了中短期内国家经济发展的目标。这是发展中国家乐于接收污染产业的重要原因。然而，生态危机的梯度传递，加剧了全球生态治理的失效，环境问题进一步威胁人类的生存和发展，使增长的极限即将来临。中国积极参与全球生态治理，将成为全球生态治理的一支重要的力量，甚至是领导者。中国有希望开辟出一条全新的生态治理道路。

第一节　社会领域：生态治理中的公民、第三部门与参与式社会

政府理应在生态治理中占据主导地位，但单靠政府力量是难以有效应对的，要有效解决生态问题，公民参与不可或缺。但在实然层面上，公民参与出现了原子化倾向，其所表现出的自利性、松散性和零散性与生态治理要求的公民自觉、有序和全民参与相抵牾，这掣肘了生态治理的效力，致使生态治理陷入困局。因此，要有效地破解这一困局应教育公民树立生态中心主义价值观，利用网络的组织替代作用，充分发挥制度机制的激励作用来促使公民由原子化生态治理参与方式走向自觉、有序和全民参与。近 10 年来，中国走了一条独特的生态文明道路，中国的环保组织在经济与环保二元冲突的过程中为维护公众环境权益，做了许多工作，得到了政府和社会的普遍认同。因工作成绩显著，环保社会组织进入了一个快速发展期。当然，在环保社会组织的成长过程中，尤其是民间环保社会组织所

走道路与欧美国家环保组织相似，即与国家（政府）合作少，与"社会"合作多；在与政府的关系上，部分环保社会组织甚至采取对抗策略。中国有特殊的国情，环保社会组织与政府应保持良性互动与协商，这是中国式的协商民主。党的十九大报告对环保社会组织的发展具有指导意义，中国环保社会组织应走中国式道路，即超越局部公众利益，与政府保持协商，承接好政府转移的职能工作。

一、公民参与生态治理的原子化①

公共需求形成的"压力"和"公共参与"形成的助力，使公民的广泛参与有利于分担政府治理责任，提升政府治理意愿。

（一）公民参与生态治理的相关描述

西奥·科尔伯恩等人在《我们被偷走的未来》一书中揭示了 PAH、DES、PCB 等合成化学物质对人和动物造成的毒害，这些合成化学物质正在"偷走"人类及地球上其他生命的未来②。正是这些残效性化合物干扰了人类和动物的激素系统，使男性的精子减少，甚至失去活力；使动物锐减，甚至灭绝。人类和动物遭受了合成化学物质的"毒手"，可能正朝着灭亡的方向大步前进。最具讽刺意味的是："人类在不断征服自然的过程中繁荣兴旺，现在却不得不损伤自己的繁殖、学习和思维能力。在被迫用化学合成物质所做的这个巨大的'实验'中，人类不知不觉使自己也成为其中的实验材料，也许这是人类所作所为对自己的报应。"③

面对危机，我们不能漠然视之，而应积极地采取行动来化解危机。正如汤因比所言："人类若要避免毁灭自己，只有从现在起彻底治理自己造成的污染，并不再使其发生。"④ 生态问题是极其复杂的系统性问题，单靠政府的力量难以有效应对。联合国《里约环境与发展宣言》指出："环境问题最好是在全体有关市民的参与下，在有关级别上加以处理。"⑤ 因此，要有效治理当前生态问题，必须调动和吸纳更多的公民参与到生态治理中来。

---

① 该部分内容作为前期阶段性成果已经发表。柯伟、张劲松、吕海涛：《原子化：公民参与生态治理的障碍及破解》，《福州大学学报（哲学社会科学版）》2016 年第 5 期。

② 西奥·科尔伯恩、戴安娜·杜迈洛斯基、约翰·彼得森·迈尔斯：《我们被偷走的未来》，唐艳鸿译，湖南科学技术出版社 2001 年版，译者的话。

③ 西奥·科尔伯恩、戴安娜·杜迈洛斯基、约翰·彼得森·迈尔斯：《我们被偷走的未来》，唐艳鸿译，湖南科学技术出版社 2001 年版，第 96 页。

④ 汤因比、池田大作：《展望二十一世纪——汤因比与池田大作对话录》，荀春生等译，国际文化出版公司 1985 年版，第 34 页。

⑤ http://en.wikipedia.org/wiki/Rio_Declaration_on_Environment_and_Development.

但是，由于宗族的式微和单位制的消解，原本的"宗族人""单位人"转变为"社会人"。联结国家和个人的中间环节遭到破坏，中间链条的断裂导致公民出现了原子化的倾向。原子化公民表现为："'普遍的漠不关心'，即对公共问题缺乏热情，寄希望于个人的努力，而对与他人合作共同解决问题缺乏信心和兴趣，陷入狭隘的个体主义情绪；在消极中生存，而不思考或者看不到解决共同问题的可能途径；道德感模糊，公益行为艰难。"① 这使全民参与生态治理的集体行动难以达成，公民这一主体力量的缺失致使生态治理陷入困局。

"人类社会在不断显现的灾难中前行，脚下的道路连接着两个世界：身后是我们已经失去的世界，而前方的世界正由我们创造。"② 对于已经消失的世界也许我们无能为力，但未来的世界却握在人类的手中。留住大自然仅存的美，既需要全新的价值观，更需要勇气、热情和积极的行动。"我们难以让每个人都具有高度的生态文明行为习惯，但我们必须争取每一个人都参与到保护生态上来，这个过程是一个零和博弈，每争取一人保护生态，则减少了一位可能对生态治理放任或冷漠的人，此增则彼减，反之亦然。"③ 我们每个人小的举动看似微不足道，但是每一刻都潜藏着产生变化的可能。通过价值观的转换、网络技术的运用、制度的设计，使原子化公民能够自觉、有序、全民地参与生态治理。

（二）原子化公民挽救生态的消极参与

自 20 世纪 60 年代环境污染开始成为一个全球性的课题以来，人们一直在寻求挽救生态危机的良方。然而，时至今日，生态危机的总体趋势并未得到根本遏制，气候变化、生物贫乏、废弃物排放等生态问题愈演愈烈。人们的行为往往是依赖于结果的出现，而不是信息或是建议。当我们的生存环境遭受威胁时，人们才会有所行动。原子化公民同样会根据现实情形被迫改变自己的行为来挽救岌岌可危的地球，即便是被动的、消极的。

1. 反应性参与

反应性参与是指当自身利益受到威胁时，公民才会参与进来以维护切身利益的行为。正如于建嵘所指出的："底层政治是反应性的或应对性的，

① 田毅鹏、吕方：《社会原子化：理论谱系及其问题表达》，《天津社会科学》2010年第 5 期。

② 詹姆斯·古斯塔夫·斯佩思：《世界边缘的桥梁》，胡婧译，北京大学出版社 2014 年版，第 10 页。

③ 张劲松：《生态文明十大制度建设论》，《行政论坛》2013 年第 2 期。

它是对现实生活中的困苦或不满寻找解释的方式和解决的路径。其中，最直接的原因就是利益受到损害。"① 在生态治理领域具有同样的表征，原子化公民认为生态治理是中央和地方政府的事，只有在自身的利益遭受威胁时，他们才会有所行动。这是一种典型的刺激—反应的模式，公民在主观上是拒斥参与的，对公共事务是疏离的，而客观上的参与行动是由于受到了利益的刺激而做出的无奈之举，这种参与行为是消极、被动的。

反应性参与在中国具有广泛的社会基础，从上对下分析，自古以来形成的"劳心者治人"传统下，社会统治上层，大多不愿社会底层参与国家和社会的治理，统治者常常以保持统治信息的神秘性作为治理的重要手段，因此，社会统治阶层不愿也害怕被统治阶层的参与；从下对上来分析，长期以来形成的"食肉者谋之"统治方式，使下层社会普遍不关心国事（大事），而仅关心家事（小事）。即便关心身边事，也是按差序格局，更加关心与己有关的人和事。不到万不得已，中国底层社会不会主动地参与社会治理的大事。

2. 非制度化参与

"制度化是组织和程序获取价值观和稳定性的进程。"② 制度化参与是指公民按照法律既有的规定程序所进行的参与行为。所谓非制度化参与是相对于制度化参与而言的，指公民没有依据法律规定的参与程序、参与机制而采取的参与行为，如因 PX 项目、邻避运动等引发的环境群体性事件就是公民的非制度化参与。

公民采取非制度化的参与形式，一方面是因为制度化的参与渠道不畅，参与程序缺乏，导致公民无法参与；另一方面即便制度化的参与渠道可行，也有可能被弃之不用，因为制度化的参与渠道需要按既定的程序来，相对较为烦琐，或者许多公民不知道如何利用制度化的参与渠道。③ 在生态治理过程中，原子化的公民常常表现出非制度化的参与。原子化的公民认为，生态治理被看作是"大事"，应由政府承担责任，大多数人对生态问题放之任之，直到生态威胁到了个人的生存和发展时，才会被动反应，而这种反应的最主要手段又常常表现为非制度化的、反常规的手段，它不是在问题出现时就采取有建设性的参与，而是采取非常规甚至是破坏

---

① 于建嵘：《精英主义束缚底层政治》，《人民论坛》2010 年第 21 期。
② 塞缪尔·P. 亨廷顿：《变化社会中的政治秩序》，王冠华等译，上海人民出版社 2008 年版，第 10 页。
③ 韩志明：《公民抗争行动与治理体系的碎片化——对于闹大现象的描述与解释》，《人文杂志》2012 年第 3 期。

性的手段来反对、抵制。许多生态工程，在公示期内常常无人反对，但一旦工程进入实施阶段，大量的前期工作、成本已经投入时，却常有公众起来采用非制度化的手段抗争乃至直接地破坏。不重视程序、不按程序进行，非制度化的生态治理的参与方式，让国家和社会共同承担了许多不应有的成本。

另外，"大闹大解决，小闹小解决，不闹不解决"的现象，导致非制度化参与的激励出现偏差，致使一些公民认为非制度化的参与往往更为有效。但是，原子化公民的非制度化参与会导致参与的无序，造成混乱，这与有序参与背道而驰，并不利于生态问题的解决。

3. 碎片化参与

在实践层面上，虽然公民参与生态治理有所展现，但由于组织的缺乏和公民环保意识普遍不高，公民往往以个体或者小群体的形式参与，参与呈点状分布，没有形成面，群体较为分散，碎片化特征较为显著。

碎片化参与造成公民各自为战，彼此分离，难以凝聚。在一些小范围内的生态治理可能有所成效，但一旦涉及较大范围的治理，由于缺乏统一协调，通力合作局面难以形成，全民参与生态治理的集体行动也就难以呈现，导致生态治理收效甚微。

碎片化参与导致政府、企业和公众共同的生态治理体系难以形成。生态问题有其特殊性，保护生态需要千万人共同努力，但是破坏生态仅仅一小撮人就能做到。比如，保护森林或者造林需要千万人甚至多少代人共同努力，但是仅仅一人一把火，就能将其毁于一旦。当前，生态环境保护已经被绝大多数人重视，但是生态危机并没有出现减缓趋势，就与公众的碎片化参与有关。单个个体参与生态治理非常重要，但仍不充分，生态治理需要的是全体公众都参与进来，且还必须阻隔一小撮人破坏生态。

（三）原子化掣肘了公民参与生态治理

在生态治理的过程中，政府理应居于主导地位，但生态问题是极其复杂的系统性问题，涉及诸多方面，单靠政府的力量是难以有效应对的，要有效解决生态问题，公民自觉、有序、全民的参与不可或缺。然而，面对生态危机不断加剧这一显而易见的事实，即便有大量的公民认识到后果的严重性，但仍坐视生态持续恶化而袖手旁观。自利、松散、零散的原子化公民掣肘了生态治理的效力，使政府生态治理陷入举步维艰的境地。

1. 自利性与自觉性的抵牾致使生态危机继续恶化

霍曼斯指出："人的行为不是单纯的刺激—反应，而是一种理性行为，也就是说人们在选择行动时，不仅考虑行动后果的价值大小，而且考虑获得该后果的可能性，通过理性全面权衡，选择对自己最有利的行动。"①
作为理性的人，他们往往追求自身利益的最大化，为了实现个人利益最大
化，即使是损害了他人利益和公共利益，他们也常常表现为漠不关心。
"伴随着单位社会之走向终结，依托于单位社会的乌托邦精神和公共精神
生活迅速消逝，从而导致社会理想主义的坠落，社会转向趋利的物质主
义，堕入冷漠时代。"② 缺失了公共精神的原子化公民，在生态治理这种
公共事务面前，其自利性表现得淋漓尽致。他们目光难以看得长远，更倾
向于"短视"行为，容易满足于获得自身的眼前利益，对参与生态治理这
种涉及长远利益或公共利益的事务常常表现为漠不关心，大多数时候放任
生态持续恶化。

　　詹姆斯·古斯塔夫·斯佩思指出："全球经济的'大撞击'，如同行
星撞击地球一般，给地球造成巨大的灾难。尽管经济繁荣带来物质享受，
贫困和疾病的减缓，让世界沐浴着文明的光辉，但是经济发展对自然界带
来的巨大代价令自然之光泯灭，则是悲剧性的空难。"③贪婪与傲慢正使人
类不断地超越增长的物理极限，随之而来的是生态环境的不断恶化。

　　面对生态危机的倒逼，为了减缓生态恶化的步伐，需要公民自觉地参
与到生态治理中来。但是，原子化公民所表现出的自利性与缓解生态危机
所要求公民应具有的自觉性相抵牾，这种"事不关己，高高挂起""各人
自扫门前雪，莫管他人瓦上霜"的自利心态严重制约了生态治理的效力，
造成生态危机持续恶化。

　　2. 松散性与组织化的矛盾导致生态权益难以捍卫

　　马克思曾用"一袋马铃薯"来形容 19 世纪法国小农缺乏交往、相互
隔离的松散状态，他指出："法国国民的广大群众，便是由一些同名数简
单相加形成的，好像一袋马铃薯是由袋中的一个个马铃薯所集成的那
样。"④ 表面上看好像在一起，实质上是分离的、松散的个体。马克思进
一步指出："各个小农彼此间只存在地域的联系，他们利益的同一性并不
使他们彼此间形成共同关系，形成全国性的联系，形成政治组织，就这一
点而言，他们又不是一个阶级。因此，他们不能以自己的名义来保护自己

　　① 贾春增：《外国社会学史》，中国人民大学出版社 2000 年版，第 297 页。
　　② 田毅鹏、吕方：《单位社会的终结及其社会风险》，《吉林大学社会科学学报》2009 年第
6 期。
　　③ 詹姆斯·古斯塔夫·斯佩思：《世界边缘的桥梁》，胡婧译，北京大学出版社 2014 年版，
第 10 页。
　　④ 马克思：《路易·波拿巴的雾月十八日》，人民出版社 2001 年版，第 105 页。

的阶级利益，无论是通过议会或通过国民公会。"① 虽然我国公民经过现代文明的洗礼，但相对于2000多年封建思想潜移默化、深入骨髓的影响，现代文明短暂的洗礼是不彻底的，人们的小农意识就像官本位思想一样根深蒂固，小农意识依然渗透在广大公民的心中和行为中。缺乏组织、松散的原子化公民如同"一袋马铃薯"，当其权益遭受高度组织化的政府和企业侵害时，是难以得到有效维护的。

生态权益的捍卫需要具有组织化的公民。塞缪尔·亨廷顿指出："组织是通向政治权力之路，也是政治稳定的基础，因而也就是政治自由的前提。"② 判断一个群体的强弱，一个重要的考量因素是看该群体是否有代表自己利益的组织，如果群体成员之间缺乏必要的组织整合，人数再多也只是乌合之众。未经组织的、分散的公民在采取参与行动方面，由于利益诉求过于分散，彼此之间缺乏必要的联系和协作，使得公民的参与难以形成有效的整合力量，这种参与在政府主导型的环境管理模式下往往是无效的。真正富有成效的公众参与不是个人层次的参与，而是非营利机构、志愿团体、社区互动组织等社会团体的参与。③

经过组织的整合，可以使公民的利益表达形成更强的合力，从而给政府以较大的压力，使公众议程能够上升为政府议程。公民要维护自身的权益必须参与到环境政策的制定、执行、评估等过程中来，而缺乏组织化的公民往往仅限于末端参与，他们难以介入政策的制定、执行、评估过程，难以形成对政府逆向的监督。

3. 零散性与全民性的冲突造成生态治理举步维艰

公民是生态治理的原动力和基础性力量，生态治理目标的达成，需要依靠全民的参与。然而，全民参与生态治理的行动几乎不可能实现④。奥尔森在分析大集团自愿的集体行动失败的原因时指出："在一个真正的大集团中，每个人只会分到从集体行动中得到好处的微小部分。这个微小的所得不会刺激大集团中的个人采取自愿的与集团利益相一致的行动。"⑤ 在巨大的生态治理工程中，往往投入多而获利少，这就决定了绝大多数的公民会把精力和时间投入到私人事务中。

---

① 马克思：《路易·波拿巴的雾月十八日》，人民出版社2001年版，第105页。
② 塞缪尔·P. 亨廷顿：《变化社会中的政治秩序》，王冠华等译，上海人民出版社2008年版，第382页。
③ 伦纳德·奥托兰诺：《环境管理与影响评价》，郭怀成等译，化学工业出版社2004年版，第368页。
④ 张劲松：《全民参与：政府生态治理管理体制的创新》，《湘潭大学学报（哲学社会科学版）》2015年第5期。
⑤ 曼瑟·奥尔森：《权力与繁荣》，苏长和、嵇飞译，上海人民出版社2005年版，第62页。

同时，现代社会是一个竞争激烈、快节奏的社会，人们为了谋求自身的生存发展而不断努力地学习、工作，这些活动占据了人们绝大多数的时间和精力，人们很少有闲暇的时间和精力参与公共事务，并且参与生态治理需要有一定的成本投入，参与者必定要花费一定的金钱、时间、精力，他们往往把参与生态治理作为额外的负担，而疏离于公共事务。原子化公民的自利性和缺乏组织性也注定了参与是零散的个人行为，全民行动是难以达成的。

尽管有一些零散的个人力行环保理念，如对垃圾进行分类、对物品的回收再利用、植树等，这些都是必要的，但对于眼下的情形而言，这些都还远远不够。根据 2014 年发布的我国首份《全国生态文明意识调查研究报告》数据显示，以百分制计算，公众对生态文明的总体认同度、知晓度、践行度得分分别为 74.8 分、48.2 分、60.1 分，呈现出"高认同、低认知、践行度不够"的特点。[①] 这一数据反映了我国公民环保行为参与度普遍不高，距全民行动还相去甚远。"地球的皮肤（植被）还在被大面积地撕毁，它的肌体还在被成片地掏空；河流正在变得浑浊不堪，湖面上漂浮着死亡的阴影；我们那不会说话的动物兄弟正在荒凉的大地上呻吟，在腐臭的污水中挣扎；植物正在滚滚浓烟的天空下枯萎，在污浊的空气中瑟瑟发抖；每个小时都有 1—3 个物种从我们的生命大家庭中消失。那曾具有多生多养能力的地球正变得越来越憔悴。"[②] 面对生态危机日趋紧迫，零散的个人参与行为只是杯水车薪，生态恶化的趋势在没有全民参与的情况下难以逆转。

（四）克服公民参与生态治理原子化状况的路径

在生态治理过程中，克服公民参与原子化现象造成的不足，需要进行上层制度设计，需要政府主动引导公众共同参与，并运用现代科技网络手段聚集全体公民全方面、有组织地参与。

1. 大地在心：教育公民树立生态中心主义

从表面上看，生态问题是环境与经济矛盾使然，是经济外部性的产物，实质上是人类中心主义和生态中心主义价值观对立的后果。人类为了生存和发展，环境和经济两者都是必需的，两者应该保持平衡。然后，随着人类改造自然能力的大大提升，为了满足不断增长的物质生活的欲望，

[①] 《我国首份〈全国生态文明意识调查研究报告〉发布》，中国政府网，2014 年 2 月 20 日，http://www.gov.cn/jrzg/2014 - 02/20/content_ 2616364. htm。

[②] 罗德里克·费雷泽·纳什：《大自然的权利》，杨通进译，青岛出版社 1999 年版，译者再版前言。

人类走上了通过压榨自然和透支我们子孙后代的资源来创造"辉煌"之路。污染、资源损耗以及环境恶化的世界性问题，皆根源于人类对自然的作威作福与剥削，这就是人类中心主义价值观在作祟。"人类中的有识之士开始怀疑，向来得到大多数人青睐的那种以肤浅的人类中心主义为指导思想的环境保护措施能否从根本上扭转环境的恶化状况？那种头痛医头脚痛医脚的环保方案能否拯救正在下沉的地球方舟？如果我们不能从内部对人类的基本价值观进行一场深刻的变革，不能超越狭隘的人类中心主义，那么，我们所做的一切都只能暂时延缓全球生态环境的恶化，却不能从根本上改变地球的命运。"① 因此，为了彻底地扭转生态恶化的势头，原子化公民需要从人类中心主义价值观向生态中心主义价值观转换。

公民生态中心主义价值观的树立并不是一个自我实现的过程，外在的教育必不可少。"实际上，现实中的个体面临着多重选择，面临着各种诱惑，所以，常常会陷入选择冲突的状态，这和其认知的不平衡有关。鉴于此，我们也需要加强环境哲学的普及和教育，使公民认识到并践履（践行）自己的公共道义，包括环境责任。"② 教育原子化公民树立生态中心主义就是要让其意识到，除了人与人之间需要建立平等的关系外，人与大自然之间同样需要建立合理的关系；人对人负有道德上的义务，人对自然也应负有道德义务，因为，人和其他动植物都是地球的原初居民。"能够超越生物与生俱来的狭隘的自私自利，把生命的价值从麻木而黑暗的深谷提升到同情的光明峰顶，自觉地关心和爱护其他生命，这正是人真正优越于其他生命的地方，是人所具有的独特价值的体现，是人应该追求的完美境界。"③

原子化状态的公民生态治理参与方式，往往只能看到自己身边的人和事，而缺乏整体观、全局观，更缺乏历史观。以人类为中心、以自我生活圈为中心，很容易在不经意间破坏了生态系统，即使有限的关心环境的行为，也难以形成生态治理的合力。在经济快速发展的同时，我国政府也高度重视生态治理。虽然经济快速发展不可避免地导致了生态危机，但是我们不愿重复西方国家"先污染后治理"的老路，确立生态文明建设是我们

---

① 罗德里克·费雷泽·纳什：《大自然的权利》，杨通进译，青岛出版社1999年版，译者再版前言。

② 戴维·佩珀：《现代环境主义导论》，宋玉波、朱丹琼译，格致出版社2011年版，代总序。

③ 罗德里克·费雷泽·纳什：《大自然的权利》，杨通进译，青岛出版社1999年版，译者再版前言。

的愿景目标，为了实现这一目标，政府教育原子化的公民树立生态中心主义，并在日常生活中全方位地践行生态保护，这是克服公民原子化生态治理参与必不可少的途径。

2. "e网打尽"：依托网络把公民"网在一起"

现代社会是一个网络化、信息化的社会，我们无处不受其影响。随着网络技术的快速普及，网络不再专属于某些特定的群体，而为广大公民所掌握。中国社会科学文献出版报告指出，2015年中国网民数量超过8亿①，也就意味着有半数以上的人口会使用网络。

在单位制终结、宗族制式微和正式组织羸弱的情况下，松散的、缺乏组织的原子化公民如何才能联结、组织起来？除了大力培育环保非政府组织外，充分利用互联网技术也是可行之举。由于网络具有隐蔽性、不受时空限制、平等性、参与成本低等特征，公民利用各种网络平台进行参与越来越普遍，如微信、微博、博客、QQ以及各种论坛等自媒体成为公民参与的重要场域。通过建群、讨论组和网络社区等，网络平台把松散的、缺乏组织性的原子化公民"网在一起"，诸多的非正式组织得以成立，网络就起到了替代组织的作用，弥补了正式组织发育不足的缺憾。

哈贝马斯的"理想沟通情境"在网络世界得以实现："每个人一般都能有平等的机会表达其个人倾向、愿望和信念，即意见。"② 原子化公民通过网络平台，表达其对环境的诉求、讨论相关环境政策、参与相关草案的征求、达成一致性的群体行动，以此来维护自身合法的权益。

3. 制度设计：充分发挥制度机制的激励作用

保罗·霍肯在《商业生态学》一书中强调了制度设计对实现商业可持续发展的重要价值，他指出："不论我们多么地努力，使一个一个公司都变得可持续发展，但除非我们重新设计商业运行的机制，否则我们不可能完全成功。正如在工业社会中，不论我们的意图如何，我们的每一行为都会必然导致环境恶化一样，我们必须创设这样一种体制，在该体制中，事物的相对两面同样正确，做好事轻而易举。"③ 要想使全民积极地参与生态治理，制度设计是关键。

（1）充分发挥环境信息公开制度的激励作用

公民对于环境信息的获取和理解是其能够有效地参与生态治理的基

---

① 《报告称2015年中国网民数量将超8亿》，新浪网，2012年10月2日，http://tech. sina. com. cn/i/2012-10-02/19007673930. shtml.

② 哈贝马斯：《公共领域的结构转型》，曹卫东等译，学林出版社1999年版，第252页。

③ 保罗·霍肯：《商业生态学》，夏善晨等译，上海译文出版社2007年版，第4页。

础，并且信息的公开程度、效果直接影响了公民参与权的实现。环境信息不公开，公民就难以进行有效的参与，其参与的积极性也会因此受挫。环境信息公开包括政府环境信息公开和企业环境信息公开两种。

然而，在我国，政府和企业往往是迫于外界舆论的压力才对环境污染情况进行披露和说明，是一种被动公开的举措。麦迪逊说过："公众要想成为自己的主人，就必须用习得的知识中隐含的权力来武装自己；政府如果不能为公众提供充分的信息，或者公众缺乏畅通的信息渠道，那么所谓面向公众的政府，也就沦为一场滑稽剧或悲剧或悲喜剧的序幕。"① 因此，政府相关部门和企业应该主动公开环境信息，使公民有充分的环境知情权，从而提高公民参与的积极性。

原子化的公民对生态治理的消极参与，与政府和企业在环境污染信息上的不公开有着密切的关系。一般来说，大多数公众对身边的生态环境有着积极参与的意愿，但是因信息获取太难，导致原子化的公民不愿花大多的精力在生态保护上，这从另一个侧面又强化了公民的原子化参与状况。因此，一方面，政府应当扩大环境信息公开的范围，不能以保密作为托词拒绝公开环境信息，打破政府对环境信息的垄断；同时，应明确政府违反信息公开义务的相关责任。政府要以环境信息公开，促进公民的积极的有组织的参与。另一方面，企业必须遵循法定义务进行公开，对于不按规定公开信息的企业，应对其进行一定的处罚，强制使其公开；对于自愿性公开环境信息的企业，应当给予相应的奖励，激励、引导其自觉公开。企业承担环境社会责任，就可更有效地吸引公众与企业一起参与环保行为，得到公众认同的环保企业在将来更具有生存和发展的动力。企业与公众的良好关系，是克服公民原子化参与不足的重要措施，它也是企业与公众实现环境共治的重要手段。

（2）充分发挥物质激励和精神激励机制的作用

原子化公民需要在一定的利益刺激下才能发挥参与的积极性。徐大同在《西方政治思想史》一书中描述了雅典为激发公民政治参与积极性所采取的措施，"为了保证下层公民参与政治生活，雅典自伯里克利时代起便实行公职津贴制度，使参加公民大会和陪审法庭以及担任城邦其他公职的人能够得到相当于普通工匠一天工资的津贴，以鼓励下层平民参政"②。这些措施有效地调动了公民政治参与的积极性。同样，为了提高原子化公

---

① Saul Padover, ed., *The Complete Madison*, New York：Harper, 1953.
② 徐大同主编：《西方政治思想史》，天津教育出版社 2005 年版，第 20 页。

民参与生态治理的积极性，也需要有效利用利益的杠杆。

一方面，应充分发挥物质激励的作用。政府应成立专项资金，对公民参与生态治理所产生的成本予以补偿，对因参与行为而产生的伤害损失予以弥补，对公民检举、揭发重大危害生态环境的行为给予一定的物质奖励等。

另一方面，应充分发挥精神激励的作用。物质激励并不是唯一的激励，人们有时候还有获得声望、尊敬等其他心理需要，因此，也应发挥精神激励的作用。应对在生态环境保护方面做出重大贡献的公民或组织授予荣誉称号、颁发证书，并通过报纸、电视、网络等媒体进行宣传报道，使他们品尝到参与所带来的荣誉感。物质激励和精神激励的并行，使原子化公民参与生态治理不再是道德觉悟后的即兴行为，不再是少数环保意识较高者的个人行为，而是具有持续从事意愿的长效行为，是全民的参与行为。

二、第三部门：中国环保社会组织的中国路①

党的十九大报告对社会组织做了三个大方面的论述："要推动协商民主广泛、多层、制度化发展，统筹推进政党协商、人大协商、政府协商、政协协商、人民团体协商、基层协商以及社会组织协商"，"推动社会治理重心向基层下移，发挥社会组织作用，实现政府治理和社会调节、居民自治良性互动"，"构建政府为主导、企业为主体、社会组织和公众共同参与的环境治理体系"。② 概括起来就是：社会组织协商是协商民主的一部分，社会组织在社会治理中起重要作用，社会组织是环境治理体系的组成部分。因政府对社会组织管制的放松，大多数社会组织一经登记就可成立，使得近年来环保社会组织数量快速增长并活跃在我们的生活中。相对于欧美发达国家的环保社会组织而言，中国的环保社会组织发展慢、功能发挥有限。其主因是，中西之间的国情具有巨大的差异，但是中国的环保社会组织与欧美发达国家的环保社会组织走的道路却相同，即与国家（政府）合作少，与"社会"合作多；在与政府的关系上，部分环保社会组织甚至与政府对抗。中国环保社会组织需要立足于国情来发展，要走出一条中国路，党的十九大报告为中国环保社会组织指明了可行的具体的中国路。

---

① 该部分内容作为前期成果已经发表，张劲松：《中国环保组织的中国路》，《学习论坛》2018 年第 3 期。

② 习近平：《决胜全面建成小康社会　夺取新时代中国特色社会主义伟大胜利》，人民出版社 2017 年版，第 38、49、51 页。

（一）欧美国家环保社会组织的发展之路

欧美国家的政治深受古希腊文明的影响，崇尚分权与制衡。因此，政府相对较"弱"，名为"弱政府"；欧美国家的环保社会组织在承担环保社会职能时，往往对抗政府，以"超越意识形态的地球拯救者"自居。欧美国家的环保社会组织，能在这些国家乃至全世界发挥作用。随着地球环境污染的日益恶化，这些环保社会组织正日益壮大。检视欧美国家的环保社会组织的发展之路，其不乏在全球指手画脚的毛病。但从借鉴的角度来看，其有如下两个优点：

其一，对抗政府而能与政府协同。

欧美国家的环保社会组织往往秉承无政府传统，强调个人主义、平等主义、分权主义、乡村主义、利他主义或相互帮助。20 世纪下半叶，绿色或选择性环保运动出现于大多数欧洲国家，"当发达工业社会经历着后物质主义价值转向的时候，它们的政治议程日益受到'新政治'（New Politics）相关议题和不断扩展的参与抗议行动趋势的影响"①。欧美国家自称进行"绿色运动"的环保组织常常以"绿色"为大旗，向传统执政党发起挑战，甚至组织起"绿党"争取环境权益。

他们自称忧心地球生态，关注人类的未来，以环保为己任。因此，这些国家的环保社会组织有着广泛的社会基础，能唤起公众的自觉支持。在与社会（公众）保持密切关系的同时，他们常常与政府对抗，反对政府的相关政策，影响政府的决策。最近的 50 年里，全球性的生态危机越来越严重，环境问题已经被全世界重视，不管是国家还是市场，都认同保护环境的重要性。只是，政府重视国家的全局，包括经济发展，最终许多政策不一定能兼顾生态；市场主体重视其利润（这是其生存的基础），也可能造成进一步的资源和能源的大量消耗。而欧美环保社会组织，其重心是保护生态环境，这就决定了其与政府或市场的不可避免的冲突。欧美国家的大多数环保社会组织也不讳言其与政府的冲突，其往往在争取居民的环境权益甚至争取下一代的环境权益时，提出与政府有冲突的政策主张，有时还会组织起对抗性的政治运动。

欧美国家的环保社会组织的行为，符合欧美政治传统，欧美国家的政府能力较弱，分权是其主流。在政府—市场—社会三层框架中，政府偏向于"超然"，对经济（市场）的干预相对较少，管理市场而与市场的关联

---

① 斐迪南·穆勒-罗密尔、托马斯·波吉特克主编：《欧洲执政绿党》，郇庆治译，山东大学出版社 2005 年版，第 1 页。

度不高。所以，当环保社会组织"对抗"政府的环保政策及提出相关环保要求时，政府能在一定程度上适应社会组织的要求，作出更有利于生态的政策决策。这就使政府与社会组织的生态治理协同行动成为了可能。

其二，植根社会而能超越社会。

从治理生态方面来看，欧美环保社会组织的视野较开阔。他们植根社会之中，从思想界获取理论，从《寂静的春天》开始反思地球上的工业化过程，认知《增长的极限》，以及《生态危机与资本主义》的密切关联。进而，发动全球生态治理，提出了许多绿色、环保、节能、低碳的理念，并在全球推行绿色运动。他们来源于西方社会，但超越了西方社会，关注地球的命运。

在一些欧美国家，环保社会组织还联合起来组成"绿党"，争取上台执政。一些国家的"绿党"因其代表了公众的环境权益，而被执政党邀请加入政府。近30年来，芬兰、意大利、法国、德国和比利时等国家的"绿党"都进入过政府，并在环境保护政策上提出有利于本国及地球环境的政策。

中国政府对欧美环保社会组织的所走的道路，整体上是支持的。因为，中国政府同样关注地球，保护生态，强调生态文明建设，两者目标是一致的。当然在具体行动方案上因制度等因素，中国政府有着自己的行动准则，包括对待环保社会组织的自主准则。

（二）中国环保社会组织当前的环保行动

根据民政部的统计数据：截至2015年年底，中国环保社会组织共计7486个，其中，社会团体7000个，民办非企业单位433个，基金会53个。[①]中国的环保社会组织大致上可以分为四类：一是在官方支持下成立的环保社会组织，如中华环保联合会、中华环保基金会、中国环境文化促进会，各地环境科学学会、环保产业协会、野生动物保护协会等；二是由民众自发组织成立的环保社会组织，比较有影响力的有自然之友、地球村等，这些组织不以营利为目的，主要从事环境保护和监督企业排放等工作；三是以高校为主体的高校学生参与的环保社团；四是国外环保组织的驻华机构。第一类环保社会组织的官方性质浓厚，一般由政府主导，它们受政府影响较大，在越来越多的环境事件中起到的作用相对较小，加上最近几年社会组织与主管部门脱钩，这类组织中有很大一部分的行动能力在

---

① 中华人民共和国民政部：《2015年社会服务发展统计公报》，民政部门户网站，2016年7月11日，http://www.mca.gov.cn/article/sj/tjgb/201607/20160700001136.shtml。

减弱；至于第四类国外环保组织的驻华机构，因我国政府的管制较严，它们的活动领域受到限制，发挥的环保作用也相对较小。

当前，民间环保社会组织和高校环保社团，是中国环保社会组织中最为活跃的部分，也是人们最为关注的部分。其环保行动主要体现为：

其一，环保社会组织发起环保公益诉讼。2014 年修改的《环境保护法》，明确规定了符合条件的社会组织，可依法提起公益诉讼。配合《环境保护法》的推行，全国人大常委会也修改了《民事诉讼法》和《刑事诉讼法》，符合条件的环保组织和检察机关都可以提起环境公益诉讼。在这个大背景下，近两年来，一些环保社会组织扛起了环保公益诉讼的大旗，针对环境污染问题，发起诉讼。甚至出现了一些环保社会组织跨区域发起环保公益诉讼的行动，得到了政府和社会的广泛关注。如福建南平采矿毁林生态破坏公益诉讼、江苏泰州 1.6 亿天价环境公益诉讼案等。一个个环境公益诉讼案件让整个社会开始意识到，违反环境法律造成环境污染或生态破坏，就要承担公众的怒火，并接受相应的处罚。经过近 10 年努力，环保社会组织参与环境公益诉讼制度威力初显，提高了企业环境违法成本。同时，也推动了公众广泛关注的环境污染事件的解决，促进了公众环境权益保护，在化解环境冲突的过程中推动了美好生活的实现，绿水青山成为可能。

其二，环保社会组织调查企业排污和监督工作。以近年来在环保事业上较有影响的绿色江南公众环境关注中心（PECC）为例，其官网主页上介绍其主旨为："以推动长三角地区企业绿色生产，保护太湖流域水资源为使命。以监督工业污染排放，推动品牌绿色供应链采购，促进企业实现清洁生产，主动承担社会责任为目标。"2013 年 8 月 1 日，这个组织与其他四家 NGO 联合发布"绿色选择·IT 产业污染调研"第 7 期《谁在污染太湖流域？》。为了太湖流域宝贵的水资源免受毒害，为了环境得到治理和公众的健康，五家环保组织希望富士康、HTC 加强环境管理，从污染太湖流域主体转变为带动污染减排的正向力量。之后的几年内，环保社会组织与企业互动沟通，共同从事生态修复工作，并监督企业按规划落实修复任务。在环保组织的敦促和监督下，富士康进行了 6 个阶段进度的生态修复工作，如表 9 - 1。①

---

① 资源及表格来源于 PECC 官网，http://www.pecc.cc/index.php/t/8/882。

表 9－1   富士康生态修复工作阶段划分表

实施步骤	项目	描述
第一阶段	河道抽干查验	抽干 6 个月，查验识别每支入河管路来源，对 25 根雨水管路作截断封堵，雨水口标示清晰。
第二阶段	厂区雨污分流改善	查验厂区雨污管理，雨污水串流的异常排污状况纠正改善。
	厂区环保设施升级改造	明管明桶收集计量监控，废水处置及回用系统升级改造，增设事故应急系统，初期雨水收集处置系统等。
	周边小区雨污分流改善，周边加工作坊清理	市府改造周边小区雨污分流，并取缔非法金银加工作坊及其他污染源。
第三阶段	晾晒沉淀池建置	建置 3 级防渗沉淀池。
第四阶段	河道清淤	河道清淤，用槽车运至沉淀池。
第五阶段	河道生态景观	河道进行生态化修复，建制生态浮床 & 浮岛若干。
第六阶段	1300 多吨底泥无害化处置	清出底泥，由北京建工环境修复股份有限公司委托具有危废处理资质的第三方进行无害化处置。

其三，环保社会组织通过监督企业的排污迫使政府改进管理。中国的政府是"强政府"，它承担了繁重的经济发展职能，许多企业，尤其是一些大型的跨国公司，往往是在地方政府的大力引进下扎根中国的。企业发展与政府发展两者具有利益一致性，于是，地方政府管制企业出现了两面性：它一方面代表公众利益防控企业排污；另一方面与企业利益一致，有时会放任企业排污。这就不难理解为什么一些地方政府在环境治理上决心满满而行动软软。民间环保社会组织因其不依附政府，自由度较高，其行动往往不受政府限制。正因如此，一些环保社会组织在接受公众的环保投诉后，热情地从事企业排污的调查工作，甚至向媒体直接公布其调研结果。当其调研的结果与政府公布的数据有差距的时候，可以倒逼政府"认真"地履行其职责，迫使政府改进其管理工作。

其四，环保社会组织通过接受政府指导和资助（政府购买）从事环保宣传和污染（垃圾）治理。从党的十七大报告正式确立生态文明建设以来，中国的环保事业日益红火。出现了许多以高校为主体的环保志愿者组织（社团），志愿者人数众多，政府也起到了引领作用，不仅给予专业上的指导，还常常通过政府购买服务的方式，让环保社会组织配合政府从事诸如推进"垃圾分类""环保宣传""污染报告"等工作。

（三）中国环保社会组织当前所走道路的检视

中国社会组织的增长与发展道路并不顺畅。在建立社会主义市场经济的初期，人们预测未来的一段时间政府会从许多社会领域退出，社会组织将进入政府退出后的社会领域替代政府成为公共事务的治理者。因此，社会组织在未来将会进入一个爆发阶段。的确，20 世纪的最后几年，中国社会组织发展进入一个快速增长期。进入 21 世纪后，社会组织发展却在减速。从世界范围看，环保社会组织是社会组织中发展最快的组织之一。而在中国，环保问题虽然越来越为人们所重视，尤其政府将生态文明建设提升到了全新的高度，但这种良好的背景，并未能推动环保社会组织的大发展。检视中国环保社会组织所走过的道路，有如下两个方面值得我们反省：

其一，对政府，"对抗"有余，协同不足。

环保是政府与社会组织共同关注的问题，这在客观上促进了中国环保社会组织的发展。在形成和发展过程中，中国环保社会组织与欧美国家的环保组织一样，争取社会（公民）的生态权益，由此与政府不乏"对抗"。进入 21 世纪以来，尤其是近 10 年，党的十七大、十八大、十九大报告中将生态文明建设提升到了"五位一体"的高度，中国有一些省甚至将生态文明作为本省的重点工作来抓，如青海省就率先建设三江源国家公园，保护三江源头，保护高原生态，保护亚洲的水源地。政府环境治理工作的确下了大力气，取得了大的成果。但是，仍然不可否定，环境保护与经济发展之间的二元冲突仍很严重，加上环保设施的"邻避"效应，环保社会组织与政府之间的冲突不断。

中国的政治传统与欧美有巨大的差异，中国政府建立在"大一统"基础上，承担了大量的社会发展职能，尤其是经济发展职能，这种"强政府"模式有别于欧美国家"弱政府"模式。各地政府引进或促进了企业发展，政府与企业有着高度的关联。政府希望做好环保，同时也希望当地企业发展。政府代表着全国的环境权益，也代表着社会经济发展利益。政府在二元利益冲突时，会尽最大努力去平衡发展。而不平衡不充分的发展，是当前社会主要矛盾的一个重要侧面。"强政府"肩负着西方国家政府所没有的经济发展重担，经济与环保之间发展的不平衡责任往往由政府承担。因此，政府与环保社会组织之间的目标往往不尽相同，冲突不可避免。

在环保与经济发展冲突时，政府期盼环保社会组织与政府分忧，共同努力促进经济与环保双目标的实现，而不是为了单一的环保目标，简单地

"对抗"政府。一些环保社会组织有时没有根据中国国情，片面而简单地处理与政府的关系，导致其自身发展受限制。环境治理需要政府与环保社会组织更多的协同，政府与环保社会组织都是环境治理的主体，政府、市场、社会组织和公众共同构成共治的环境治理体制。

其二，对社会，根植有余，超越不足。

中国的环保社会组织同样根植于社会，来源于社会，是社会与政府之间的桥梁。毋庸置疑，中国的环保社会组织在代表公众利益，与政府对话方面做得很成功。在许多环保维权事件中，环保社会组织常常代表公众，充分表达了公众的环保诉求，为实现环保目标做了重大贡献。

中国大多数环保组织具有"草根性"。"由于法规制度建设滞后、管理体制不健全、培育引导力度不够、自身建设不足等原因，环保社会组织依然存在管理缺乏规范、质量参差不齐、作用发挥有待提高等问题，与我国建设生态文明和绿色发展的要求相比还有较大差距。"① 大多数来自底层社会的环保组织，保持着较好的"草根性"，却不具备与国家（政府）全面沟通的能力，此外这些社会组织中的大多数成立的时间不长，从事环保事务的能力锻炼也不够。此外，一些地方和部门对环保社会组织的认识也存着一些问题，他们希望能控制（管制）环保社会组织，使之成为政府治理的工具。因此，许多环保社会组织要么游离于政府之外，要么成为政府或部门的附属物。

环保社会组织是政府与社会之间的"桥梁"，其功能包括在政府与社会之间做好沟通，这就需要环保社会组织超越单一的社会利益表达，站在更高层次的全社会利益的基层上，关注国家（政府）及全社会整体的发展，乃至跳出区域，关注全球。大多数中国环保社会组织远未能实现这一功能，能在全球有一定影响力的环保社会组织较少。

（四）中国环保社会组织要走出一条中国式的道路

习近平同志在党的十九大报告中提出的推进生态文明体制改革、建设美丽中国的思想，为环保社会组织走一条中国式的道路指出了方向。中国环保社会组织要走出一条不同于欧美国家环保社会组织的道路。

1. 中国环保社会组织要与政府保持协商

政府、市场、社会组织和公众四者之间，总体目标是一致的，十九大报告再次强调的绿色发展理念就说明了这一点。在总体目标一致的前提

---

① 环境保护部、民政部联合印发：《关于加强对环保社会组织引导发展和规范管理的指导意见》，中国政府网，2017 年 3 月 27 日，http：//www.gov.cn/xinwen/2017 – 03/27/content_5181065.htm。

下，中国环保社会组织与政府之间的冲突是在实现美好生活需要基础上的冲突，解决冲突的方法是政府做好"社会组织协商"工作。"有事好商量，众人的事情由众人商量，是人民民主的真谛。"① 总体利益一致，这就使环保社会组织有正确的环保价值观。以之作为指导思想，环保社会组织完全可以做好与政府之间的协商（协同）工作。

当经济发展与环境保护二元目标冲突时，环保社会组织应做好与政府之间的协商。西方国家的环保社会组织对抗政府的传统，不适合中国。中国环保社会组织的发展要置于中国情境之下，中国政府代表全社会利益，具有总体利益的代表性；中国环保社会组织中的大多数代表着局部利益，常常为单一的环保目标与政府发生冲突，具有局部利益的代表性。这种冲突的性质是总体利益与局部利益的冲突。两者之间，不是你死我活的关系，协商民主是解决这一冲突的最常见的方法。中国式的协商民主，可以在政府的主导下，协同环保社会组织，共同应对环境问题，尤其是当环保与经济发展冲突时，环保社会组织与政府的协商，可以更好地解决两者之间的冲突。

2. 中国环保社会组织要超越局部公众利益

代表与争取公众的生态权益，这是环保社会组织存在的基础。但是仅做到这一方面是不够的，还需要环保社会组织超越局部公众利益，站在更高的社会整体层面的利益视域基础上，着眼于未来，着眼于更长远的利益。

党的十九大报告指出了社会治理的重心要下移，要充分发挥社会组织的作用，做到"政府治理和社会调节、居民自治良性互动"，环境治理同样需要做到政府-社会-居民三层次结构的良性互动。从居民的角度来看，环境权益涉及其生存和发展，因此他们更容易从个体的利益出发看待问题，其利益诉求从局部而言往往具有合理性，环保社会组织代表其利益与政府进行沟通，既要着眼于居民利益，又要超越这个局部利益，做好与代表整体利益的政府之间的协作。当前，利益冲突最为严重的主要是环境公共设施的"邻避"问题，局部的居民虽然知道环境公共设施建设的重要性，但因公共设施对其生活会产生一定的影响，往往会坚决反对公共设施的建设，甚至以群体性行动的方式冲击政府的既有决策，导致已经上马或已经建成的公共设施无法进行（或使用），造成公共设施的极大浪费。在

---

① 习近平：《决胜全面建成小康社会　夺取新时代中国特色社会主义伟大胜利》，人民出版社 2017 年版，第 37—38 页。

这种环境权益的冲突中，环保社会组织不能像西方国家的环保组织那样与政府对抗，而应在政府与居民之间发挥良性互动作用。

中国环保社会组织在理念、理论上都需要有大的提升。只有这样，才能走出与欧美国家环保社会组织不一样的道路。中国国情需要中国的环保社会组织，立足于社会，为社会服务，更要在居民与政府之间起着良好桥梁作用，并在全世界范围内做出更大的贡献。

3. 中国环保社会组织应承接好政府转移的职能工作

环保社会组织在许多方面应该做到为政府"分忧"。党的十九大报告指出，政府、企业、社会组织和公众共同构建起环境治理体系，这是共治的环境治理体制。环保社会组织是共治体制中的重要主体。"坚持全民共治、源头防治，持续实施大气污染防治行动，打赢蓝天保卫战"①，这些环境治理任务，都离不开环保组织的参与。

在推动绿色发展过程中，政府在生态补偿、生态审计、生态修复、生态数据等许多方面的工作需要环保社会组织承接。实现这些具体的生态目标，正是环保社会组织取得大发展的良机，把握住了中国社会的发展机遇，环保社会组织就能取得自身的大发展。中国环保社会组织完全有机会走出一条有别于欧美国家环保社会组织的中国道路。

三、社会：在环境共治中形成参与式社会②

环境权益是反思环境问题的结果和法律上的表现，是公众参与环境治理的起点和必然选择。公众参与是结构性嵌入环境共治主体体系之举，是集体性化解环境治理困局博弈之策。在参考借鉴外国环境保护公众参与政策基础上，我国应拓宽公众参与环境共治的主要渠道并深化和完善主要机制，应充实公众参与环境共治的主要环节和主要内容，并强化公众参与环境共治的基本理念和基本实践。

（一）参与的逻辑：环境共治中社会群体的环境权益

1. 环境权益是反思环境问题的结果和法律上的表现

权利是利益的意志形式，利益则是社会经济关系的表现。某种权利的勃兴，首先是思想观念的确立，然后是在法律上加以表述。法的发展同社会生活的经济条件、人们的物质关系以及与之相关联的政治关系、伦理关

---

① 习近平：《决胜全面建成小康社会　夺取新时代中国特色社会主义伟大胜利》，人民出版社2017年版，第51页。

② 该部分内容作为前期阶段性成果已经由丁彩霞署名发表。丁彩霞：《参与式社会：环境共治中公众的核心行动》，《内蒙古师范大学学报（哲学社会科学版）》2017年第3期。

系等等的发展紧密相关。环境权的提出背景是环境问题的出现。环境问题是"由于自然界或人类的活动，使环境质量下降或生态系统失调，对人类的社会经济发展、健康和生命产生有害影响的现象"[1]。尽管工业革命之前就有环境问题，但环境自身的自净能力和承载能力使得这一问题并未凸显。随着工业化、城市化的扩张和席卷全球，人对自然界的改造能力增强，攫取和消耗资源力度增大，排放污染物种类和数量增多，人口数量不断增加，这就致使人口、环境、资源的冲突不断加剧。环境问题的日益突出使人们开始反思自身行为及环境价值，对环境兼具经济价值和生态价值有了更多认识。相应地，环境保护和可持续发展的理念在全球范围内得到了推广，环境权益的呼声也日渐高涨，环境权理论和实践不断发展，国际性宣言及有约束力的文件、各国宪法、环境保护综合性法律相继制定和发布。

环境权概念的提出始于 20 世纪 60 年代。美国学者提出的"环境公共信托理论"和日本律师、学者共同提出的"环境支配权论"对环境权理论的贡献是最大的。

1968 年，密歇根大学萨克斯（Joseph L. Sax）教授出版了《保卫环境——公民诉讼战略》一书，首次提出环境权理论和环境资源管理的公共信托理论。他认为空气、水、阳光等人类生活所必需的环境要素是全体国民的公共财产，由于这些公共财产的自然属性及其对人类社会的极端重要性，任何人不能任意对其进行占有、支配和损害。同时为了合理支配和保护这些"共有财产"，须委托国家来管理。国家受共有人的委托行使环境管理权，不得滥用。公共信托理论有 3 个原则可适用于环境领域：其一，公众对大气和水享有重要利益，不应将其作为私人所有权的对象。其二，自然给人类提供了巨大恩惠，所有公众均可自由利用，不论利用者是企业还是个人。其三，增进一般公益是建立政府的主要目的，不能基于私利考虑而将原本可一般利用的公共物进行限制或改变其分配形式。因此"在不妨害他人财产使用时使用自己的财产"的古代格言不仅适用于财产所有者之间的纠纷，而且适用于诸如工厂所有者与清洁大气的公共权利之间的纠纷、不动产者与水资源和维持野生生物生存地域的公共权利之间的纠纷、挖掘土地的采掘业者与维持自然舒适方面的公共利益之间的纠纷[2]。

1970 年 3 月在日本召开的公害国际研讨会上代表们共同发表的《东

---

① 韩德培主编：《环境保护法教程（第 3 版）》，法律出版社 1998 年版，第 3 页。
② 约瑟夫·L. 萨克斯：《保卫环境：公民诉讼战略》，王小刚译，中国政法大学出版社 2011 年版。

京决议》，首次提出如下环境主张："请求将全人类健康和福祉不受灾难侵害的环境享受权利，以及当代人传给后代人的遗产中包括自然美在内的自然资源享受权利作为基本人权之一种，并将该原则在法的体系中予以确立。"日本环境权研究会认为，环境权是"支配环境和享受良好环境的权利"。对于过分污染环境，影响或妨害居民舒适生活的行为，可以基于这项权利请求排除妨害以及采取预防措施。与此同时，公众负有在一定限度内忍受公害的义务。因此，可将环境权理解为私权的一部分，即以环境为直接支配对象的支配权①。

1998 年来自欧洲和中亚的各个国家在丹麦签署的《公众在环境领域获得信息、参与决策和提起诉讼的奥胡思公约》，被认为是目前唯一的具有法律拘束力的多边环境协定，是世界上有关环境权利的最深入的公约，公约将环境权具体化为信息获取权、决策参与权和环境诉讼权等②。

中国环境与资源保护立法确立公众环境权益首见于 2002 年《环境影响与评价法》。该法第 11 条规定"专项规划的编制机关对可能造成不良影响并直接涉及公众环境权益的规划，应当在该规划草案报送审批前，举行论证会、听证会，或者采取其他形式，征求有关单位、专家和公众对环境影响报告书的意见"。此后，国务院于 2009 年和 2012 年两次在其发布的《国家人权行动计划》中将环境权利作为人权的重要组成部分纳入中国公民的经济、社会和文化权利体系及其保护目标之中。

2. 环境权益是社会群体参与治理的起点和必然的选择

从 20 世纪 30 年代开始到 60 年代，在西方工业化国家发生的马斯河谷事件、多诺拉烟雾事件、伦敦烟雾事件、日本水俣病事件、四日市哮喘事件、米糠油事件、痛痛病事件、洛杉矶光化学烟雾事件等严重的环境公害事件，使发达的工业化国家产生了环境恐慌，人们对环境威胁产生了危机感。由于当时的法律并未把环境侵害纳入调整范围，政府部门的职责范围中也没有解决诉求和救济渠道，导致大量环境受害者得不到合理补偿和公正对待。在这种情况下，广大公众为了自身的生存与发展，开始维护权益，有规模地走上街头，通过抗议、示威、游行等方式，要求政府采取有力措施治理和控制环境污染，防治环境破坏③。但是，公众参与不包括街头行动，公众参与活动是一种合法活动，是参与公共事务和公共领域的活动。公众参与的核心是政府与公众的互动，它是一种制度化的民主制度。

---

① 大塚直：《环境法（第 3 版）》，有斐阁 2010 年版，第 57 页。
② 尤春媛：《环境法治原理与实务》，科学出版社 2015 年版，第 18 页。
③ 崔浩等：《环境保护公众参与研究》，光明日报出版社 2013 年版，第 23 页。

就政府方面而言，它强调公开有诚意地听取并吸纳公众意见。就公众方面而言，它强调公众能参与决策和治理活动。游行示威、罢工等街头行动属于一种意见表达，而非政府、公众的互动决策和治理过程。公众参与以民主理论为基础，是政治民主化潮流的必然表现，是公众环境权益的必然要求，同时也是对 20 世纪以来出现的极权主义政治运动和福利国家增长的制度回应。公众参与在某种程度上表达了民主制与官僚制之间的紧张关系，是对官僚制出现背离公共责任倾向并引发"公共性"行政危机的舒缓。因此，"公众参与的本质意义，可以被理解为通过寻求政府过程的公共性，超越无政府主义和利维坦这毫无生机与希望的两极，实现两者之间的平衡。""公众参与实际上是重构公共物品供给主体和过程的公共性和民主性的制度化努力。"[①] 由此可见：在法律上确立公众的环境权益和公众参与的制度机制，是公众参与环境治理的权利基础和逻辑起点。

公众参与环境保护有助于其实现和维护自身环境利益，实现阶层和个体之间的环境权益平等。参与过程和机制，是对社会利益的权威分配中各利益相关者的必要介入和互相抗衡。通过参与，公众也进一步提高和强化环境保护意识。在环境治理中，政府失灵、市场失灵的现象客观存在着：政府作为环境公共产品的最主要供给者，会存在权力自身膨胀必然会有的权力寻租、污染者对官员的贿赂，等等。而且，政府往往有追求经济增长的冲动，而对环境问题的关注、投入和治理具有被动性。环境资源和环境产品的公共性，决定了单单依靠市场机制难以解决每个人都尽可能利用环境的倾向，对环保则是搭便车的倾向，最终产生"公地悲剧"，污染者受益、被污染者受害的权责不对等现象也难以避免。上述种种因素使得公众参与环境治理成为必然的选择。环境治理需要共治：政府组织环境保护行动，环境资源使用者付费，社会公众广泛参与。

（二）参与的本质：环境共治中社会群体突破自觉困局

1. 社会群体参与是结构性嵌入环境共治主体体系之举

公众参与是个多学科使用的概念。在社会学上，它意指社会主体在权利义务范围内有目的的社会行动。在法学上，它偏重权利，指公众有权参与国家事务和社会公共事务。在环境保护领域，它指公众有权参与环境决策、立法、执法、司法等与环境权益、环境保护相关的一切活动。

政府、企业和公众的环境共治三元模式体现了社会制衡的理念而非政府直管的理念，是政治民主化和公众维护自身环境权益的途径。公众作为

---

① 　王锡锌：《公众参与和行政过程》，中国民主法制出版社 2007 年版，第 74—75 页。

重要的"利益相关者",其参与行为是结构性嵌入环境共治主体体系之举。公众参与,有利于突破环境治理信息不完全的局限,有利于减少环境决策信息不对称的状况,有利于提高公众自身环境素养。公众参与既表现为事先性预防的程序性权利,如参与到环境立法、环境公共决策、环境执法和听证会中,行使环境司法诉权等等;还表现为人人强化环保意识、实施环保行为的实体性参与权,如生活中、农业生产、商业生产加工流转中的环保低碳行为,监督环境污染行为等等。

就公众的程序性参与权而论,其运作表现为自上而下与自下而上两种或两种的结合,但自下而上的公众参与行动不一定能成为有效的公众参与,从而引起政府的回应或互动。这也是社会学、政治学意义上的公众参与往往内涵要广于法学上的公众参与的缘故。蔡定剑教授认为中国公众参与有两种发动形态①:

一是政府引导的公众参与。政府主导甚至是动员公众参与,由政府主动提出公共议题推动公众参与。蔡教授把这种形态的参与区分为真参与和假参与两种,前者像在环保方面和立法方面,这种参与也取得了良好的效果;后者是指参与只是为了过法律关,甚至通过程序把参与变为操作的结果。

二是自下而上、由外至内的外力推动型。公众参与事件以公众推动和来自民众的压力为起因,公众发动公众参与、提出公共议题的方法主要有:提出专家建议稿,在媒体上报道、发表评论,向政府上书、提出公开质疑、提起法律程序(如行政诉讼)等。公众运用这些参与手段使某一事件成为公共事件,进入公众视野,通过自下而上、自外向内的力量倒逼政府开放公众参与。公众提出的公共议题得不到政府的回应,就不能成为有效公众参与,只是公众的行动或建议。

就公众的实体性参与权利而论,公众作为环境权益的最主要、最广泛、最具体的利益相关者,不可能把享有清洁水权、清洁土壤权、清洁空气权、安宁权、通风权、采光权等环境权利的实现仅仅仰赖政府的管理和保护。公众自身的环境保护意识的提升,环境保护理念的倡导,环境保护行为的身体力行是不可或缺的重要基石。

1992年联合国里约环境与发展大会通过的《21世纪议程》认为:"公众的广泛参与和社会团体的真正介入是实现可持续发展的重要条件之一。"公众是可持续发展战略的执行者和最终受益者,公众、团体和组织

---

① 蔡定剑主编:《公众参与:风险社会的制度建设》,法律出版社2009年版,第15页。

的参与方式和参与程度，将决定可持续发展目标实现的进程①。公众只有真正参与到环境保护当中，才能促进可持续发展目标的实现，环境权利才有可能接近代内公平、代际公平和种际公平。

2. 社会群体参与是集体性化解环境治理困局博弈之策

公众参与，是一个贯穿全过程的，与政府、企业自始至终相伴随的环境治理机制，是由"预案参与、过程参与、末端参与、行为参与"② 共同组成的一个不可分割的体系。在这套体系设计和运作过程中，由于"公众"这个利益相关者是个群体性概念，往往是一个指代了多数人的概称，所以，在实践中容易滋生部分人"搭便车"的节约自身成本的心理，即坐待他人积极参与、努力行动有所成效而坐享其成。这显然也是"理性经济人"假设的证实，但是这种消极不作为的"搭便车"与公众参与这种与政府互动、回应的积极作为行为本质完全相悖。持"搭便车"心理的人与真正行使参与权的人共同作为"公众"的组成部分，二者的比重和导向会影响问题最终的走向和解决，是一个典型的"囚徒困境"博弈模式：如果实质性参与人有核心人物、有组织力，也有决心和有效举措，则"搭便车"人会零成本地享受通过公众参与而得到的利益维护；如果实质性参与人上述四要件不充分则参与成效小而"搭便车"人仍然是零成本。上述成本既包括经济成本也包括时间成本。实质性参与人越多则可用资源越多，人均成本越少。但是上述博弈结果的显现是短期的，仅仅是针对特定事件的分析。就长期后果来说，实质性参与人越少，参与效果越差，公众环境权益被罔顾的可能性越大，最后导致集体沉默者吞食环境污染加剧、环境不断恶化的苦果。没有积极行动者就没有转机；没有参与，利益就可能被漠视；参与力量太小，就成了越是做公益做环境维权就负担越大的恶性循环；预案参与、过程参与越缺失，想靠末端参与毕其功于一役的期盼就会越强，但末端参与相比预案参与、过程参与，很多机会可能已不可弥补地丧失了，有些情况下后果是不可修补、不可挽回的；行动参与越晚，每个个体"因其善小而不为"，则环境保护永远是空话！所以，集体性参与、贯穿整个过程的各种方式的参与、实质性参与，才是化解环境治理困局博弈的良策。

---

① 陈德敏：《环境法原理专论》，法律出版社 2008 年版，第 65 页。
② 吕忠梅：《环境法新视野》，中国政法大学出版社 2000 年版，第 258 页。

（三）参与的参考：环境共治中社会群体参与社会的域外行动

1. 美国政府环境保护社会群体参与政策

美国联邦环保局 1981 年颁布了《美国环保局公众参与政策》，并历经 3 年多的内部审查和公众评论于 2003 年正式修改发布，沿用至今。该文件的"公众"含义广泛，包括可能在机构决策中存在利益关系的任何个人或组织。该文件主要内容有：文件出台的目的、目标、参与方法；适用时机；所影响的项目；州、部落和地方政府的角色；与环境正义的关系；有效公众参与的七个基本步骤；公众参与政策的执行者；等等。从具体规定中可以看出该文件具有以下特点：政策目标明确、方法多元、内容可操作；政策实施主体多元；政府主体之间和政府与公众之间的互动多①。上述各方面都很值得我国在公众参与中借鉴。如在目的中强调"有意义的参与"；公众参与的七个基本步骤包括：为参与做计划和预算，确定存在利益关系和受影响的公众范围，考虑提供技术、财政援助，提供信息服务，进行公共咨询和参与活动，审查使用投入及公众政策输入情况并予反馈，参与评价活动，等等。

2. 日本政府环境保护社会群体参与政策

日本在《环境基本法》（1993）和《环境基本计划》（1994）中将公众参与定位为基本原则和长期目标。在环境保护方面日本很有特色，关于环境权的立法主要包括两方面：私权保护是确立环境污染损害赔偿机制的索赔权。在 1973 年出台的《公害健康被害补偿法》中甚至有被害人不必经过司法诉讼便可得到必要补偿的规定。公权保护是确立公民环境参与权为中心的监督权、知情权、议政权等。关于公民参与环境管理的机制已渗透在全过程中，包括预案参与、过程参与、末端参与和行为参与。如行为参与，20 世纪在 80 年代后期，随着环境污染的日益严重人们已意识到不仅企业是环境污染的始作俑者，居民那种大量生产、大量消费、大量废弃的生活方式也负有不可推卸的责任。相应改善行为主要有：生活垃圾的分类收集和定点放置，节约用电，更多使用公共交通，使用再生利用纸张，等等②。

3. 俄罗斯政府环境保护社会群体参与政策

《俄罗斯联邦环境保护法》（2002）有两大类公众参与权：其一是公民的基本权利，其二是联邦及联邦各主体的保障职责。关于前者，规定了

---

① 王曦、谢海波：《美国政府环境保护公众参与政策的经验及介绍》，《环境保护》2014 年第 9 期。

② 余晓泓：《日本环境管理中的公众参与机制》，《现代日本经济》2002 年第 6 期。

每个公民有权利享有良好环境，有权利保护环境不受经济活动和其他活动的不良影响，不受自然的和生产性的非常情况引致的不良影响，有权利获得可靠的环境状况信息和得到环境损害赔偿，以及有权利成立基金、社会团体和其他非商业性组织，对居住地环境状况及其保护措施享有信息请求权，享有集会、示威、游行、举行会议、纠察、征集请愿签名和公决权，享有协助国家机关进行环境保护的权利，享有提出社会生态鉴定建议权和参加权，享有申请、申诉和建议权，享有环境损害赔偿诉讼权及法律规定的其他权利，等等。关于联邦及联邦各主体的保障职责，规定了联邦以及联邦各主体国家权力机关有职责在环保领域保证向居民提供可靠的环境保护信息；国家机关及其公职人员有职责帮助公民、社会团体和其他非商业性团体实现环境保护权利，对可能损害环境的项目布局必须考虑居民的意见或公决的结果做了明确规定，对阻碍公民、社会团体和其他非商业性团体进行环境保护活动的，应依照规定承担责任；编制联邦生态发展规划和联邦各主体环境保护专项规划时，应当考虑社会团体和公民的建议①。

（四）参与的选择：环境共治中社会群体参与核心行动

我国的环境治理过程中公众参与，无论是从参与主要途径看，还是从参与主要机制看；无论是从参与程度这一"量"的角度审视，还是从参与效果这一"质"的角度考察，均远远不足，须从多层面不断完善。

1. 拓宽社会群体参与环境共治的主要途径和主要机制

西方发达国家公众参与环境保护的主要途径有：成立或参与 NGO 组织、参与咨询委员会、参与环境听证会和座谈会、提起环境诉讼等。主要机制有信息公开与自由获取制度、公益诉讼制度、公众参与决策制度。此外，公众环境保护意识的提高和环境保护从自身做起的集体性行动也尤为重要。我国在这几方面均须加强：

培育和规范引导发展环保 NGO。环保 NGO 是维护环境权益，实现公众与政府、企业有组织对话的重要载体。它是延展环保思想的基础性平台，是吸聚公众力量，与政府、企业并列的环境共治主体不可或缺的支撑，NGO 的发展与活跃程度，本身就是公众参与程度的基本考量。但我国民间绿色 NGO 存在诸多问题：取得合法身份难；筹措经费难；自身能力缺乏，影响力有限；行业原子化，未进入主流社会舞台，缺乏专职人员。要成立和发展环保 NGO，对政府而言，应改变"怕添乱、惹麻烦"以及重管理轻发展、重限制轻扶持的思想，修改完善体制、制度建设，宽

---

① 崔浩等：《环境保护公众参与研究》，光明日报出版社 2013 年版，第 168—169 页。

容对待环保 NGO 的发展，并对其加强引导和监督，建立良性发展机制。对环保 NGO 自身而言，应注重能力建设，抱团发展，议题层面突出行动，资金流向主打透明。对社会而言，应积极调动社会力量促进环保 NGO 发展，运用媒体平台，培育公众环保意识和参与精神。

公开环境信息，建立完善环境决策民主化的相关会议制度。加大环境信息公开力度。环境信息公开是公众参与的前提，决定了公众参与的深度和广度。要及时公开企业日常排污信息和环境违法企业有关信息。严格界定有关国家秘密或企业商业秘密，尽量杜绝以此为由逃避公开相关环境信息。

建立咨询委员会制度。咨询委员会的成员构成与环境 NGO 成员的"志同道合"不同，强调代表的广泛性，包括感兴趣和受影响群体。它是公众参与的平台，是政府获得信息反馈的重要来源，是公民内部及公民与政府方面形成共识、公民影响决策的重要途径。建立咨询委员会制度，要做到代表平衡、实行公开会议、并保留所有的会议记录及文件等便于公众获取。

完善听证会、座谈会等会议制度。听证会、座谈会等是政府听取民意的重要途径，也是重大环境政策出台的必经之路。我国在政策依据和实践中均已广为使用，但问题不少，须让听证和座谈各方有渠道充分获取信息，须注意听证、座谈代表的代表性和代表能力，须规范听证、座谈程序细节，须确保高质量意见被采纳，须注重参会后对公众意见的整理和反馈。

完善环境公益诉讼制度。我国已在最新的《环境保护法》中确立公益诉讼制度，但公益诉讼案件还很少。要发挥环境公益诉讼制度效用，首先须在实体法中确立环境权。其次，对诉讼主体资格的限制需要打破。此外，对环境公益诉讼经费和技术难题以及其他一些问题的解决须明确路径，渐次开展、完善。

2. 充实社会群体参与环境共治的主要环节和主要内容

公众环境立法参与。主要发达国家在公众参与环境立法方面虽不尽一致，但有许多共性制度，主要表现为：环境基本法中为公众参与环境保护做了原则性规定；公众参与环境影响评价的立法；公民有诉讼权及环境知情权保障。我国公民参与环境保护立法已初具规模，但整体上零散、模糊、缺乏系统性。

在立法技术层面，各项规定粗陋、重复，可操作性差。公众参与形式单一，缺乏鼓励公众全过程参与的激励性规定。立法对公众参与的规定以末端参与为主。应针对我国公众环境立法参与中的问题，围绕健全环境信息公开制度、扩展公众参与程序范围、增强公众参与法律救济、完善公众参与环境听证制度、重视环保 NGO 作用的发挥等方面在中央立法和地方立法中分别解决。使公众参与环境立法的立法系统可操作，为环境共治中公民参与、建立参与式社会在法律制度上构架好顶层制度。改变环境治理由行政主导的状况，代之以立法主导。

公众环境行政参与。公众环境行政参与方面的主要问题是环境行政主体对行政相对方权利的保护落实，以及行政决策中对公众参与的有序吸纳。

公众环境司法参与。公众环境司法参与方面主要是环境公益诉讼问题，也有公民环境诉讼问题。在资金、人员、激励措施方面应有一定举措。上述已涉及公益诉讼，不再赘言。

3. 强化社会群体参与环境共治的基本理念和基本实践

教育公民树立人地关系中的生态中心主义。表面上看，生态问题是环境与经济矛盾使然，是经济外部性的产物，实质上是人类中心主义和生态中心主义价值观对立的后果。环境和经济的平衡是人类生存和发展之必需。应加强对公民的和谐人地关系理念教育，使原子化的个体从人类中心主义价值观向生态中心主义价值观转换。观念必须靠教育植入。

现实生活中的个体面临着各种诱惑，面临着多重相互冲突的选择，明晰的价值观念引导有助于消除公众对人和自然关系不平衡的认知，有助于确立公众认识自然、尊重自然、保护自然，人是自然产物的观念。加强环境哲学的普及和教育，加强环境治理公众参与的宣传和引导，使公民认识到并践行自己的公共道义，包括对环境责任的必要认识。

引导公民形成自觉有意识的环保行为习惯。良好环境的实现，须针对形成环境问题的症结所在进行解锁。公众自身也是产生环境问题的重要污染源。大量生产、大量消费、大量废弃的生活习惯造成严重的垃圾过量，而不科学的填埋、焚烧的处理方式适应不了现行环境治理的形势。政府应确立并有序引导公众开展垃圾分类、节约能源、循环利用等集体行动，开发新技术和减少污染源，这是减少环境问题的根本。

第二节　市场领域：政府主导型企业生态治理体制①

自改革开放以来，中国走上了快速工业化的发展道路。在经济高速发展的同时，生态环境也因此付出了高昂的代价，这迫使中国放缓了以破坏

---

① 本部分内容作为前期成果由张劲松、汤雅茹署名发表。张劲松、汤雅茹：《共治：政府主导企业型生态治理体制的缺陷及其纠补》，《北华大学学报（社会科学版）》2017 年第 4 期。

生态环境为代价而追求经济发展所带来的"增长率"。习近平总书记更是在党的十八大上提出"大力推进生态文明建设",使生态问题不再是简单的环境保护,而被提到了战略决策的高度。在此背景下,我国政府在生态治理问题中取得了局部性的胜利。然而,我国对于如何治理生态,还是处于摸着石头过河阶段。当前生态治理普遍采用的是以政府为主导、企业服从政府的体制,这种政府主导企业型生态治理体制,虽然有着一定的成效,推行起来也较为容易,但存在着难以解决的体制性缺陷,需要建立生态治理的共治体制,从根源上解决生态治理现有体制的不足。

一、政府主导企业型生态治理体制的局限性

以政府为主导企业型生态治理的体制,在工业文明向生态文明转变、政府治理结构、市场机制方面还有着暂时难以克服的局限性。

(一)政府主导企业型生态治理体制的文明范式转变局限性

"文明范式,是指某一社会形态所赖以运行的基本的发展模式、制度框架、价值理念等的有机构成体系,它规定了一个社会发展的基调、内涵和趋向,具有广泛的公认性、整体性和范导性。"[1] 人类社会的发展从本质上说就是人类文明的发展,不同的社会形态的出现也就是不同文明范式的演进。

西方工业文明的发展是以依托技术的发展,以严重扼杀生态环境为基础的。"跨入新千年新世纪以来,在全球范围内,人们正趋于这样的共识:以地球上 20% 的人们,消耗地球 80 % 的自然资源、65% 的电力、46% 的肉类、85% 的金属品和化学品并产生占全球总量的 70% 的二氧化碳,那种欧美文明发展模式,早已到了悬崖勒马的时候了,也就是说,早已到了以旧文明范型求人类全球性'生存'而不得,必须转型为共谋'优存'的新文明范型的时候了。"[2]

中国现有的政府主导企业型生态治理体制以及由此形成的工业文明范式,无法避免在发展过程中对生态环境的破坏,且难以解决其自身结构性的矛盾。因为,在这种工业文明范式下,企业被动地听命于政府的指令,缺乏积极性和主动性,而生态治理需要企业自主、自觉地参与并约束自己的行为,时刻做好企业的"生态责任"。"'环境危机是工业文明的结构性

---

[1]   杜明娥、杨英姿:《生态文明:人类社会文明范式的生态转型》,《马克思主义研究》2012 年第 9 期。

[2]   张涵:《从文明范式看人类文明转型与中华文明复兴》,《郑州大学学报(哲学社会科学版)》2005 年第 6 期。

特征。工业文明的基本结构和运行机制决定了，生态危机是工业文明的必然产物。在工业文明的基本框架内，环境危机不可能从根本上得到解决。'正因如此，政府依靠工业文明无法彻底解决其本身结构性的矛盾，出路是：在政府主导下，'只有实现从工业文明向生态文明的转型，人类才能从总体上彻底解决威胁人类文明的生态危机。文明范式的转型，是人类走出生态危机的必然之路'。"①

（二）政府主导企业型生态治理体制的政府治理结构局限性

首先，现代社会的治理需要的是政府与企业协同的合作方式，政府主导企业型生态治理体制与现代治理方式相悖。中国正处于转型之中，因此政府需要随着社会的发展而不断调整它的治理结构，以达到社会的要求。"生态治理同样需要重新设计各主体之间的关系，包括政府与市场、中央与地方、公民与社会之间的权力-权利再配置。"② 然而政府主导企业型生态治理体制，是一种主从关系式的治理结构，这种治理拖垮了政府（因财力不足），也拖累了企业（因动力不足）。

其次，现代社会的治理需要的是整体与局部协同的合作方式，现行的政府主导企业型生态治理体制易导致中央与地方利益分离。在改革开放的过程中，为适应社会发展，中央不断下放地方管理权限，1994 年实行了分税制的财政管理体制，其主体内容是建立中央与地方相对独立的税收征管。财政分权硬化了预算约束，地方政府成为某种程度上的"剩余索取者"，而"晋升锦标赛"也推动了地方政府追求以 GDP 为核心的经济增长。在这种情况下，地方政府与中央政府形成了两个相对独立的利益结构主体。在生态治理中，中央政府代表的是国家和全社会的整体利益，需要从全局角度的考虑出发，更注重社会发展的可持续性。地方政府所代表的是地方局部利益，具有局部性、区域性。"地方政府往往囿于自身利益，对生态治理采取'不作为'态度，或是寄希望于'搭便车'，即不想付出治理成本，却坐享治理绩效，其结果必然是生态治理失灵。"③

最后，现代社会的治理需要的是政府与市场协同的合作方式，现行的政府主导企业形式生态治理体制易导致制定市场规则的政府打破市场规则的局面。我国一直以经济建设为核心，中央对地方政府的政绩考核也是以

---

① 张劲松：《生态治理：政府主导与市场补充》，《福州大学学报（哲学社会科学版）》2013 年第 5 期。

② 何艳玲、汪广龙：《如何理解中国的转型秩序与制度逻辑》，《政治学人》（微信网络版）2016 年 12 月 6 日。

③ 余敏江：《论生态治理中的中央与地方政府间利益协调》，《社会科学》2011 年第 9 期。

经济发展为主要依据，基于"经济人"假设和"特殊利益集团为谋求政府保护，逃避市场竞争，实现高额垄断利润，往往进行各种寻租活动，于是便会产生政府的寻租行为"①。寻租活动给地方官员带来了巨大的利益诱惑，地方官员发现重工企业给自身的政绩、经济都带来巨大的利益，往往会自愿充当这些企业的"保护伞"。制定市场规则者，往往同时充当了打破规则者。缺乏市场运转规则，则生态治理就无规范可言。

（三）政府主导企业型生态治理体制的市场运作方式局限性

政府主导企业型生态治理体制的市场运作方式，无法完全适用于生态治理。市场配置资源的机制有：市场规则、市场价格和市场竞争。这三者是一个相互循环，相互制约的运动过程。生态环境是典型的公共物品，它需要由政府来提供。政府必须对社会所有成员供给同等数量的物品，而公共物品的另一个特殊属性就是其外部性："当一个人的消费或者企业的生产活动对另一个人的效用或另一个企业家的生产函数产生一种原非本意的影响。"② 因此，生态环境的外部性和公共性都无法形成具体的市场价格。生态环境的这种公共性及其外部性，对政府主导企业型生态治理体制提出了挑战，企业在政府的主导下参与到生态治理中来，其参与主要是在政府的压力下进行的，政府以其强制力迫使企业参与到生态治理中，这并非由市场机制而引发，所以企业的参与取决于政府的压力。政府压力大，则企业参与程度高；相对的，政府压力小，则企业参与程度低，或仅在表面上应付。政府主导企业型生态治理体制，未形成可竞争性的企业参与形式。可竞争市场理论假设在生态治理体制中也无法成立，生态治理的市场，并非完成与市场配置，导致了配置治理生态的企业资源无法实现帕累托最优。

政府主导企业型生态治理体制无法形成市场部分机制，它阻碍了生态治理集体行动的形成。生态治理不像商品一样能形成市场竞争机制。埃莉诺·奥斯特罗姆曾说过："任何时候，一个人只要不被排除在分享由他人努力所带来的利益之外，就没有动力为共同的利益做贡献，而只会选择做一个搭便车者。如果所有的参与人都选择搭便车，就不会产生集体利益。"③ 生态环境因为它的公共性，无法向一部分人提供消费，而阻止另外一部分人不消费。政府主导企业型生态治理体制，不仅不能产生市场竞

---

① 丁煌：《西方行政学说》，中央广播电视大学出版社 2009 年版，第 240 页。
② 缪勒：《公共选择理论》，杨春学等译，中国社会科学出版社 1999 年版，第 33 页。
③ 埃莉诺·奥斯特罗姆：《公共事物的治理之道》，余逊达等译，上海三联书店 2000 年版，第 18 页。

争，还会出现集体行动的困境。因为，这种体制并不排他，政府以大局为重任，以整体为目标，政府主导下的治理体制与企业自主参与生态治理的逻辑不完全一致，企业的参与更多地要考虑回报，尤其利润的回报。政府主导企业型生态治理体制往往忽视企业的回报，它仅注重要求企业承担生态治理的责任。

政府主导企业型生态治理体制，也不利于市场价格机制的形成。商品在市场中的价格是根据供求关系变化而变化的，政府主导企业型生态治理体制使企业无法遵循"等价""公平"的原则。工业化程度较高的沿海发达地区的生态环境相对而言会差点，如果按照市场价格机制，这些地区获得了次发达地区的良好的支持（资源和能源输出为标志），因此次发达地区应该获得相应的补偿。政府主导企业型生态治理体制，更注重企业向本地投入资本建设良好的生态，而不引导企业向次发达地区的生态治理投入。次发达地区做出巨大的贡献，却没有从市场中获得相应的回报，市场体制机制在政府主导企业型生态治理过程中失灵。

二、政府与企业共治型生态治理体制的优势

我国是社会主义市场经济体制的国家，市场经济体制中对市场和政府有着明确的分工：政府解决公平问题，市场解决效率问题。因此，生态环境问题仅仅单一地依靠政府力量或者单靠市场的力量是远远不够的，必须形成政府与企业共治型的生态治理体制，才能更好地解决问题。政府与企业共治的体制也是我国转型期生态体制改革的一个重要举措。

（一）政府与企业共治型生态治理体制有利于发挥政府的服务优势

首先，党中央在十六大上首次提出构建社会主义和谐社会，并在十六届六中全会上提出在构建社会主义和谐社会的基础上强调要创建服务型政府，强化政府社会管理和公共服务职能。政府职能的发挥取决于社会的需求，哈登特在新公共服务理论中提出了政府的职能是服务而不是掌舵。生态治理过程中采取政府与企业共治型体制，政府的服务优势可以得到充分的发挥。政府不仅仅应在治理中担当掌舵的角色，更多地应该是和企业一起，寻找解决生态问题的办法，鼓励企业科研创新减少污染物的产出。

其次，政府与企业共治型生态治理体制有利于政府在全社会中树立公共利益的观念。生态环境的好坏并非政府单方面的责任，而是整个社会的共同责任。企业参与到生态的治理中，不仅确保政府提出的生态治理方案的公平公正，还可以确保企业在生态治理中的责任感，使公共利益处于主导地位，真正地确保生态环境的绿色可持续发展。政府、企业和社会树立公共利益、共同利益，它需要政府利用现有体制在全社会进行宣传并采取相应的措施予以落实。企业和社会想要真正树立绿色理念，这需要服务型政府去主动发挥服务优势，在全社会强力推行。

最后，政府和企业共同治理生态问题，更有利于地方政府行政官员改变自身的行为方式和思维方式，充分发扬政府服务的优势。在原有的治理体制中，地方政府官员出于"自利"驱动容易产生寻租行为，而在政府和企业共同治理的体制下，地方政府官员将失去寻租对象，无法实现寻租行为。同时也有利于让地方政府官员认识到，他们只是公共资源的管理者，并非主宰者，这样可以有效地改变地方官员的关注焦点，主动采取措施促进生态公共利益，并运用服务职能充分发挥自身工作的优势。

（二）政府与企业共治型生态治理体制有利于落实企业的社会责任

无论是小型企业，还是大型跨国公司都需要拥有良好的企业形象。因为，良好企业形象，可以让更多的熟练工人长期留在企业工作；可以吸引更优质的人力资源，提高工作效率；还可以加强员工对企业的认同感，降低企业的人力成本，提高企业在市场上的核心竞争力。因此，在生态治理中过程，企业有着主动承担保护生态的社会责任、建立绿色企业形象的需求。

西方学者认为："资本主义经济把追求利润增长作为首要目的，所以不惜任何代价追求经济增长，包括剥削和牺牲世界上绝大多数人的利益。这种迅猛增长通常意味着迅速消耗能源和材料，同时向环境倾倒越来越多的废物，导致环境急剧恶化。"[①] 企业是生态污染的主源，因此在治理生态问题的过程中企业应承担起相应的社会责任。在政府与企业共治型生态治理体制中，企业主动承担社会责任，并在其生产的全过程中贯穿着绿色理念。相对于政府主导企业型体制而言，共治体制能有效发挥企业的自主性和创造性。在政府倡导、企业主动承担责任的共治体制中，资源和能源能得到充分有效的利用，这不仅有利于提升企业的科技创新能力、环保形象，还可以降低企业的生产成本，有利于提高企业在市场中的竞争机制。因此政府与企业共治型生态治理体制是生态问题得到很好解决的有力保障。

---

① 福斯特：《生态危机与资本主义》，耿建新、宋兴无译，上海译文出版社 2006 年版，第 3 页。

三、阻碍政府与企业共治型生态治理体制形成的因素

政府与企业共治型生态治理体制优于政府主导企业型体制，但是，这种共治体制在当前受到来自政府和企业两方面各种因素的影响而未形成，分析影响共治体制形成的因素是创制共治体制的前提条件。

（一）政府生态治理主体角色的强化

自改革开放以后，政府在职能转变方面取得了一定的成就，但是政府职能转变还没有完全到位，有着一定的缺陷，在生态治理中尤其突出，主要表现为如下几个方面：

首先，政府在生态治理中环境政策供给职能缺位现象严重。在环境治理问题中，中国关于环境治理的相关法律法规不够完善，覆盖面不够广泛，在法律法规的落实过程中也缺乏相应的监督机制。欧美等发达国家在环境保护法中明确提出谁污染谁付费的原则，并且在他们的环境立法体系中将科学技术标准纳入其中。甚至政府"主观强调企业的社会责任或者说'超道德'必然陷入'现象解释现象'的认知怪圈当中，引致行为的'失据'和'失序'。"① 我国重视和进行生态治理的时间并不长，提出和建设生态文明还是在近 10 年内的事。至于如何进行生态治理，中国无法复制西方的经验，从政府方面来看，一切工作都在摸索中，环境政策供给跟不上形势的发展需要，也在所难免。在强政府的大背景下，生态治理工作在早期可以选择的方式就是政府主导企业型。对于政府来说，政府主导企业型生态治理体制可以更快地上手进入生态文明建设之中，政府能更有效地发挥自己手上的职权推进生态治理。但是，这种政府强势主导企业的方式，不利于生态治理的深入推进。因为，生态治理仅靠政府单方行动，是难以从根源上清除生态破坏源的。生态治理需要政府放下"身段"与全社会合作共治，政府应该提供完备的环境政策，以政策促进多元主体的共治体制的形成。

其次，政府生态治理机制不完善。自改革开放以来，政府就一直以追求经济效益为主要目标，而在生态治理上的付出相对较少。更因为生态治理是一种需要巨额投资、回报率却很低的项目，使得长期以来，"大多数地方政府的出发点还是以当前利益为主，对长远利益的考虑也是在当前利益有保障的前提下，或者在当前利益无法获得，而不得不进行生态治理

---

① 金太军、沈承诚：《政府生态治理、地方政府核心行动者与政治锦标赛》，《南京社会科学》2012 年第 6 期。

时，才迫于压力，进行一次性的投资"①。由此可见，我国当前政府主导企业型生态治理机制是存在问题的。"如美国为推动生态城市建设建立了生态补偿机制、生态森林养护机制、土地休耕计划等；市场化的生态补偿机制，如欧洲生态产品认证计划；社会组织推动的生态补偿机制，如民间自然保护组织购买重要的生态功能区进行保护等。很多国家还建立了国家公园建设制度。"② 而我国在生态治理机制设计这方面还不如欧美那样完善，尤其是生态补偿机制覆盖面还不够广泛。作为生态治理主体之一的政府，虽然在国家治理中表现强势，但是这种强势主要表现在发展经济上，而没有强势地进行生态治理，导致政府在主导企业型生态治理体制中反而会显示为弱势。只有当政府强势地将工作重点放在生态治理上时，才会将生态治理体制转化为强势，显然，当前的生态治理体制还做不到这点，共治的生态治理体制形成受阻。

最后，政府生态治理手段相对单一、落后。在生态治理中，地方政府是治理的核心主体，它所扮演的角色是公共服务的提供者，这不同于商业机构，不以营利为目的，完全是依靠中央根据编制预算拨款而获得经费，来治理生态问题。这种中央政府生态治理主体角色强化的性质，导致地方政府没有"自利"驱动来积极治理。而因为地域差异存在，生态问题的严重性在各个地方表现不一，中央也难以做到因地制宜，而采取一刀切的方法对于中央政府来说更加便捷。在生态治理过程中，中央采用的治理模式并不完全符合各地实际情况，而地方政府又相应地缺乏内在动力，在内部少动力、外部无制约的情况下，地方政府的生态治理体制往往出现出许多"不作为"的放任现象。中央政府生态治理主体角色的强化，并不利于地方政府积极参与生态治理，更不利于形成政府与企业共治型生态治理体制。

（二）企业生态治理主体意识的缺失

一方面，企业环境治理责任感缺失。企业是最大的环境污染主体，为了追求利润最大化，它们漠视自身给环境带来的危害，一些企业漠视环境治理的相关法规，随意排放污染物，给自然和社会带来了严重的生态问题。这些行为都体现着企业在生态治理中缺乏责任感，企业的这些不负责的行为，毫无例外地激起了民愤，影响企业在公众中的形象，也影响着社会的和谐发展。近年来，一些有社会责任感的企业，开始反思企业带来

---

① 余敏江：《论生态治理中的中央与地方政府间利益协调》，《社会科学》2011年第9期。
② 杜飞进：《论国家生态治理现代化》，《哈尔滨工业大学学报（社会科学版）》2016年第3期。

的环境污染问题，为了企业的可持续发展，不断地唤起了生态责任意识。但是，在利润优先原则的影响下，主动承担生态责任的企业仍然很少，企业生态治理主体意识缺失仍然很严重，共治体制受到了来自企业方面的不协同。

另一方面，对污染企业的监管不到位。国际生态治理成功的案例给我们的启示是：在生态治理中除了依靠政府主导力量，企业也要参与治理，比如企业在治理中除了需要有较强的责任和道德意识外，还需要政府对其采取严格的监督体制。在我国，由于监督机制的不健全，企业的一些致污项目和随意排污行为并没有得到有力的监管，相反，很多地方政府官员为了招商引资，达到政绩目标，竟然令本应该作为监管主体的政府大力引进污染严重的企业，对企业产生的污染不闻不问，对于民众对企业进行惩处的诉求选择性忽略，甚至对有关职能部门下达"保证经济发展"的命令，要求包庇企业的违规行为，为那些对环境破坏严重的企业项目"开绿灯"。正是因为对污染企业的监管不到位，一些污染企业就会在全国各地寻找"空子"，哪个地方环境监管不严，就到哪个地区去设厂，将污染转移到监管存在"空子"的地区。这种缺失生态治理主体意识的企业不在少数，它们是当前生态污染的重要来源，而它们逃避生态治理监管的行为，是导致共治体制难以形成的重要原因。

四、以共治纠补政府主导企业型生态治理体制的途径

（一）地方政府生态治理主体角色的正确定位

政府作为公权力的主导者，相对于有缺陷的市场机制和组织能力较弱的公民个人，应在生态治理过程中发挥主导作用。中央和地方政府是具有相对独立利益的机构，在现代生态治理过程中，中央和地方从不同的利益视角出发，基于不同的利益结构，对生态治理政策选择有着不同的行动偏好。"所谓行动偏好是指在制度体系和行为结构的变迁中相关个体具有明确的利益偏好，正如马克思所言：'人们所奋斗所争取的一切，都同他们的利益有关，制度体系和行为结构变迁中的当事人均应满足这一条件'。"[①] 这一偏好，为地方政府在生态治理中"不作为"的行为做了注脚。造成这种利益冲突的原因，是中央对地方的绩效考核主要以经济发展速度为标准。

① 金太军、沈承诚：《政府生态治理、地方政府核心行动者与政治锦标赛》，《南京社会科学》2012 年第 6 期。

正确定位地方政府生态治理主体的角色应做好如下几个方面的工作：

首先，中央向地方规定明确的生态治理目标。这关乎全社会、全人类的可持续发展，同时可以让地方政府不再受经济利益影响，在生态治理上具备足够的决心和信心。当地方政府具有了明确的生态治理目标，那么其必然会与企业进行合作、协同，以共同完成中央政府交付的生态治理目标。现行的政府主导企业型生态治理体制是无法完成这一任务目标的，地方政府的主导地位决定了，如何治理生态由政府说了算，这种体制不具备外在压力，也无法考量地方生态治理的深度和广度。中央向地方规定明确的生态治理目标，将促使地方政府必须努力完成，而完成任务不可缺少企业积极主动的参与，仅靠地方政府主导强制企业去从事生态治理工作是无法实现目标的。

其次，中央将生态治理的成绩纳入到地方政府官员考核体系中，以增强地方政府生态治理的行动能力。"经济学者周黎安指出：'现存理论主要将政府官员作为经济代理人，面临经济和财政激励，忽略他们作为政治代理人的特征（关心权力、职位和晋升），如官场和权力的竞争'。因此，他更倾向于将同一层级的地方官员相对于上级政府而进行的竞争称为'政治晋升博弈'，或者说是'政治锦标赛'（political tournaments）。"① 当前，我国政府正在推进的离任生态审计工作，就是要地方政府官员明确自己的立场，正确定位自己的职能。生态治理的绩效考核制度越是完善，越能让地方政府官员到当地企业去做工作，鼓励企业成为生态治理的主体，配合政府共同完成考核指标，政府与企业共治的环境治体系就有望形成。

最后，中央需要加强对地方生态治理"无为"的惩罚力度。当地方官员以地方经济利益为重而牺牲生态环境时，尤其是引进企业不严格执行环境标准时，上级政府往往会出于自身政绩和任期变量考虑，默许这一行为。面对这种现象，必须严厉惩处政府在任官员的不作为行为，对于政府放任企业污染的行为，绝不姑息。因此，领导干部离任生态审计需要深入进行，尤其是上任和离任时生态标准需要向社会公示，让社会予以全方位的监督。当地方政府官员能够依生态标准进行生态治理时，他们就必然地会与企业进行充分的合作和协调，会做到共同治理生态。一般来说，压力越大，动力也就越强。中央的处罚力度越大，生态审计的标准越严，共治的生态治理体制越容易形成。

---

① 转引用自余敏江：《论生态治理中的中央与地方政府间利益协调》，《社会科学》2011 年第 9 期。

（二）现代企业生态治理主体意识的意愿培育

共治的生态治理体制的形成，不仅需要企业自身成为生态治理主体，还要让公众（其中有很大一部分是潜在的企业经营者）认同自身也是生态治理的主体。政府可以通过鼓励扶持企业成为生态企业，来促进企业生态主体意愿的培育；而企业的生态主体地位形成后，对公众中那些潜在的企业经营者来说，也能起到示范作用。政府、企业和公众若能在生态治理上形成共识并采取共同的行动，共治的生态治理主体就形成了。

1. 政府通过鼓励扶持生态企业发展，促进企业生态治理主体意愿的培育

企业在生产经营中，消耗了大量生态资源，因而在生产中实现环境资源的节约，节能减排，进行技术创新，研发清洁能源并应用于生产中，是企业降低运行成本的一种方式，也是企业成为绿色环保的生态企业的重要表现。生态企业是以绿色可循环发展为主要战略，这种战略不仅适应我国生态文明建设的要求，也有利于提高企业形象，增强企业竞争力。正因如此，政府应通过鼓励和扶持企业成为生态企业，来促进企业生态治理主体意愿的培育，它符合政府和企业的共同意愿。

生态治理已然是全球问题，无论发达国家还是发展中国家，都认同以可持续发展和生态现代化理念发展来治理国家。企业是生态治理的重要主体，政府应鼓励和扶持企业作为推动社会发展的重要力量，努力引导企业转型成为生态企业。政府应鼓励企业将生态可循环理念融入经营中，应鼓励和扶持企业在实现商业目标的同时也实现生态目标。这就是良性的政府和企业相互促进的共治生态治理体制。政府在生态治理中主要负责指挥和控制战略，政府应该调整好自己的职能定位，花更多的精力去了解企业的需求，制定政策，促进企业生态治理主体意愿的培育。

2. 企业通过实现生态治理商业化，促进民众生态治理主体意愿的培育

生态治理工作之所以难以全面推进和取得显著成效，是因为这种工作投入大、产出少，且极容易出现"搭便车"现象。如果生态治理实现了商业化，企业或民众能从生态治理中获取收益，那么生态治理就变成了企业和公众共同积极参与的工作了。

市场这只"看不见的手"对于引导公众参与生态治理的作用，比政府主导强制企业和公众从事生态治理更有效。若实现了企业通过生态治理的商业化，从中获益，那么企业就能引导潜在的企业经营者——公众进入生态治理领域。由此可见，通过企业实现生态治理商业化，可以培育民众生态治理主体意愿。

事实上，生态治理商业化并非那么艰难，它可以通过政府设计合理的

商业规则引导企业参与到生态治理中来。国内、国外都有这方面成功的事例。比如，在沿海经济较发达地区的生态农业园、生态工业园，都以绿色产业发展的形式成就了"新农村""生态园"。同时，生态治理的商业化吸引了越来越多的公众进入生态治理产业（商业），未来民众中将有越来越多的人为生态治理做出贡献，民主生态治理主体意愿正在越来越快地得到培育。

（三）政企互动生态治理共治体制的监督重塑

1. 建立中央与地方合作的环境监督巡查小组

基于中央的权威性，可以建立由国家生态环境部门领导的，从各级省市单位挑选专业人才组成的环境监督巡查小组，对地方生态治理状况实地监督巡查。这样可以在一定程度上给地方政府施以压力，给予约束。

政府与企业共治型生态治理体制的形成，必须有一个严厉的外部监督作为保障。政府主导企业型生态治理的一个主要的弊端是，政府与企业在生态治理问题上容易产生"合谋"排污，且政府有时还会主动地为污染企业"排忧解难"。而外部监督体制的重塑，可以实现对地方政府的全面监督，迫使地方官员必须认真履行职能要求，减少或者杜绝阳奉阴违行为。这种监督体制，对出现问题的企业、地方政府都能及时有效地依法施以惩戒，不会因层层上报或者其他各种"保护"导致惩治效果不理想。这种监督体制，不仅是中央以行动向地方政府、企业、公民表明要治理好生态问题的决心，同时也有利于增强政府的公信力，调动地方政府、企业和公民参与生态治理的积极性，增强各个主体在生态治理中的主人翁意识，保证生态治理稳定有序持久有效地运行。有严厉的外部监督，可以促进共治的生态治理体制的完成。

2. 建立主体多元的监督系统

生态治理是一个多元主体参与的治理过程，政府是生态治理的主导力量，基于它的权威性，在监督系统中也应该处于主导地位。但是政府治理中的局限性要求同为治理的主体企业和个人都应该参与到监督中，弥补政府监督的不足，促进监督系统的更加完善和良好运行，保障生态治理的有效有序进行。

共治的生态治理体制的形成及这一体制正常有效地运转，都需要有一个多元主体参与的监督系统。中国的公众对周边环境的越来越不如人意，表现出极度的关注，但苦于现有体制的不足，常常表现为"我是打酱油的"——关注而不"出手"！如何组织起多元主体参与的监督系统是当前共治的生态治理体制形成的又一关键。中国人力资源丰富，尤其是仍有精力参与社会监督的"老年"人力资源丰富，如果组织得力，将极大地推动生态治理共治体系的形成。

第三节　域外：生态问题的"脱域"与全球生态治理的非生态性[①]

在瑞士环境史学家克里斯蒂安·普费斯特（Christian Pfister）看来，20 世纪 50 年代是环境史中最严峻的时期，从那时起全球危机时代真正开始。其依据是排放到大气中的温室气体："这种气体排放量从 50 年代开始直线上升，以至于先前所有的环境问题与之相比都显得无足轻重。"[②] 这一时期以伦敦的烟雾事件为标志，1952 年伦敦的大烟雾夺去了成千上万人的生命。生态危机让发达国家警醒，尤其是英国，自此以后投入了大量的人力和物力进行生态治理，经历了半个世纪的治理之后，伦敦的泰晤士河从乌黑发臭又变回了流水清清游鱼可见。发达国家尤其是伦敦生态治理的"成功"让世界看到了希望，这让正在遭受生态危机威胁的发展中国家倍感欣慰，普遍认为终于找到了生态治理的有效路径。然而，当我们正视现实，就可发现发达国家的生态的确越来越"好"了，但地球整体的生态仍然日益变"坏"，且未能让人看到环境向好的方面转向的拐点到来，这就是全球生态治理过程中"局部有效，整体失效"的局面。究其因，是发达国家将环境污染产业梯度传递给发展中国家造成的。在全球化体系下，转嫁生态危机，将污染转移到别国，从全球的角度来看，这又如何算得上"生态治理"？这种治理不具有生态性，全球生态治理任重而道远。

一、假象：欧美发达国家生态治理成功路径的描述

从环境发展史上看，400 多年前欧洲资本主义率先开展"文艺复兴"，科学技术兴盛，创新一波接着一波，科学理论通过工业化手段与社会紧密结合起来，人类通过科技的积累开始掌控自然。此时，人类对地球的认识有限，认为资源和能源是无限的，取之不尽。同时，地理大发现后，资本主义国家又将掠夺资源之手伸向了全球，此时的"全球化"就是资本主义掠夺的全球化，是亚非拉国家从属于西方发达国家的全球化，是农村从属

---

①　该部分内容作为前期成果由张劲松署名发表。张劲松：《全球化体系下全球生态治理的非生态性》，《江汉论坛》2016 年第 2 期。

②　约阿希姆·拉德卡：《自然与权力》，王国豫、付天海译，河北大学出版社 2004 年版，第 288 页。

于城市的全球化。

200 多年前开始，发达资本主义国家通过进一步的工业化、现代化，生产力越来越发达，科学技术为人类控制自然提供了有力武器，而资本主义市场体系（全球贸易）导向的经济也能够提供其他经济系统所无法提供的丰富的物质需要。控制自然给发达资本主义带来了极大的好处，尤其在物质领域，资本主义国家人民的福利水平大大提高，产品、能源、机器、健康都在向上发展，"掌控自然或多或少地已经成为现代意识的心照不宣的先决条件，这种意识形态提倡一套理性化的观念，诸如个人自由、社会正义、通过市场机制发展经济、精英或阶级特权等等。"[1] 然而控制自然的结果极不理想，丹尼斯·米都斯（Dennis L. Meadows）预言增长的极限即将来临："如果在世界人口、工业化、污染、粮食生产和资源消耗方面现在的趋势继续下去，这个行星上增长的极限将在今后 100 年中发生。最可能的结果将是人口和工业生产力双方有相当突然的不可控制的衰退。"[2]

20 世纪 50 年代，人类进入了普费斯特所说的全球危机时代，环境污染尤其是大气污染严重威胁着全球人类的生活，且首先是当时发达国家人们的生活。工业革命带来的巨大繁荣的负面效应从其发端开始积累，"在英国，截至 19 世纪末，人们看不见的二氧化碳的排放从近乎为零猛增到超过 100 万吨。当美国经历 20 世纪的经济奇迹时，烧掉的化石燃料也大幅上升。而到上世纪末，美国每年的二氧化碳排放量超过 20 亿吨，相当于每人每年平均 7 吨。"[3] 然而发达国家经过几百年的掠夺性发展，已经具备了解决本国生态危机的能力，污染危及人们的生活，促使人们对施政者施加压力，"历史提供了证明生态过程重要的许多例证。人类给他们的环境造成的巨大改变。他们不得不通过改变自己的社会结构来适应他们造成的改变。否则，人们将会消亡。这种情况在人类居住的地球上的每一历史时期和每一地域都已然发生"[4]。生态治理首先在这些国家进行，并取得了明显的成就。

时至今日，"掠夺阶段的资本主义已经变化，福利国家制度和管理资本主义的意识形态，允诺使所有公民富裕起来，力图通过证明稳步实现提高每个人的生活水平来使人们忠诚于现有的经济制度"[5]。从生态的角度

---

[1]　威廉·莱斯：《自然的控制》，岳长岭等译，重庆出版社 2007 年版，第 9 页。

[2]　丹尼斯·米都斯等：《增长的极限》，李宝恒译，吉林人民出版社 1997 年版，第 17 页。

[3]　彼得·圣吉：《必要的革命》，李晨晔等译，中信出版社 2010 年版，第 14 页。

[4]　唐纳德·休斯：《什么是环境史》，梅雪芹译，北京大学出版社 2008 年版，第 3 页。

[5]　威廉·莱斯：《自然的控制》，岳长岭等译，重庆出版社 2007 年版，第 13 页。

来看，生活在发达资本主义国家的人民表面是"幸福"的，经历了半个世纪的生态治理之后，发达资本主义国家利用其资金和技术优势持续地进行着生态的治理，其半个世纪后的治理"成效"很显著，这些国家蓝天白云又有了，河水清清，草地碧绿。正因如此，一些后发展国家，比如中国、巴西、印度等国，均欲步其后尘；当然，还有另一个重要原因：除了这些发达国家的经验以外，发展中国家实在未能找到其他的更好的途径来治理本国日益严重的生态危机。

然而，大多数国家都有意或无意中"忽视"了一个前提：发达国家生态治理的成果不仅取决于其生态治理的理念先进，更取决于其通过最近半个世纪以来的全球化贸易体系，成功地将其工业产业实现了转型升级，发达国家纷纷进入了后工业社会，第三产业、服务业越来越发达，同时其科技产业仍然占据世界主导地位。而低端的产业通过全球化体系逐步转移到了发展中国家或不发达国家。在发达国家，大烟囱、污水横流的产业的确很难看到了，但这些国家对这些低端的容易导致污染的产业并非没有需求，相反，为了保证其国内"稳步实现提高每个人的生活水平"，从发展中国家进口低端产业的产品越来越多。事实上，有利于发达国家的全球化贸易体系，让发达国家实现了污染向发展中国家的梯度转移，发达国家的生态危机通过全球化过程转嫁到了发展中国家。

发达国家的学者们对欧美发达国家生态治理"成功"路径的描述，事实上仅为一个假象。其生态治理有效的假象，欺骗了发展中国家，走发达国家这种转嫁生态危机以达到国内生态治理成效的路径是不可取的，全球生态治理"局部有效，整体失效"就是其表现。揭露发达国家生态治理有效的假象后，找寻全球生态治理有效途径的任务刻不容缓。

二、真相：全球化体系下欧美国家生态治理成功的非生态性

的确，自20世纪50年代以来，欧美发达国家纷纷进入了后工业社会，服务业等第三产业逐步成为后工业社会最为成功的产业，欧美国家经过几十年的产业转型升级，实现了本国产业的生态性转型，发达国家以其领先的科技、成熟的金融体系，逐步实现了本国产业的高效和自然环境的良好。当然，如果欧美发达国家从此不再依赖低端的污染比较严重的产业所生产的产品，那么，我们就完全有理由认同欧美国家生态治理的成功；但是，事实恰恰相反，欧美发达国家同样不可缺少低端污染产业的产品，只不过在其本国不再进行生产，通过产业的转型升级，污染产业逐步转移到了发展中国家或不发达国家。在全球化体系下，现有的国际贸易机制，

让环境污染的产业梯度传递到了发展中国家。

今天的全球化，基本上可以看作是西化或美国化，全球化的贸易规则主要根据欧美发达国家的传统（规则）而定，彼得·圣吉认为："全球化把国家和地区之间的相互依存度提高到前所未来的水平，同时也引发了史无前例的真正全球化的问题，其中不仅包括环境危机，诸如废弃物总量和毒性水平的增加（常常从一个国家流向另一个国家）以及一系列有限自然资源的持续枯竭；也包括贫富差距的不断扩大，以及像国际恐怖主义这样，针对这些失衡的问题而发、令人警醒的政治反应。"① 全球化更有利于欧美发达国家，而这些国家正是依据现存的全球化贸易体系，建立了环境污染梯度转移机制。欧美国家处于食物链的顶端，而发展中国家处于底端。欧美发达国家产业的生态性转型，是以发展中国家产业的非生态性为代价的。

从全球环境史来看，一些古文明因超出了生态限制范围而崩溃，如两河流域的古巴比伦文明、美洲的玛雅文明等，幸运的是这些文明的崩溃都是孤立的事件，没有造成全球灾难，然而，Daly 认为："随着贸易扩张，区域的限制与规模越来越不相关，而全球限制与规模的关系越来越密切。尽管贸易可以减少任何一个区域超过可持续规模的可能性，但这同时也意味着，如果我们超过了区域的可持续规模，就更可能超过了地球这个整体的可持续规模。"② 而当前全球化背景下的国际贸易仍然是更大量地生产而非更高效地生产现有的产品，本国的 GDP 的增长仍然是主要目标，而很少或不关注生产的规模，从长远来看，当前一些国家"成功"的贸易体系将会使全球经济超过可持续的规模。对于现有的全球化的国际贸易我们并没有多次纠偏的机会，一些发达的或成功地利用世界贸易的国家，"人们消费对环境负面影响可能会发生在其他的国家，而环境影响在这些国家更可能被忽视。"③ 一个国家或一些国家的贸易的成功，可能建立在其他国家环境破坏的基础上。

20 世纪 50 年代以来，全球化体系逐步稳定下来，有利于欧美国家的贸易体系也逐步固定下来，发达国家与发展中国家的产业结构也随之固定下来。从表现上看，发达国家靠产业的转型升级，实现了本国良好的生态

---

① 彼得·圣吉：《必要的革命》，李晨晔等译，中信出版社 2010 年版，第 7 页。
② Herman E. Daly，Joshua Farley：《生态经济学》，徐中民等译，黄河水利出版社 2007 年版，第 235 页。
③ Herman E. Daly，Joshua Farley：《生态经济学》，徐中民等译，黄河水利出版社 2007 年版，第 235 页。

环境，其生态治理的成效令人瞩目。但是，环境污染产业梯度转移，实际上对生产规模有更大的负面影响，例如，"当澳大利亚的热带雨林被宣布为世界遗产后（很大程度上是迫于环境保护主义者的压力），澳大利亚关闭了许多管理先进的木材厂，但本国的木材消费量并没有减少。澳大利亚通过从其他生产效率较低的热带国家进口木材替代了原来的木材供应。结果是对世界范围内的生态系统服务造成了更大的损失。"[1]

在吉登斯（Anthony Giddens）看来，不断扩大的不平等加上与之相关的生态环境危机是全球面临的最严重的问题，"全球化并不以公平的方式发展，而且它所带来的结果绝对不是完全良性的。对许多生活在欧洲和北美洲以外的人来说，全球化似乎就是西化或者美国化，因为美国现在是唯一的超级大国，在全球秩序中占据主导的经济、文化和军事地位。"[2] 全球化加剧了全球社会的不平等，发达国家也知道增长的极限即将来临，但是有利于其经济发展的全球化体系，将其与资源和能源需求规模日益扩大的现实"隔离"开了，因为越来越多的污染再也不是发生在其本土上，导致这些国家明知增长的极限即将来临而不控制其奢侈生活，其事实上所消费地球上的能源和资源是发展中国家人均的数倍。由此，米都斯在《增长的极限》中表示了极度的失望："在过去，环境加给任何增长过程的自然压力中，技术应用是如此成功，以致整个文明在围绕着与极限做斗争而进展的，而不是学会与极限一起生活而进展的。这种文明由于地球及其资源显得很庞大和人类及其活动相对渺小而加强了。"[3]

极限即将来临，但发达国家并没有准备好与"极限一起生活"，依赖全球化体系，发达国家拥有其他国家难以完成的产业"转型升级"机会，将生态危机转移到发展中国家，"即使全球化并没有导致原来环境标准高的国家降低环境标准，但国际贸易使人们更容易忽视经济增长的成本。最近几十年，大部分发达国家都注意到了自身环境的恶化，它们通过制定法律控制某些污染以及资源枯竭，在某种程度上这些措施产生了更高的效率，减少了污染性产品的消费，改善了污染控制技术。但很多时候，这好像只是将污染和资源开采产业转移到了没有此类法律的国家。"[4] 发达国家的环境改善是以贫困国家的环境恶化为代价的，在发达国家一些学者试

---

[1]　Herman E. Daly, Joshua Farley：《生态经济学》，徐中民等译，黄河水利出版社 2007 年版，第 236 页。

[2]　安东尼·吉登斯：《失控的世界》，周红云译，江西人民出版社 2001 年版，第 10 页。

[3]　丹尼斯·米都斯等：《增长的极限》，李宝恒译，吉林人民出版社 1997 年版，第 113 页。

[4]　Herman E. Daly, Joshua Farley：《生态经济学》，徐中民等译，黄河水利出版社 2007 年版，第 236 页。

图将经济增长和环境污染的空间联系相分离，甚至认为发达国家的环境改善正是经济增长的结果，而非其他。

真相就在这里：发达国家的环境改善与环境污染的空间转移有关，发达国家的生态治理从全球范围来看，不具备生态性！发达国家的环境改善，与全球化体系有关！欧美发达国家的生态治理的成功，促进了产业的全球转移，一些发展中国家走上了发达国家曾经走过的工业化道路，产业转移，虽然污染了发展中国家的环境，却也达到了中短期内国家经济发展的目标。"全球性的资本主义将继续促进没有限制的经济与人口增长，将继续刺激穷人们不断增长的无法真正满足的欲望，而且将加剧本已严峻的对自然界的要求。这一经济文化的影响将毁掉我们尚存在的任何支离破碎的稳定、秩序和正常的观念，而且，我们只得屈居在这个变革已成为支配一切的生活原则的世界上。"① 产业转移、资金转移，全球化体系促进了新一轮的全球工业化进程。亚非拉进一步从属于西方，而环境污染却从西方转移到了亚非拉。而最令人遗憾的是，落后的亚非拉发展中国家迫于发展的急迫需要，对其乐此不疲。

三、转嫁：全球化体系下欧美国家生态治理过程输出生态危机

发展中国家，明知环境危机会发生转移，却仍然"乐"于接收低端产业。在全球化体系下，欧美发达国家在其生态治理过程中，通过输出生态危机，转嫁了本国的生态危机，欧美主导下的全球生态治理并未体现出应有的生态性。从全球角度来看，这是导致全球生态治理"局部有效，整体失效"的重要原因。那么这个危机转嫁的过程是如何实现的呢？

（一）生态危机输出何以可能

首先，发达国家以其较早发展的先发优势，一步领先，步步领先。当工业化带来的生态危机威胁其生存和发展时，发达国家率先进行本国的生态治理。"如果说美国在海外是一个傻瓜，那么整个工业文明对待自然的所作所为也像一个傻瓜，却难说是无害的傻瓜。卡森和别的环境保护主义者都强调，我们需要以更加谦恭的态度对待地球，而对技术则要持更多的怀疑态度。"② 发达国家对工业化的反思和检讨，让其不断地保持着变革，尤其是其发展模式的变革。产业转型，大力发展污染少的第三产业，这是其不断变革的结果，马克思和恩格斯曾对资本主义变革的成效做过深刻的

---

① 唐纳德·沃斯特：《自然的经济体系》，侯文蕙译，商务印书馆 1999 年版，第 492 页。
② 唐纳德·沃斯特：《自然的经济体系》，侯文蕙译，商务印书馆 1999 年版，第 9 页。

阐述。在他们看来："生产的不断变革,一切社会状况不停地动荡,永远的不安定和变动,这就是资本主义时代不同于过去一切时代的地方。一切固定的僵化的关系以及与之相适应的素被尊崇的观念和见解都被取消了,一切新形成的关系等不到固定下来就陈旧了。一切等级的和固定的东西都烟消云散了,一切神圣的东西都被亵渎了。"[1] 马克思和恩格斯对资本主义的生产方式做出考察,得出传统农业被工业所取代的结论,这导致一度似乎非常稳定可靠的不可动摇的生态整体意识,连同所有社会稳态发展的思想都成为过眼云烟。现代社会唯一不变的是不断变革。发达国家的先发优势,保证了其变革有条件成功,他们有条件向其他国家转移低端产业,从而实现生态危机的输出。

其次,发展中国家为了搭上工业化道路的末班车拼命承接发达国家的低端产业。世界银行曾从绿色财富的核算中测算过发达国家的国民财富状况,认为:"富有国家的各种人均自然资源——矿藏资产、可用材林资源和非用材林资源、自然保护区和耕地都高于贫穷国家,自然资本份额较低说明经济发展主要依赖于制造业和服务业等现代部门的增长,而初级部门的增长则相对静止。"[2] 发达国家的自然资源资本占总财富的比例只有2%左右,却能依靠高科技的制造业和服务业在全球化贸易体系中胜出,其中一个重要原因是现存的全球化贸易体系不仅让发达国家有利可图,也让发展中国家有利可图。对发展中国家来说,如果它不想被工业化所抛弃,就没有选择的余地,它仅能选择走同样的工业化道路,这是发达资本主义国家"按照自己的面貌为自己创造出一个世界"。[3] 工业化道路能带来高效的生产力,能让国民走向富裕,也能让一些发展中国家走向富强。这些都是发展中国家急需的,接受发达国家的产业转移,不仅不是在被强迫的情况下进行的,甚至是许多发展中国家主动请求才能获取的,一些欠发达的工业化基础落后的国家连承接低端产业的机会都没有。搭上工业化道路的末班车,预示着走向富强的机会来了,否则就会面临着落后就挨打的局面。产业转移(伴随着生态危机的转移)就成了一方愿打、另一方愿挨的全球化国际贸易现象,当生态危机转移至发展中国家之后,这些国家的治理能力和治理理念跟不上发达国家主导的全球生态治理要求,发展中国家工业化道路导致的污染倍受发达国家"指责",甚至被当作全球生

① 《马克思恩格斯选集》第1卷,人民出版社1995年版,第275页。
② 世界银行编:《国民财富在哪里》,蒋洪强等译,中国环境科学出版社2006年版,第6页。
③ 《马克思恩格斯选集》第1卷,人民出版社1995年版,第276页。

态污染的"罪魁祸首",全球生态治理中的强者话语权在这里清晰可见。

最后,全球化商业运转方式为生态危机输出提供了渠道。人们追求公平,向往公平,然而不公平是客观存在的,全球化的商业运转模式本身就是不公平的,因为这种模式是由发达国家主导的,由于发达国家和发展中国家在经济和政治上的不平等程度很高,在经济制度和社会安排上,会系统地偏向于影响力较大的发达国家,使得全球化的贸易体系总是有意或无意地偏向于发达国家。"有些发展中国家效率较高的初级农产品和纺织品生产都无法进入某些经合组织市场,缺乏技能的贫穷工人前往较富裕的国家打工的机会也受到极大的限制。"[1] 相反,发达国家则可以通过现有的全球化商业体系将低端污染产业转移到发展中国家,然后将其高附加值的高端产品销售给发展中国家,并运回自己所需要的生活、生产资料。全球化并没有打破几百年来的国际贸易格局,相反进一步强化了"不平等陷阱":"因为经济、政治和社会不平等往往存在长期的代际自我复制,因此机会和政治权力不平等对发展带来的负面影响,其伤害性更大。"[2] 发达国家通过全球化的贸易不断将这种不平等强化,从而导致贫困国家难以找到摆脱贫困的更好的道路,因此"不平等陷阱"非常牢固,生态危机输出的路径难以打破,发达国家与发展中国家的这种不公平的危机输出与输入模式,将在一个相当长的时期内存在着。

(二)生态危机输出何以实现

发达国家和发展中国家都希望走向富强,这一愿景是生态危机输出得以实现的前提。发达国家和发展中国家追求繁荣和富足,就如和平一样,非常必要,这是共同的愿景,它需要所有国家共同努力,这一愿景显得雄心勃勃,但仍然是可以实现的,"许多小的、原来相对贫穷的国家——丹麦、爱尔兰、日本、马来西亚、挪威和韩国——已经在不同的时期实现了跨越式增长。在两代人的时间跨度内从文盲率高居不下、普遍贫困的状况发展成为文明、富裕的国家。它们在一个被其他大国主宰的全球经济体内实现了工业化。"[3] 第二次世界大战之后,出于冷战的需要,美国主宰的全球经济体系推动了许多国家完成了工业化道路,如战败国日本、战胜国韩国,它们都在美国的主导下成了富裕国家,完成了现代化、工业化,它们复制了美国发展模式,美国支持下的工业化过程其实就是产业转移的过程,这种转移既实现了美国的全球目标,客观上也推动了这些国家完成了

---

① 世界银行:《公平与发展——世界发展报告合订本》,清华大学出版社2013年版,第2页。
② 世界银行:《公平与发展——世界发展报告合订本》,清华大学出版社2013年版,第2页。
③ 世界银行:《变革世界中的可持续发展》,中国财政经济出版社2003年版,第193页。

工业化，日本甚至由此一度发展成为了世界第二大经济体。在完成工业化道路后，这些国家走向了富强，这种富强无不是利用全球化的贸易体系，由发展中国家提供资源和能源，然后以发达国家的资金和技术等垄断地位，再向发展中国家转移低端产业来完成。它们跟老牌的欧美发达国家一样，加入全球生态危机转嫁的行列。完成工业化的国家越多，现有的全球化贸易体系就越会加速生态危机的转移过程，这种转移显现出几何级数的增长。

当西方世界震惊于日本的成就时，加速的国际化步伐和技术进展催生了另一个更有发展潜力的群体的崛起，中国这个世界上人口最多的国家，在沉寂了一个多世纪后在最近的三十几年里再次崛起于世界舞台。"像犹太人和不列颠人一样，中国人也大量向国外散居，向全球化方面发展，从东南亚热带地区到北美的全球化大都市中都分布着他们的社区。……中国人已经在太平洋盆地的边缘地带——这个世界上最有活力的地区，开创了一个经济大帝国。更重要的是，他们现在也日益关注如何发展中国自身巨大的工业潜力这一大型任务。"[1] 同样，印度、巴西等发展中国家也进入了工业化发展的快车道，它们都得益于全球化的贸易体系，中国尤其如此。正如福山（Francis Fukuyama）所说："中国是全球化进程的最大赢家之一，如果没有国际贸易和出口，中国的很多增长都将是不可能的。"[2]

然而一旦中国和印度这样的人口大国都完成工业化道路，建立一个可持续发展社会的任务将越来越艰巨，因为所有的工业社会正在超出它们所拥有的承受能力，人类正在超出地球的承载能力。"大约在400年前，起源于欧洲的工业现代化，现在正在扩展到这个世界更偏远的地区，它在价值体系、消费模式、制度和习惯等方面已经达到顶点，只有在资源充足和机会无限的环境中才能存在下去。但是，现在的世界越来越无法适应未来，尤其无法适应许多工业化程度较低的地区正在日益密集和增长的人口。"[3] 400年来，首先从欧美发达国家开始，进而第二次世界大战后的"亚洲四小龙"，再到近30年来的"金砖"国家的工业化兴盛，污染严重的低端产业不断地从发达国家向发展中国家梯度转移，生态危机也就不断地从先发展的国家逐步向后发展的国家转嫁。这个梯度传递的过程，既是工业化过程，也是生态危机随之转移的过程。全球工业化进程日益加快，生态危机传播的速度也就越来越快。在全球化体系下应对生态危机的全球

---

① 乔尔·科特金：《全球族》，王旭译，社会科学文献出版社2010年版，第6页。
② 陈家刚编：《危机与未来——福山中国讲演录》，中央编译出版社2012年版，第4页。
③ 皮拉杰斯：《建构可持续发展的社会》，载薛晓源、李惠斌编：《当代西方学术前沿研究报告2005—2006》，华东师范大学出版社2006年版，第516页。

生态治理的任务，越来越重；尚未看到前途的重任压在人类的肩上，越来越令人焦虑。

福山和皮拉杰斯（Dennis Pirages）都对中国工业化的发展表示了强烈的关注和忧虑。福山一边检讨美国消费了很多自然资源，因此美国人没有理由谴责中国的发展，一边又对中国的发展表达他的担心："如果中国的13 亿人口和印度的 10 亿人口都维持美国人的生活水平，或都比美国人的生活水平更高，那么这将会对地球构成严峻的挑战，地球可能无法承受这样水平的经济活动。"① 皮拉杰斯的表达是这样的："即使存在资本向少数工业化国家的空前转移，使生活接近少数工业化国家的消费水平，对人口膨胀来说仍然不可能的。假如中国令人不可思议地达到了美国的消费水平，那么肯定会导致一场生态灾难。可以设想，在这样的中国，其能源消耗可能会增加到现有水平的 14 倍，同时会比世界总消耗高 25%。"②

福山和皮拉杰斯等人对中国的指责当然是不应该的，也是我们不能接受的。正如俞可平所说："西方已经享受到了，现在发展中国家如中国和印度要这样享受了，发达国家就觉得给地球和人类带来了资源危机和气候危机，损害了发达国家的利益了，觉得发展中国家就不应该这样了。如果是发达国家学者单纯地提出这种责备，那么确实是不应该的。"③ 己所不欲，勿施于人。西方学者的指责，我们肯定不能接受。

但是，西方学者表达的担忧确实能让中国人警醒。我们曾经天真地认为，如果像欧美国家那样，虽然生态污染了，它不妨碍我们的发展；当我们发展起来后，就可像欧美国家那么进行生态治理，将国内治理得蓝天白云、河水清清。事实上，"人类生活在一个有限的星球上，富国收入的增加是建立在消耗不可更新资源的基础上（包括不使一些潜在的可再更新资源枯竭），这意味着未来不能用这些资源来提高贫穷国家人民的福利"④。欧美国家走过的生态治理道路就是将生态危机转嫁到后发展国家的道路，这条道路，中国无法去复制，在当今的全球化贸易体系下，中国的外向型经济严重依赖欧美等发达国家的消费。对于中国来说，转嫁生态危机既不可能，也不可取。

在中国共产党领导下，必须做到满足人民日益增长的美好生活需要。

---

① 陈家刚编：《危机与未来——福山中国讲演录》，中央编译出版社 2012 年版，第 15 页。

② 皮拉杰斯：《建构可持续发展的社会》，载薛晓源、李惠斌编：《当代西方学术前沿研究报告 2005—2006》，华东师范大学出版社 2006 年版，第 527 页。

③ 陈家刚编：《危机与未来——福山中国讲演录》，中央编译出版社 2012 年版，第 16 页。

④ Herman E. Daly, Joshua Farley：《生态经济学》，徐中民等译，黄河水利出版社 2007 年版，第 238 页。

中国人民同其他发展中国家的人民一样，都希望过上发达国家居民的生活，当然西方学者的担忧也不是多余的："当中国人民的生活水平达到第一世界国家水平之后，全球人类的资源利用及对环境造成的影响将会倍增。然而，我们并不知道当前地球上的人类资源利用和环境能否承受这样的冲击。"① 中国人民有权利享受到更好的更丰富的物质生活，这就使中国的问题自动变成了全世界的问题，它也是一个全球性的生态治理问题。中国政府既不会推卸让国内人民生活富足的责任，也不会推卸参与全球生态治理的责任。

中国认识到，一国国内的行动已经不足以解决全球化体系下的全球生态治理问题，因此，必须加强全球协同，强化国际社会薄弱环节的治理能力，提供更多的机会，鉴于此，"国际贸易和其他通过国际磋商确定的政策都会影响贫穷、生物多样性缩减、温室气体排放以及诸如氮气排放和毒气释放等其他全球环境溢出效应。为获取政策目标之间的协同效应，避免不愿出现的后果，在国际层面上进行协调，并将行动落实到每个国家是很重要的"②。全球化体系下的世界贸易制度缺陷和环境薄弱环节导致的社会溢出效应，将贫困国家和富裕国家绑定，在可持续发展问题上形成了全球性的共同利益。

当然，中国也需要认识到自己在许多领域未能做好全球生态治理工作，比如，1998 年的一场严重的洪灾，让中国人痛下决心禁止砍伐森林。"此后，中国的木材进口量翻了 6 倍，主要从热带地区进口热带木材，如马来西亚、加蓬、巴布亚新几内亚和巴西等。中国目前的木材进口量仅次于日本，而且很快就会超越。中国也从温带国家进口木材，主要从俄罗斯、新西兰、美国、德国和澳大利亚进口。"③ 中国从全世界进口木材的这一事实，"意味着中国与日本一样，保护本国森林，将砍伐森林的问题转移给其他国家。在一些国家（如马来西亚、巴布亚新几内亚和澳大利亚），滥伐森林的问题已经到非常严重的地步"④。在现有的全球化体系下，世界贸易容易出现这类问题，这是全球化体系下世界贸易的非生态性的主要表现形式。在其他领域也有类似的问题出现，正视这个事实是中国参与全球生态治理集体行动的前提。

中国是一个发展中的国家，且中国的发展具有无限的可能，因此中

① 贾雷德·戴蒙德：《崩溃》，江滢、叶臻译，上海译文出版社 2011 年版，第 385 页。
② 世界银行：《变革世界中的可持续发展》，中国财政经济出版社 2003 年版，第 195 页。
③ 贾雷德·戴蒙德：《崩溃》，江滢、叶臻译，上海译文出版社 2011 年版，第 385 页。
④ 贾雷德·戴蒙德：《崩溃》，江滢、叶臻译，上海译文出版社 2011 年版，第 385 页。

国又被一些西方学者所推崇，认为中国将成为全球生态治理的一支重要的力量，甚至是领导者。当生态危机越来越严重时，中国政府被许多西方学者所看好，并寄予厚望。如彼得·圣吉认为："正是在这个世界中，中国，很快还有印度，将在塑造我们大家的未来路径中扮演关键角色。尽管从许多方面来看，让最新加入全球工业扩张竞赛的这些国家承担这样的责任并不公平，但从另一些角度看，中国恰恰具备了独一无二的资格，来胜任这一角色。"① 戴蒙德也表达了同样的想法："中国幅员辽阔，且政府采用由上而下的方式制定决策，其影响力势必深远重大，……如果中国政府将解决环境问题的重要性置于人口增长问题之上，以执行计划生育政策的魄力和效率来实施环境保护政策，那么中国的将来必定光辉灿烂。"②

中国政府也清醒地认识到在发展过程中还存在着一些悖论，全球生态治理依赖能源和资源的大量的投入，然而，全球生态危机又何尝不是由能源和资源过度使用所导致的呢？莱斯对此做了深刻的反思："要使环境得到复苏并维持在一种良好的状态，就必须增加能源和资源。工业发达国家已经过分地耗费了世界的能源和资源，要得到一个更好的环境将会扩大对能源和资源的需求。"③ 这一悖论，需要用新的全球生态治理理念来解决，需要出现一种与以往大相径庭的国家间治理模式，不同国家必须在经济、社会和环境领域相互依存，并不断改进相应的治理模式，正如罗西瑙所说："当今世界令人担忧的问题不是国家作为世界体系主要行为体的衰落（尽管某些跨国行为体的作用日益显著），而是国家能否认识到它们必须齐心协力，共同管理好这个相互依存的多样性的世界。"④ 齐心协力地共同治理全球生态，保证全球经济活动的生态性，而不是转移生态危机的非生态性。

全球化体系下中国参与全球生态治理的生态性，可选择的道路是多向的：

首先，中国必须做到转变现有的增长方式。欧美式发展道路和生态治理方式不适合中国，且欧美国家对中国需要的能源和资源的围堵和控制，使中国也无法单纯地重走发达国家走过的道路，中国必须转变发展模式，要特别发展环境友好、节能、低碳和绿色的经济，保证走生态性的道路。

其次，中国必须做到超越资本主义工业化的发展模式。全球工业化的

---

① 彼得·圣吉：《必要的革命》，李晨晔译，中信出版社 2010 年版，中文版序第 IV 页。
② 贾雷德·戴蒙德：《崩溃》，江滢、叶臻译，上海译文出版社 2011 年版，第 391 页。
③ 威廉·莱斯：《自然的控制》，岳长岭等译，重庆出版社 2007 年版，序言第 3 页。
④ 罗西瑙主编：《没有政府的治理》，张胜军等译，江西人民出版社 2001 年版，第 71 页。

过程中，资本的积累不断追求短期的经济效益而不考虑生态危机和地球的可持续发展，从先发展国家到后发展国家都采取非生态性的发展方式，其结果是随着资本积累而来的财富的几何级数的增长将人类带向灭亡的危险境地，因此，"对资本主义的超越是很必要的。另一方面，资本积累使人类革新的方式大大增加了（这只是人类历史上的一个小插曲而已），同时人类的心智、文化也大大地丰富了，这一切都使超越成为可能"①。资本的全球化，使文明世界化了，尽管世界贸易体系是一种由发达国家主导的不公平体系，中国仍然可以利用现有的全球化体系，获取中国发展之所需，超越发达国家的非生态性的发展模式。正如邓小平教导我们的："资本主义国家中一切要求社会进步的政治力量也在努力研究和宣传社会主义，努力为消灭资本主义的各种不公道、不合理现象直至社会主义革命胜利而斗争。我们要向人民特别是青年介绍资本主义国家中进步和有益的东西，批判资本主义国家中反动和腐朽的东西。"② 面对日益严重的生态危机，中国单方提出生态文明之路，在本国试行一条可持续的发展之路，它既是中国的生态治理，也是全球生态治理的一部分，且它是具有生态性的。

最后，中国必须做到生态治理仍然得依靠自然生态、尊重自然的修复能力、遵循自然的发展规则。"即使在英国、日本和美国最喧闹、污染最重、自然面目最少的地区，生命仍在周边蓬勃发展，等待时机重新占领失去的领地。从历史的长河来看，工业文明只是一个小小的临时干扰因素。……有迹象表明工业文明是一个像盖亚一样的自我完善的实体，并且会注意到自身造成的影响并重新进行不断的修正。"③ 因此，我们一定不要认为"回归自然"是不可能的或者是一种错误的希望，人类若能做到与自然和谐相处，未尝不能做到恢复自然、实现环境友好的社会。贝纳特和科茨（William Beinart and Peter Costes）等人都表达了同样的思想："对一代人来说，表土或者原始森林的损失是难以挽回的，但是，在经历了几百年的变迁之后，这些损失可能就远没有那么具有灾难性了，甚至从地质或气候的尺度来看已经微不足道了。所以我们在进行破坏的同时也在进行转型。改革的速率加快了，无法排除毁灭性的后果，但是树木在倒下的同时

---

① 萨米尔·阿明：《世界一体化的挑战》，任友谅译，社会科学文献出版社 2003 年版，第247 页。

② 《邓小平文选》第 2 卷，人民出版社 1994 年版，168 页。

③ 唐纳德·沃斯特：《自然的经济体系》，侯文蕙译，商务印书馆 1999 年版，第 443—444 页。

也会有新的长起，即便它们不能代替原有的。"[1] 若全球生态治理在全球
范围内得到共识，在全球经济共生共荣的同时，实现生态的良性循环也是
可能的。当然，全球生态治理要走向生态性，需要先发展起来的国家承担
更多的生态治理责任，帮助后发展的国家，提供给它们更多的生态治理技
术，这是符合全人类生态利益的。未来的中国，随着国家的强盛亦会承担
更多的全球生态治理责任。中国也一直是这样做的，中国单边的生态治理
行动，全球有目共睹。

---

① 贝纳特、科茨：《环境与历史》，包茂红译，译林出版社 2011 年版，第 135 页。

第十章 政府生态治理现代化内外系统的结合

当前，政府生态治理主体和能力现代化内系统与外系统正在实现结合或融合，生态治理体系和治理能力现代化中的多主体间协商体制也正在形成中。其中结合得较好的有两项体制：

其一，领导干部离任实现自然资源资产的生态审计。中国改革开放40年的经验很多，前30年发展了经济，后10年经济建设与生态文明并重，这些都是重要的经验。生态文明制度建设的最新成果是绿色 GDP 列入领导干部考核，生态审计时代来临，它就如一场"大考"，不仅考核着领导干部，同时也在考验着考核者本身。生态审计的"考题"（考核的标准）难以确定，制订难、评定难，运用也难。领导干部在任职期间要自觉担当起生态治理责任，做好"备考"工作。参考生态审计的结果，可以推进领导干部离任生态审计常态化、生态治理的有序化，还可以推动"GDP＋绿色 GDP"同步发展。

其二，自然生态监管制度的总体设计正在完善中。党的十九大报告指出要加强生态文明建设的总体设计和组织领导，国家自然生态监管机构即将成立。当前，对自然环境的生态服务价值缺少全面准确的量化及其正确运用，影响了自然生态监管制度的完善。生态文明建设的总体制度设计基于量化生态服务价值，而生态服务量化成果的集成不足、理论的基础不足、实践的动力不足等因素影响了生态服务价值的量化，因此，成果的集成、理论与实践的完善是自然生态监管制度总体设计必须做好的几项工作。

第一节 生态审计：领导干部离任的自然资源资产"大考"[①]

如上文所述，生态文明制度建设的最新成果是绿色 GDP 列入领导干部考核，2017年6月26日习近平主持召开中央全面深化改革领导小组第

三十六次会议，通过了《领导干部自然资源资产离任审计暂行规定》（以下简称《规定》），生态审计终于到来了。会议指出，"实行领导干部自然资源资产离任审计，要以自然资源资产实物量和生态环境质量状况为基础，重点审计和评价领导干部贯彻中央路线方针政策、遵守法律法规、做出重大决策、完成目标任务、履行监督责任等方面情况，推动领导干部切实履行自然资源资产管理和生态环境保护责任。"2017 年 11 月中共中央办公厅、国务院办公厅印发了《开展领导干部自然资源资产离任审计试点方案》，标志着生态审计试点工作正式拉开帷幕。我们长期呼唤的绿色GDP 终于出现在领导干部考核的指标体系中了，然而生态审计有别于经济审计，领导干部自然资源资产离任审计无疑是一场"大考"，它不仅考核着领导干部，同时也在考验着考核者。

一、"大考"来临：领导干部自然资源资产离任审计全面推进

自十一届三中全会以来，历 40 年的改革开放，中国人检视自己的发展道路，最大的成功是在经济上取得了举世瞩目的成就，中国一举成为世界第二大经济强国，且全世界普遍认为中国在未来不太长的时间里将超越美国成为世界上第一大经济体。改革开放的前 30 年，中国人以经济建设为中心，全面推进了中国经济的快速发展，但是，伴随着工业化、现代化而来的是环境污染、自然资源资产趋于枯竭。直至近 10 年来，中国人审视自身发展道路的不足之后，掀起了生态文明建设的高潮。

自党的十七大提出生态文明建设以来，在发展经济的同时，中国兼顾了生态建设，长期以来被广为推崇的以 GDP 来考核领导干部的指标体系被诟病，人们强烈要求绿色 GDP 同经济 GDP 一样，也应纳入领导干部的考核指标体系中。

党的十八大高度重视生态文明建设，将其纳入"五位一体"总体布局，把绿色发展作为五大新发展理念之一。党的十八届三中全会通过的《中共中央关于全面深化改革若干重大问题的决定》，对领导干部自然资源资产离任审计做出明确部署，提出："探索编制自然资源资产负债表，对领导干部实行自然资源资产离任审计，建立生态环境损害责任终身追究制。"2015 年中共中央、国务院印发的《生态文明体制改革总体方案》，提出构建起由自然资源资产产权制度等八项制度构成的生态文明制度体系，明确要求："积极探索领导干部自然资源资产离任审计的目标、内容、方法和评价指标体系。"将领导干部自然资源资产离任审计纳入完善生态文明绩效评价考核和责任追究制度中，并明确要求 2017 年出台规定。

　　习近平同志在党的十九大报告中进一步指出："建设生态文明是中华民族永续发展的千年大计。必须树立和践行绿水青山就是金山银山的理念，坚持节约资源和保护环境的基本国策。"[①] 中国人对自然资源资产的保护已经上升到了政治的高度，自然资源资产的管理与自然生态的监管，不仅要建立机构，而且要做好考核工作。生态保护的重大举措能否落地，关键看领导干部，落实领导干部任期内生态文明建设责任制，生态审计就是必不可少的制度。

　　中国已经成功地向绿色 GDP 转型，这种快速转型往往令世界震惊。2010 年彼得·圣吉就发出疑问："50 年后，中国人是用 GDP 增长来衡量进步，还是用人民的健康福祉来衡量进步？……我们那时会计算中国占世界 GDP 的比重，还是计算她占世界可再生能源生产的比重？"[②] 西方学者用其眼光看中国转型时，常常忽视在中国共产党领导下转型的决心和行动力。中国人用了 10 年左右的时间，用了大决心全面推进领导干部自然资源资产离任审计，领导干部离任的自然资源资产"大考"时代来临。

二、"大考"题难：领导干部自然资源资产离任审计标准困境

　　自 2017 年 6 月 26 日中央全面深化改革领导小组通过《领导干部自然资源资产离任审计暂行规定》，至 2017 年 11 月 29 日《人民日报》及新华网等媒体报道中办、国办印发《开展领导干部自然资源资产离任审计试点方案》。媒体的解读也铺天盖地，却仍不见规定或试点方案见诸报端或网站。可见生态审计在推进过程中，中央极为慎重。生态审计就是一场"大考"，不仅"大考"出题（标准）难，评分也难，最后的结果应用同样难。

（一）领导干部自然资源资产离任审计的标准制定难

　　根据现有媒体的解读，领导干部自然资源资产离任审计，是指审计机关依法依规对主要领导干部任职期间履行自然资源资产管理和生态环境保护责任情况进行的审计。领导干部自然资源资产离任审计内容主要包括："贯彻执行中央生态文明建设方针政策和决策部署情况，遵守自然资源资产管理和生态环境保护法律法规情况，自然资源资产管理和生态环境保护重大决策情况，完成自然资源资产管理和生态环境保护目标情况，履行自然资源资产管理和生态环境保护监督责任情况，组织自然资源资产和生态

---

　　① 习近平：《决胜全面建成小康社会　夺取新时代中国特色社会主义伟大胜利》，人民出版社，2017 年版，第 23—24 页。

　　② 彼得·圣吉：《必要的革命》，李晨晔等译，中信出版社 2010 年版，中文版序言第Ⅵ页。

环境保护相关资金征管用和项目建设运行情况，履行其他相关责任情况。"①

生态环境是一个十分复杂的系统，"它包括地球，连同它拥有的土壤和矿产资源、淡水和咸水、大气、气候和天气、从最简单到最复杂的动物和植物即生物，以及最终来自太阳的能量。……自然环境或环境等同于生态系统，它们是生态群落与其有机环境的结合体，而自然环境或生态系统的规范大小不等，小到一片沼泽，大到'生态圈'，及地球的整个表面和大气连同其所有的居民"②。领导干部离任的生态审计，其对象就是这样的一个复杂的"环境"系统。将生态环境量化，作为审计的对象，这样的量化标准确立难度很大。

其一，生态圈是一个复杂的自然环境体系，人类对这个体系的研究时间并不长，理解把握其规律性并不全面。自从有了人类，人类生产生活对生态的破坏一直存在，总体来说在工业革命之前这种破坏是有限的，工业革命之后，由于内燃机的发明，煤炭、石油的使用，环境破坏日趋严重。全球规模的环境破坏则是 20 世纪开始的，20 世纪中叶，人类从这种环境破坏中惊醒，开始重视和研究生态系统保护课题。"环境问题是一个由多种因素交织而成的，具有复杂而又有复合结构的问题。它要通过生物学、气象学等自然科学与经济学、政治学等社会科学的共同努力进行综合研究才能解决。"③ 研究对象的复杂性、研究学科的复合性，决定了要对生态环境做一个精准计量是极为艰难的。在短短的几十年里，理论界并没有建构起一个完整的理论体系。在这样的背景下，领导干部自然资源资产离任审计的标准制定难。

其二，从自然属性上看，资源、环境和生态保护三者密不可分。自然资源资产，有的可再生，有的不可再生。不可再生资源用一点少一点，将其列入生态审计范畴，就有一个适量的问题，如采矿，开采多少才是符合生态又符合发展需求的呢？这个问题就需要深入的理论研究，才能制定出一个可行的标准来；自然环境体系更具复杂性，其生态保护的量化标准也有待确定。资源、环境和生态保护三者之间的辩证关系，也是一个需要深入研讨的课题，领导干部任职的时间是有限的，在这一有限的时间段内，资源、环境和生态保护这些系数发生了大多的变化，变化的原因又是什

---

① 审计署负责人：《就〈领导干部自然资源资产离任审计规定（试行）〉答记者问》，《人民日报》2017 年 11 月 29 日，第 6 版。
② 唐纳德·休斯：《什么是环境史》，梅雪芹译，北京大学出版社 2008 年版，第 2—3 页。
③ 岩佐茂：《环境的思想》，韩立新等译，中央编译出版社 1997 年版，第 7 页。

么，难以用一个精准的标准来衡量，需要理论上的创新。

其三，从管理属性上看，相对分割的管理体制正被逐渐打破。生态审计不仅仅是审计部门的工作，它打破了审计的界限，渗透到了政府的诸多部门，正如生态是一个体系一样，这个体系涉及的部门都是生态审计标准的制作者；它还涉及了党政领导体制，我国现有的决策体制决定了地方的许多重大决策往往是在地方党委常委会上做出的，因此，党政同责就十分有必要纳入审计的范畴。因为涉及部门的面广，领导干部自然资源资产离任审计的标准制定难。

其四，从实际操作上看，将中央对领导干部履行生态文明建设的相关责任要求统一纳入到生态审计工作中来，以一项工作（标准）达到诸多目标，这样的标准的制定绝非易事。

（二）领导干部自然资源资产离任审计的标准评定难

生态审计"大考"，不仅考核着领导干部，也考验着大考的"出题者"和"评分人"。

首先，《领导干部自然资源资产离任审计暂行规定》与《开展领导干部自然资源资产离任审计试点方案》这两部中央级别的文本提供的主要是原则性"考题"，这与经济责任审计有着较大的差异。领导干部离任的经济责任审计主要是对领导干部任职期间财政财务收支以及有关经济活动的真实合法和效益方面的审计，它有严格、规范的会计账目作基础，有着几十年来成熟的审计体系作技术支撑，经济责任审计已经非常成熟与有效，争议极少。但是，生态审计是新问题新现象，中央级别的文件规定较为抽象，它可以提供审计的大方向，但还需要地方创造性制定具体的操作规定。这说明，生态审计"大考"，只有原则性的"考纲"，还需要具体的操作性的"考题"作补充。审计评定的标准还处于完善过程中，那么评定（评分）工作难做，就不难理解了。

其次，我国生态审计起步晚（虽然，发达国家并没有快多少），"直到1999年，环境审计才作为我国审计理论的研究重点，……环境审计涉及经济学、环境管理学、社会学、统计学、工程学等方面的综合知识，环境审计的难度和广度对审计人员的素质提出了较高要求。"[1] 生态审计刚刚起步，从事生态审计的人才严重不足，其理论水平也跟不上时代发展的需要，即便有完备的"考题"，当前"评分人"自身还存在着一个学会如何"打分"的问题。

---

[1] 王乔羽：《基于生态文明建设的环境审计研究》，《中国市场》2014年第12期，第135页。

最后，十九大报告指出："统筹山水林田湖草系统治理，实行最严格的生态环境保护制度。"① 生态审计不是单一要素的审计，它是对"山水林田湖草系统"的审计。中国幅员辽阔，各地的"山水林田湖草"系统各不相同，有的是以沙漠为主，有的是以湖海滩涂为主，有的是以森林为主，差异极大，因此不能以一个审计标准统领全国，只能由中央制定原则方案，地方制定具体操作方案，即生态审计"大考"以各地方的"小考"为主要形式。各地的审计标准的不一致，就引出了各地审计结果是否科学的问题。地方"小考"的"考题"是否科学，也是需要有一定的评定机构来考评的问题。生态审计刚起步，标准评定就是一个难题。

（三）领导干部自然资源资产离任审计的标准运用难

生态审计"大考"的"出题难""评分难"，导致了审计结果只能以粗线条的形式出现，从当前的审计试点的实践看，进行总体评价更便于实际操作，当前按标准进行的生态审计运用还存在着一定难度。

从资源环境的特性上看："到了 20 世纪的后半期，环境问题已经全球化，并呈现出'全方位'的鲜明特点。上至臭氧层，下至地下水体，大至全球气候体系，小到遗传基因，无不呈现出令人担忧的退化或恶化的迹象，由于各个要素之间复杂的相互联系，环境问题呈现出明显的'牵一发而动全身'的特点。"② 环境问题"牵一发而动全身"，领导干部任职期间环境问题出现的原因与其行为的因果关系有时难以判定，区域内生态变好，可能是长期以来生态自然修复或前任任职期间修复而今收获的结果；也可能因周边地区生态修复，导致区域整体生态转好的结果，反之亦然。加上，生态环境治理是一个长期的艰巨的任务，领导干部任期有限，环境治理无限。不治，可能变坏；治理，在任期内不一定有成效。所以根据标准进行生态审计评定后，如何正确运用这个结果存在着一定的困难。

从生态审计工作的重要性来看，它是中央改革部署的，符合国家利益，符合人类命运共同体的利益。中国生态文明建设到了需要进行生态审计的时候了，对自然资源资产实行质和量的变化状态的评定，是加快生态文明体制改革、建设美丽中国的需要。但生态审计对于地方政府来说，就是巨大的压力，生态治理的任何进步，都是需要地方政府花大力气的，尤其是生态治理的投入与经济建设往往争夺资金，生态治理与经济发展相对

① 习近平：《决胜全面建成小康社会 夺取新时代中国特色社会主义伟大胜利》，人民出版社 2017 年版，第 24 页。

② 王帆、凌胜利主编：《人类命运共同体》，湖南人民出版社 2017 年版，第 245 页。

比，投入大、周期长，且成效低。这就导致地方政府制定的具体操作性的生态审计标准可能不高，审计结果运用科学性存疑。

三、"大考"备考：领导干部任职期间自然资源资产保护建议

自然资源资产离任审计，对于领导干部来说的确是一场"大考"。生态审计是符合中国生态文明的制度性规范，领导干部在任期间就应做好"备考"工作。

（一）领导干部任职期间要担当自然资源资产保护责任

领导干部自然资源资产离任审计标准困境，并不能成为领导干部不履责的理由，恰恰相反，领导干部在认清生态文明建设重要性之后，应自觉担当起自然资源资产保护责任。

当我们确立了"绿水青山就是金山银山"理念的时候，"GDP + 绿色 GDP"双重考核的时代真实地来临了，这是中国特色社会主义的生态文明建设。虽然全球环境问题具有综合性和复杂性，它"不仅关系到国际社会多层次、多种类的行为体，而且涉及工业生产、粮食、人口、贸易等多个领域，需要建立起全球性、网络化的协调机制，以协调各领域、各部门的政策和行为"①，但是，中国特色社会主义的生态文明排除一切干扰，坚定地走生态审计道路。各级领导干部要认清形势，在任职期间应把握住生态文明建设的大方向，不管环境治理难度多么大，也要自觉担当起自然资源资产的保护之责。这符合中央的精神，更符合人民美好生活的需求。

推进生态审计的目的是推动领导干部切实履行自然资源资产管理和生态环境保护责任，领导干部任职期间应该自觉地担当起责任。被动地履行责任，在生态环境保护过程中就可能有瑕疵，生态治理和生态修复工作的成效就可能不那么显著。主动担责，可以获得更好的环境收益，"备考"得当由此也可以获得更高的生态审计"评分"。这既有利于地球环境，也有利于工作绩效的考核，于人于己双赢。

（二）领导干部任职期间要创新自然资源资产保护方式

创新自然资源资产的保护方式，是生态审计"大考"的重要"备考"手段。"备考"的手段是多种多样的，各地已经有了许多创新手段。概括起来主要有：

一是遵规中局部创新。大多数领导干部在其任职期间，仍然把工作重

---

① 王帆、凌胜利主编：《人类命运共同体》，湖南人民出版社 2017 年版，第 245 页。

点放在经济建设上，因为经济发展是绝对不能松懈的，在经济转型期，尤其是全球经济下滑期，国内许多地区的经济发展同样面临着巨大的考验，许多地方政府的领导干部无暇将其工作重点转移到生态治理上来，只能做到贯彻执行中央生态文明建设方针政策和决策工作，能遵守自然资源资产管理和生态保护法律法规。在无法做到更深入的生态治理时，地方政府的领导干部往往会在局部创新环境保护工作，如在城市化进程中吸收现代城市绿色理念，保留更多的绿地或建设城市街心公园，哪怕是在寸土寸金之地也要留下公众活动的小面积"绿水青山"；有的地方领导干部在治理河湖过程中，沿河湖建设绿道、湿地公园等。公众也能切身体会到政府的确在为民做好生态保护工作，公众在美好生活不断得到"满足"过程中，对领导干部赞颂不断。

二是因地而政策创新。自然资源资产保护是多方向的，履行自然资源资产管理和生态保护监督责任、组织自然资源资产和生态环境保护相关资金征管工作，也是生态保护的重要内容。有的地方政府领导干部，在政策方面下足了功夫，如制定地方生态补偿办法，根据"谁污染，谁治理"原则责令相应单位或个人进行环境修复。加强生态监督，推动生态补偿，责令生态修复，这些都是根据当地特点所进行的政策创新工作。它也能提高生态治理绩效，并得到公众的好评。

三是革命性的制度创新。生态保护工作，有时需要有革命性的思维。生态文明建设需要花"成本"，且在一个相当长时间内可能无"效益"。大多数地区的领导干部在进行生态文明建设时，会做周详的考量。在个别地区，领导干部以大智慧、大决心坚定走绿色发展道路。如三江源国家公园体制的建立，当地政府宁可经济慢发展，也要绿色大发展。在中央少资金支持、自身不增编的前提下，硬是搞起了国内第一个国家公园体制，并成了全国推进国家公园体制的范本。制度创新投入巨大，短期内当地可能收益少，但是一些重大的生态保护决策，可能造福全流域，甚至造福地球。这样的生态审计"备考"，正是公众期盼的。

（三）领导干部任职期间要利用自然资源资产保护收益

人们常习惯性地认为，自然资源资产保护是净投入无收益的头痛的事。这其实是一种误解，并非所有的生态文明建设都是无收益的，有许多生态商业是有利可图的。领导干部在任职期间要充分利用资源资产保护的收益，以利益吸引更多的企业投入到有利可图的生态建设中来。

让投入有产出，这是市场经济规律。生态建设的投入，也是资本，也应该得到相应的利润收益。领导干部任职期间，不仅要做好政府投入公益性的自然资源资产保护工作，还要充分利用市场，充分挖掘有利可图的生态商业，吸引市场主体参与到生态文明建设中来。

有利可图的生态商业，其实是非常常见的。如废旧资源回收业、循环经济业，有的地方创新性地发展绿色农业、绿色旅游业。一些地方领导干部在政府资源有限的前提下，以政策吸引从事有利于生态环境的产业，这样的产业发展潜力大，符合市场发展需要，生态商业正在形成一个产业链。生态商业减少甚或消除污染制造主体、环境破坏的主体，这是对自然资源资产保护的另一条新路，也是公众对领导干部生态审计"备考"点"赞"的亮点。

四、"大考"参考：领导干部自然资源资产离任审计结果应用

生态审计工作才刚刚开始，这场"大考"考核的对象几乎是全方位的、多重的，无论是被考核者，还是考核者，都在"被考核"中。因此，这场"大考"的结果，在短期内其主要功能应该是促进生态文明体制机制的全面完善。领导干部自然资源资产离任审计的结果应用，在短期内应侧重于对生态文明制度的完善，包括生态审计制度本身的完善。

（一）参考"大考"结果，推进领导干部离任生态审计常态化

一个制度的完善需要一个过程，当前领导干部自然资源资产离任审计工作刚刚起步，但是，生态审计（绿色 GDP）目标已经明确，不可动摇。将生态环境列为领导干部离任的必选项，对于经济增长方式的转变无疑有着极大的推动作用，它让领导干部不得不打消"只重经济，不重环境"的片面的 GDP 发展理念，它是更为先进的发展理论。

将领导干部自然资源资产离任审计作为一场"大考"来落实，可以推动地方政府抓紧制定地方环境保护的制度体系，推动地方政府将区域环境审计规范化和常态化。

这场"大考"的结果出来之后，它倒逼地方政府对环境保护工作做全面地深入和提升。"山水林田湖草"系统，各地区域性差异大，地方政府可以根据不同的区域性特征来制定完善的区域生态审计指标体系。没有领导不愿意在自己任职期间出生态政绩，而政绩往往要有显示度，"山水林田湖草"系统在各地有着不同的自然特点，这就给地方领导干部根据本地特点，制定优先建设的生态系统创造了条件，它可能是"林"，也可能"水"或"草"，总之，过去不太重视的环境保护工作，现在总会在一个或多个方面得到保护或修复，而且当地政府会自觉地将最能做好的生态治理事项列为考核指标体系，这可能出自"自利"的目的，但它对环境建设

来说并非不好。环境保护及生态治理指标体系一旦建立，就是不可逆的，这一任领导确立了某些生态治理目标及其指标体系，下一任领导就只能做得更好，而不可能倒行降低指标难度。

当生态审计"大考"考上一些年后，生态审计的理论、方法、指标体系将会日益成熟，可以预见在不久的未来，绿色 GDP 考核的作用就会显现。"GDP + 绿色 GDP"并列发展模式，将会常态化，人民的美好生活将更有保障。

（二）参考"大考"结果，推进领导干部在任生态治理有序化

生态审计"大考"来临之后，全国各地的生态审计指标体系都在陆续的构建之中，大体上可以分为三大类：

一是生态环境基础审计指标。具体为：自然资源基础指标，包括水资源、气候、土地资源、自然资源消耗、生物多样性等等；经济质量指标，包括能源利用效率、基础材料利用效率、环境效应等等。

二是环境恶化审计指标。具体为：大气污染、水体污染、农业生态环境污染等等。

三是生态治理审计指标。具体为：环境保护指标、循环经济发展指标、节约资源指标、政府治理指标等。

当这些指标体系确立之后，各地方政府就会将其法律化，成为必须执行的有效的法律文件。在硬约束下，不管是哪一任领导干部都得严格执行生态保护工作。因为生态保护也是"政绩"，不同的领导在任期间，就可能一步一步落实指标体系中的目标，根据一般的规律，最容易治理的生态目标往往会被最先落实，领导干部一任接一任地将生态治理的接力棒往下传时，事实上就是有序地推进生态文明建设。由易而难，步步推进，不管有多难的工作，都会在有序推进中解决掉。当前最难且没有看到拐点到来的"雾霾"治理，也有了解决希望，应该说随着生态审计的深入，尤其是全国各地纷纷落实生态治理目标，任何环境难题中国人都有信心将其往好的方向扭转。

（三）参考"大考"结果，推进领导干部促经济与生态同步化

领导干部自然资源资产离任审计，表面上看，是孤立的制度，事实上"生态审计，常常需要林业、土地、环保等部门予以协调、配合，因此，生态环境审计的顺利开展，需要有良好的制度保证"①。生态审计制度推行，不仅涉及生态治理，更涉及多部门的协作，它与经济发展既有一定的

---

① 边静：《生态审计研究》，《中国内部审计》2010 年第 5 期，第 35 页。

冲突，也可以形成优势互补，实现同步发展。

生态审计"大考"结果的运用，既让我们认识到，任何时候经济发展不能以牺牲环境为代价，我们的美好生活不仅要有充裕的物质条件，也要有青山绿水、蓝天白云。生态审计迫使各地方政府深入推进生态文明建设。

另一方面，生态审计"大考"结果的运用，也让领导干部认识到，现代的发展是经济与生态同步的发展。经济的发展有时与生态建设有冲突，但是并非没有两者同步发展的可能。因此，创新型的生态产业将会被领导干部关注，未来一批新的产业会出现，经济的新的增长点将会在生态产业上出现。经济与生态同步发展是完全可能的。

第二节　自然生态监管制度总体设计：以生态服务为基础

党的十九大报告中明确指出："加强对生态文明建设的总体设计和组织领导，设立国有自然资源资产管理和自然生态监管机构，完善生态环境管理制度，统一行使全民所有自然资源资产所有者职责，统一行使所有国土空间用途管制和生态保护修复职责，统一行使监管城乡各类污染排放和行政执法职责。"[①] 一个自然生态监管的国家机构即将成立，这个机构职能确立的基础是对自然生态监管制度做总体设计。当前，影响自然生态监管制度完善的主要因素是对自然环境的生态服务缺少全面准确的量化及其正确运用。量化生态服务价值对加强生态文明建设的总体制度设计非常迫切。

一、中国生态服务价值的研究及其指向

生态服务的研究源于西方国家，一般认为 Costanza 等 1997 年在《自然》杂志上发表的《全球生态系统提供的服务和自然资源之价值》一文，是对生态系统服务价值最早进行研究的论文。[②] 可见，生态服务价值的研究及生态服务市场化，在全球范围内也是一个新鲜事物。

中国生态服务的研究紧跟世界性的研究，Costanza 等在《自然》上发表生态服务价值研究的当年，许国平将该文编译发表在《世界科学》上。

---

① 习近平：《决胜全面建成小康社会　夺取新时代中国特色社会主义伟大胜利》，人民出版社 2017 年版，第 52 页。

② R. Costanza, R. D'Arge, R. D. Groot, et al, "The Value of the World's Ecosystem Service and Natural Capital", *Nature*, Vol. 387（1997），pp. 253–260. 同年，许国平将该文编译发表在《世界科学》（1997 年第 7 期）。

1998 年 12 月张庆费在《江苏林业科技》发表了《城市森林建设的意义和途径探讨》一文的摘要："城市森林是城市生命支持系统的主体，具有最大的生态服务功能，能提高城市国有生态资产，减少绿地养护管理成本，丰富城市景观。"1999 年 10 月欧阳志云等人在《应用生态学报》上发表的《生态系统服务功能及其生态经济价值评价》一文，是生态系统服务中国研究的标志性成果，截至 2020 年 12 月，该文在中国知网上显示的引用频次达 2473 次。

2011 年，杨兆平等在《基于文献分析的中国生态服务研究》一文中以 1999—2010 年间中国学者在中国学术期刊网络出版总库收录期刊上发表的 727 篇生态服务研究论文为统计数据，做了生态服务的文献综述：这些文献"探讨了中国生态服务内涵与分类、生态服务评估、人类活动和自然干扰对生态服务的影响及生态服务应用实践的研究现状，分析表明未来研究的重点将包括生态服务的尺度效应、多情景动态模拟、生态服务评价的规范化和生态服务对人类活动的响应 4 个方面"[①]。

近几年中国生态服务研究越来越重视生态服务价值，学术界的主要研究领域分布非常广，对不同地区、不同海拔、不同类型的生态系统服务功能做了大量的前期研究和数据收集，为中国生态服务价值的理论与实践做好了充分的学术积累。一些研究方法也得到了学术界的广泛认同，如谢高地所做的"中国生态系统单位面积生态服务价值当量"研究被学者广泛引用，甚至数据被不断修正并臻至完备。

当前研究正从理论日益指向实践，尤其是指向为政府提供政策决策服务。

其一，理论研究指向提供生态服务方有受偿意愿。近 10 年来全国性的生态文明建设，自然生态保护进展很快，无论是出于自愿，还是出于上级压力，一些地方政府在退耕还林、退牧还草等生态建设过程中，不得不要与各类提供生态服务方打交道，生态服务供给方的受偿意愿直接关系到地方政府生态保护政策的落实，因此，许多学者适应地方政府的需求，对生态服务提供方的受偿意愿，做了深入的数理分析，并以此为地方政府的生态文明建设提供决策参考。生态服务价值的研究与受偿方意愿挂起了钩，也为地方政府决策提供了服务。

其二，理论研究指向生态服务功能价值的评估及市场化的可能。在林

---

① 杨兆平等：《基于文献分析的中国生态服务研究》，《生态与农村环境学报》2011 年第 6 期。

业部《森林生态系统服务功能评估规范》出台之后，全国各地政府试图对提供生态服务的各类林地的保护或修复工程的服务功能进行价值评估，并在此基础上实现生态资本投入后的利润回收。这一需要大大促进了学术界的研究，高原林地、砒砂岩区沙棘林地、湿地资源价值、果树林地、大江大湖环河（湖）带等各类生态服务价值的评估均有研究，这些研究成果指向为政府决策服务。

其三，理论研究指向生态服务价值量化的影响因素及试图提出解决方案。生态服务的公共产品属性，导致生态服务价值量化困难。在党的十七大、十八大之后，全国各地都重视生态建设的背景下，"搭便车"受到了抑制。许多地方自愿地为江河上游跨行政区提供生态服务的地区支付生态补偿，实践在推动理论，理论研究者关注了生态服务量化的困难所在，并为政府提出了一些建议。理论方与实践方的互动，使双方共同进步。

二、自然生态监管制度总体设计基于生态服务价值的量化

党的十九大报告提出"坚持人与自然和谐共生"，"必须树立和践行绿水青山就是金山银山的理念，坚持节约资源和保护环境的基本国策"[1]。自然生态监管机构的顶层制度设计也在进行中，从总体设计生态文明建设制度的角度来看，自然生态监管制度离不开生态服务价值的量化。

（一）统一行使全民所有自然资源资产所有者职责，基于生态服务价值量化

"人们越来越深刻地认识到，高速的经济发展是以生态资产的巨量耗损、生态环境的严重破坏为代价换来的，并且从长远利益来看，生态环境破坏所造成的损失远远超过经济发展所带来的利益。"[2] 国家作为自然资产所有者，在推进经济高速发展与自然资源和谐共生中，需要担当起环境保护之责，这也是自然生态监管机构成立的充分理由。

环境和自然资源的公共物品属性，使得"要解决环境与资源领域的外部性问题，需要依靠政府的更多更积极的干预，但要真正有效地解决仍有相当大的困难"[3]。其中，最大的困难就是如何量化自然资源及其服务价值，自然资源的所有者要知道自己有多少"家底"以及这些"家底"对

---

① 习近平：《决胜全面建成小康社会　夺取新时代中国特色社会主义伟大胜利》，人民出版社 2017 年版，第 23—24 页。
② 谢高地：《生态资产评价：存量、质量与价值》，《环境保护》2017 年第 11 期。
③ 伯特尼、史蒂文斯主编：《环境保护的公共政策》，穆贤清、方志伟译，上海三联书店 2004 年版，译者序。

社会的服务价值。十九大再次强调绿水青山就是金山银山，这是一个形象的说法：祖国各地的绿水青山为我们提供了生存和发展的条件，我们需要对绿水青山的生态服务价值有一个真切的量化的数据来描述，官员离任生态审计就是基于此。

自然资源的所有者还必须清楚发展过程中对自然资源的损耗和破坏的量化数据，这是其行使职能的前提。自然生态监管机构不仅要清楚现有的生态服务价值是多少，还需要清楚生态服务价值的变化情况，尤其要清楚自然资源因人为原因破坏的量化数据，这些数据是自然生态监管机构行使职责的依据，不论是对破坏人实施处罚，还是对环境破坏的生态补偿，都需要这些数据做依据。

（二）统一行使所有国土空间用途管制和生态保护修复职责，基于生态服务价值量化

十九大报告强调"构建国土空间开发保护制度，完善主体功能区配套政策，建立以国家公园为主体的自然保护地体系"[1]，这些国土空间布局和用途管制工作职责的行使，将导致许多地区为自然生态保护做出巨大的牺牲，尤其是这些地区可能需要"牺牲"最容易实现 GDP 增长的工业、矿业生产，比如，青海在三江源生态保护国家公园体制机制的建设中，就自断其"臂"，果断停止国家公园内的一切采矿业，并果断推行退牧还草、外迁集中安置牧民等政策措施。

国家自然生态监管机构行使空间用途管制职责，就需要科学的量化工具，具体衡量管制区域为生态服务做出"多少"牺牲，更要明确这些区域为全国范围内提供了"多少"生态服务价值。我们的生态监管制度完善，需要有这些量化数据。跨域的生态补偿因生态服务的公共产品属性，市场和社会都会出现失灵，只有在政府监管机构的主持下，根据生态服务价值的科学测算，才能确定生态服务提供者的应得"收益"，在此基础上，全国范围内跨域的生态补偿机制才有可能。

从生态保护修复职责来看，生态保护是需要投入"资本"的，不管是政府，还是社会、市场，在投入"资本"的过程中，需要有资本投入的相关的回报，"绿水青山就是金山银山"，不是一句口号，需要对投入资本"生产"绿水青山的主体，量化其含"金"含"银"的数量。这是其市场化的前提，自然生态监管机构要为这些投入主体建立一套资本回收的体制

---

① 习近平：《决胜全面建成小康社会　夺取新时代中国特色社会主义伟大胜利》，人民出版社 2017 年版，第 52 页。

和机制。

（三）统一行使监管城乡各类污染排放和行政执法职责，基于生态服务价值量化

"生态资产监管亟须生态资产评估技术方式与评估标准作为支撑。但生态资产评估和其他资产评估有所不同，常规的经济社会领域的资产评估核算方法难以照搬到生态资产核算评估中。"① 城乡原有的宜居环境一旦被各类污染物污染后，其生态服务功能就会丧失，失去服务功能的生态环境需要做量化的评估，这样的评估数据是行政执法中对污染者进行罚收污染费用的依据；相应地，若对城乡已遭污染的区域进行生态治理和生态修复，其就重新具备了生态服务功能，其生态服务价值也需要进行量化，行政执法主体基于这些数据对治理环境者经予相应的补偿。

无论是对环境污染者的惩治，还是对污染治理者的补偿，自然生态监管机构都需要有生态服务价值的量化作为依据。人们常常认为被严重污染的城乡土地会被废弃，但实际上并非如此，只要有正确的环境保护政策引导，市场力量就会参与到有效整治污染废地行业中，甚至将其建设成为风景宜人的公园或公共事业场所。所有这些，都要基于生态服务的价值化、市场化，只有可以量化的生态服务，才能"换回"市场主体的生态"资本"投入的收益。

三、量化生态服务价值与自然生态监管制度总体设计的脱节

自然生态为人类提供了生态产品以及直接和间接的生态服务，生态服务具有典型的公共产品属性，它的价值很容易被人忽视。全面量化生态服务价值的研究较少，具有说服力的研究更少。生态服务的研究与自然生态监督制度脱节，在缺少生态服务量化研究的前提下，生态文明建设局限于政府单方面的投入，自然生态监管制度建设发展受阻。

（一）自然生态监管制度未能充分利用生态服务研究成果

"生态系统服务密切关系到人类的福祉，对其价值的准确评估可以为自然资源监管、干部离任审计、生态补偿政策的制定等提供依据。"② 中国生态服务研究成果已经指向服务于政府决策，但是，当前正在建立中的自然生态监管制度未能充分利用这些成果。即将建立的自然生态监管机构需要利用现有的成果，只有吸收这些有益成果，才能"构建系统完备、科

---

① 谢高地：《生态资产评价：存量、质量与价值》，《环境保护》2017 年第 11 期。
② 姜翠红等：《青海湖流域生态服务价值时空格局变化及其影响因子研究》，《资源科学》2016 年第 38 期。

学规范、运行有效的制度体系"①。自然生态监管制度在总体设计时，未能充分利用生态服务研究的成果。

首先，生态服务量化研究的基础理论尚不成熟，造成自然生态监管制度总体设计时无法引入该理论作为决策依据。生态服务价值进入理论研究领域不足 20 年时间，在这个较短的时间内，中国学术界未能做到完善基础理论，生态服务价值研究仍有许多空白需要填补，生态服务量化的成果不少，但能有自主创新、解决基础理论问题的成果较少，因此在自然生态监管制度总体设计时还难以引入到决策中来。

其次，生态服务价值量化的数理方法尚不成熟、不一致，导致不同区域的评估个案没有可比性，也导致不同环境条件的生态服务价值评估结果也没有可比性，不同研究者的评估方法最终表现为自说自话，得到公认的方法较少，由此导致方法未能形成标准化。缺少标准化的方法，实在难以将其引入自然生态监管制度的总体设计之中。

最后，中国现有生态服务价值量化的研究成果与现实中各地区间的补偿意愿或补偿能力脱节，生态服务量化研究的成果与提供生态服务者的投入关联度也不够，与"谁投入，谁收益""谁破坏，谁补偿"等基本的制度挂不上钩，这就使大量的研究成果只能束之高阁，生态监管制度总体设计时，无法直接运用这种成果。

（二）自然生态监管制度总体设计与生态服务价值量化脱节缘由

生态服务价值量化研究已经成为学术研究的重要知识增长点，但是研究成果仍未进入生态监管制度总体设计的范畴。制度的总体设计与生态服务价值理化脱节缘由如下：

1. 生态服务量化成果的集成不足

近 30 年来，国内学术研究形成了一个基本学术路径：关注国外最新的研究成果，引入并验证中国实践，发现问题并试验中国式的论证方法，最后，创新出各种各样的中国研究成果。生态服务价值的研究，就是走了这样一条研究路径。

对于 1997 年 Costanza 等人在《自然》杂志发表的《全球生态系统提供的服务和自然资源之价值》论断，中国学术界立即捕捉了其研究价值并进行译介，很快生态系统服务价值评估原理及方法被中国学术界认同为具有科学意义的论述。在最近的 20 年内，这一领域的研究成了中国生态文

---

① 习近平：《决胜全面建成小康社会　夺取新时代中国特色社会主义伟大胜利》，人民出版社 2017 年版，第 21 页。

明建设研究的一个全新的知识增长点，在中国知网上可以检索到以"生态服务"为"主题"的学术成果50959条。国外最前沿的研究成果，很快就助长了中国相关理论的研究。

当中国学者运用西方学者的理论和方法时，常常会发现其与中国国情有着差异。此时，创新运用西方成果，并结合中国国情修正研究，又成为新的知识增长点。对 Costanza 等人成果不足的认知包括："①耕地的生态服务价值单价被严重低估；②经济学界认为该生态服务价值体系主要反映欧美发达国家的经济水平，对中国这样的发展中国家来说，生态系统服务价值被估计得太高；③生态服务中的调节服务价值、支持服务价值是间接的，难以用货币直接衡量；④多项生态系统服务由于没有足够信息而没有被包括和评估。"①

在发现了西方学者研究成果在中国实践中的误差之后，中国学术界很快创新地运用了当前的各种方法、技术进行修正研究。如 SPOT5 和资源02C 卫星遥感数据的运用、地表覆盖矢量数据、EGESV 模型、生态服务价值空间网络化赋值方法等等，不断创新的研究方法，拓展了中国生态服务的几乎各个领域，从山、水、林、草、耕地，到高原、湖泊、平原，从城市到乡村，各个方面的生态服务价值得到了全面而深入的研究。

虽然生态服务量化成果很多，但是仍未能实现其指向，导致自然生态监管制度总体设计未能将这些成果引入。自然生态监管机构即将成立，而完美的可操作的生态服务量化成果缺乏。当前众多的研究成果，缺乏最后也是最关键的一步——成果集成。从不同角度研究、产生于不同领域的成果，只有通过集成，汇集各门各派研究的优点，选择出一个最优的量化生态服务价值的方案，才能将成果研究的指向变成监管机构可用的操作方案与政策。没有实现集成，这是影响自然生态监管制度总体设计的生态服务量化重要因素。

2. 生态服务量化理论的基础不足

首先，中国的生态监管制度必须坚持马克思主义，马克思主义的政治经济学对涉及经济管理问题的国家机构及其制度建设具有指导意义。生态服务价值是效用价值，马克思主义政治经济学理论侧重劳动价值，按照劳动价值理论去分析生态服务，则其很少甚至无"价值"，因生态服务极少有人的"劳动"投入。而生态服务对国家、对人民有实实在在的"价

---

① 谢高地：《一个基于专家知识的生态系统服务价值化方法》，《自然资源学报》2008 年第5 期。

值"，绿水青山就是实实在在的"金山银山"，能带来我们的"美好生活"！新时期，"我国社会主要矛盾已经转化为人民日益增长的美好生活需要和不平衡不充分的发展之间的矛盾"①。我们需要美好生态，不平衡不充分的发展影响了良好生态服务的供给。因此，生态服务量化需要有理论创新，要根据中国国情的生态文明建设需要，创新地运用"效用价值"来分析中国生态建设中的生态服务价值。

其次，生态服务价值评估理论最初来源于西方学者在《自然》杂志上的论述，Costanza 等人在该文介绍了其研究背景："我们收集到了大量却又十分零碎的资料。在这里以一种特定的形式表达出来，可能会对生态学家、经济学家、政策制定者和一般公众有所帮助。"② 作者介绍了理论产生基础的不足，这是一个客观现实，数据获取的来源不尽人意，却也无可厚非。加上 Costanza 等人的理论分析建立在西方国家实践的基础上，其数据与中国数据之间存在着巨大的差异，中西之间的文化、经济、社会的差异在这些数据中或多或少地会体现出来，导致最终的结果出现非常大的误差。中国学者在运用西方理论分析中国生态服务国情时，发现其估值往往偏高，有的数据计算出来后，生态服务价值几乎就是"天文"数字，这样的数据在实践上难以运用，其结果是理论研究"高大上"，最终只能束之高阁。自然生态监管制度建设需要有指导意义的中国式生态服务量化理论，中国式理论的诞生还需要更大的突破。

最后，生态服务具有公共物品属性，对公共物品的市场价值认定，历来就是理论界的难题。自然资源监管，重在保证自然的公共性。"迄今为止有关公害的规制，大都是为了避免周边环境受污染，对造成污染源的一些工厂、矿山的产业设备进行管理，并且把补偿作为主要目的。"③ 自然资源监管机构既要做好控制污染工作，又要做好投入生态治理修复环境的补偿工作。而生态服务作为公共物品，很容易被"搭便车"。目前对公共物品"搭便车"的行为，主要通过政府监管机构强制性地制止，生态系统所具有的服务价值也基本上由上级政府予以补偿。政府的财政收入是有限的，能用于生态服务价值补偿的财政出更有限，因此，中国各地从事生态系统治理的资本投入往往不能从市场中获得回报，有限的政府补偿不足以

---

① 习近平：《决胜全面建成小康社会　夺取新时代中国特色社会主义伟大胜利》，人民出版社 2017 年版，第 11 页。

② R. Costanza, R. D'Arge, R. de Groot, et al, "The Value of the World's Ecosystem Service and Natural Capital", *Nature*, Vol. 387（1997），pp. 253 –260.

③ 石弘之：《共有地和地球环境》，载佐佐木毅、金泰昌主编：《公共哲学第 9 卷：地球环境与公共性》，韩立新、李欣荣译，人民出版社 2009 年版，第 7—8 页。

匹配生态服务价值。

3. 生态服务量化实践的动力不足

量化生态服务价值的最终目的是实现生态服务的受偿，但是在生态服务量化实践过程中，提供生态服务方的"服务"往往得不到相应的补偿，主要原因是补偿生态服务价值的受益方在实践中的动力不足。

一般来说，生态系统作为重要的资源，其增值的基本途径是："生态资源资产化；生态资产资本化；生态资本可交易化。其中，生态资源的确权是生态资产化的关键技术；生态资产价值化是生态资产资本化的关键技术；建立生态资产交易体系是生态资本可交易化的关键技术。"①生态服务量化的实践过程中，这三个方面的实践，都存在着动力不足的问题。

当前，生态服务量化过程中，生态系统的服务价值如何成为"资本"，需要服务提供方对生态资源进行确权。当前的生态文明建设，尤其是提供生态服务的中西部生态脆弱地区生态治理，重在建设和保护，重在把生态建设好，重建"金山银山"。其资本投入主要由政府承担，其中大多数地方政府一边重建设、一边重从上级政府尤其是中央政府要资金支持。很少有地方政府在生态文明建设过程中，确认自己提供更好生态资源的"产权"，对于非常显著的生态建设成果，也未能下功夫做好量化的基础工作。生态资源的产权确权，需要做好长期的数据资料的收集。在建设上我们下了功夫，成果喜人，但是取得成果的形成过程、人力物力投入多少、生态良性转变的数据等等大多必须做的基础性工作，还远未作为必要的工作去做。大多数地区生态文明建设实践的动力，源自中央与公众的压力，而不是主动地去实践提供自然资源及其服务，以获得更多的资本收益。当然，提供生态服务地区难以从市场中获益，也阻碍了其确权的积极性。

从生态资本价值化的实践过程来看，对生态资产的价值进行评估核算后，具有了生态资本价值化的可能。当前世界范围内的实践中，对生态资产的评估没有一个统一的、公认的体系，同时，生态资产评估核算，需要有大量的长期数据作支撑，如对森林、河流、湖泊、滩涂、湿地、草地等做长期的资源、环境、生态变化的数据收集，这样的生态建设的实践工作繁重且需要系统地进行。中国的生态文明建设的实践，主要在最近的 10年内才全面铺开，对生态资本价值化这项工作仅停留在理论研究阶段，全

---

① 谢高地：《生态资产评价：存量、质量与价值》，《环境保护》2017 年第 11 期。

面的数据收集和评估仍处于初始阶段，全国性的、系统性的数据工作还没有开始进行。前期的实践基础工作具有较大的难度，且需要长时间的准备，从当前全国各地政府工作的重点来看，数据收集工作还没有纳入重点内容，接触到生态建设的具体单位和个人，既无能力、也无动力做这些前期的基础工作。

从生态资本可交易化的实践来看，各地区内，尤其在沿海发达地区，生态资本交易可以在当地政府的推动下进行。如江苏和浙江的一些地级市，为了推动本地的绿色发展，对提供生态服务的区域全面地实行生态补偿，尤其具体到按种植水稻田（属于湿地）的面积精确地进行补偿。生态资产在这些区域转化成了生态资本，同时，对于生态资本又进行了量化，实现了生态资本的"交易"。当然这种交易是由当地政府"买单"的，若换成不同区域之间，这种生态资本的"交易"就很难进行。因为，不同地区都有"搭便车""肥水不流外人田"的冲动，明知生态文明建设是全国范围内都受益的工作，且其他地区的确从中得到了"好处"，但是，仍然很少有地区（政府）有较高的支付意愿，生态资本在全国范围内（或跨域）交易的市场尚未形成。

四、以量化生态服务价值实现自然生态监管制度总体设计的途径

根据党的十九大精神，对生态文明"作出理论分析和政策指导"是"重大时代课题"的构成部分，自然生态监管机构即将成立，量化生态服务价值是实现其制度总体设计的重要途径。

（一）将生态服务价值评估纳入自然生态监管制度的总体设计

"像对待生命一样对待生态环境，统筹山水林田湖草系统治理，实行最严格的生态环境保护制度"[1]，这是自然生态监管机构的职责所在。为了落实自然监管机构的职责，在对自然生态监管制度做顶层设计时，必须将生态服务价值评估予以纳入。

首先，要在自然生态监管制度中确立生态服务价值的交易市场机制。在全球生态正在面临危机的大背景下，世界上许多国家的政府在其生态建设的顶层设计中都不忘建立自然生态监管制度。美国前总统奥巴马在国会的讲演中说："为了真正实现经济的变革，从气候变化的破坏中挽救地球，必须使绿色、可再生能源变成可以产生利益的能源。我将要求国会合作制

---

[1] 习近平：《决胜全面建成小康社会　夺取新时代中国特色社会主义伟大胜利》，人民出版社2017年版，第24页。

定基于市场的碳管治，也即开设温室气体排放的交易市场。"① 在一些发达国家，生态监管制度越来越完善，生态服务的交易市场也正在不断发育。"目前，在以流域管理、森林碳汇和生物多样性保护为主要内容的国际生态服务市场中，森林碳汇市场十分活跃。其原因是森林与气候变化的关系日趋密切。由于《京都议定书》的生效，催生了国际碳市场。"② 国际碳市场为中国建立类似生态服务交易市场提供了参考，中西部地区现在所进行的生态服务的政府推动行动，若有了生态服务市场化，就可转化为人们的自觉，利益推动更具有长效性。

其次，要在自然生态监管制度中确立生态服务系统治理机制。自然生态监管制度顶层设计的目标要定在"统筹山水林田湖草系统治理"上，实行最严格的生态保护制度，这个保护制度中就包含着将"山水林田湖草系统治理"后所提供的生态服务价值化、市场化。自然生态的保护与市场化是一体两面，自然生态保护后的价值需要通过市场化得以实现。生态服务系统治理制度的确立，可以将保护生态与生态市场化有机地结合起来。当前，尤其要确立市场化也是重要保护手段的思想，因为生态服务价值通过市场交易，就可以吸引资本流入生态保护产业，就可以形成除政府之外企业、社会和公众共同参与的环境共治事业。

最后，要在自然生态监管制度中确立政府推进服务价值评估机制。"自然资源保护是指保存好那些值得保护的东西，它们包括建筑物、城镇风貌、矿产资源、自然景观、稀有动植物，还包括安逸的生活环境。实际上，可以说是任何有人文或自然价值而同时又面临经济发展威胁的东西。这一概念也通常指人们对土地、空气和水源污染的关注。严格地讲，环境保护是指恢复那些失去了原有纯净成分的物质。"③ 自党的十七大、十八大以来，历10年的自然生态保护的推进，中国各地的山水林田湖草系统治理全面推进，许多地方政府、社会组织及公民个人，都在不同程度上投入到生态服务建设中。投入的资本和劳动力，当前还未能形成市场，还不能从中获取相应的"回报"。可持续的生态文明建设，需要政府在顶层制度设计时，就能从高处着眼做好统筹，做好生态服务价值的评估工作，全面推进生态服务市场，是政府设立生态监管机构的重点工作之一。

---

① 转引自蔡林海：《低碳经济绿色革命与全球创新竞争大格局》，经济科学出版社2009年版，第117页。
② 李怒云：《生态服务市场推动森林生态效益价值化》，《中国绿色时报》2008年12月11日，第3版。
③ 克拉普：《工业革命以来的英国环境史》，王黎译，中国环境科学出版社2011年版，第103页。

（二）将生态服务理论完善纳入自然生态监管制度的总体设计

制度设计需要有理论支撑。我们在设计自然生态监管制度时，需要有生态服务理论，缺少理论支撑的生态监管制度难以全面完成机构的职责。因此，在总体设计自然生态监管制度时，要将完善生态服务理论作为一项重要的工作来抓。具体的完善途径可以从如下几个方面进行：

首先，要将马克思主义的劳动价值论与中国实践中的生态建设结合起来，在中国生态文明建设的基础上，服务于生态文明建设，创造性发展生态服务价值理论。"某些现代经济学家建议，人类应该学会克制对经济增长的欲望，退回到简单的生活方式或无所追求的心态，以作为节省自然资源的良策。但是，有多少人甚至包括那些环境保护主义者们会准备接受这一忠告来面对现实呢（如果这将意味着影响自己的生活品质与物质享受的话）？"① 我们的物质生活越来越丰富了，但是，我们的环境却往坏的方向在发展。我国社会主要矛盾的变化是关系全局的历史性变革，人们需要有美好的生活，生态成为稀缺资源，因此，生态服务具有了"效用"，提供良好生态就是提升发展质量和效益，生态服务从性质上就可以判定其具有"价值"，从人们对其迫切需要上也可以确定其具有"价值"。现在在设计生态监管制度时，需要做的工作是创新性地研究出一套可行的量化技术来评估生态服务。

其次，要将现有生态服务量化的理论成果做好集成工作，中国的科研工作者已经做了前期的基础研究，虽然未能形成一套完备的理论，但不论如何，生态监管机构成立后完全可以在此基础上创造性地完善生态服务理论。政府是完成理论集成最有力的主体。国家林业局 2008 年 5 月出台的《中华人民共和国林业标准——森林生态系统服务功能评估规范》〔LY/T1721－2008〕，就做到了对许多前期理论研究的集成，这是生态服务量化理论的一次重要尝试。生态监管机构成立后，在其领导下，集中中国现有研究力量，集成出一套完备的生态服务价值评估规范是完全可能的。

最后，要将生态服务理论研究的基础性工作纳入自然生态监管制度的总体设计之中。生态服务工作涉及"山水林田湖草系统治理"，山水林田湖草系统的前期数据收集工作，工作量大、投资成本高、时间长，这不是一个社会组织或个别学者能够完成的，中国生态服务价值量化的前期成果中，往往存在的不"精准"的原因，就在于研究者能够收集到的数据不完

---

① 克拉普：《工业革命以来的英国环境史》，王黎译，中国环境科学出版社 2011 年版，第213 页。

备，导致结果的可信度较低，最终影响到研究成果向实践转化的可行性。生态监管机构的制度建设就包含着理论研究的数据收集工作，政府机构精准的数据收集，是完善生态服务理论的重要前提。

（三）将生态服务实践操作纳入自然生态监管制度的总体设计

自然生态监管机构的职责包含有按区域提供生态服务的数量来实行生态补偿，生态服务的实践操作应尽快纳入自然生态监管制度的职责设计之中。

1. 按生态服务的数量实行生态补偿

的确，生态服务价值评估进入生态补偿实践环节，工作难度不小。"我国生态服务市场的建立和完善还面临一系列挑战和风险，如怎样定义和量化森林提供的服务、如何为服务定价、如何降低成本等。此外，还有一些限制因素，如公众的环境意识不高、受益者的支付意愿偏低、森林生态服务的不确定性、产权界定的难度、各种市场支付体系尚未建立等。"①尤其是跨域的生态服务价值评估及其补偿的实践，中国只是处于起步阶段。

区域内的地方政府已经意识到生态服务的价值在本区域（流域）的重要性，即使没有完备的生态服务价值评估，地方政府也能创新性地用不太精确的模糊评估方法来践行区域内的生态补偿，如江浙一带经济实力较强的城市就已经率先在区域内落实生态服务的补偿。这些实践操作为跨域的全国性的生态服务市场建立提供了有益的参考。跨域的集体行动受制于我们对待环境的态度，"我们已经习惯于按照这样的假设来生活：凡是对我们来说是好的东西，对世界来说也会是好的——我们错了。我们必须改变我们的生活，以致有可能按照与此相反的假设来生活：凡是对世界来说是好的东西，对我们来说会是好的。"②生态治理中的"搭便车"行为，让人们误认为"对我们来说是好的东西"，会对世界来说也好，从地方利益出发的"自利"行为容易导致集体行动的失灵，甚至出现乌尔里希·贝克在《风险社会》一书中所说的"有组织的不负责任"。

自然生态监管制度的构建，要做好生态补偿。而生态补偿就需要明确的补偿依据，尤其是跨区域的生态补偿，更需要不同区域的人们公认的补偿依据。将生态服务价值做好量化，就是做好大家都认同的基础性工作，

---

① 李怒云：《生态服务市场推动森林生态效益价值化》，《中国绿色时报》2008 年 12 月 11 日，第 3 版。

② Paul Hawken 等：《自然资本论》，王乃粒、诸大建等译，上海科学普及出版社 2000 年版，序言第 12 页。

这也是自然生态监管机构必须承担起来的工作。

2. 生态服务价值量化工作纳入自然生态监管机构职责

自然生态监管制度的总体设计将生态服务价值量化纳入其职责之中，就可以从全国的总体出发，统筹全国"山水林田湖草系统治理"。

生态资源的资本化、市场化都需要有一个全国性的机构主持并制定通行的市场交易规范。国家林业局的《中华人民共和国林业标准——森林生态系统服务功能评估规范》，对森林生态系统服务评估做出了一套规范，它成了森林生态系统服务价值评估及其交易的基础，自然生态监管机构成立后，全国性"山水林田湖草系统"的生态服务价值量化体系亟须建立。有机构进行组织协调、有前期试验、有深厚的基础理论研究成果，集成出一套生态服务量化的标准并依此形成全国性的生态服务交易市场，这些实践操作就成了自然生态监管机构理应承担的职责。

第四篇
政府生态治理体系

政府生态治理包括主体、价值、功能、制度、方法与运行等现代化体系，其中主体体系起到引领全局的重要作用。各主体的角色职能定位应该是：政府主导、市场主演、社会协作、公众参与及媒体监督。

因为生态"产品"的特殊性，它仍然没有被我们真正地置于"产品"质量之列，质量标准缺失严重影响了生态产品供给的质量。当前，党和政府非常重视生态供给，而创造和保护良好的生态环境，就是生态供给。政府、企业和公众都是生态供给的主体，但都存在着供给侧结构性的偏差，主要表现为供给主体不明、责任不清，尤其是供给质量标准缺失。究其原因，主要有三个：生态自然供给与人为供给难分，生态投入难以资本化，生态供给缺失标准难以量化。改革的道路要自信，我们可以做到以生态供给侧主体结构性改革促进环境问题的解决；改革的步骤要稳健，我们可以以生态供给侧标准结构性改革促进生态质量的量化。

生态治理的复杂性和系统性以及人类行为的多样性和嵌套性使得生态治理难以单纯依靠政府或市场，而须寻求多元主体的协同治理。以太湖流域生态治理案例中的多元主体协同治理为分析对象的研究发现，生态治理主体和治理手段趋向多元化；多元治理主体之间开始互动融合；政府在生态治理中发挥主导作用，企业、社会组织和民众未能充分发挥应有作用；生态治理效力在较大程度上取决于政府内部不稳定的合作关系。为有效应对多元主体协同治理的现存困局，须建立强有力的生态治理专门机构以协同政府内部的治理行为，建立环境市场以协同政府和企业的治理行为，健全公众参与制度以协同公众与政府以及公众与企业的治理行为。

第十一章 政府生态治理现代化的主体体系

政府生态治理主体体系现代化不仅仅在于主体体系本身的构建与完善，更重要的还在于使其"现代化"，即更加侧重于治理结构的调整与变革。应形成多元协同共治的政府生态现代化治理格局，其特征主要表现在治理主体结构的调整上，需要在政府主导下多元共治，创新政府、市场、社会共治的生态治理体系结构现代化取向的重大转变。政府生态治理结构将根本改变传统的政府一元统治与管理模式，给予社会更大自治空间，从而实现以法治为基础和保障，以协同共治为路径，更加注重通过统筹推进、协调发展的方法来进一步推进生态治理，最终实现生态善政与善治，提升政府生态治理能力现代化总体水平。

第一节 政府生态治理现代化体系与结构[①]

当前生态治理问题意见众多，现实矛盾复杂尖锐。构建科学与完善的政府生态治理现代化体系是提升政府生态治理能力的前提。本节仅就政府生态治理现代化的主体体系的构建，及其多元协同共治的结构性变迁加以初步探讨。

一、政府生态治理主体体系从传统到现代的结构性变迁

国家治理体系现代化是指"国家治理体系从传统到现代的结构性变迁"[②]，包括制度的全面、稳定、民主与法治，就是使国家治理体系制度化、科学化、规范化、程序化，使国家治理者善用法治思维和法律手段，促使中国特色社会主义制度优势转化为治理国家的效能。国家治理现代化从治理体系上来衡量，主要包括"民主治理、结构合理、责权分散、制度健全、方式法治、手段先进等指标"[③]。政府生态治理体系构建亦应以此

---

① 该部分内容作为前期成果由张晓忠署名发表。张晓忠：《政府生态治理现代化主体体系构建与结构变迁》，《福州大学学报（哲学社会科学版）》2016 年第 5 期。

② 徐邦有：《国家治理体系：概念、结构、方式与现代化》，《当代社科视野》2014 年第1 期。

③ 孙增武：《对国家治理现代化基本框架的几点认识》，载国家行政学院编：《中国特色社会主义与政府治理现代化》，国家行政学院出版社 2014 年版，第 43 页。

来衡量。

政府生态治理现代化主要是从上层建筑和思想文化意识形态的层面探索政府生态治理体系及其治理能力的现代化，内容是指政府从传统统治型环境管理向现代公共服务型生态治理转变的历史进程，主要包括理念、体系、能力、手段等现代化。政府生态治理体系现代化是指政府生态治理的组织体系和制度体系设计创新，不仅指创建系统、完备、有效的治理主体体系，更在于形成多元、协同、共治的生态治理结构，从而实现政府生态治理的制度化、规范化、程序化。正如亨廷顿指出的："现代化意指社会有能力发展起一种制度结构，它能适应不断变化的挑战和需求。"① 正确理解政府生态治理体系现代化的内涵与实质，应着重把握以下几点：

其一，内涵与外延的立体多维性。政府生态治理体系现代化是一个内涵和外延都比较庞大的综合性概念，既包括政府生态治理主体，如政府、企业及公众等；也包括政府生态治理客体，如经济、政治、文化、社会、生态环境等；同时还包括政府生态治理的道路、理论、制度、政策、方法等等，是多维与立体的。涉及观念与行为，政策与制度，政治与经济，政府与个人，渗透政府生态治理的各领域与角落。

其二，治理体系的系统完备有效。要想实现政府生态治理的现代化，首要任务是建立健全一套完整、科学、合法、有效的政府生态治理现代化体系，最主要的是构建一整套民主化、法治化的制度体系。因为，完备的制度是构建生态治理体系、提升生态治理能力的基础。政府生态治理体系现代化是由主体多元化、过程系统化、方式民主化等多种要素组成。与过去传统、简单的环境治理模式有别，政府生态治理体系现代化更强调主体、价值、功能、制度、方法及运行过程等六大体系的完整、科学、合法、有效，其中，主体体系起到引领全局的重要作用，其角色定位是政府主导、市场主演、社会协作、公众参与及媒体监督。

其三，治理结构的多元协同共治。治理结构是不同治理主体力量的配置方式。多元治理表明了一种"更优地实现公共服务的意愿"②。广义的政府生态治理现代化结构包括政府主导多元共治的主体体系、现代生态文明理念的价值体系、统筹保护监管合作的功能体系、完善生态法律规制的制度体系、综合手段多项协同的方法体系、管理体制机制高效的运行体系

---

① 塞缪尔·P. 亨廷顿：《文明的冲突与世界秩序的重建》，周琪译，新华出版社 2002 年版，第 58 页。

② 孔繁斌：《公共性的再生产》，江苏人民出版社 2008 年版，第 54 页。

等六大体系的构建与完善，狭义的则专指最重要的主体体系结构的构建与完善。构建政府生态治理体系，关键是要构建一个现代化的政府生态治理结构。与传统的政府生态管理模式相比，政府生态治理现代化体系结构应形成系统、整体、协同、共治的生态治理结构新格局，其特征主要表现在治理主体结构的调整上，需要在政府主导下多元共治，创新政府、市场、社会共治的环境治理体系结构，不同主体之间互动要实现规范化、程序化、法治化。处理好政府与市场的关系、政府与社会的关系、政府与国际组织的关系。

其四，实质在于治理结构的调整与变革。推进我国政府生态治理体系的现代化，必须体现政府、市场、社会等要素结构的合理化，注重多元主体的力量均衡与制约并构建协商共治体系。政府生态治理体系现代化理论的实质不仅仅在于治理体系本身，更重要的在于使这一体系的"现代化"，要根本改变传统的政府一元统治与管理模式，给予社会更大自治空间，进而实现以法治为基础和保障、以多元协同共治为路径。政府生态治理体系现代化更加侧重于治理结构性变迁，良好的结构才能实现有效率的功能，政府生态治理能力实际上就主要表现为主体结构在治理过程中的功能，实现结构与功能协调。

总之，政府生态治理现代化是一项整体的、系统的工程，在体系结构上要形成一套良好的基本框架。这样，就可以在很大程度上使我国政府的生态治理适应多变的时代，推动我国生态综合治理的制度化、规范化以及程序化，进一步对我国政府生态治理体系进行完善，大幅度提升我国政府的生态治理能力，从而实现政府乃至国家生态治理的现代化发展。

二、政府生态治理现代化主体体系的构建与完善

政府生态治理现代化体系构建包括主体、价值、功能、制度、方法与运行等，其中主体体系起到引领全局的重要作用。政府生态治理现代化主体体系解决的是"治理主体是谁"的问题，即各个主体的角色职能定位。生态治理的主体是指那些生态治理过程中所涉及的具有相关权利和义务的个体、组织和机构，同时它们与生态环境问题的产生也有密切的关联。具有中国特色的政府生态治理现代化主体体系应涵盖政府、市场、社会、公众、媒体及国际等六大主体。就国内而言，各主体的角色职能定位是：政府主导、市场主演、社会协作、公众参与及媒体监督。整个主体体系可以分为政府内外两大系统，外系统又可分为社会和市场两大领域，社会领域包括公众、第三部门与媒体，市场领域包括企业主体与市场机制。但狭义

上使用的社会主要指非政府组织主体，或称社会组织、第三部门、NGO。

第一，政府主体主导。政府是生态治理的主导者和带头人，负担着制定总体发展战略、做出具体决策、推动生态文明建设实施、保障生态治理成效、提高生态文明建设水平等重要职能，即引领政府生态治理现代化体系的构建。政府生态治理现代化的主体体系以国务院及各级地方政府为核心与主导，承担主要主体责任，体现其生态建设、开发和管理能力。具体讲，经济管理的综合部门——发改委，是政府生态治理主体的协调和牵头部门，会同环保部门、林业部门、国土部门、经信部门、统计部门、文化部门等其他部门和机构，共同推进政府生态治理现代化。

第二，市场主体主演。市场机制具有优化配置资源环境的决定性作用，政府生态治理现代化主体体系构建应该积极发挥市场的作用，克服政府主体治理局限与弊端。政府生态治理应尊重市场法则、用市场经济手段解决市场问题。只有当市场逐渐完善和发展，生态方面的公共问题治理与公共服务提供才能通过市场的运作得以进行。企业是市场的主体，要充分了解和发挥各种类型的企业在国家生态治理中的积极作用。混合型市场企业主体承担着生态治理的重要责任，包括国有、私有，内资企业、外资企业，跨国企业、本土企业，等等。

第三，社会主体协作。这里的社会在狭义上使用，专指第三部门等社会组织。在政府与资本之间，有一个不能轻视的第三方，就是社会。社会的高度自治，意味着有效管理政府和有力控制资本。现代社会的理想状态，是小政府、大社会、弱资本。各类社会组织主体包括科技型、公益型、服务型等，全球型、本土型等。政府生态治理体系构建要促使全社会的生态治理素质与能力的提高，并着重培育非政府组织主体。

第四，公众主体参与。公众是生态治理的践行者、中流砥柱和力量源泉。生态治理强调外在力量——公民社会等的参与，自下而上的参与和自上而下的管治并重。"公众的理念、偏好、行为，以至习惯都成为相关治理制度能否实施、治理绩效能否实现的基础和保障，决定着生态治理的方向、进程和质态。"[①] 其中，利益受损群体为维护自身环境权益而成为公众参与的主力军。同时，热衷于参与环保的普通公众越来越多，他们的参与、支持推动诸多环境问题的解决，从而成为政府生态治理的中坚力量。

第五，传媒主体监督。各类传统和新型媒体，介于政府与公众之间，发挥着重要的作用。在环境治理中，媒体工作者通过对某一环境事件的报

---

① 杨重光：《完善生态治理体系的五个要点》，《国家治理》2014 年第 11 期。

道和评论，扩大了事件的传播范围，进而形成有影响力的地区乃至全国公共"议题"。同时，媒体又要承担起党媒姓党的作用，实现政府生态治理行为和信息输出的互动一致。媒体可以依法刊登企业广告，依靠企业广告费作为运营经费，但也必须同样依法刊登对企业，甚至对其提供经费的企业不利的生态违规信息，以此承担起社会责任，取得公众的广泛支持。

第六，国际主体合作。从全球范围看，生态治理主体包括国家、政府间的国际环境组织、非政府国际环境组织等。"目前，在全球生态治理活动中，影响力最大的并不是哪个国家或政府，反而是在被非政府组织不断地推进着。"① 因此，在构建国内政府生态治理现代化体系的同时，要吸收借鉴国外生态治理的经验，支持并积极参与国际生态治理体系的构建，注重内外两个体系的衔接及其互动，加强同域外的国际合作与全球生态治理，包括与其他国家、跨国性政府间与非政府组织等生态治理主体的全球生态环境的共治。

总之，政府生态治理现代化需要有多元化、负责任的治理主体。随着经济的发展，社会主体越来越多样化，但最重要的主体是政府、市场、社会。因此，要重点构建创新型体制，即政府、企业（市场）、公众（社会）共治的环境治理。然而，只具备系统结构的诸要素还远远不够，还必须形成这些主体的有机统一的完整体系，这就要求实现政府生态治理现代化主体体系结构从传统到现代的变迁，不仅要构建主体体系，还要使之"现代化"，形成系统、整体、协同、共治的环境治理格局，更注重政府生态治理的统筹推进、协调发展，需要用系统论的方法来推进生态环境治理。

三、政府生态治理现代化体系主体结构的调整与变革

政府生态治理现代化体系构建包括主体、价值、功能、制度、方法与运行等，其中主体体系在整个治理体系中最为重要。狭义的政府生态治理现代化体系结构主要是指主体结构。治理主体结构解决的是"治理主体之间是什么关系"的问题。具有中国特色的国家治理结构包括政党、政府、企业、社会、公民、媒体等六大主体，缺一不可。政府治理现代化与国家治理现代化一样，也应当是党委领导、政府主导、市场主演、社会协作、公民参与的多元共治结构。政府生态治理现代化主体体系结构应该是以法治为基础和保障、多元协同共治、良性互动治理、善政走向善治。政府生

---

① 铁铮：《在生态治理全球化中发出中国好声音》，《国土绿化》2015 年第 9 期。

态治理现代化主体构建的实质在于治理结构的调整与变革，应主要围绕以下四个方面的目标和原则来进行。

（一）政府生态治理现代化体系主体结构应以生态法治为基础和保障

"生态是立国之本，法治是治本之策。"生态法治是保障生态安全之根本，要深入推进"生态法治"战略，依赖于生态立法、生态执法和生态司法的改进。未来政府生态治理方式在现代化体系建立健全后，将不再仅仅依靠强制性的行政手段和政府公权力的作用，而越来越多地依靠法律手段，更加注重生态治理的法治化、规范化，手段更加文明，也更加具有科技含量。不同主体之间的互动也要实现规范化、程序化、法治化，政府生态治理现代化制度体系要从政府主导，市场、社会多元生态共治层面构建法律与制度体系。

（二）政府生态治理现代化体系主体结构是一种多元协同共治

西方理论界一般将治理的主体概括为公共机构、私人机构和非营利组织，而在我国则表达为政府、市场与社会组织。现实状况已不允许政府作为唯一的治理主体，治理主体的构成应该涵盖政府、社会领域、市场领域等。同时，还要加强与各国政府等国际生态治理主体合作。

1. 政府生态治理现代化应还给市场应有地位，实现市场应有功能

我国现行生态治理模式一个很大的缺陷就是缺乏市场的决定性作用。生态共治要发挥政府主导作用，还给市场应有的地位，实现市场应有功能。以前在污染防治上，用得较多的是法律和行政手段，市场手段用得很少。"当代政治学严重缺失的就是关于市场角色和范围的辩论。"[1] 用市场手段来改善环境，政府生态治理与市场行为的互动、政府生态治理与企业行为的联动，这是我国今后改革的方向。

改革开放以来，尤其党的十八届三中全会后，我国越来越强调市场在资源配置中起决定性作用，我们也应当把中央关于深化改革的理念，贯彻到环境保护工作当中。近年来，政府开始强调环境保护市场化机制。随着经济以及环境保护事业的发展，人们看到，单纯采取行政管理的方式具有一定的局限性，效果并不好，尤其近年来雾霾、水污染等问题频发，难以得到有效治理。《关于推行环境污染第三方治理的意见》《水污染防治行动计划》等许多新出台的规定中都强调了发挥市场体系的作用。"污染企业付费、专业化治理"的第三方治理模式被寄予厚望。虽然有多种经济手段，但其依然还是辅助手段，须结合行政、法律等措施走综合治理环境的

道路。目前最需要改革的，并非某个具体的政策环节，而是涉及政府、公众和企业在环境管理上的大的定位问题。

2. 社会组织将成为政府生态治理社会共治的核心主体

生态 NGO 的兴起与壮大是应对政府失灵与市场失灵的需要。"环保 NGO 的参与有两大优越性：一是可以使中央政府低成本地获得各地污染的真实信息或污染事件的查处线索；二是通过全民对地方政府和企业的监督，可在一定程度上减少地方政府在污染问题上'不作为'和企业'偷排'等隐藏行动所产生的道德风险。"① 社会环境保护组织可以通过对各级政府生态治理责任的监督和评价，弥补政府对生态环境公共利益维护的缺陷。这些组织具有自己的特点，积极进行环保活动，组织机构具有弹性，应变性强，运作效率较高，且有大量的非常专业的人力资源储备，最为重要的是其成员往往深入基层，即环境保护前沿，能够获得第一手材料和了解真实的情况。同时，社会环保组织还作为政府与公众间信息沟通的桥梁，能够实现双向沟通。一方面，把政府的生态治理政策与措施传递给组织内部成员，继而下达至社会公众，便于广大公众的理解、执行与监督；另一方面，把广大公众的环境诉求反馈给各级政府，促使各级政府更好地为公众服务，并与社会环保组织结成伙伴关系，采取集体行动来推动生态治理现代化。

3. 政府生态治理现代化体系主体结构要有公民社会的广泛参与

国外学者把公众参与归结为一种社会资本，罗伯特·帕特南就将社会资本界定为"……社会组织的特征，诸如信任、规范以及网络，它们能够通过促进合作行为来提高社会的效率"②。激励公民社会广泛参与，最重要的是为其创造一个法治化的制度环境。一是要纠偏，政府对公民社会及民粹暴力的惧怕等错误观念与做法要坚决加以纠偏，政府与公民社会的关系应从陌生走向熟悉，积极建立合作伙伴关系，共荣而非俱损。当然，政府也要监督滥用非法性权力的公民组织，充分发挥其在生态治理中的积极作用。二是要对公民社会做出合理的引导，在法律和治理范畴上应给予其更大的空间，鼓励其发展而不是对其加以遏制。

应完善生态治理的公众参与机制，动员一切可以动员的力量参与到生态治理中，形成浓厚的生态治理与生态文明建设社会新风尚。正如吉登斯

---

① 孙秋芬：《生态 NGO 在生态型政府构建中的作用探究》，《内蒙古农业大学学报（社会科学版）》2012 年第 1 期。

② 罗伯特·帕特南：《使民主运转起来》，王列、赖海榕译，江西人民出版社 2001 年版，第 195 页。

所指出："政府、国家同市场一样也是社会问题的根源……一个强大的市民社会对有效的民主政府和良性运转的市场体系都是必要的。"①

此外，生态治理越来越体现全球化的趋势。在生态治理全球化背景下，应正确看待建立国际生态治理体系的新机遇和新挑战，顺应时代趋势，发出自己的声音，体现中国的特色，确立国家生态绿色外交新战略，推进生态治理的国际合作。

环境治理，国际上成功的经验是政府、市场、公众能够携起手来，共同治理。但对中国来讲，需要在政府主导下多元共治，形成政府、市场、社会共治的环境治理体系。所以，政府、市场、社会成为最重要的政府生态治理的共治主体，要培养多元主体的网络生态共治体系，并使之更加包容、民主、开放和透明。

（三）政府生态治理现代化体系主体结构是一种良性互动的治理

政府生态治理现代化的一个重要特征是，多元主体在追求公共利益的过程中，应形成良性互动的和谐关系。政府生态治理主体内外两大系统是重要结构性互动力量，政府生态治理现代化必然要求生态治理主体间建立协商民主体制，并实现不同主体间互动的规范化、程序化、法治化。

1. 政府与市场、政府与社会是多元化治理主体之间的两大核心关系

政府生态治理现代化的主体体系应该有一个合理的结构，那就是边界清晰、分工合作、平衡互动的多主体和谐关系。"治理正越来越多地通过协议（常常是非正式的），而不是通过直接的法律和政治行动进行。"②

政府生态治理现代化要处理好政府与各政党尤其执政党的关系，处理好政府与公众、政府与媒体、政府与国际组织的关系，而处理好政府与市场（主要指生态治理中政府与市场及企业的互动）、与社会的关系（主要指生态治理中政府与第三部门等非政府组织的关系），则是两大核心关系。政府应重点履行好宏观调控、公共服务、维护社会规则等有关生态治理的职能。

2. 政府的生态治理主体内外两大系统结构的互动是重要结构性力量

政府生态治理现代化主体体系又可分为内外两大系统。内系统，即政府生态价值观，包括生态价值权重的提升与生态治理意识形态化的生态价值体系，以及政府内部生态治理的纵向权力分工，即生态治理主体责任的

---

① 安东尼·吉登斯：《第三条道路及其批评》，孙相东译，中央党校出版社 2002 年版，第29、57 页。

② 菲利普·库珀：《合同制治理》，竺乾威、卢毅、陈卓霞译，竺乾威校，复旦大学出版社2007 年版，第 49—50 页。

纵向配置与横向权力关系，及区域生态治理的合作与欺诈以及政府官员生态自觉的素质结构与环境利益结构。外系统，即社会领域，包括公民、第三部门与媒体；市场领域，包括企业的污染行为与企业的社会责任；域外，即生态问题的"脱域"性需要生态治理上的国际合作等。内系统是政府生态治理主体体系的关键性变量，外系统是政府生态治理主体体系的结构性力量，内外系统各自的形态、现状、走向及其互动，决定着政府生态治理现代化体系结构的调整完善与治理能力的提升。

3. 政府生态治理现代化要求建立多元主体间协商民主体制

多元主体间协商民主体制，包括公共协商体制，强调激活协商存量，孕育协商增量；选举体制，强调拓展选举广度，挖掘选举深度；社区自治体制，强调厘清权力边界与实现权力对接；等等。"协商民主是一种具有巨大潜能的民主治理形式，它能够有效回应文化间对话和多元文化社会认知的某些核心问题。它尤其强调对于公共利益的责任、促进政治话语的相互理解、辨别所有政治意愿，以及支持那些重视所有人需求与利益的具有集体约束力的政策。"①

1980 年，自约瑟夫·毕塞特提出协商民主的概念后，西方进入了协商民主理论研究的新时期。协商民主作为一种民主理论，对推进生态治理具有积极作用。乔恩·埃尔斯特认为："协商民主就是通过自由而平等的公民之间的讨论进行决策。"② 协商民主有利于培育生态治理主体，为生态治理提供制度保障，实现生态治理善治。按照民主协商的总要求，在生态领域建立健全多主体协商机制，疏通利益表达渠道，扩大生态治理的民主参与，促进社会公平发展。要不断发展和完善社会主义协商民主，实现协商民主与生态治理的共同发展。这要求协商民主的主体都能够得到有效的沟通与塑造，进而培育出符合其要求的生态治理主体；在国际、国家、地方、基层、公民各个层面都建立制度化的协商民主渠道，进而为政府生态治理提供制度保障，从而使协商民主的合法性、效用性、责任性、回应性、透明性与法治性得到加强。不同主体间互动也要实现规范化、程序化、法治化。

（四）政府生态治理现代化体系主体结构是通过善政走向善治的治理

政府虽然不再是唯一主体，但仍然是核心主体，政府仍然起决定性作

① 薛晓源、陈家刚：《从生态启蒙到生态治理——当代西方生态理论对我们的启示》，《马克思主义与现实》2005 年第 4 期。

② 陈家刚：《协商民主研究在东西方的兴起与发展》，《毛泽东邓小平理论研究》2008 年第 7 期。

用。面对生态治理选择的路径不同，对生态治理主体的倚重也不同。我们"不是力图取消政府机构，更有用的是研究政府机构如何可以被设计为有效地运作，在更广泛的制度背景中补充公民处理公共事务的努力"①。善治就是使公共利益最大化的社会管理过程和管理活动。"善治的基本要素有以下 10 个：合法性、法治、透明性、责任性、回应、有效、参与、稳定、廉洁、公正等。"② 善政是通向善治的关键；欲达到善治，首先必须实现善政。抽象地说，善政的内容，一般都包括以下几个要素：严明的法度、清廉的官员、很高的行政效率、良好的行政服务。生态治理是国家治理变革的重点领域，我国政府生态治理变革的主要路线，除了从一元治理到多元治理外，还应是从集权到分权，从人治到法治，从管制政府到服务政府。

总之，政府生态治理现代化的主体体系的建构不是一蹴而就的，不断地通过改革和发展来实现政府治理体系的现代化是历史进步的必然趋势，也是实现国家生态治理现代化的必经之路。要分析并消解其构建与运行的影响因素，摆脱奥尔森所说集体行动的困境，寻求政府生态治理的新转机，最终达成政府、市场、社会的集体共治。

第二节　从供给侧推进政府生态治理体系现代化的结构改革③

中国政府非常重视产品质量。国务院 2012 年印发《质量发展纲要（2011—2020 年）》，2015 年再次印发《中国制造 2025》，到 2016 年国务院办公厅印发《贯彻实施质量发展纲要 2016 年行动计划》，我们看到政府为提高品牌质量和效益并推动将我国建设成为质量强国，做了许多工作，对供给侧结构性改革做出了巨大贡献。然而，中国供给侧的结构性改革远不止我们所见到的常规产品（品牌），还有更深层次的"产品"质量问题需要探讨。比如生态供给，我们已经将生态文明建设提升到了与经济建设、政治建设、文化建设、社会建设共同构成"五位一体"的高度，但是因为生态"产品"的特殊性，它仍然没有被我们真正地置于"产品"质

---

①　迈克尔·麦金尼思：《多中心治道与发展》，毛寿龙译，上海三联书店 2000 年版，第381 页。

②　俞可平：《善政——走向善治的关键》，《文汇报》2004 年 1 月 19 日。

③　该部分内容作为前期成果由柯伟、张劲松署名发表。柯传、张劲松：《质量量化：生态供给侧的结构性困境与改革》，《学习论坛》2017 年第 5 期。

量之列，几个重要的产品质量文件，均未提及生态产品及其供给问题，更没有论述生态供给的质量提升问题。当前从事生态供给的主体主要是政府，仅靠政府供给（免费）生态产品，不能满足生态环境保护的要求，也不能满足公众的需求。从生态产品的供给侧进行改革，尤其是将生态供给进行质量量化是一项必需的工作。

一、生态供给：党和政府对生态建设的高度重视

学界对生态供给的一般解释为："生态供给是指生态系统提供生态资源以满足自然生态系统发展演替和社会生态需求能力的总称。"[①] 它具有自然属性和社会属性，从自然方面看，它具有"形成符合自然生态规律、生态结构合理、生态功能稳定的生态系统提供物质基础的能力"[②]。从社会方面看，它具有"为社会提供物质和精神生态需求的生态资源的能力"[③]。进入 21 世纪后，生态越来越被看作是一种"奢侈品"。在工业革命前，生态几乎被看作是"取之不尽，用之不竭"的物品，因此，它不被看作是资源，它常常被看作是老天爷的恩赐。然而，近百年来，人口激增、环境污染、资源锐减、生态恶化，人类正走上不可持续的道路，生态成了稀缺的资源。地球变暖，气候异常，我们盼望生态恢复；雾霾成为新常态后，我们盼望蓝天白云。但是，天不遂人愿！我们没有看到生态朝好的方面转变的拐点到来；相反，雾霾天数仍在增加，雾霾覆盖面也在增加。

生态越来越成为我们生活中的重要资源，但这一资源又难以像其他资源（产品）一样进入市场，进行交换。"许多环境资源根本就不可能通过市场行为进行交换，或者它赖以交换的市场在某些方面是不完备的。不能通过市场交易的环境资源的例子包括地球上的空气、大部分的水资源以及荒野地区。"[④] 许多环境资源的市场并不存在，这在多数时候反映了这些环境资源本身是公共物品的事实。

一方面，生态及地球上的生态圈极为重要，这一点得到了世人的认同。生物多样性在为经济活动提供各种环境服务方面具有十分重要的作用，它可以让人类从环境中获得舒适性服务。"从生产投入来看，这些动、植物种群是许多有用产品的原材料，尤其是制药业、食品和纺织业；它们

---

① 王光华、夏自谦：《论生态幸福指数》，《林业经济》2012 年第 8 期，第 86 页。
② 王光华、夏自谦：《论生态幸福指数》，《林业经济》2012 年第 8 期，第 86 页。
③ 王光华、夏自谦：《论生态幸福指数》，《林业经济》2012 年第 8 期，第 86 页。
④ 罗杰·珀曼等：《自然资源与环境经济学》，侯元兆译著主编，中国经济出版社 2002 年版，第 146 页。

所包含的基因是生物技术今后赖以发展的基础材料。在农业上，生物多样性是作物和农畜种类的新种类产生的基础。"① 而由生物多样性所决定的进化潜力具有更深远的重要意义："多样的基因库是抵抗生态崩溃的保障；多样性程度越高，抵御环境压力和发生适当演化的能力越强。"②

另一方面，很少有人愿意为消费生态而付费。几个世纪以来，人类以自己为中心建构起来的价值观，将自然界作为人类实现自己价值的"资源"，其结果是不仅威胁到人类自身的生存，也威胁到了地球生态圈，因此，"理解人类在地球上的处境意味着要明白这样一个简单的道理：只有人类内部、人类与全球生态系统及共处一个生物圈子的其他物种之间，保持和谐与平衡，才会实现人类自身的健康发展。"③

理解事物的本质是一回事，而人们的行动往往是另一回事。保护环境极为重要，没有人否定它，但是，一旦要落实到每个人的行动中，却往往受各种因素的限制，企业或公众总会找到各种理由来推卸自己必须承担的生态责任，甚至一些国家的政府亦如此。因此，生态供给主体不容易增加，生态供给总量也不容易增长，而人们对生态的消费，却呈日益增长的趋势。

当生态供给遭遇到人们放任其恶化的时候，作为发展中国家的中国则受到了全世界的关注。近 10 年来，中国生态治理事业吸引了全世界的目光。在中国，我们注意到执政党和政府都对生态及其供给予以了高度重视，习近平 2013 年在参加首都义务植树活动时，强调"全社会都要按照党的十八大提出的建设美丽中国的要求，切实增强生态意识，切实加强生态环境保护，把我国建设成为生态环境良好的国家"④。并指出"森林是陆地生态系统的主体和重要资源"，包括森林在内的生态系统都是重要资源，而资源是有价值的，资源的利用就是"消费"，资源的生产就理所当然地是"供给"。创造和保护良好的生态环境，就是生态供给。

二、供给困境：供给侧影响生态质量的结构性偏差

生态供给越多越好，这是人们盼望的！但是，生态供给侧存在着影响

---

① 罗杰·珀曼等：《自然资源与环境经济学》，侯元兆译著主编，中国经济出版社 2002 年版，第 48 页。

② 罗杰·珀曼等：《自然资源与环境经济学》，侯元兆译著主编，中国经济出版社 2002 年版，第 48 页。

③ 菲利普·克莱顿、贾斯廷·海因泽克：《有机马克思主义》，孟献丽等译，人民出版社 2015 年版，第 226 页。

④ 习近平：《习近平谈治国理政》，外文出版社 2014 年版，第 207 页。

生态质和量的结构性偏差，阻碍了生态供给的发展。

（一）生态供给侧的主体结构性偏差

良好的生态由谁供给？从生态供给的自然属性来看，要让自然生态系统能够提供足够的物质资源，需要政府、企业和公众形成生态环境共治的结构体系。提供良好生态的主体是全方位的，政府、企业和公众都有提供良好生态的责任。但是，生态供给侧的主体不明以及主体的责任不清，严重制约了生态供给质量的提升。

1. 质量参差：生态供给侧中政府供给生态的结构性偏差

从政府方面来看，供给良好生态是其不可推卸的责任。党和政府从来就没有忽视过良好生态的供给，近 10 年来，党和政府更是将生态保护和治理提到了"生态文明"的高度，生态文明建设已经成为政府工作的重点之一。在党和政府高度重视之下，我国的生态建设取得一些成绩，一些污染严重的企业被关停并转，成绩喜人。在长三角、珠三角地带，更是形成了成片的"生态文明城市群"。但是，我们也注意到，在政府供给生态产品并治理生态污染时，未能彻底扭转生态恶化的趋势，典型的例子是，气候仍在变暖、雾霾天数仍在增加，这就是我们常说的生态治理"局部有效，整体仍在恶化"现象。究其因，主要包括如下两个侧面：

从全球范围来看，生态供给的自然和社会两个侧面都受到了人类社会活动的影响。从地球环境史的角度，自然界形成生物圈，提供良好生态，自我维护生态。在没有人类活动或人类产生之初，自然生态是主体，人类从属于自然、依赖自然。人类与自然共同构成生物圈，成为一个整体，此时人类所需的良好生态，理所当然地由自然提供。自从人类制造和使用工具，尤其是使用火以来，人类开始改造自然与利用自然为自己服务，人类与自然之间的关系发生了不可逆转的改变，自然界逐渐遭受人类的破坏，甚至有些地区的自然环境无法再自然恢复，最终它将不能承载人类的生存。生态供给由此成了一个人类自身的问题。人类制造出来的问题要靠人类自身去解决，但是人类社会活动中产生的国家和民族关系却常常让人类不能选择最优的解决方案，有时还会背道而驰。国家利益是人类民族国家最优先考虑的因素，人类共同的自然生态则常常被置于次要位置，甚至在一些国家无位置。发达国家借口发展中国家正大量开办污染企业而指责这些国家环保不力，可它们不愿提及这些污染企业可能刚刚从本国转移而来，甚至这些污染企业可能就是为发达国家生产初级产品，产品的最终消费仍然是发达国家；某些发展中国家或不发达国家，也以经济和技术落后为借口，不愿投入过多的资金用于生态治理。从全球范围来看，生态供给的最终结果并不理想。国家实力参差不齐，国家利益参差不齐，各国的生态供给行动也参差不齐，各国政府供给生态存在着结构性的偏差，地球生态的质与量从总体来看仍处于不断恶化中。

从区域范围来看，生态供给是一个完整体系，局地治理取得成效，并不能彻底解决生态整体的状态。长三角、珠三角经济发达，政府投入生态建设的资金雄厚，可以取得局地良好生态（如绿化）的目标，但是，它无法彻底扭转天空中可以自由移动的雾霾污染。受集体行动逻辑的限制，在缺少"激励"的前提下，全国各地政府采取共同的生态生产投入和治理的条件不具备。各地政府集体行动以供给良好生态的社会条件，还未形成。生态供给的政府主体责任不明，激励欠缺，生态产品的生产尚存在质量参差不齐的问题，各地区相互之间的配合欠缺，更别说提供建立在共同行动基础上的高质量生态产品了。

2. 利润至上：生态供给侧中企业供给生态的结构性偏差

从企业方面来看，企业是导致生态恶化和资源过度使用的最主要的主体，企业在工业化过程中对地球上资源的索取是不可能满足的，因为资源的运用是其赢利的基本条件，当然，其运用资源的最终产品，为人类提供了生存和发展所必需的物品。从这个意义上看，治理生态，保持资源运用的高效，也是企业不可推卸的责任。而企业利润至上的特性决定了它在生态供给过程中存在着结构性偏差。

一旦与利润目标相冲突，许多企业就不愿参与生态供给。保证良好的生态是企业可持续发展所必需的外在条件，但是企业的主人往往以利润为主要目标，他们优先考虑企业是否能赚到钱。的确，企业的生存和发展建立在赢利的基础上，失去利润则企业难以生存，因此企业利润至上也无可厚非，现在的问题是，现代企业对自然的索取是无限度的，利润目标与生态供给目标两者常常冲突，越来越多的企业越来越成了生态灾难的主体。为了利润，一些企业正在干着促使地球生态圈毁灭的勾当。企业目标结构与生态供给所需求的结构有着很大的偏差，这种结构性偏差已经引起了人们的高度重视。

3. 激励不足：生态供给侧中公众供给生态的结构性偏差

从公众方面来看，没有人不喜欢蓝天白云；同样，也没有人喜欢待在雾霾中。公众对良好生态的需要极为强烈，这是推动生态供给的原动力之一。公众是群体概念，它是松散的，意志是分散的。常见的现象是，所有人都强烈需求良好质量的生态，绝大多数人愿意保护生态，他们是质量良好生态的供给者和维护者。

然而，生态供给的自然属性中却有一个非常重要的特点：保护生态需要千千万万人共同努力，而破坏千千万万人世世代代努力的生态成果，只需要极少的一部分人以及极短的时间。当我们强调全社会保护生态、维护良好生态的供给的时候，我们还缺少对极少数人破坏生态进行严惩的负激励。生态供给的质量不仅涉及绝大多数人的保护，也涉及极少数人的破坏，促进正负两方面激励制度的完善，任重道远。

依赖公众保护生态、供给生态，有着结构性的偏差：我们可以做到让更多的人参与到保护生态中来，但是却很难阻止极少数人破坏生态；而生态的整体状况更偏向于极少数人的破坏，绝大多数人保护和供给生态，仍不足以从总量上增加良好生态供给的量。当前，这种公众供给生态的结构性偏差，迫使我们把更多的精力放在将极少数破坏生态的人转变到保护生态上来。

（二）生态供给侧的标准结构性偏差

如果生态供给的质量量化标准缺失，则生态供给的质量将难以保障。生态质量已经纳入政府考核目标，政府官员离任也要进行生态考核。这是非常重要的生态供给侧的质量要求，但我们发现各地在执行中，离任生态审计常流于形式，其主要原因是，生态产品的质量缺少标准。任职前的生态数量和质量是多少？是如何统计出来的？依据是什么？离任时的生态数量和质量又是多少？是什么原因造成的？主观原因和客观原因，各占多少？这一系列的生态产品质量问题，我们还在探索和实践中。贯彻实施质量发展纲要 2016 年行动计划，应该在生态质量上有所行动。当前，生态供给侧还存在着标准结构性偏差，亟待解决。

对于传统经济学家们来说，生态退化是市场失败的证明："如果环境资产没有通过合理的价值结构完全融入市场体系之中，市场就不可能引导各家公司高效地利用环境资产。因此，环境经济学家们的首要任务就是将生态资产转化成可以销售的商品。例如，如果清新的空气不是有价格的可销商品，它就没有市场价值。"[1] 除了政府供给生态常常以公共目标为主、较少考虑成本以外，主体供给生态一般要考虑投入-产出，生态要成为可以买卖的产品且可以加以质量来区分的前提条件是：生态具有可资衡量的价值，即生态成为产品，具有价值，质量具有标准。当前，中国整体生态退化的重要原因是环境资产的标准结构性偏差。环境资产如何衡量缺乏质

---

[1] 福斯特：《生态危机与资本主义》，耿建新、宋兴无译，上海译文出版社 2006 年版，第 19 页。

量标准，因而无法进入市场交易，这就导致了一部分人或组织予求予取，不予珍惜。

从政府的行动来看，我们已经开始重视生态审计，将生态质量的变化作为官员职务晋迁的重要依据。这项重要的工作当前正在进行中，其中碰到的最大难题就是生态质量的标准问题。若没有标准就没有"标杆"，就无法真正衡量官员任职的生态"绩效"！如果不能完善生态质量标准，就不会有更多的官员真正在生态供给上动真格的。当前生态供给侧的标准结构性的偏差，已经影响到了生态供给的质与量。

三、偏差溯源：影响生态供给质量标准形成的因素

现代社会的人们严重依赖于科学家的解释以确定自身生活在哪一种社会，而现在生态学家的回答是：经济社会。"地球上的所有生物基本上都是作为生产者和消费者而相互发生联系的，在这样一个世界上相互依存，意味着一定要分享一份共同的能量收入。而作为大自然的一部分，人类一定要被视为主要的一种经济动物——他毕生追求更高的生产效率。"① 地球上的人类习惯于以更高的生产效率来衡量生产的成绩，生态供给侧的结构性偏差的核心问题在于质量标准的缺失或不准确上，缺少标准就无从衡量生产的效率，经济社会也就无法正常运行。质量标准的缺失或不准确，主要由如下几个因素导致的：

（一）生态的自然供给与人为供给

给我们提供物质资源的环境（生物圈）无论如何也不是商品，而且也是不可根据市场规则再生产的。随着人类活动的加剧，尤其是工业化程度的加深，自然的恢复速度，已经跟不上人类的对自然的"消费"速度，因此，除了自然自我恢复生态以外，还需要人类参与修复自然，并在多方面控制对现有自然的消耗。

正是因为生态的供给涉及了大自然自身的恢复（供给）以及人类参与的人为供给，这两者是交织在一起的，因此，在生态供给侧结构性改革中，首先要对生态供给中的自然供给与人为供给两者进行区分并分别衡量其贡献量。生态供给的结构性偏差产生的一个重要原因是自然供给与人为供给在量上难以区分。

中国区域辽阔，地理环境迥异，西部、北部的自然恢复能力与中部、东部差距巨大。中部和东部的自然条件较好、生态恢复的能力也很强，即

---

① 唐纳德·沃斯特：《自然的经济体系》，侯文蕙译，商务印书馆 1999 年版，第 367 页。

使生态遭受了一定的破坏，恢复起来也很快，因此人为投入生态治理的"资本"哪怕量不大，也能取得较多的生态供给量；相反，西部和北部的生态脆弱，自然恢复能力差，许多地方的自然生态一旦遭到人为的毁坏，可能出现无法逆转的自然灾难，政府和公众即便给予很多的人为投入，也未必有较好的生态供给量。

由此可见，生态供给侧的结构性偏差与生态的供给差异有着较大的关系。生态的自然供给、生态的人为供给以及两者交织后形成的共同供给，这几个方面的因素对于生态供给的质量有着较大的影响。影响因素较多，而研究才刚刚开始，这是影响生态供给质量标准形成的重要原因。

（二）生态供给的投入与资本化

在自然的恢复能力不足以让生态好转的前提下，生态供给需要有人类的投入。事实上，中国在生态的恢复和治理上做了大量的工作。早在 20 世纪 90 年代，中国的工业化、市场化刚刚进入快速发展的时期，政府就非常重视生态治理工作。为了避免中国生态走上发达国家已经走过的"先污染后治理"的老路子，在发展经济的同时，中国政府非常重视环境保护工作。生态型区域建设自 20 世纪 90 年代至今已历 20 余年，取得的建设成绩喜人。其中，尤其值得称赞的是，各地自觉地投入了大量的人力和物力来保护环境。

但是，在经过 20 余年的高度重视生态治理工作后的今天，我们仍然没有摆脱生态日益恶化的命运，是什么原因导致了这个结果呢？

美国学者是这样解释环境经济问题的："郊狼和狼是否可能被允许在文明的美国有一席之地，似乎要视经济学是否能够继续支配环境价值观而定。猛兽未来的安全寄托于一种向以生态学为基础的保护主义哲学转移的可能性上。"[1] 环境的价值依赖经济学对环境价值的认同和认定，以生态学为基础的环境保护，需要建立在一种高层次的环境哲学的基础上。

中国在生态供给上已经进行了大量的投入，但是产出却未被重视。这与商业的运转规则背道而驰，商业运转重视投入与产出比，产出要大于投入才会有更多投入，才会有再生产的顺利进行。当前，中国的生态供给主要以政府投入为主。政府投入有一个重要的特点，它不太重视投入-产出比，它更重视投入，有时投入甚至"不计成本"。这就导致了一个很重要的生态投入结构性的偏差：投入巨大，收益较小；长期投入，鲜有审计！

---

① 唐纳德·沃斯特：《自然的经济体系》，侯文蕙译，商务印书馆 1999 年版，第 341 页。

不计成本的生态供给投入模式，是难以持续的。

不仅如此，因为政府在不断且不计成本地供给生态，生态供给难以形成一个有利可图的"市场"。以政府为主体的生态供给模式，事实上排斥了生态供给投入的"资本化"，投入不能成为"资本"，无法实现成本化，它就无法进行商品化以及进入市场进行买卖。除了政府之外，没有社会资本进入生态供给，并形成生态供给市场，生态供给侧的结构必然产生偏差。

（三）生态供给的量化与质量标准

生态的价值是有目共睹的："生态价值由建设生态经济系统的投入价值所决定，这是构成生态价值的基础。生态经济价值是由生产生态产品的活劳动及物化劳动所决定的，由凝聚在这些生态经济产品中的资源投入量的价值所决定。随着社会生产力的发展，自然生态系统自身具有的再生产能力已无法满足人类的需要，人类需要追加投入劳动提升自然生态系统的生产能力。"① 企业和公众都是继续投入生态建设的主体，但是，目前我们还缺少对生态价值的精准认知，《质量发展纲要（2011—2020 年）》并未提及生态产品的价值和质量问题。

生态是资源，生态是资本，投入生态建设就应该从中取得收益，这样，生态供给才能顺利地延续下去。目前生态供给仅政府方面的投入是持续的，企业和公众的投入都存在不可持续的问题。主要原因是供给生态的产品数量和质量的定量缺失，谁在供给良好生态，生产的量是多少？谁又在消费生态，消费的量是多少？这些问题都没有得到解答。由此，搭便车消费生态成为常态。缺少企业和公众持续的良好生态供给，仅靠政府单方面的行为，实在难以达到生态目标。没有质量标准，《风险社会》中所描述的"有组织的不负责任"现象，就会在生态供给侧一而再地发生，这也是影响供给侧生态产品出现结构性偏差的重要原因。

环境保护是一种行为模式，"是立足于这样一种观念的模式：应站在我们价值体系的高度上来保护变化的多样性，而促进多种生命与多种变化和平共处是一件应做的合理的事情。"② 站在人类的价值体系的高度上保护环境，那么生态供给的投入就应获得相应的报酬，企业和公众投入环境保护中，就应获得相应的报酬，这样的环境保护行为模式才是可持续的，否则企业和公众虽然在理论上应该投入生态建设，且的确有一部分企业和个人也在做这项工作，但这样的环境保护缺乏持续下去的动力，我们不能

① 王光华、夏自谦：《论生态幸福指数》，《林业经济》2012 年第 8 期，第 85 页。
② 唐纳德·沃斯特：《自然的经济体系》，侯文蕙译，商务印书馆 1999 年版，第 498 页。

把环境保护（供给生态）这样的具有公益性的事务，寄希望在企业或个人的自觉的基础上。制度建设更为重要，在生态供给过程中，若我们建立了可以对生态供给量化的制度，有了可行的质量标准（哪怕不那么精准），就能引导着企业和个人投入生态供给中，并通过量化的标准获取凭借其投入应获得的收益。这样，将有大量的企业和个人积极地投入生态建设的事业中来，生态供给侧的结构性短缺问题将有望缓解乃至解决。

四、以质量量化落实政府生态治理现代化供给侧结构改革

生态供给对于环境保护来说是如此重要，今天我们在践行《贯彻实施质量发展纲要2016年行动计划》时，就必须将生态供给及其质量的提高考虑进去。因为生态产品的质量缺少量化标准，生态供给侧还存在着结构性的困境，在提高品牌质量和效益并推动质量强国的过程中，我们还要深入做好生态产品质量的量化和提高工作。改革和完善现有的供给结构，尤其是质量标准势在必行！

（一）道路自信：以生态供给侧主体结构性改革促进环境问题的解决

长期以来，我们对生态危机的加深表现出无可奈何，以至于一部人放弃了对生态的保护进而放任生态恶化。事实上，环境问题并非无法解决，"所有的环境问题都是人类自己制造出来的，因此我们是掌控者，可以选择不让问题继续恶化下去，并着手解决问题。未来掌握在我们自己手中。我们不需要新科技来解决问题，虽然新科技会有所作为，但是大部分问题'只是'需要政治力量来实施已有的解决方案"[1]。从生态供给侧进行结构性的改革，就是一条可行的解决环境问题的重要途径。

生态学家提出过许多解决环境问题的具体路线，其中比较有代表性的方案是提出要遵循下面的行为准则，如若遵循，可以使生态系统崩溃的可能性减少到最小："（1）对可再生资源的利用要控制在自然和经营的再生产速率之内。（2）废物排放应控制在环境同化能力之内。（3）应对生物多样性下降的趋势做出总体推断；如果开发项目确实威胁或减少生物多样性，那么，当该项目能够产生净的社会效益时再实施。（4）如果缺乏对经济活动生态后果的足够知识，应该采取预防的原则。"[2] 许多国家及其政府就是如此做的，且已经取得了不小的成绩。但是，我们发现仅从消费侧

---

① 贾雷德·戴蒙德：《崩溃》，江滢、叶臻译，上海译文出版社2011年版，第551—552页。

② 罗杰·珀曼等：《自然资源与环境经济学》，侯元兆译著主编，中国经济出版社2002年版，第29页。

面进行控制，还不足以彻底解决生态环境问题，除了在消费侧进行有益和有效的控制以外，更要从供给侧想办法，增加生态产品的有效供给则是主动地改进环境，增强自然的再生能力，促进自然界自我修复。

生态供给侧改革对改善环境的重要性不言而喻，而生态供给侧的主体困境在于生态供给主体不明及其责任不清。因此，为实现可持续发展，21世纪需要"对现有的工业系统进行一场新的工业革命，从产品设计、生产的流程到服务的模式，全面实现创新，以创造一种新型的工业系统"①。这种工业系统的特点是："将十分珍惜自然资源，想方设法，用尽可能少的材料和能源，得到尽可能高的经济效益和社会效益，从而大大提高自然资源的生产率。"② 然而，至今我们都未能找到非常有效的制度设计，来约束或促进全球企业"对社会负责""对生态负责"，创造一个可持续的商业模式是我们唯一的真正的出路。它对生态负责的基本要求是产品质量必须做到：尽可能少地消耗资源，并尽可能地延长使用寿命！而现代的商业模式却是以赢利为目标，哪怕我们一再地发文强调品牌质量，仍然未将产品的生态性纳入质量管理之中。这是将来完善供给侧质量管理，必须考虑进去的一个重要因素！质量强国，应包括产品适应生态要求的质量因素在内。强化企业主体供给生态质量管理，创新一种可持续的生态商业模式，理所当然地有利于促进环境问题的解决。

我们确信通过设计全新的商业制度，建立可行的生态商品的质量标准和要求，努力往这个方面努力并建立起完善的质量标准体制，是能够有效促进生态供给、保证生态产品越来越多且越来越好的。

除了吸引商业（企业）主体进入生态供给行业以外，还要吸引公众进入生态供给行业。松散的个体最容易产生"搭便车"行为，为了吸引公众进入生态供给行业，需要有相应的激励措施，包括正激励和负激励。从正激励方面来看，公众的参与是非常重要的，公众是生态供给的重要主体，因为缺少质量标准，公众参与生态供给的途径、方式、方法都缺乏明确的依据，更缺少参与供给的成本回收激励机制，因此，能自觉而不计回报的公众供给生态产品的行为，是非常有限的；相反，从负激励方面来看，我们对个别公众破坏生态的行为缺乏有效的处罚措施，导致极少数人不断地破坏我们已有的生态建设成果而未受处罚，从而变相地激励了这些人不断

---

① Paul Hawken 等：《自然资本论》，王乃粒、诸大建等译，科学普及出版社 2002 年版，中文版序言第 1—2 页。

② Paul Hawken 等：《自然资本论》，王乃粒、诸大建等译，科学普及出版社 2002 年版，中文版序言第 2 页。

地破坏生态。我们知道，保护生态需要无数人艰苦奋斗，而破坏生态，极少数人就可做到。对个别人破坏生态的负激励不足，也无法做到促进环境问题的解决。由此，对公众供给生态产品的正、负激励都必须完善质量标志（即做出明确的规定），实现标准化、量化、可操作化。

（二）步骤稳健：以生态供给侧标准结构性改革促进生态质量的量化

既然环境即生物圈无论如何也不是商品，而且也是不可根据市场规则再生产的，那么为了在市场体系中内化环境，需要稳健地做好如下三步：

1. 将生态人为供给分解为特定物品和服务，使其从自然供给中剥离

生态的人为供给必须与自然供给分离，只有这样才能出现生态供给的市场化。"将环境分解为某些特定的物品和服务，令其从生物圈甚至从生态系统中分离出来，以便在某种程度上使其转化为商品。例如，特定的森林出产的木材，特定河流的水质，特定野生动物保护的物种，或者几十年内某一地球温度的维持。"① 生态圈自身不能成为商品，但人类可以将生态圈中的某些特品或服务商品化，有了生态圈中的特定物品或服务商品化，就能在存在生态商品的基础上，形成生态产品市场。

事实上，人类活动中有意或无意中就已经在利用自然界供给生态产品，比如，经济林的种植与林木的出售。我国的林业法禁止砍伐自然林，同时也允许一些地区砍伐和出售经济林。在南方地区，杉树、杨树等速生林是首选经济林树种，它们是现代工业生产中的压制木板材的重要原料。从自然界中分离出可以不断再生产的经济林并以法律规定其可以成为商品出售，这就是从供给侧制定明确的标准，有了这样的标准（法规），一些荒山、公路边、房前宅后常常被农民或一些组织批量地种上了经济林，这些经济林为当地提供了良好的自然生态，保护了环境，美化了乡村，生物圈也不吝啬其"伟力"大大促进生物生长使其成材。有了经济林从自然中分离出来的法律规定（标准），自然供给与人为供给在这里实现了良好的结合，人类的经济行为与自然保护行为也实现了良好的互动。这种生态供给，在中国的南方实现了可持续发展，供给有标准（法规）功不可没。相对而言，中国的北方地区则没有那么幸运，尤其是西北干旱地区，地面的植物生长困难，任何一点绿色都成了人们珍惜的对象，以至于农民在荒山、沙漠等地种植的速生林也被看作是"生态林"并被严格"保护"起来，的确林业部门的生态"标准"有利于保护现有的生态（绿化）不减

---

① 福斯特：《生态危机与资本主义》，耿建新、宋兴无译，上海译文出版社 2006 年版，第19—20 页。

少，但是绿色（林木）人为供给从自然供给中分离的标准则消失了，缺乏了质量标准，就几乎不可能出现生态供给商品市场，最终会导致无人或无企业愿意花资金投入生态（林木）供给。在缺乏质量标准的前提下，北方部分地区，虽然在生态"保护"上着力了，但是在促进生态（人为）供给上严重不足，这不利于良好生态的形成。

将生态人类供给分解为特定的商品和服务并非那么艰难，只要我们认识到位，质量标准明确了，就能推进生态人为供给。长期以来，中华民族农耕生产中的水稻田，越种越肥沃，我们已将其定性为"湿地"，并对湿地做了严格的质量标准定量化，国家对种植农田还进行了"补贴"；因水稻田的湿地功能明显，它对当地的环境保护功不可没，因此在东部经济较发达的一些地区甚至制定了生态补偿标准，对种植水稻进行高额的资金补偿。保护水稻种植的效果非常明显。在东部一些较发达的地区，虽然工业化的速度很快，这些地区仍然保留着大片的农田。农民持续种田，既有收入，又保护了生态。农田保护给了我们很多启示，在自然生态中，我们完全可以通过深入研究，将一部分自然物品从自然界分离出来，通过制定商品的质量标准，将其商品化和市场化，只要做好了这个质量标准的量化工作，将自然而然地引导着个人或企业积极地投入生态供给中来，这就是生态产品的供给侧结构改革的重要环节。

2. 建立生态物品和服务的评估和核算体系，使其能确定供给主体的价值（价格）

生态供给侧标准结构性改革的第二个步骤是，"通过建立供求曲线设定这些物品和服务的评估价格，这或许有助于经济学家们确定环保的最佳水平"[1]。环保是否处于最佳水平，需要质量评价的标准来测定。当前，我国正在试行中的编制自然资源资产负债表、生态文明建设考核评价体系、领导干部自然资源资产离任审计、绿色 GDP 的核算体系，所有这些生态建设工作，都与生态物品的评估和核算体系有关，当这些工作完成后，我国对供给主体，尤其是政府供给主体的成绩就可有效、有标准地衡量。

比如，对领导干部正在开展的自然资源资产离任审计工作，它的主要内容包括：对领导干部任期内自然资源资产变化状况进行审计，区分自然资源资产增减变化的人为因素和自然因素，尤其是这些因素对资源资产的

---

① 福斯特：《生态危机与资本主义》，耿建新、宋兴无译，上海译文出版社 2006 年版，第 20 页。

影响程度，然后以此为质量标准客观地评估官员任职期间履行自然资源资产管理和生态环境保护责任、生态供给政府投入的产出率等，用以界定官员任职期间应当承担的责任，并以此为标准作为官员晋升或处罚的依据。

生态物品和服务的评估和核算体系的建立，能更好地考核政府主体的生态供给价值（价格），以此作为政府官员考核的重要依据。这些考核制度，尤其是量化的质量标准的确立，将推动中国生态供给侧发生重大结构性变革。

3. 设置生物物品和服务的市场机制和政策工具，使其资本化和可量化

生态供给侧标准结构性改革的第三个步骤是，"为实现理想的环保水平设置各种市场机制和政策工具以改变现有市场价格或建立新的市场"①。实现理想的生态，创造一个精神健全的社会，是我们现代人努力的重要目标。"每个社会成员能够去爱自己的孩子，爱邻居，爱一切人，爱自己，爱自然界的一切；每个成员都能够感到万物合一，却又不失掉其个性和完整性；每个成员都能用创造而不是用毁灭来超越自然。"② 今天，为了建设美丽中国，需要我们创造性设置生态供给的市场机制和政策工具。

其实政策工具有多种，环保组织及政府管理部门已逐渐认识到经济激励政策能够对市场力量进行约束并达到环保目的。"经济激励政策还有其他方面的优点：减少环境保护与经济发展之间的冲突，使向可持续的（而不是掠夺性的）经济环境关系的过渡更为平稳，鼓励新型的更具环保性的良性生产工艺的开发。"③ 比如，政府可以通过明确主要污染物排污权、用能权、水权、林业碳汇交易主体、客体和权属对象范围，制定交易目标、交易标准、交易程序、核算监管等，这些市场机制和政策工具的制定、落实和运用，可以更好地让生态供给的投入资本化，投入的量又可实现量化，并在此基础上实现生态供给的市场交易，最终让生态供给变成有利可图的商业，越来越多的公众和企业将愿意并真诚地投身于生态供给中。良好的生态将不会是可望而不可即的事，通过生态供给的质量量化和标准化，我们完全可以做到推动多元主体投入到生态供给事业中来。

---

① 福斯特：《生态危机与资本主义》，耿建新、宋兴无译，上海译文出版社 2006 年版，第 20 页。

② 艾里希·弗洛姆：《健全的社会》，孙恺祥译，上海译文出版社 2011 年版，第 306 页。

③ 蒂滕伯格：《运用经济激励手段保护环境》，摘自赫尔曼·E.戴利等编：《珍惜地球》，马杰译，商务印书馆 2001 年版，第 353 页。

第十二章　政府生态治理现代化主体体系实证研究：以太湖流域个案为例[①]

现阶段，生态治理已引起各方重视。生态问题的复杂性、系统性和嵌套性使得单一主体难以独自承担治理责任，且各种力量要求参与生态治理，由此形成多元主体共同参与生态治理的格局。但是，由于不同治理主体的权力、能力、影响和治理方式各不相同，多主体的内部构成及其治理行为的协调性就成为影响生态治理效果的重要因素。

第一节　相关文献综述

国外生态治理研究始于 20 世纪 60 年代为抗争严重污染的绿色运动。美国著名学者蕾切尔·卡逊在《寂静的春天》中试图探寻经济和生态协同发展之路，这标志着生态治理研究的萌芽。布克金在《我们的人造环境》中指出，生态斗争和生态治理将改变原有社会结构。1972 年，罗马俱乐部发表《增长的极限》，指出经济极度增长将导致生态资源耗竭。他们主张控制经济增长速度并进行生态治理。联合国的《人类环境宣言》进一步指明环境破坏的危害，要求政府、企业、社会团体和公民承担环境保护责任，共同治理生态污染。此后，生态治理研究蓬勃发展。Huber 与 Janicke 等认为，生态治理除技术变革外，更须关注治理宏观战略和制度安排的有机结合。Spaargaren 指出，生态治理的核心在于政治干预形式。Mol 进一步表示，生态治理制度须遵循环境愿景、环境利益和环境理性。Young 的研究表明，与环境需求相适应的良性生态治理制度和多主体协同治理是实现生态现代化的重要保证，政府经济政策与内部环境一致，企业更为自觉地履行生态责任及私人部门对治理决策能施加影响是生态现代化的主要特征。Weidner 通过跨国研究指出，在生态现代化的国家，环境参与主体有着坚定的治理信念且相互间有着良好的合作关系，政治精英高度重视环境

---

① 该部分作为前期成果由朱喜群署名发表。朱喜群：《生态治理的多元协同：太湖流域个案》，《改革》2017 年第 2 期。

和生态治理，制度完备且协调运作良好。① Oates 研究指出，政府间的竞争会弱化生态治理，导致生态环境恶化。这些研究表明，生态治理主体是多元化的，治理主体间须有效协同。国内生态治理研究随着我国环境问题日益严重而备受关注，主要围绕生态治理的理论、主体、政策、手段、能力、绩效及国外经验等展开。

其中，生态治理主体成为研究的重要内容。郇庆治早在 20 世纪 90 年代就指出，生态活动不仅是技术和经济问题，更是政府政策选择的政治问题，政府是生态治理当仁不让的责任主体。不过，周黎安和徐现祥等学者研究发现，我国一度以 GDP 为核心的政绩激励方式导致地方政府生态治理的动机扭曲。

不仅如此，政府财政分权和政治分权致使地方政府的生态治理政策存在攀比式竞争，其结果是我国环境不断恶化。

此外，有学者通过实证分析表明，上级政府的重视程度和辖区居民的投诉数量会影响地方政府的生态治理政策。在此基础上，曹正汉指出，公众参与尤其是群体性事件会影响中央政府和地方政府的生态治理政策。王家庭和曹清峰认为，生态治理须鼓励社会监督和公众参与，寻求政府、市场和社会的有效协同。②

然而，卢洪友和许文立指出，我国生态治理机制单一，政府机制、市场机制和社会机制协调性弱。③ 现有研究对生态治理多元主体对治理绩效的影响及其治理方式进行了诸多探讨，但是，就生态治理主体的协同机理及其在治理实践中的具体运行状况鲜有提及，而这恰恰是实现多元主体协同共治的重点所在。更为重要的是，多元主体的协同治理对生态治理绩效进而对环境质量改善尤为重要。

第二节　我国生态治理制度演进及其阶段性特征

20 世纪 70 年代，我国政府介入生态治理和环境保护领域。自此，环境保护和生态治理制度从无到有，从以单一的命令控制制度为主到法律制度、管控制度和经济制度共同使用的制度体系，大体经历了三个阶段。

---

① H. Weidner, " Capacity Building for Ecological Modernization: Lessons from Cross National Research", *American Behavioral Scientist*, Vol. 45, No. 9 (2002), p. 1344.

② 王家庭、曹清峰：《京津冀区域生态协同治理：由政府行为与市场机制引申》，《改革》2014 年第 5 期，第 116—123 页。

③ 卢洪友、许文立：《中国生态文明建设的"政府–市场–社会"机制探析》，《财政研究》2015 年第 11 期，第 64—69 页。

一、生态治理制度化起步阶段：1978 年至 20 世纪 90 年代初期

改革开放至 20 世纪 80 年代末，我国环境管理和生态治理法律制度从无到有，从单一行政管控命令制度转向管控命令制度和法律制度相结合。改革开放伊始，针对经济社会无序发展所造成的生态破坏和环境污染，在 1973 年全国第一次环保会议形成文件《关于保护和改善环境的若干规定》的基础上，我国于 1978 年首次将环境保护列入宪法，开启了环境保护和生态治理的制度化进程。1979 年，我国颁布环境保护和生态治理的综合性法律《环境保护法（试行）》，此后陆续颁布了针对水、大气和海洋的污染防治和治理的专门法律。1983 年，全国第二次环境保护会议召开，此次会议提出将环境保护和生态治理作为国家的一项基本国策。1989 年，在既有环境保护和生态治理法律法规实践经验教训的基础上，《环境保护法》正式出台。

不仅如此，《大气污染防治法》也于 1987 年正式出台。与此同时，我国还制定多项环境保护和生态治理行政法规，政府环境保护和生态治理部门则制定了相应的规章制度。这标志着环境保护和生态治理的法律法规体系开始逐步形成。

二、生态治理制度逐步发展阶段：20 世纪 90 年代中期至 21 世纪初期

20 世纪 90 年代中期至 21 世纪初期，我国环境保护和生态治理法律制度逐步发展，法律体系逐步健全。经济建设在当时居于中心和主导地位，生态治理未得到足够的重视，环境污染和生态问题较为严重。

在前期环境保护和生态治理制度的基础上，1995 年我国出台《固体废物污染环境防治法》，1996 年出台《环境噪声污染防治法》，1999 年修订出台《海洋环境保护法》，2002 年出台《清洁生产促进法》和《环境影响评价法》。

环境保护和生态治理法律逐步健全，将环境保护和生态治理从后期治理开始转向前期预防和后期治理相结合。2005 年，国务院颁布《关于落实科学发展观加强环境保护的决定》更是将环境保护和生态治理置于更为重要的战略位置。

三、生态治理制度渐趋完善阶段：2007 年至今

2007 年至今，环境保护和生态治理法律制度日益完善、渐趋严格。随着我国经济快速发展，生态问题也更为严重，且在全球化背景下被进一

步放大。生态治理的重要性和紧迫性日益凸显，且我国的经济地位也要求自身承担相应的生态治理责任，参与全球生态治理。为此，环境保护和生态治理法律制度逐步完善，不断根据国内外环境保护形势修订相关法律法规，法律法规渐趋严格。如 2008 年修订《水污染防治法》，2012 年修订《清洁生产促进法》，2013 年修订《海洋环境保护法》，2014 年修订《环境保护法》，2016 年修订《环境影响评价法》《节约能源法》和《固体废物污染防治法》等。

　　同时，环境管理和生态治理逐步形成 "八项制度"，即环境保护目标责任制度、综合整治与定量考核制度、污染集中控制制度、限期治理制度、排污许可证制度、环境影响评价制度、"三同时" 制度和排污收费制度。在此基础上，环境风险管理制度和环境执法监管制度也逐步产生并日趋完善。党的十八大将生态文明建设与经济建设、政治建设、社会建设和文化建设并列，凸显出生态治理和生态文明建设的重要战略意义和作用，相关法律制度也进一步趋于完善。

第三节　生态治理多元协同的理论检视和协同机理

　　Abbott 认为，不同生态治理主体对治理目标和治理效果有重要影响，但它们有着不同的价值观、利益和能力。[①] 明确生态治理缘何成为多个行为主体共同参与的集体行动，对其理论依据和协同机理的探讨显得尤其关键。

一、生态治理多元协同的理论检视

　　环境污染及生态治理具有公共物品属性。萨缪尔森认为，公共物品的非排他性和非竞争性特征使其难以通过市场机制有效供给。Lloyd 进一步指出，公共物品会引发 "公地悲剧"[②]，哈丁对此的解释是，个体理性追寻自身利益最大化将导致资源拥挤或退化的公用地悲剧。[③] 与此同时，生态治理又具有很强的外部性，生态治理的成本承担者和受益者并不匹配。庇古认为，外部性引发社会净边际产品和私人净边际产品相背离，因而根

---

　　①　K. W. Abbott, "The Transnational Regime Complex for Climate Change", *Environment and Planning: Government and Policy*, Vol. 30, No. 4 (2012), pp. 571 –590.

　　②　W. F. Lloyd, *Two Lectures on the Checks to Population*, Oxford: Oxford University Press, 1933, p. 98.

　　③　G. Hardin, "The Tragedy of the Commons", *Science*, Vol. 168 (1968), pp. 1234 –1248.

本不能依赖"看不见的手"来做出"良好的整体安排"，而须通过"特别鼓励"或"特别限制"即征税、补贴甚至政府规制来消除这种背离。① 庇古税理论为政府科层治理生态环境提供了理论依据。正如 Ophuls 所言，公地悲剧的存在使得环境问题难以通过合作解决，中央集权的"利维坦"才是唯一的解决手段。② 不过，科斯认为，庇古税对外部制造者也是一种损害，真正的解决办法应该使损失降到最小。"公地悲剧"的根源在于产权缺失或产权不清，"合法权利的初始界定会对经济制度的运行效率产生影响"③，权利的调整会带来效率的提高，因而外部性可通过产权界定进而通过市场交易来解决。

　　显然，科斯定理主张通过市场机制使外部成本内部化来进行生态治理。然而，生态治理产权本身难以明确或因涉及主体多而使产权明确的成本高昂，由此使得单纯依靠科斯定理亦无法解决生态治理难题。同时，公共选择理论指出，政治市场中的主体是理性的"经济人"，集体行动理论又强调个体自利性行为不利于实现集体利益，由此庇古所提倡的科层治理存在失灵现象。

　　由此可见，生态治理难以单纯依靠政府或单纯依靠市场来进行。生态治理的复杂性、系统性、动态性、多样性以及人类行为的多样性和嵌套性意味着生态治理须超越国家与市场，寻求多中心治理模式。多中心的生态治理模式不以政府或市场为生态治理的唯一办法，而是根据生态问题本身建构与其相适应的治理主体，且不同类型治理主体之间实现相互协调和良性互动。哈耶克曾指出，每个个体都拥有一定的知识，良好的决策机制能促使个人充分利用其知识。

　　多中心的生态治理模式将能充分利用个体环境知识参与生态治理。奥斯特罗姆指出，在外部性和公共物品治理中，多中心秩序比单中心更有效率。不仅如此，Weidner 通过对 30 多个国家生态治理及生态现代化所开展的跨国研究，发现生态治理能力强的国家都建立了多元良性互动的治理主体。鉴于此，由政府、非政府组织、企业和公民组成的多中心生态治理模式是应对生态问题复杂性的有效治理机制。

---

① 庇古：《福利经济学》，朱泱等译，商务印书馆 2006 年版，第 206—208 页。

② W. Ophuls, *Leviathan: In toward a Steady State Economy*, San Francisco: Freeman, 1973, p. 215.

③ 格里·斯托克：《作为理论的治理：五个论点》，《国际社会科学（中文版）》1999 年第 1 期，第 19—29 页。

二、生态治理多元协同的协同机理

治理理论表明，任何一个机构都难以拥有足够的知识和资源来独自解决一切问题，"致力于集体行动的组织必须依靠其他组织"。治理的有效性取决于行动者的互动整合及其利益的相互协调机制。

就生态治理而言，它涉及政府、非政府组织、企业和公民等多个治理主体。政府不是唯一的权力中心，各类机构在公众认可下都能成为不同层次的社会权力中心，政府须与社会互动合作。多元治理主体之间的协商与合作及由此所形成的协同机制对生态治理绩效有着极其重要的作用。然而，生态治理主体在集体行动中存在机会主义、搭便车行为和不合作行为。因此，为保证集体行动的协调一致，须制定制度以约束和激励治理主体。政府理应是生态治理的第一责任主体。世界银行在《1997 年世界发展报告：变革世界中的政府》中将"保护环境"视为政府的一项基本责任。张成福也指出，政府应承担保护自然资源和保护环境的责任，即使生态保护通过市场手段进行，政府也应监督其实施。政府生态治理责任不仅要设定环境保护目标、建立环境保护机构、界定相应的环境保护职能、建立一套相互支持的法律法规和政策体系，还需要建立与社会组织的合作机制，包括政府与非政府组织的合作机制、政府与企业的合作机制和政府与公民的合作机制。同时，完善非政府组织和个人的参与渠道以及监督企业执行生态政策等制度安排。政府虽然是生态治理的第一责任主体，但不是也不应该是生态治理的唯一主体。生态污染的复杂性和系统性都增大了政府失灵和市场失灵的可能性。非政府组织是弥补政府失灵和市场失灵的重要力量。政府是生态治理政策的制定者，但由于经济发展与环境保护存在一定的负相关性，政府很可能为促进经济发展而牺牲环境。这无论是在国外还是在国内都是常见现象。非政府组织作为联系民众与政府的中间组织，能向政府提出政策建议、影响政策制定并监督政府生态治理行为，并督促政府有效制定并落实执行生态治理政策。从国外生态治理经验来看，20 世纪七八十年代西方涌现出大量的环境非政府组织，它们组织生态运动以向政府施压，促使政府制定并执行环境政策，这成为促使政府生态治理转向的重要力量。不仅如此，环境非政府组织还聚集着大量生态治理的专业人士，由此可为政府制定并执行生态治理政策出谋划策。非政府组织还能够监督企业，通过对其环境不良行为予以曝光来向其施压，从而达到约束其行为的目的。此外，非政府组织能唤醒公众的生态意识，带动公众参与生态治理。

与此同时，虽然企业是生态污染的主要源头，但也是生态治理当仁不让的主体之一。企业是政府生态政策的主要管制对象。政府通过行政手段严格限制高污染、高能耗和资源浪费型企业发展，运用财政政策征收生态税收并补贴低碳产业，鼓励企业运用节能技术。由此可见，企业是实行减少污染排放、发展循环经济和转变经济发展方式的主体。企业必须按照法律法规生产符合生态环境标准要求的产品。同时，公众生态意识已然觉醒，这必然促使企业为获得公众认可而积极承担环境责任，注重生态技术的使用和生态治理参与。此外，市场机制是生态治理的重要手段，如生态标签、碳排放交易和生态税等政策工具都以市场为基础，而企业正是市场工具运用的重要参与主体。公民参与是推动生态治理的关键力量，生态治理的最初原动力就来源于公众。国外生态治理的成功经验一般都遵循"生态公害—公众不满—舆论声援—政界关注—立法建构"① 的程序。公民参与不仅可以协助政府和非政府组织等监管机构监管污染行为者，还可以督促和监督政府生态治理政策的制定和执行。公民"用手投票"参与生态治理政策，其参与有效推动了政府对生态问题的关注和治理。不过，公民参与生态治理的前提在于其拥有顺畅的利益表达渠道，而这在很大程度上取决于政府对其参与权和参与途径的制度保障。同时，公众还可"用脚投票"来对企业施压，促使其承担生态责任。

综上可知，生态治理多元主体须形成政府管制、政府与社会共治及社会自治相结合的协调体制。生态治理多元主体之间的良性互动如图 12 -1 所示。

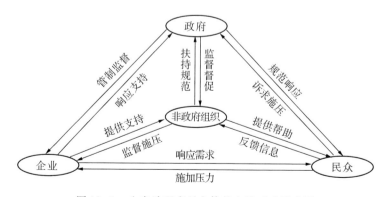

图 12 -1　生态治理多元主体的良性互动示意图

---

① 秦昊扬：《生态治理中的非政府组织功能分析》，《理论月刊》2009 年第 4 期，第 83—85 页。

第四节 生态治理多元协同的运行方式：
以太湖流域生态治理为例

太湖流域作为我国经济最为发达和人口最为稠密的地区之一，在支撑当地经济社会快速发展的同时，水环境污染日益严重，生态治理亦随之跟进。太湖流域生态治理中多元主体的运行方式充分展现了生态治理主体的互动协作过程和模式。

一、太湖流域概况

太湖位于长江三角洲的南部，古称震泽，又名五湖，是我国五大淡水湖之一。太湖横跨江苏、浙江两省，北依无锡，南临湖州，西濒宜兴，东近苏州。太湖流域面积为 36500 平方公里，湖泊和水域面积均为 2000 多平方公里。湖内河口众多，主要进出河流现有 50 多条。入湖水道多源自西部山区，出口河道多位于太湖东部。太湖有大小岛屿 50 多个，其中 18 座岛屿有人居住。太湖流域在行政上分属于三省一市，即江苏省、浙江省、安徽省和上海市，所辖流域面积分别占总流域面积的 52.6%、32.8%、0.6% 和 14%。太湖流域内有 1 个特大城市即上海市，7 个大中城市即江苏省的苏州市、无锡市、常州市和镇江市，浙江省的杭州市、湖州市和嘉兴市，另有县 30 多个。

二、太湖流域生态危机及其集中体现

20 世纪 80 年代初，太湖水质良好，符合饮用水源地的水质要求。1981 年，太湖水域 II 类、III 类、IV 类水面积分别占 69%、30% 和 1%。中营养状态的水域面积占 83%，中富营养状态的水域面积占 16.9%。随着当地经济社会的快速发展，水质污染日益严重，水环境日益恶化。《2007 年度太湖流域及东南诸河水资源公报》显示：太湖 7.4% 的水域为 IV 类，11.5% 的水域为 V 类，其余均劣于 V 类，占 81.1%。太湖水富养化程度已上升至中度富营养，总氮、氨氮、总磷、化学需氧量和五日生化需氧量为主要超标项目。太湖水体富营养化使得流域内居民饮用水和水生物生存日益受到严重的威胁，其中，又以 2007 年蓝藻事件为最：2007 年 5 月至 6 月间，太湖流域无锡部分发生蓝藻大规模爆发，导致无锡市饮用水源受到污染。5 月 29 日，无锡市大批市民家中自来水伴有难闻的味道，无法正常饮用。5 月 31 日，无锡市城市饮用水取水区域漂浮着厚厚的水藻。5 月

30 日开始，无锡市采取了一系列水质治理措施，包括加大"引江济太"（将长江水引入太湖）力度，由原来的每秒 170 立方米增加到 240 立方米；同时从梅梁湖调水；加大对水藻的打捞力度；发射人工增雨作业弹；要求自来水公司不计成本改善水质。6 月 4 日，无锡市基本恢复正常供水。蓝藻事件影响了市民的正常生活，给当地经济社会发展造成较大的负面影响。蓝藻事件是太湖生态危机的集中体现，也促使政府开始对太湖流域进行综合整治。

三、太湖流域生态治理多元主体及其治理方式

政府主导生态治理具有典型的外部性和公共物品属性，由此使得市场机制难以有效供给。正如诺贝尔经济学奖获得者威廉姆森所言，正常市场条件解决涉及人群很多的环境问题，有相当大的难度。为此，政府成为生态治理的主要责任主体，在多元治理主体中起主导作用。

（一）中央政府的统一领导

中央政府是社会公共利益的集中代表，相较于地方政府，中央政府会更为重视生态治理。中央政府推动制定的环境保护法律法规对太湖流域水污染有规制作用。

但是，在 2007 年太湖蓝藻事件爆发以前，我国并没有制定以太湖流域为调整对象的法律法规，只是设立了以整个太湖流域为治理对象的专属管理机构，即隶属于水利部和国家环境保护总局的太湖流域管理局。太湖流域管理局成立于 1984 年，主要职责是"负责保障流域水资源的合理开发利用""负责流域水资源的管理和监督""负责流域水资源的保护工作""负责防治流域内的水旱灾害""指导流域内水文工作""指导流域内河流湖泊及河口海岸滩涂的治理和开发""指导协调流域内水土流失防治工作""按规定指导流域内农村水利及农村水能资源开发有关工作""负责流域控制性水利工程"和"承办水利部交办的其他事项"等。太湖流域管理局的一个下属机构即太湖流域水资源保护局，负责整个太湖水资源的保护和水污染防治工作。

2007 年太湖蓝藻事件爆发后，国务院于 6 月 11 日召开太湖水防治座谈会。会议提出，要加强城镇污水处理设施建设和运营管理；调整农业种植结构和加大畜禽水产养殖污染治理力度，以严格控制农村水源污染；限期淘汰资源消耗高且污染排放重的落后生产能力，并提高新建项目环境准入门槛以切实防治工业污染；增加"引江济太"通道及建设湖滨生态屏障以推进生态治污；加强太湖水污染防治重大问题和关键技术研究，并健全

环境保护和污染治理体制机制，以推进污染治理科技创新和体制创新。会议还规定：太湖流域所有城镇都必须在 2008 年 6 月底前建设符合标准的污水处理厂，不得直接向太湖或流域内的河流排污水；已有的污水处理厂需增加脱氮和脱磷设施，在有条件的情况下进行尾水处理；化工企业在 2007 年底之前不能达标排放的一律停产整顿，整顿不见效的不得恢复生产；达不到新排放标准的企业将在 2008 年 6 月底前坚决关闭。2008 年 5 月，国家发展改革委会同科技部、财政部、国土资源部、原环保总局、原建设部、原交通部、水利部、农业部、林业局、国务院法制办和中国国际工程咨询公司，以及江苏、浙江、上海两省一市共同制定并颁布《太湖流域水环境综合治理总体方案》。2011 年 8 月，国务院颁布《太湖流域管理条例》，由国务院水行政部门和环保部门负责太湖流域的管理工作，统一协调管理两省一市的水资源保护和水污染防治工作。与此同时，中央政府还召开太湖流域水环境综合治理省部际联席会议以协调太湖流域水污染治理。

（二）地方政府的分级负责

地方政府是生态治理的执行主体。太湖流域涉及江、浙、沪两省一市，故而江苏省、浙江省和上海市分别负责辖内太湖区域的水环境保护和水污染治理。江苏省所辖太湖流域包含太湖湖体，苏州市、无锡市、常州市和丹阳市的全部行政区域，以及句容市、高淳县（今南京市高淳区）、溧水县（今南京市溧水区）行政区域内对太湖水质有影响的河流、湖泊、水库、渠道等水体所在区域。2007 年，江苏省太湖流域 GDP 占全省 GDP 的 47.5%。可见，江苏省太湖流域对全省经济社会发展至关重要。因此，江苏省一直注重省内太湖流域的治理，尤其是在太湖蓝藻爆发后，江苏省采取了一系列治理措施。第一，江苏省注重健全辖内太湖流域生态治理组织体系：一是将原隶属于省环保厅的太湖水污染防治办公室升格为省政府直属部门，直接向分管副省长负责，使其监督检查考核的职能大为加强。

二是江苏省成立太湖水污染防治委员会，协调检查督促诸项太湖治理措施。太湖流域各市、县人民政府设立太湖水污染防治委员会，负责协调监督解决本行政区域内有关太湖水污染防治有关问题。

三是江苏省、市、县环境保护主管部门对本行政区域内水污染防治工作实施统一监督管理，逐级考核，开展定期检查和年度考核。

四是江苏省、市、县三级政府的发改委、经济贸易、水利、建设、交通、农业、渔业、林业、财政、科技、国土资源、卫生、工商、质量技术监督、价格、旅游等部门协同环境保护主管部门监督管理太湖流域水污染防治工作。

第二，江苏省完善辖内太湖流域生态治理相关政策规定。江苏省实行省、市政府领导负责河流水环境质量改善工作的"双河长制"，出台《江苏省太湖水污染防治条例》《江苏省污水集中处理设施环境保护监督管理办法》《江苏省太湖流域主要水污染物排污权交易管理暂行办法》等政策，并建立企业环境信用评价体系。

第三，江苏省健全辖内太湖流域水环境治理措施。水环境治理是系统工程，江苏省辖内太湖流域水环境治理措施主要有治理城乡污水、处理垃圾、河网综合整治、节水减排、调整产业结构并优化布局、治理工业点源污染和农业农村面源污染、加强科技支撑、修复生态和利用资源等。

浙江省和上海市辖内太湖流域生态治理的组织体系和治理措施与江苏省类似，同时分别制定了各自的治理规则和制度。例如，浙江省出台了《浙江省太湖流域水环境综合治理实施方案》《浙江省跨行政区域河流交接断面水质管理考核办法》《浙江省重点流水污染防治专项规划实施情况考核办法》和《浙江省城镇污水集中处理管理办法》。

不仅如此，地方政府在太湖流域生态治理中也联合治污。环太湖五市即无锡、苏州、嘉兴、湖州和常州举行治理太湖联席会议，共同探讨治理太湖合作意向和合作机制，并先后通过《无锡宣言》《关于"十二五"期间保护和治理太湖的建议案》和《关于加快规划建设环太湖绿色经济产业带的联合建议》等决议。

四、太湖流域生态治理中的政府关系

1. 生态治理中的政府领导

太湖流域生态治理中政府间的纵向关系主要是一种垂直运行机制，生态治理目标和责任层层分解，上级政府对下级政府进行监督考核管理，下级政府对上级政府负责。《太湖流域管理条例》指出，太湖流域县级以上地方人民政府有关部门依照法律、法规规定，负责本行政区域内有关的太湖流域管理工作，且实行地方人民政府目标责任制与考核评价制度。《江苏省太湖水污染防治条例》指出，"太湖流域各级地方人民政府对本行政区域内的水环境质量负责"。"县级以上地方人民政府应当定期向上一级人民政府和同级人民代表大会常务委员会报告水污染防治工作。太湖流域县级以上地方人民代表大会常务委员会应当定期监督、检查太湖水污染防治工作情况。"可见，当生态问题或生态危机发生时，政府逐级上报，治理决策逐级下达。

太湖流域生态治理中地方政府之间在一定程度上存在交流与合作。省

级政府之间的交流合作有省部级联席会议，市级政府之间的交流合作有环太湖五市联席会议，地方政府内部各部门也相互合作。太湖流域生态治理中的政府关系，如图 12 -2 所示。

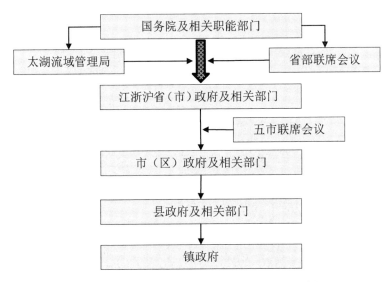

图 12 -2　太湖流域生态治理中的政府运行机制

2. 生态治理中的企业执行

企业是生态多元合作治理中不可或缺的主体之一，其环境责任也是公众的一种利益诉求。在太湖流域生态治理中，企业起着非常重要的执行主体作用。第一，企业依法缴纳排污费。企业按国家产业政策和水环境综合治理要求排放水污染物，如不达标则依法关闭。蓝藻危机爆发以来的 9 年里，两省一市环太湖地区关停企业达数千家，其中江苏 4300 多家，浙江 1000 多家。第二，企业是生态治理市场机制运行的主体。2008 年 8 月 14 日，江苏省启动太湖流域主要水污染物排污权有偿使用和交易试点，并构建了组织机构、法规政策、核定监管和指标价格四大体系，为其提供组织、制度、技术和市场保障。江苏省太湖流域数千家企业缴纳了 COD 和 SO_2 排污有偿使用费。企业进行排污交易和排污租赁，通过市场机制解决排污问题。第三，企业逐步树立生态文明理念，采用生态技术进行生产。企业改进废水处理设施和工艺，引进新技术，积极探索推进清洁生产和循环经济生产。

3. 生态治理中的社会参与

公众是污染的直接受害者，也是生态治理的重要主体。随着居民对生活质量重视程度的提高及环境信息可得性的增强，公众近年来开始有意识有组织地表达对太湖流域环境问题的关注及对其进行治理的强烈诉求。公众参与的正式组织如环保 NGO、公共组织和各类行业组织逐步增多。就环保 NGO 而言，江苏省和浙江省就分别达到 100 多家。公众参与非正式组织的形式主要有自发聚集联合等方式。不过，公众拥有利益表达渠道是其参与生态治理的基础。在太湖流域生态治理中，公众参与治理的主要渠道是环境圆桌会议。此外，公众通过电话、信函和网络等方式向太湖流域环境主管部门或负有环境监督管理职责的部门反映问题，通过媒体推动太湖流域生态治理也成为公众参与生态治理的重要渠道。

与此同时，政府环境信息公开保障了公众参与的便利性和有效性。太湖流域环境信息公开有两种方式：一是专门网站，二是太湖流域环境公报。太湖流域管理局的太湖网、江苏省的太湖信息网及政府环保部门网站等都为公众了解太湖流域有关的环境信息提供了便利，进而有利于其参与环境治理。

第五节　生态治理多元协同的现行困局：
太湖流域多主体协同治理反思

Ostron 进一步指出，不同生态治理主体的权力不同，地位不同，参与方式不同且作用也不同。[①] 由此，卡赞西吉尔认为，制度和规则在某种程度上决定着多元治理方式。[②] 然而，在生态治理实践中，生态治理多元主体的理念认知差异、利益追求差异及制度约束缺失，往往使得生态治理集体行动陷入困境。

鉴于此，太湖流域生态治理主体在协同治理中所暴露的运行困局值得深入思考。

一、多元主体协同治理的目标困局

生态治理多元主体之间存在利益冲突，突出表现为不同层级政府之间以及同级政府之间存在利益冲突。在生态治理中，中央政府统一领导，地方政府分级负责。然而，在生态治理实践中，中央政府和地方政府存在目标和利益冲突。中央政府更关注全局和整体利益，生态治理态度更为积

① E. Ostrom, "Polycentric Systems for Coping with Collective Action and Global Environmental Change", *Global Environmental Change*, Vol. 20, No. 4, 2010, pp. 550 –557.

② 俞可平主编：《治理与善治》，社会科学文献出版社 2000 年版，第 5 页

极；地方政府则自分税制改革后获得了"谋求自身利益的动机和行动空间"①。

　　地方政府有在短期内追求地方 GDP 增长和财政收入提高的倾向，因而生态治理虽然公共性强，但因其投入大且见效慢，往往被置于次要位置。正如 Holmstrom 与 Milgrom 所说，代理人在面对多重委托任务时，倾向于关注最凸显绩效的任务而忽视其他工作。② 由此，中央政府的生态治理政策在地方层面往往只能得到"软执行"，政策力度被消减，甚至有可能成为地方政府谋利的手段。与此同时，中央政府和地方政府在生态治理中的信息不对称，地方政府享有信息优势，由此使得中央政府监督管理难度增加，从而加剧了地方政府的机会主义倾向。再则，环境问题的外部性也会促使地方政府转嫁或逃避生态治理责任。不仅如此，中央政府和地方政府在生态治理中的财政责任划分不明。地方政府囿于自身利益，对生态治理投入不足。环境保护资金中的 60% 左右都源于中央的财政转移。③ 不仅上下级政府间存在利益和目标冲突，同级政府之间也存在利益和目标冲突。上级政府考核的是同类地区官员的相对业绩，故而同级地方政府陷入经济竞争格局，对生态治理缺乏足够激励，甚至为发展经济放任环境污染。正如 Cumberland 所言，地方政府间的竞争会提升其对污染的容忍度，弱化生态治理意愿，进而导致环境恶化。④ 同时，生态治理成本和收益的难以计量性以及"地区间环境污染负外部性的加剧和生态治理正外部性补偿机制的缺失"，进一步引发地方政府生态治理的激励不足问题。

　　在太湖流域生态治理中，中央政府十分重视太湖流域的水环境治理，多次召开太湖流域生态治理会议。根据相关水资源保护和水污染防治法律法规规定，省级政府是区域内水资源保护和水污染防治的责任主体，负责行政区域的水环境。因此，苏浙沪政府就成为太湖流域水污染和水治理的主要利益主体。苏浙沪政府出于经济发展的目的及由此引发的晋升博弈目的，对太湖流域生态治理动力不足，导致太湖流域生态治理并没有走出"边治理边污染"的老路。再则，苏浙沪政府由于在太湖流域的产业结构、污染水平、污染源种类及地理位置不同而选择不同的治理投入。生态污染

　　① 余敏江：《论生态治理中的中央与地方政府间利益协调》，《社会科学》2011 年第 9 期，第 23—32 页。

　　② B. Holmstrom, P. Milgrom, "Multitask Principal-Agent Analyses: Incentive Contracts, Asset Ownership, and Job Design", *Journal of Law, Economics and Organization*, Vol. 7 (1991), pp. 24–52.

　　③ 王猛：《府际关系、纵向分权与环境管理向度》，《改革》2015 年第 8 期，第 103—112 页。

　　④ J. H. Cumberland, "Efficiency and Equity In Interregional Environmental Management", *Review of Regional Studies*, Vol. 10, No. 2 (1981), pp. 1–9.

成本和生态治理收益核算的困难性及其外溢性，使得处于流域上游的企业或市民只能享受到水污染治理较少的收益，且能将污染转嫁于下游区域，由此导致流域上游地方政府水污染治理的关注度和投入都相对较小，而下游则被迫增加投入。由此可见，生态治理主体的利益和目标不同导致其协调性不足，增加了太湖流域生态治理的难度。

二、多元主体协同治理的结构困局

在生态治理多元主体中，政府起主导作用，公众和市场则先天不足。政府机制在生态治理中过于强大在一定程度上挤占甚至排斥了社会主体和市场主体发挥作用的空间，更加凸显后者的弱势地位。正如 Sugden 所言，个人常常被误认为完全不具有解决自己所面对的集体问题的能力。[①] 在生态治理中，公众参与机制因公众环境权力界定不足和参与渠道不畅通等原因尚未完全形成，而且受到政府行政力量的过度干预和管制。我国《环境保护法》规定，公民个人不允许提起环保公益诉讼，符合相关条件的社会组织才具有相应资格。可见，公众参与生态治理缺乏制度激励，因而参与意愿较低、参与能力较弱。

与此同时，基于市场机制的"谁污染、谁治理"原则，企业本应是生态治理的重要主体。然而，许多市场手段被限制在较小的范围内，而且还受到政府行政干预乃至破坏。不仅如此，环境制度和环境标准对企业承担环保社会责任的约束力和激励性不足，由此使得市场机制的治理作用难以发挥。因此，企业因生态治理市场机制未能有效形成而失去发挥作用的基础。正如奥尔森的压力集团理论所展示的，弱势利益相关者与压力集团相比，在公共治理实践中的力量更为薄弱。但是，过度依赖政府机制解决涉及诸多利益主体且外部性和公共性较强的生态问题也会导致政府失灵。卢洪友甚至认为，政府干预本身就是一些环境问题产生的原因之一，政府整治环境所带来的危害甚至较污染本身更大。[②]

就太湖流域生态治理来说，政府起着主导作用，但是，"政府行为没有获得社会和老百姓的广泛认可"。企业、社会组织和公众在生态治理中的作用微弱。以企业为治理主体的排污产权交易市场并未真正形成，仍高度依赖行政驱动，企业参与积极性不高。截至 2013 年底，江苏省排污有

[①]　R. Sugden, *The Economics of Rights, Cooperation and Welfare*, Oxford: Blackwell, 1986, p. 54.

[②]　卢洪友、许文立：《中国生态文明建设的"政府-市场-社会"机制探析》，《财政研究》2015 年第 11 期，第 64—69 页。

偿使用和交易金额总计仅 40 亿元。① 社会组织如环保 NGO 等虽然发展较快，但由于信息不对称等原因并没有充分发挥其应有的作用。公众由于缺乏有效的利益表达渠道和参与途径，导致其在太湖流域生态治理中缺乏"话语权"。

三、多元主体协同治理的运行困局

埃莉诺·奥斯特罗姆指出，解决公共自然资源所面临的一个基本问题是占有者之间的组织问题，即如何协调占有者个体的独立行为并形成协调策略以达到减少共同损失或增加共同收益的目的。② 显然，生态治理多元主体之间须形成有效的合作机制。然而，生态治理主体之间合作行为的激励机制和监督机制的缺乏往往使其选择不合作策略，致使政府与企业、社会组织和公众之间缺乏有效的衔接机制。政府在生态治理中居主导地位，但是政府内部的协同机制同样未能有效建立。生态治理责任由各级政府负责，但是同一级政府又涉及诸多部门，它们权、责、利和行动边界交叉重叠，容易造成权责不清和管理混乱的状况。就太湖流域生态治理而言，生态治理责任由苏浙沪两省一市分担，各负责辖区内生态环境，省级政府又将治理责任层层分解，同时环保部门又须协同发改委、经济贸易、水利、建设、交通、农业、渔业、林业、财政、科技、国土资源、卫生、工商、质量技术监督、价格、旅游等部门监督管理太湖流域水污染防治工作。

由此可见，生态治理条块分割严重。虽然政府部门之间存在一定程度的交流与合作，但是分割式的治理模式难以有效解决太湖流域生态危机。中央层面的综合治理机构是太湖流域管理局，但该机构权威性不足，职能较为单一，无法对不同区域不同地方进行分类指导，难以承担太湖流域生态治理综合职能。再则，太湖流域生态治理实行省部联席会议和苏浙沪两省一市的环太湖市级联席会议。不过，这些合作性的制度安排所发挥的作用有限。太湖流域政府及部门之间的合作更多地是起到信息交流的作用而非真正的实质性合作。此外，太湖流域各政府部门缺乏鼓励社会组织和民众参与的有效手段，并在制度和技术上都未能将市场机制作为生态治理的基础机制之一，致使企业、公众及社会组织的生态治理作用受限。

---

① 刘静：《排污权交易和减排工作量会议召开》，《中国环境报》2014 年 12 月 16 日，第 3 版。
② 埃莉诺·奥斯特罗姆：《公共事务的治理之道》，余逊达译，上海译文出版社 2000 年版，第 65 页。

第六节　结论与政策建议

现阶段，我国生态形势日益严峻且生态风险急剧增长，有效的生态治理模式是解决生态环境问题的关键。其中，生态治理结构因从根本上影响着治理主体的利益及行为互动而显得尤为重要。生态治理涉及相关利益者众多，为此，多元利益主体共同参与治理才能充分反映相关利益主体的利益诉求。这就要求多元治理主体形成良好的协同机制，由此方能保证治理效果。然而，我国生态治理结构中的多元主体协同机制因诸多因素限制未能有效建立，影响了生态治理成效和生态环境质量。这里通过个案研究方法，以太湖流域生态治理为分析对象，较为完整地呈现了生态治理多元主体的运行方式以及多元主体协同机制建立的现行阻滞因素，并得出如下基本结论：

第一，生态治理主体和治理手段趋向多元化。政府不是生态治理的唯一主体，企业、社会组织和民众也都应参与其中；治理手段也由行政管制的单一手段转向行政管制、经济激励和社会创新相结合的多元手段。

第二，生态治理主体之间开始互动融合。政府在生态治理中起主导作用，企业通过产权机制和价格机制发挥作用，社会组织和民众协助参与，三者初步形成互促格局。

第三，政府在生态治理中起主导作用，企业、社会组织和民众未能充分发挥应有作用。市场机制中的治理主体错配且制度、技术上的缺陷致使市场机制"元治理"作用缺乏，社会组织和民众缺乏参与生态治理的激励致使社会治理主动性不足。

第四，生态治理效力在较大程度上取决于政府内部不稳定的合作关系。纵向的上下级政府和横向地方政府以及同级政府内部不同部门在生态治理中存在利益冲突和博弈行为，由此影响生态治理制度的执行并使政府内部合作处于不稳定状态。太湖流域生态治理中的多元主体协同方式暴露出多元主体协同治理的不足和困境，及其对生态治理效力带来的负面影响。不同生态治理主体具有不同的优势和劣势，只有相互补充、协调、监督、良性互动才能有效推进多元主体协同治理。在生态治理重要性日益凸显的背景下，构建政府、企业、社会组织和民众多元主体协同机制就显得愈加刻不容缓。

Anthony 指出，治理是政府与私营部门及非政府组织间类似伙伴关系的协作过程。① 结合我国具体的社会情境，为建立生态治理多元主体协同机制，应采取如下措施：

第一，建立强有力的生态治理专门机构以协同政府内部的治理行为。斯蒂格利茨指出，政府解决外部性问题更能节省交易费用。② 对于生态治理来说，政府治理效力与其内部生态治理职能的合理划分密切相关。中央政府须建立生态治理专门机构，并赋予其实权，由此整合政府系统内部生态治理权力。生态治理专门机构直接对中央政府负责，以保证该机构的权威性和独立性；制定并实施生态治理政策，享有行使行政执法的权力，从而能有效协调地方政府之间的利益冲突，使其相互博弈行为转为相互合作。正如威廉姆森所言，政府内部可以用强制性的控制手段，因而是一种有效的冲突解决机制。③ 如，1970 年，美国成立了联邦环境保护局。联邦环境保护局向总统府负责，统管全国的生态治理工作，制定环境保护法并具有环境执法权力。在具体的水流域生态治理中，美国也有专门的跨区域生态治理机构，如 20 世纪 30 年代成立的田纳西河流域管理局（TVA），其权力源于联邦政府的立法规定，负责整个田纳河流域的生态治理。

第二，建立环境市场以协同政府和企业的治理行为。企业治理作用发挥的前提是将其污染环境的成本及与此对应的治理成本内部化为企业成本，由此约束企业的污染行为并激励其生态治理行为。因而，生态治理应更加注重市场手段，以发挥企业的治理主体作用，这也符合"谁污染谁治理""谁受益谁付费"的价值理念。为此，应明晰生态资源产权，健全生态资源的市场交易机制，以实现生态资源的市场配置并激发企业生态治理动机。如国外著名的欧盟碳排放交易体系和芝加哥气候交易所。这就需要政府完善税收政策、产权界定政策、排污权交易政策、绿色金融政策、生态补偿政策等环境经济政策。与此同时，生态治理在本质上更强调产业升级、生态技术的应用和经济发展结构的转型，这依赖于市场机制健全，环境市场亦囊括在内，而这与政府的推动和引导亦密不可分。

第三，健全公众参与制度以协同公众与政府及公众与企业的治理行为。诺思曾指出，制度能激励和约束组织和个人行为，好的制度对集体行

---

①　D. Anthony, *New Visions for Metropolitan America*, Washington D. C.：The Brooking Institution Press, 1994, p. 49.

②　斯蒂格利茨：《政府为什么干预经济》，郑秉文译，中国物资出版社 1998 年版，第 8 页。

③　奥利弗·E. 威廉姆森：《反托拉斯经济学》，张群群、黄涛译，经济科学出版社 1999 年版，第 29—30 页。

动有着重要的促进功能。① 然而，在我国，公众参与生态治理缺乏法律和制度保障，致使其作用甚微。公众才是生态治理的目的所在，是生态环境改善的最终受益者。为此，政府须进一步完善公众参与的法律和制度。一方面，制定法律以保障公众参与生态治理的权利，尤其是环境决策参与权和环境纠纷诉讼权；另一方面，建立健全环境信息公开制度，公开环境信息以便公众知情和公众监督。如英国从环境决策参与、环境信息获取公开和环境法律诉讼三方面构建了公众参与制度，在环境影响评价和环境治理中都鼓励公众参与。与此同时，公众良好的环境权利意识和环境参与意识是其参与生态治理的前提条件，为此，政府须建立国民生态意识教育制度以提升其环境意识和生态治理参与意识。

---

① 道格拉斯·C. 诺思：《经济史中的结构与变迁》，陈郁、罗华平译，上海人民出版社1994 年版，第 225—226 页。

第五篇
政府生态治理能力

政府生态治理能力的发挥，依靠力量是"全民"（明确地说，指"所有人"，不能有"遗漏"，更不能有"逆行动者"）。政府生态治理已然取得了巨大成就，却仍不能阻遏生态恶化的势头，我们因而寄希望于政府倡导全民参与生态治理来逆转地球生态的恶化。除非有政府管理体制的创新，全民行动的生态治理几乎不可能实现，因此，教化全民建设社会主义生态文明是政府不得不推动的一项重要工作，而全民推动是政府制度创新的愿景目标。政府生态治理管理体制创新，需要通过全民参与的机制目标来实现，机制创新关键就是创造几条极少的例外条件，比如，教化全民生态危机就是民族生存危机、动员全民拯救生态就是拯救子孙后代、激励全民治理生态就是保证生存条件。在"例外"条件之下，全民参与还是可能的。

当前政府生态治理能力发挥的模式是中国人最熟悉的"运动式"，公众在政府的运动动员下，"广泛"地参与。"运动式"治理在我国有着深厚的历史渊源，并在革命战争年代和早期的社会主义建设中都发挥过重要作用。由于思维惯性的延续与执行效果的鼓舞，党和政府在推动政策执行或在常态制度执行受阻时，依然倾向于通过"运动式"治理模式来应对。这种情况在生态治理中同样屡见不鲜。"运动式"生态治理模式在带来便捷高效的同时，也会遭遇执行偏差、忽略整体的现实困境，对其纠偏须着眼于中央与地方共容利益的构建，以及进行生态治理的统筹规划。

全球性的"碳排放"限制，既对中国做了义务性规制，但也让中国政府生态治理能力的提升有了标杆。西方的工业化经历了几个世纪才完成，而中国则将其压缩在短短的几十年间就基本实现。工业化与城镇化的高速运转，既带来了经济迅猛增长，也不可避免地导致了大气污染。中国需要经济持续发展，更要急速经济转型以适应环境承载力的要求。在内在动力和外在推力共同作用下，中央政府开始积极进行生态政治化进程中的主动调试，出台了《单位国内生产总值二氧化碳排放降低目标责任考核评估办法》，以激励地方政府低碳建设的积极性。然而，基于成本与收益的考量，地方政府往往仅采取从形式上保持与中央政府一致等方式的象征性执行，或通过数据造假等形式规避可能带来的风险。这一执行偏差归根于中央政府与地方政府在利益上的分歧，分税制的实施为地方政府提供了自由裁量的空间以及讨价还价的能力，监管有限与问责失灵则为地方政府的消极应对降低了风险。其化解须着眼于地方政府工具理性的价值回归、央地共容利益的建构以及环保问责制度的可行化与清晰化建设。

第十三章　政府生态治理能力现代化

实现政府生态治理能力现代化是一个复杂过程，本文主要以体制创新、政府"运动式"治理以及基于碳排放压力下的政府行为纠偏三个方面，对当前政府实现生态治理能力现代化进行分析。

第一节　以体制创新促进政府生态治理能力现代化：基于全民[①]

经过 40 年的改革开放，一方面，我们沉浸在经济持续高速增长的喜悦之中；另一方面，我们却又无法掩饰内心的焦虑，我们的巨大成功导致了严重的生态危机，它反制了我们的成功。更令人郁闷的是，政府生态治理已然取得了巨大成绩，却仍不能阻遏生态恶化的势头。进一步地治理生态，我们寄希望于政府管理体制创新。政府只有倡导"全民"（明确地说，指"所有人"，不能有"遗漏"，更不能有"逆行动者"）参与生态治理，才能逆转地球生态的恶化。但是，让全民参与生态治理，难度之高又令人存疑，我们寄希望全民参与的生态治理何以可行？

一、全民行动：生态治理过程中一个几乎不可能实现的目标

党和国家领导人非常重视生态治理，2013 年习近平在参加首都义务植树活动时指出"要加强宣传教育、创新活动形式，引导广大人民群众积极参加义务植树""不可想象，没有森林，地球和人类会是什么样子。全社会都要按照党的十八大提出的建设美丽中国的要求，切实增强生态意识，切实加强生态环境保护，把我国建设成为生态环境良好的国家"[②]。

中国人一直认为生态危机是资本主义国家的事，是资本主义的腐朽性所决定的。但是，自从中国走上快速工业化道路以后，环境污染也在中国出现，且日益严重。这让中国人惊醒并反思，认识到生态危机是跨越地域

①　论部分内容作为前期成果由张劲松署名发表。张劲松：《全民参与：政府生态治理管理体制的创新》，《湘潭大学学报（哲学社会科学版）》2015 年第 6 期。

②　习近平：《习近平谈治国理政》，外文出版社 2014 年版，第 207 页。

性和不分阶级性的存在，增长的极限也同样威胁着中国。丹尼斯·米都斯在《增长的极限》中的预言，同样也适用于中国：其一，未来的100年中将可能出现增长的极限；其二，改变这种增长趋势和建立稳定的生态和经济的条件，以支撑遥远未来是可能的；其三，"如果世界人民决心追求第二种结果，而不是第一种结果，他们为达到这种结果而开始工作得愈快，他们成功的可能性就愈大。这种结论是如此深刻，而且为进一步研究提出了这么多问题，以致我们十分坦率地承认已被这些必须完成的巨大任务所压倒"[①]。

为应对增长的极限，就必须让"世界人民"立即采取生态治理行动！而且这一行动越早采取越有希望，越晚采取则希望越渺茫。然而自1972年《增长的极限》发表以来，"世界人民"的全民行动未能出现，当然各国政府及许多社会组织的确采取了许多有益的行动来治理生态。其中中国政府采取的生态治理行动，被世人瞩目。自20世纪90年代以来，中国政府认识到西方国家所走过的"先污染后治理"的道路不可取，中国在工业化、城镇化过程中，必须同时治理生态。从此，中国政府采取了许多生态治理的政策和措施，并且积极主动地参与全球生态治理。党的十七大之后，中国政府将"生态文明"作为治理的重大方略；党的十八大更是将生态文明融入经济建设、政治建设、文化建设、社会建设的全过程中。中国全民生态治理的行动，已然掀起。

走工业化道路，增长出现极限，自然生态受污染，政府进行生态治理，采取全民行动，这已经形成了一个连续链，这个链的终点依赖全民行动来治理生态，保证经济可持续发展。然而，在现实生活，生态问题越来越严重，这一现状让人惊愕地发现，依靠全民行动来治理生态危机，是一个几乎不可能实现的目标。不可能性定理恰恰是科学的基础，只有尊重不可能性定理，才能使我们避免在那些注定要失败的事情上浪费资源，生态治理过程中必须尊重这种不可能性。

除非有外在的制度创新，依靠全民行动来治理生态，在现代社会几乎是不可能的，这种不可能性体现在如下几个方面：

其一，全民要求经济增长，全民要求执政党满足"日益增长的美好生活需要"，而依赖经济不断增长来满足日益增长的需求，这是不可能实现的。经济学家们就特别重视这个不可能性："世界经济的增长不可能不以

---

① 丹尼斯·米都斯等：《增长的极限》，李宝恒译，吉林人民出版社1997年版，第18页。

贫穷及环境退化为代价。换句话说，可持续增长是不可能的。"① 这个解释是从地球物质层面这个大系统来说的，"在物质层面上，经济是整个地球生态系统的一个开放的子系统，而地球生态系统是有限的，非增长的，在物质上是封闭的。随着经济子系统的增长，它将从整个生态系统的母体中吸收越来越多的部分，并且将达到100%的极限（如果以前没有达到这一极限的话）。因此，经济增长是不可持续的。"② 而现实生活中，大多数人要求经济不仅要永远增长，还得永远加速增长，这就是毫无逻辑的空洞口号。全民要求经济不断增长，这一行为的代价必定是环境退化，最终威胁人类的生存和发展。

其二，全民生态治理的自觉行动，历史上几乎没有发生过，相反，全民放任破坏生态的行为，在历史长河中俯拾皆是。历史上，有一些古文明的消失，不是因为这些文明不够先进，恰恰相反，是因为这些文明改造自然的能力越来越强大之后，对自然需求越来越大，以至于周边环境无法支撑文明的发展，最后导致文明的崩溃。古两河流域文明如此，古埃及文明亦如此。人类并非没有认识到破坏环境对人类生存的影响，也并非这些文明不想治理生态，最主要的原因是全民生态治理行动，实在难以自觉地进行。最常见的解释就是"公地悲剧"："在这个相信公地自由使用的社会里，每个人都在追求自己的最大利益，但所有人争先恐后追求的结果最终是崩溃。公地的自由使用权给所有人带来的只有毁灭。"③ 人类的理性行为，导致全民共同行动起来治理生态变得几乎不具有可能性。

最后，生态治理全民行动的不可能性，有时是因为各种灾难性的价值观。有史以来，社会之所以不去采取共同行动解决业已察觉的生态问题，是因为其中某些人能从中获利，而这些人又往往是一个社会中有重大影响力的自私的国王、酋长和政客，他们往往会成为社会崩溃的罪魁祸首。即使这些人认识到了问题的严重性，即生态破坏会影响所有人的利益，他们仍然会采取非理性行为："当个体心中的价值观出现冲突时，常常会产生这种非理性行为：如果一件坏事有利于我们紧紧依附的价值观，那么我们可能会采取熟视无睹的态度。"④ 因此，由于某些行为与人类行为的现存"价值观"冲突，全民生态治理的行动不仅不会发生，甚至会产生"全民"破坏生态的行动。如1958年中国出现的大规模伐树炼钢，就是在当

① 赫尔曼·E. 戴利等编：《珍惜地球》，马杰等译，商务印书馆2001年版，第300页。
② 赫尔曼·E. 戴利等编：《珍惜地球》，马杰等译，商务印书馆2001年版，第300页。
③ G. Hardin, "The Tragedy of the Commons", *Science*, Vol. 162（1968），pp. 1234－1248.
④ 贾雷德·戴蒙德：《崩溃》，江滢、叶臻译，上海译文出版社2011年版，第451页。

时党和国家提出各部门、各地方都要把钢铁生产和建设放在首位、为"钢元帅升帐"让路的价值指引下发生的。生态治理全民行动的不可能性，也可以用心理学家常用的"沉没成本"理论来解释：在现有的价值观体系下，我们已经进行了大量的前期投入，哪怕行为会对环境产生巨大的破坏，也要继续投入下去，否则前期投入就成了"沉没成本"，无法取得预期的收益，即使错也要错到底。这在日常生活中也常常出现，我们明知道某些行为会破坏生态，但就是无法形成全民共同行动，有些人总会"固执"地错下去。

二、全民教化：生态治理过程中一个政府不得不推动的目标

尽管全民参与生态治理的行动几乎不可能实现，但是，全面参与生态治理的行动却是那么重要且不可或缺，因此，政府生态治理管理体制的创新就包含着必须教化全民积极地参与生态治理。保护生态、治理生态任务艰巨，仅靠政府单方面的力量是远远不够的，政府生态治理的管理体制创新需要利用全民的力量，教化全民建设社会主义生态文明是政府不得不推动的一项重要工作。

（一）政府生态治理管理主体力量单薄，需要全民教化

从人类的环境史上看，人类与自然形成了一个恶性循环：一是人口过多导致森林和牧场的过度使用，即"人口对自然资源的压力，它对许多人来说是从古至今的全部世界史和环境史的核心。马尔萨斯的人口论的效应由于生态学的加盟，构成了完整的恶性循环"[1]。二是饥饿和对资源的疯狂竞争，"使得一个持久的和有储备的经济方式成为不可能。当前的需要战胜了未来，眼前的个人利益战胜了长久的共同生存利益，森林牧场战胜了森林。牧场自然而然地变成了游牧和半游牧的经济形式，并且使农田不再肥沃"[2]。

解决人类与自然所形成的恶性循环，这是政府必须承担的生态治理责任。在我国，党和政府对环境恶化有着清醒的认识，并采取了许多必不可少的管理措施。习近平指出："要清醒认识保护生态环境、治理环境污染的紧迫性和艰巨性，清醒认识加强生态文明建设的重要性和必要性，以对人民群众、对子孙后代高度负责的态度和责任，真正下决心把环境污染治

---

① 约阿希姆·拉德卡：《自然与权力》，王国豫、付天海译，河北大学出版社2004年版，第7页。
② 约阿希姆·拉德卡：《自然与权力》，王国豫、付天海译，河北大学出版社2004年版，第7页。

理好、把生态环境建设好，努力走向社会主义生态文明新时代，为人民创造良好生产生活环境。"①

　　人要生存，生存是根本性的。当前政府对生态治理重要性的认识是全面而深刻的，但是全民性的人口增长，贫困与资源疯狂开采，这些难题却不是用现代政府生态治理管理体制就能单方面解决的。对全民来说，不断发展是发自内心的需求。因此，无论政府采取何种生态治理管理体制，重新考量经济增长的功效总是必要的，通过提高现存物质存量的效率来发展经济，这也是非常必要的。"地球上的资源是有限的。无情的热力学定律又告诉我们，不存在完美的物质与能源的循环，因此，不会有未来能长期繁荣持续增长的状态。或迟或早，最好早一些，世界经济会实现理性、有序的智力圈，在那里，经济的特征是发展，而不是增长。"② 在资源有限的前提下，政府生态治理管理体制不能适应社会发展的需要，需要教化全民，让所有人都清醒地看到无限增长是不可能的，更不可行。政府要以创新的方式方法，引导全民来发展全新的经济形式。

　　同时，政府生态治理管理体制还需要做到，当市场机制还不够完善时，教化全民投身于生态治理的体制创新中来，尤其需要全民创新生产和生活方式。"当市场不完善时，权力和财富的不平等转化为机会的不平等，导致生产潜力遭到浪费，资源分配丧失效率。"③ 一个社会要繁荣，政治与经济制度必须公平，必须创造促使绝大多数人进行投资和创新的激励机制。"国家间对比数据的基本规律以及历史记述都表明，那些走上促进持续繁荣的制度化道路的国家，是因为政治影响力和权力平衡的公平度增加，才走上了这种制度化道路。"④ 政府单方面的力量不足以治理生态时，教化全民，引导全民创新体制，才能走上保护生态实现持续繁荣之路。

（二）社会生态治理参与管理力量分散，需要全民教化

　　所有人都知道这样的结论：如果人类不立即采取行动治理生态，生态恶化后将出现不可逆转的状况，自然将毁灭于我们今天的不行动。但是，我们又靠什么力量才能让社会采取共同的集体行动呢？人类在同自然界打交道的时候，最有效的不是技术或装备，而是人类的精神力量："如果人类没有想象力，没有创新和持之以恒的精神，最重要的是如果没有自控能力，没有这些为开发有利于人类的某些地理潜能所要求的精神，那么再好

---

① 习近平：《习近平谈治国理政》，外文出版社 2014 年版，第 208 页。
② 赫尔曼·E. 戴利等编：《珍惜地球》，马杰等译，商务印书馆 2001 年版，第 329 页。
③ 世界银行：《公平与发展》，清华大学出版社 2013 年版，第 7 页。
④ 世界银行：《公平与发展》，清华大学出版社 2013 年版，第 9 页。

的技术本身也不能使人类完成这项工作。就人类而言，决定的要素——对胜败举足轻重的要素——绝不是种族和技能，而是人类对来自整个大自然的挑战进行迎战的精神。"①

应对大自然恶化的挑战，靠的是人类的精神力量。从全社会来看，虽然一些社会组织（包括企业）和个人能自觉地投身于生态文明建设中来，但若要让全社会都参与到生态治理的管理体制中来，却几乎不可能。这是因为在人类精神力量中一些负面因素的影响下，从整体来看社会组织不会选择集体行动。奥尔森分析说："在一个真正的大集团中，每个人只会分领到从集体行动中得到好处的微小部分。这个微小的所得不会刺激大集团中的个人采取自愿地与集团利益相一致的行动。"② 更何况是在中国有意愿从事生态治理的集体是如此分散，强制力量又不足的前提下呢？奥尔森还进一步分析认为，即使出现了"科斯定理"（即交易成本为零时，个人理性可以通过集体理性得到纠正）的条件，大集团成员的集体行动仍然不可能，因为，"当一个集团足够大的时候，其成员将没有任何激励因素驱动他们进行使科斯谈判成功的成本高昂的谈判与战略互动。……因为所有理性的人都会不断努力进入搭便车联盟的次集团中，对他们来说这样可以得到最大的收益"③。

参与生态治理的社会力量，因过于分散，选择性的激励措施只有政府才有可能去推行。当前政府生态治理管理体制中需要用教化全民的方式，以解决社会治理力量过于分散无法形成有效治理行为的问题。对于像中国这样的发展中国家，奥尔森分析后的结论是：其落后的最大挑战不在于资源或资本匮乏，而在于它们很难组织起大规模的分工、交换等市场活动，特别是高质量的政府活动。

在中国，政府和社会都认识到人类生活存在着一个悲剧性的原理：工业化生产毁灭生态容易，创造与恢复生态难。政府没有太多的机会去选择，也无法逃避，只能立即采取生态治理行动。全民教化，让更多的人和社会立即参与到生态治理中来，这是政府必须做到的一项紧迫的工作。正如习近平指出的："要正确处理好经济发展同生态环境保护的关系，牢固树立保护生态环境就是保护生产力、改善生态环境就是发展生产力的理念，更加自觉地推动绿色发展、循环发展、低碳发展，决不以牺牲环境为

① 汤因比：《历史研究》，刘北成、郭小凌译，上海人民出版社 2007 年版，第 171—172 页。
② 奥尔森：《权力与繁荣》，苏长和、嵇飞译，上海人民出版社 2005 年版，第 62 页。
③ 奥尔森：《权力与繁荣》，苏长和、嵇飞译，上海人民出版社 2005 年版，第 69 页。

代价去换取一时的经济增长。"① 在生态危机威胁着我们的生活和生存时，全民行动，全民接受生态治理的教化，这些都是当前急迫的任务。

三、全民推动：政府生态治理管理体制创新的愿景目标

在政府生态治理成效不尽如人意，生态仍然在恶化的前提下，政府也想跳出现行的生态治理管理体制窠臼，但体制创新的余地实在不多。全民推动生态治理就是少有可行的创新制度方向，全民推动是政府制度创新的愿景目标。

政府无疑是生态治理管理体制创新的核心行动者，但是政府单方不足以承担起生态治理的重任。若能实现全民都来推动的生态治理，这无疑最能达到政府愿景目标。像世界上发达国家经历过的生态危机一样，工业化所带来的结果是，中国同样不可避免地重复着工业时代给发达国家所带来的一系列不可持续的副作用，因此，"现实传递给我们一个明确的信息：我们只有采用一种超越机器思维的工作和生活方式，才有可能创造一个可持续的未来"②。

当前，中国已经进入了一个非常理想的全民都认识到生态治理重要性的时期，而且生态治理的技术条件也日益成熟。甚至汤因比都认为，现代西方的工业革命为大一统的中国指出比较美好的前景："现代技术伴随着出生率以及死亡率的刻意降低，可能会给未来的世界国家的财政带来闻所未闻的好处。未来的世界国家，不再向穷人和呆滞的农民经济征收难以忍受的赋税，而是依靠世界范围内的农业科技的应用，有能力对根本改变其传统的新石器时代的农民生活提供资助。"③ 当然，即便在这个最有利的时期，我们仍然要确立除政府之外的生态治理最有效最广大的行动主体——全民。

在由工业文明向生态文明转型的时期，"即使是最有利的时机，由一种社会类型向另一种社会类型的转变也不可能不间断地完成，但也正是在这断裂的时刻，我们更有必要去留意对主体的诉求，更有必要去思考那作为文化创新和社会冲突的结果，而非规定行动与意识的社会情境"④。今天全民推动生态治理将被行动者意识到自身在历史中起着逆转生态恶化的

① 习近平：《习近平谈治国理政》，外文出版社2014年版，第209页。
② 未沙卫：《有个世界在变绿》，科学出版社2012年版，第1页。
③ 汤因比：《历史研究》，刘北成、郭小凌译，上海人民出版社2007年版，第41—42页。
④ 阿兰·图海纳：《行动者的归来》，舒诗伟等译，商务印书馆2008年版，第209—210页。

重要作用，作为全民中的单个的个人，他们作用于社会和历史的方法主要是通过推动全社会采取有效措施来实现的，而由个人行动出现的全社会推动，可以创造出新的社会形态。当生态恶化日益危及人们的生活和生存时，"各种新的社会运动和政治协商会建立起来，而我们目前所处的时刻，不只是一个过往解体和全面感受到危机的时刻，也是一个召回主体、质疑所有社会组织形式和要求创新性自由的时刻"①。

今日，全民推动生态治理，政府寄希望通过这一方式取得单一的政府治理无法达到的目标，生态治理"局部有效，整体失效"局面，若没有全民参与，不可能逆转；公众则寄希望通过承担历史责任，让生态更美好，子孙能繁衍。"历史责任感并不是激励自然环境保护者努力的唯一原因，关注对安静、恬淡的自然美景的保护也一直是强有力的动因。此外，个人利益的动机也常常十分明显，……然而，大多数情况下，那些试图保护自然美景的人们一直这样做，就是希望能和别人一起分享他们的快乐，并且通过融入美好的大自然来推动公众的健康。"② 全民参与的生态治理运动，与以往的政治运动大不相同，它通过政府作为核心行动者来表率，并且通过召唤、制度创新，来吸引、教化与推动全民采取有效措施。一种新的行动形态，在各种力量的共同努力下还是可以形成的。

政府也不愿生态就此恶化下去，希望全民共同努力扭转不利的环境趋势。而目前，通过全民推动生态治理，仍有可能力挽狂澜。当前，扭转不利形势的条件是具备的，正如澳大利亚学者郜若素分析其国家的情景一样，在澳大利亚"绝大多数人对气候变化问题有浓厚的兴趣。他们表示，愿意支付较高的商品和服务价值，而为减缓气候变化买单。不管其他国家如何做，即使澳大利亚单独采取行动并为此付出高昂的代价，也在所不惜"③。

中国政府也做出了同样的选择，习近平强调："不管全球治理体系如何变革，我们都要积极参与，发挥建设性作用，推动国际秩序朝着更加公正合理的方向发展，为世界和平稳定提供制度保障。我们要大力推动建设全球发展伙伴关系，促进各国共同繁荣。独木不成林。"④ 中国公众的态度也是同样坚决的，没有人愿意生活在雾霾、沙尘暴中，全国有许多地区

---

① 朱沙卫：《有个世界在变绿》，科学出版社2012年版，第210页。
② 克拉普：《工业革命以来的英国环境史》，王黎译，中国环境科学出版社2011年版，第112—113页。
③ 郜若素：《郜若素气候变化报告》，张亚雄等译校，社会科学文献出版社2009年版，第10页。
④ 习近平：《习近平谈治国理政》，外文出版社2014年版，第324页。

都有着不同程度的"全民推动"。在全民教化的基础上，全民选择过生态生活也是可能的。"对任何一个社会而言，成败的关键在于知道哪些核心价值观应该继续尊崇，而哪些随着时代的变化应该摒弃，并寻找新的价值观。……成功属于那些有勇气做出困难抉择的社会和个体，同时也需要运气才会赢得赌博。今日，对于环境问题，整个世界面临着类似的抉择。"①中国政府的愿景是全民行动起来参与生态治理，公众（全民）也是不排斥生态治理的，但是"搭便车"的心理及其可能性的存在，使当前全民推动并不理想。无论如何，减缓生态恶化的社会基础已经具备，全民推动生态治理也是可能的。人类解决生态危机的行动时间已然不多了，全民推动的生态治理势在必行。

四、全民参与：完善政府生态治理管理体制创新的机制目标

政府生态治理管理体制创新，需要通过全民参与的机制目标来实现。在全民行动几乎不可行的前提下，管理体制的创新就是要找到看似不可行中的几条极少的、条件极为严格的例外。政府生态治理管理体制创新，就是创造这几条极少的例外条件。

（一）教化全民生态危机就是民族生存危机

当中华民族处于生存危机中时，全民行动救国救亡就是顺理成章的事。教化全民国家处于生存危机之中，这是促使全民行动的最常见的"例外"条件。

"天下兴亡，匹夫有责"。当中华民族处于生存危机中时，全民行动很容易形成。据《南方日报》载文《抗战期间侨胞捐款占当时军费1/3》述："据当时的国民政府统计，抗战期间的华侨义捐和侨汇达当时的国币13亿元，占中国军费的1/3。另外，加上其他途径的捐款捐物，华侨贡献共约国币50亿元。……1938年9月，新加坡8000名人力车夫通过决议：每日每车捐资，每月每人再捐。当时的《星岛日报》（香港）报道称：'人力车夫是华侨社会的无产者，所得尚不足赡养家室。然而从祖国神圣抗战以来，爱国之殷，绝不后人，捐款购债，颇为努力。'"②民族危机常常促进全民（包括海外华人）运动。"华人华侨固然有巨商富人，但绝大多数还是挣扎在低层的劳苦阶层。在东南亚，他们多是小贩杂役；在欧美，他们多是厨师、洗衣工；在南美，他们多是农场苦力。这些华侨们在

① 贾雷德·戴蒙德：《崩溃》，江滢、叶臻译，上海译文出版社2011年版，第453页。
② 《抗战期间侨胞捐款占当时军费1/3》，《南方日报》2015年7月13日，第4版。

自己温饱尚未解决的情况下，却为中国和民族的安危，做出了可歌可泣的奉献。"① 上至巨商，下至贩夫，民族危亡就能使全民运动起来，这是我们民族的凝聚力所在。

当前，政府生态治理体制创新应从民族生存危机上着眼，教化全民，中华民族又到了一个新的危亡时期。生态危机看起来不见硝烟，可它实实在在地在危及民族的生存。一个近 14 亿人口的大国，全面工业化、城镇化之后，我们生存的条件已经越来越严峻，它的确让中华民族走进了又一次的生存危机之中。中国反对对外扩张，但我们仍然依赖世界贸易，中国生态规模仍然在扩大，我们不仅严重依赖国内的资源，也严重依赖国际的资源，我们的可持续发展越来越成为难题。Daly 认为："随着贸易扩张，区域的限制与规模越来越不相关，而全球限制与规模的关系越来越密切。尽管贸易可以减少任何一个区域超过可持续规模的可能性，但这同时也意味着，如果我们超过了区域的可持续规模，就更可能超过了地球这个整体的可持续规模。"②

国际国内的生态及资源危机都已经来临，因为危机不像以往那样直接夺走我们的生命，也没有立即会让民族灭亡，所以人们在不知不觉中让严重的危机临近我们身边。我们没有太多的时间去等待全民清醒，生态治理的机会不会太多，现在已经是非常急迫的时刻，政府生态治理管理体制创新，就需要在此时唤醒人们已经到了又一次民族危机之时了，这绝不是危言耸听，危机实实在在来临了，全民行动才能可能挽救这场危机。

（二）动员全民拯救生态就是拯救子孙后代

一些西方经济学家们建议，人类应学会克制对经济增长的欲望，退回到简单的人类生活中去，控制自己的消费，以节省资源。中国生态文明建设的要求也包括了节省节约的内容，但是收效甚微。事实上，"有多少人甚至包括那些环境保护主义者们会准备接受这一忠告来面对现实呢（如果这将意味着影响自己的生活品质与物质享受的话）？不难想象，一般公众不会仅仅为了下一代的幸福，或者是出于担心后人对他们的评价而自愿节衣缩食"③。联合国也一再强调要保护代际公平，指出工业化国家的发展道路是不可持续的："这些国家的发展决策，由于其巨大的经济和政治能

---

① 《抗战期间侨胞捐款占当时军费1/3》，《南方日报》2015 年 7 月 13 日，第 4 版。

② Herman E. Daly，Joshua Farley：《生态经济学》，徐中民等译，黄河水利出版社 2007 年版，第 235 页。

③ 克拉普：《工业革命以来的英国环境史》，王黎译，中国环境科学出版社 2011 年版，第 213 页。

量，将会对全人类争取世世代代持久进步的能力产生深远影响。"①

我们知道，如果今天的人们为了现在的发展而将资源和能源都耗尽了，那也就断了子孙的路。理智的人不应如此行动，但人的自利及其放任心理仍然促使人类向非理性的方面发展。这个结果政府也很清楚，只是仍然没有找到一种可行的创新的管理制度来治理生态。采取何种例外才能破局呢？只有从制度创新上动员全民，让"他"（不是"他们"）明白拯救生态就是拯救他的子孙后代。

在中国，受差序格局影响，"他"会关心爱护他的子孙，这是中国人的一个重要特性。但一旦上升到"他们"，他们尽管也知道一定要爱护他们的子孙，结果并非总能如意。政府生态治理管理体制的创新，可以从"他"着眼和着手，如果让"他"去干有利于"他"的子孙的生态治理事项，"他"肯定会不遗余力去干；比如，如果能有地让"他"去植树，且非常确定地告诉"他"，这些树可以作为财产留给"他"的子孙。若真能这样，单个的中国人不用太多的激励，都会以植树行动支持生态治理。

让"他"去做既有利于生态治理，又能让"他"留下一笔可贵的财产给子孙的事，真的那么难吗？事实是否定的！我们有许多荒山野岭，可以植树，但我们的政策却否认人们植树后的产权。我们非常重视"集体"及其财产，却往往忽视个人及其财产。生态治理的制度创新并非真的那么难，往往由于人们的固有理念束缚了政策创新，从产权制度创新上着眼，可以鼓励全民参与生态文明建设。

（三）激励全民治理生态就是保证生存条件

让全民对看不见的臭氧层空洞以及远在太平洋的"厄尔尼诺"做出明确的行动，实在勉为其难。"毫无疑问，工业对原材料的需求导致了对矿产资源的掠夺，但相对之下，人民大众更容易对环境污染和失去舒适的生活条件而产生愤怒。"② 以看不见或远在天边的危机来激励全民参与，常常不能如愿。因为这些危机只能让一部分人清楚地认识到其危害到底有多大，绝大多数人更关注其身边的生态危机。政府生态治理管理体制的创新，就应该从全民（公众）的身边事着手，创新制度、改革机制，以激励全民参与生态治理。

"保护公民有效地参与决策的政治体系""具有自身调整能力的灵活

---

① 世界环境与发展委员会：《我们共同的未来》，王之佳等译校，吉林人民出版社 2005 年版，第 8 页。

② 克拉普：《工业革命以来的英国环境史》，王黎译，中国环境科学出版社 2011 年版，第 209 页。

的管理体系"等等，都是寻求可持续发展的重要要求。"这些要求更多地体现在目标的性质上，应在国家和国际发展行动中加以强调。重要的是追求这些目标时的真诚性和纠正偏离目标时的有效性。"① 比如，对可持续发展规划的政策指导上的可再生资源的政策问题，"在某种意义上对可再生资源应当这样开发利用：（1）采掘率不超过再生率；（2）废物排放不超过当地环境的可更新吸收能力"②。这就要求不可再生资源与可再生资源达到平衡，实现这一平衡应该做到不可再生资源的耗用速度与可再生替代品生成速度保持一致，且以不可再生资源为基础的项目要与开发可再生替代品的项目配套进行。所有这些理论上的阐述，无疑都是正确的，而"徒法不足以自行"，谁来实现这些原则呢？理论上讲，那是全民的责任，由全民参与来实现这些理性目标。

从欧洲的环境史来看，欧洲人也没有做到这一点。在欧洲资本主义发展的早期，随着欧洲的城市扩张和森林越来越遥远，越来越多的人开始把自然当作被机械技术改变和操纵的自然来感受，卡洛琳·麦茜特认为："人们正在缓慢但不可逆转地疏远直接的日常有机关系，而这种关系从洪荒时代起就一直构成人类经验的基础。与这些变化相伴随的是关于社会组织理论和经验基础的改变，而社会组织曾是构成有机宇宙的必要组成部分。"③ 学术界"从人、自然、社会三者间的关系入手，分析了资本主义科学技术、经济发展、异化消费等因素对经济危机和生态危机的影响，对制度、技术、消费进行批判"④。中国学者亦认为，中国的环境史亦如此，黄河流域是中华民族的发源地，而几千年来的农业开垦，使这个发源地的生存环境越来越不太适合中国人生存。

从政府生态治理管理体制创新方面来看，可以选择的例外机制可以从保证全民（尤其是单个个人）的生存环境着眼。让全民参与自己生活的社区生态建设，让全民参与自己的乡村生态建设，让全民参与城市公共活动区域的生态建设，个体对自己身边的生态建设总是很有参与的积极性，政府要做好的制度创新是吸引个体参与进来，让他们的行动产生良好的社会行为后果。当然，如果制度创新能让参与者从中"获利"，那么机制创新就能让全民不知不觉地参与进来。全民参与的生态治理，是政府未来生态

① 世界环境与发展委员会：《我们共同的未来》，王之佳等译校，吉林人民出版社 2005 年版，第 80 页。
② 赫尔曼·E. 戴利等编：《珍惜地球》，马杰等译，商务印书馆 2001 年版，第 309 页。
③ 卡洛琳·麦茜特：《自然之死》，吴国盛译，吉林人民出版社 2004 年版，第 77 页。
④ 莫江平：《国内马克思主义生态思想研究述论》，《湖南科技大学学报（社会科学版）》2014 年第 11 期。

治理管理体制中必不可少的重要环节。

第二节　以提升效力实现政府生态治理
能力现代化：基于运动[1]

在我国，"运动式"治理有着深厚的历史根源，即长久以来的权威统治和统一观念。其作为国家治理逻辑的重要组成部分，贯穿于历史发展的长河之中。对于中国共产党而言，无论是在解放战争时期还是在社会主义改造过程中，作为具体形态的政府动员能使党和国家在必要的时候集中精力于既定目标，有效动员全社会的资源为之奋斗，在较短的时间里完成治理任务，达成其他治理方式难以企及的效果。囿于治理惯性与路径依赖，如今"运动式"治理仍被作为常态制度的补充，广泛应用于各项社会治理中，生态治理也不例外。

一、惯性与依赖："运动式"生态治理的模式生成

"运动式"治理模式在中国有着广泛的历史根源和社会基础。传统中国社会一直存在两套治理体系：一是"普天之下，莫非王土；率土之滨，莫非王臣"，在县以上，皇权拥有至高无上的权威。二是"国权不下县，县下惟宗族，宗族皆自治，自治靠伦理，伦理靠乡绅"[2]，在县以下的乡土社会遵循着道德、人伦等约定俗成的礼俗规范。这两种体制最集中的矛盾表现在"中央管辖权与地方治理权间的紧张和不兼容：前者趋于权力、资源向上、集中，从而削弱了地方政府解决实际问题的能力和这一体制的有效治理能力；而后者又常常表现为各行其是，偏离失控，对权威体制的中央核心产生威胁。在权威体制中，这一矛盾无法得到解决，只能在动态中寻找某种暂时的平衡点"[3]。当科层制的管理方式在实践中受到挑战与冲击时，一系列应对措施便会作为常态制度的补充应运而生。对于中央政府而言，在这些应对措施之中，"运动式"治理模式能够解决中央政府对基层政府的权力失控问题，规范基层政府对中央政策的"灵活运用"行为，成为协调中央政府与基层政府关系的重要利器。

---

[1]　该部分内容作为前期成果由杨书房署名发表。杨书房：《"运动式"生态治理的效力与限度分析》，《领导科学》2016 年第 16 期。

[2]　秦晖：《传统十论：本土社会的制度、文化及其变革》，复旦大学出版社 2004 年版，第 3 页。

[3]　周雪光：《权威体制与有效治理：当代中国国家治理的制度逻辑》，《开放时代》2011 年第 10 期。

"运动式"治理是中国共产党取得革命胜利的宝贵经验之一。在革命战争年代，中国共产党通过广泛发动群众，依靠群众的热情和力量取得了革命的胜利。在取得执政地位后，面对"一穷二白"的新中国，党和政府仍然沿用群众动员的方式，通过意识形态的宣传与组织网络的渗透，鼓舞群众斗志，凝聚社会资源，共同致力于社会主义建设，并取得了令人瞩目的成果。时至今日，在思维惯性的延续与执行效果的鼓舞下，党和政府在推动政策执行或在常态制度执行受阻时，仍倾向于采用"运动式"治理模式来应对，这种模式在生态治理中同样屡见不鲜。随着生态问题重要性的凸显，过去"先发展、后治理"、不计环境成本谋发展的发展模式所造成的后果日益严重，与人类生活密切相关的大气、水、土壤等自然资源污染程度的加剧深刻影响着人们的生存与幸福指数。在社会生产力获得极大解放、人们的温饱问题得到解决后，富裕起来的民众与社会将更多地关注人身安全与生活质量，对生态环境愈发敏感并谋求自救，有时甚至酿成群体性事件。生态治理已经成为目前中国各级政府无法忽视、必须面对的紧迫问题。党的十八届五中全会审议通过的《中共中央关于制定国民经济和社会发展第十三个五年规划的建议》中提出，要"统筹推进经济建设、政治建设、文化建设、社会建设、生态文明建设和党的建设，确保如期全面建成小康社会"①。推进生态文明建设必须落实到生态治理现代化，这不仅是人民群众的现实需求，也是党提升执政合法性的必然选择。

然而，在实际操作过程中，囿于大气、水等资源的流动性，生态治理成果难以计量，短期内又难以见效，因此，生态治理往往被地方官员置于次要地位，仅在中央政府大力推动或因环保问题被约谈时才集中整治，其中典型案例便有临沂"环保风暴"、淮河治污"零点行动"等。"运动式"生态治理在日常行政实践中被广泛应用。

二、限度与隐患："运动式"生态治理的现实困境

"运动式"生态治理模式在带来便捷高效的同时，也造成中央政府与地方政府难以调和的矛盾，导致执行偏差，以及因其随机性而影响整个社会系统治理的现实困境。

（一）执行偏差：中央政府与地方政府的利益分歧

中央政府与地方政府之间在生态治理这一问题上存在较大的利益分

---

① 《中共中央关于制定国民经济和社会发展第十三个五年规划的建议》，《人民日报》2015年11月4日，第1版。

歧。中央政府着眼的是整体的生态治理成效及全社会的普遍利益，地方政府则更多关注与政绩考核密切相关者，如实现辖区内经济利益最大化及维持稳定等硬性指标，致使其在生态治理中权衡地区核心利益的得失，并选择以自身利益最大化为主要行为标准与目的，这在一定程度上符合地方政府自利性的行为逻辑。

对于地方而言，致力于生态治理所取得的成效有可能让其他地区"搭便车"，忽视生态治理所形成的问题也可能转嫁给其他地区。然而，着眼于全局的中央政府无法回避这一问题，必须面对全国范围内频频发生的环境污染问题，并采取有效的治理措施。中央与地方之间的利益差异与冲突致使两者难以在行动上保持一致，因此，需要通过多次谈判的形式解决。在这一博弈过程中，地方政府因为掌握更全面的具体信息而在向上级部门申诉时占有主动权，进而在资源分配、考核标准、责任承担等方面与中央进行协商时也占有一定的有利地位，所以实际上在"运动式"生态治理实践中，地方政府在目标设定、成效检验上掌握着更多的话语权。中央政府也担心对生态治理的过度强调会影响地方的发展积极性，因此，在多数情况下依靠督促、劝说等柔性方式，而较少使用具有实质性惩罚的强硬措施。

由此可见，"运动式"生态治理在实践中常常会出现目标设定与实际执行的脱节、上级制定的政策目标与下级的执行情况之间存在较大的偏差等问题。另外，对于身处权力末端的基层政府而言，权力高度集中于中央也在一定程度上约束了地方自主性的发挥及随机应变的权限。基层政府基于自身利益的权衡，在实际操作过程中往往倾向于采取"共谋行为"[1] 或"非正式反对"等隐性不合作。这些行为在客观上弱化了中央权威，影响了政府动员的效果，不利于生态治理的切实推进。

（二）整体受损：随机行为与系统治理的内在矛盾

在革命战争年代与解放初期，"运动式"治理的应用具有历史合理性，但是随着市场化改革的深入，国家治理的社会基础开始发生根本性转变，中国国家治理方式迫切需要做适应性的调整与变革。"运动式"治理的随机性往往有碍现代国家治理长效、稳定的目标诉求。2015 年 7 月 3 日新华网报道，作为新《环境保护法》实施后首个被约谈城市，山东临沂在约谈后第 5 天，突击对全市 57 家污染大户紧急停产整顿，打响了"全市大气

---

[1]　周雪光：《基层政府间的"共谋现象"——一个政府行为的制度逻辑》，《社会学研究》2008 年第 6 期。

污染防治攻坚战"。临沂市政府对约谈指出的 13 家环境违法企业严格处罚并实施停产整治，对 7 家企业 9 名责任人采取行政拘留。同时，对全市 57 家环境违法问题仍然突出的企业实施停产治理。在复杂的社会背景下，环境问题关涉甚广，与居住质量、经济发展、民众就业等问题都联系紧密，牵一发而动全身，其治理也是一个系统工程。"运动式"生态治理基于对民众需求的回应，在短期内能够集中力量展现对生态问题的高度重视与关切，在一定程度上缓解生态问题带来的治理困境，但从长远来看，其打破常态治理机制，通过临时机制解决问题，既降低了常态制度的权威性，也打乱了社会治理的整体需求，与国家治理现代化的内在追求是相悖的。

其一，"运动式"生态治理模式会造成政治领域对行政领域的僭越。在常态社会中，行政体系的运行有自身的逻辑与规范。政治系统肩负国家意志表达和执行的双重使命，不断剥夺行政系统的行政职能，使政治权威凌驾于技术、知识和事实之上，行政领域规范的效力因不断受到政治领域的侵扰而降低。另外，政治意识形态会以隐蔽性的方式替换行政目标，进行目标置换，打破行政系统的自有逻辑。政治系统对行政系统的过度干预及跨行政级别的行政资源整合，弱化了基层政府等行政中介的力量，并破坏了行政组织的正常结构和权威。

其二，"运动式"生态治理模式会造成权力对制度的僭越。迈克尔·曼（2007）把国家权力分为专断权力和基础权力，前者指国家精英拥有无须与市民社会群体进行协商的权力；后者为旨在贯穿地域及逻辑上贯彻其命令的制度能力。按照迈克尔·曼的理论逻辑，专断权力指向的是精英权力，表现为精英对国家权力的控制，基础权力则映射一种制度权力，表现为国家权力制度化的渗透和协调市民社会活动。如果将"运动式"动员中的权力关系置于国家权力场之中观察，则明显表征为精英权力对制度权力的僭越。一方面，革命缔造的政体中精英权力拥有合法性支撑，自身足够强大；另一方面，"运动式"治理中精英权力可以叫停、干预或越过制度权力，进而作用于行动者，制度权力则在精英权力的周期性干预中不断被忽略和弱化。其后果表现在两个方面：一是权力的工具化，运动本应以公共利益为导向，造福广大群众，却被一些政治权威用作提升政绩或开展派系斗争的工具，偏离了公共治理的初衷；二是制度权力的双向功能弱化，即制度权力本应是国家与社会的双向辐射和影响的媒介，而制度权力的削弱却侵害了公民社会团体参与公共治理的权利。

其三，"运动式"生态治理模式会造成对常态化秩序的僭越。在社会发展过程中，按照社会的秩序状况可把社会形态划分为常态化和非常态化。常态化强调社会的秩序和稳定，意味着政府按常规化的制度、法规、合法程序进行公共治理。非常态化强调的则是非理性、非法制、非制度化的治理状态，治理活动是回应性的、危机管理式的。"运动式"治理是一种典型的非常态化治理方式，它以削弱制度、法规、合法程序为代价，换取治理的效率，实质上却是忽视了治理的公共性。以"运动式"治理模式干预常态化治理，必然带来相应的负面影响。首先，同社会发展的理性化与制度化的发展规律相悖；其次，"运动式"治理以行政控制凌驾于法律规范之上，导致法律规范对公共生活的规范性效力降低，弱化了法规威信、违背了法治精神；最后，历史经验揭示，极端的"运动式"治理往往导致社会秩序的混乱。因此，希冀以短期高强度投入而立见成果的"运动式"生态治理忽略了隐性成本，这种粗放型治理在权利意识至上的今天再难统一意志、发挥高效，而因其随机性，也难以照顾全局。

三、反思与路径："运动式"生态治理的策略纠偏

在较多情况下，"运动式"治理仅具备象征意义，而不具备实质意义。其执行困境在于某些企业唯利是图，在于一些地方政府唯经济政绩是图，在于一些监管部门未尽职守，在于长期形成的经济发展观念、经济发展模式和管理办法。这一系列问题的解决需要突破"运动式"生态治理的路径依赖。

（一）央地协调：生态治理中共容利益的构建

"共容利益"这一概念由曼瑟·奥尔森在《权力与繁荣》中提出，"有时大多数人特别是更大多数人在社会中具有充分的共容利益。他们愿意——并非出于纯粹的自我利益——放弃对有利于自己的再分配，并像对自己一样对待少数人"[①]。相对于狭隘利益而言，共容利益的存在能够促使其所关联的人或组织忽略眼前的局部利益，共同关注全社会的长期稳定增长。共容利益同样存在于生态治理中的中央政府与地方政府之间，同时因利益调整、存续长短等因素不断发生变化，进而影响生态治理中的共同行动。

鉴于中央政府与地方政府在生态治理上的利益差异及协调模式之积弊，平衡二者的利益冲突、建构二者的共容利益、尽量使相关方利益得到

---

① 曼瑟·奥尔森：《权力与繁荣》，苏长和、嵇飞译，上海人民出版社 2005 年版，第 15—16 页。

满足是十分必要的。在共容利益的指导下，做好利益协调是首要任务，应清晰划分中央政府与地方政府的权限，明确各自的职责，这一点既是中央政府与地方政府间关系协调的基本前提，同样也是必须努力的方向。囿于我国地区差异性与生态环境的复杂性，由中央政府统一推行的模式可能难以具有普适性，因此，应给予地方政府进行自主性生态治理改革试验的机会，由部分地区进行试验，再逐步推广经验，同时允许地方差异性的存在。从历史经验来看，重大制度创新往往是建立在局部性改革取得经验与教训的基础之上，不断总结、纠正，证明其必要性与普适性之后，再予以推广。

尽管当代社会有了较大的发展和变迁，传统的社会结构模式及礼俗规范仍得到一定程度的保留，要对以关系为主导的非正式协调结构给予必要关注，它在实际政治权力运作中往往能起到刚性制度规范所难以起到的作用。而现代社会的法律规范、政策制度同样形塑着基层的社会规范，成为基层社会民众价值认同与行为规范的主要来源。传统与现代的共同作用塑造了基层政治秩序，基层有效治理也需要将二者有效兼顾与平衡。

（二）制度统筹：良性治理平台的构建

良好的政策设计需要兼顾各方利益，促使公共利益与私人利益相互融合，而非对立。应鼓励利益受损方参与环境问题的问责和追责，调动社会力量参与生态治理。公民对于环境信息的获取和理解是其能够有效参与生态治理的基础，并且信息的公开程度、效果直接影响公民参与权的实现。环境信息不公开，公民就难以有效参与，其参与积极性也会受挫。因此，政府相关部门和企业应该公开环境信息，使公民有充分的环境知情权，从而提高公民参与的积极性，这不是迫于外界舆论的压力才对环境污染情况进行披露和说明，而是一种主动公开的举措。

环境政策关联的利益方众多，对于政府而言，首先需要理顺其利益结构。由于生态资源的外部性，破坏及治理责任难以区分，因此，需要从源头预防，让有利可图的组织或个人受到约束，让受到损害的组织或个人得到补偿。在这一过程中，政府应摆脱仅作为裁判者的角色，提供一个良性的制度平台，让受害者能够得到行政和法律救济，让损害者受到行政和法律处罚。在这样一个平台上，政府、企业和个人都是平等的主体，谁都可以启动环境问责，谁都可能因为破坏环境或者保护环境不力而受到处罚。

第三节　以行为纠偏推进政府生态治理
能力现代化：基于碳考核①

城市化与工业化的迅猛发展带来区域性和全球性的环境恶化，包括温室气体的大量排放导致气候变化在内所产生的一系列连锁反应，正日益威胁人类的生存与发展。如何减缓气候变化所带来的影响，正成为人类所面临的巨大课题，中国对此也做出了一系列积极探索。2015 年 10 月 29 日党的十八届五中全会通过的十三五规划再次指出："绿色是永续发展的必要条件和人民对美好生活追求的重要体现，必须坚持节约资源和保护环境的基本国策，坚持可持续发展，坚定走生产发展、生活富裕、生态良好的文明发展道路，加快建设资源节约型、环境友好型社会，形成人与自然和谐发展现代化建设新格局，推进美丽中国建设，为全球生态安全作出新贡献。"② 当前，我国环保组织等第三部门发展还很薄弱，难以承担起生态治理应有的作用，因此，地方政府成了落实低碳建设重任的承担者，2014 年 8 月 15 日《单位国内生产总值二氧化碳排放降低目标责任考核评估办法》的印发，正式将国内生产总值二氧化碳排放降低指标完成情况纳入各地区（行业）经济社会发展综合评价体系和干部政绩考核体系，它标志着碳强度考核正式纳入地方政府政绩考核指标。

一、碳强度考核：生态政治化进程中政府的主动调试

西方的工业化经历了几个世纪才完成，而中国则将其压缩在短短的几十年间就基本实现。工业化与城镇化的高速运转，既带来了经济迅猛增长，也不可避免地带来了大气污染。中国需要经济持续发展，更要急速经济转型以适应环境承载力的要求。但是，经济转型需要有资金和技术的支持，它不可能一蹴而就。处于发展中的中国，在生态治理方面已经取得了卓越成就，仍常招致发达国家的非议。在此大背景下，中央政府非常重视生态文明建设，并开展了积极主动的生态治理，推进碳强度考核就是其中的一项重要制度。

---

①　该部分内容作为前期成果由张劲松、杨书房署名发表。张劲松、杨书房：《碳强度考核背景下地方政府的行为偏差与角色规范》，《中国特色社会主义研究》2015 年第 6 期。
②　《中共中央关于制定国民经济和社会发展第十三个五年规划的建议》，《人民日报》2015 年 11 月 4 日，第 1 版。

（一）内在动力：公众诉求与环境承载力的挤压

推进碳强度考核制度，首要原因是中国内在的发展动力。它既是中国经济发展到一定阶段的必然要求，也是中国乃至全球的资源约束的结果。

工业化与城市化的飞速发展带来了环境的退化，这一点已是不争的事实。追求生活水平的提高与改善，满足人民群众日益增长的美好生活需求，已经成为民众的集体价值。但是，随着环境污染所造成的弊端日益增加，民众对于良好环境的需求也愈发加深，进而上升为公众诉求。我们不仅要有高速的经济增长，也要有蓝天白云。

今天，人们的权利意识日益增强，如果不能满足公众对蓝天白云的需求，群体性行动将成为公众利益表达的重要方式。当然，群体性生态权益抗争行动的发酵与发生，也在某种程度上促成了中国政府的生态转向。与其他群体性行动相比，环境群体性行动有着明确的环境维权目标，在这种看似"简约"目标的背后，事实上存在复杂的"动力"系统。另外，环境群体性行动还具有事件效仿性强、治理周期长、易复发、城郊与农村发生较多等特征。由于生态问题与每个公民的健康息息相关，因此一地的抗争过程及其"成功经验"往往会被广泛传播与"学习"。一地的环境群体性事件极易引起其他类似环境污染地区的民众"感同身受"，进而模仿，引发新的环境群体性事件。这不仅给政府治理提高了难度，也孕育了新的不稳定因素。

中国乃至全球的资源约束，也是中国推进碳强度考核制度的重要内因。我们曾经自夸"地大物博"，回顾这一观念，可以明了昨天的自夸是多么地肤浅！中国刚开始进入快速工业化发展的阶段，现代化还未全面实现，就立即发现自身的资源是多么地稀缺，它难以支撑14亿人口按现有速度的发展。即使打开国门，开发国际市场，也难以从国际市场获取足够的资源来保证中国按现有模式发展。节能减排，提升发展模式，推进碳强度考核，这些都是保证经济可持续发展的必然要求。

低碳建设正成为当前形势下中央政府所不能忽视且势在必行的大事。在哥本哈根世界气候变化大会上，中国承诺到2020年，中国单位国内生产总值的二氧化碳排放量将比2005年下降40%—45%，并将其作为约束性指标纳入经济和社会发展的中长期规划。2020年9月27日生态环境部的数据为：2019年中国单位国内生产总值二氧化碳排放比2015年和2005年分别下降约18.2%和48.1%，2018年森林面积和森林蓄积量分别比2005年增加4509万公顷和51.04亿立方米，成为同期全球森林资源增长最多的国家，初步扭转了碳排放快速增长的局面。针对地方政府环境治理积极性不高、环境与能源考核指标未在干部考核体系中占有重要地位这些问题，中央政府不断强调推进碳强度考核的重要性。2014 年 8 月发改委下达的《单位国内生产总值二氧化碳排放降低目标责任考核评估方法》，更是将碳强度降低指标完成情况纳入干部政绩考核体系，生态政府这一理念与目标才逐步得以推广并在各地践行。2017 年中共中央办公厅、国务院办公厅印发《领导干部自然资源资产离任审计规定（试行）》，标志着一项全新的、经常性的审计制度正式建立，2018 年起由审计试点进入到全面推开阶段。

（二）外在推力：国际压力与话语权的弱化

自 1992 年 153 个国家和欧共体在里约签署《气候变化框架公约》，形成全球环境治理共识以来，距今已近 30 年，全球形势与格局已然发生了较大变化。然而共同但有区别的责任、资金机制、技术转移等一系列与人类生活息息相关的焦点问题，却依然没有得到有效解决。气候变化、资源短缺、能源危机、粮食危机等与人类生存与发展息息相关的问题，相互联系、相互影响，进而共同影响着人类的未来走向。应对气候变化，已是 21世纪人类所面临的无法回避且最具不确定因素的巨大挑战。

事实上，气候问题因其事关国内发展与地球安全而日益成为国际战略博弈的重心。以"共同但有区别的责任"原则与《京都议定书》等为基础而确立的全球治理的"南北格局"，随着各国减排潜力、排放量发展的变化，而逐渐从稳定状态走向失衡。面对利益的重新分配，发达国家往往漠视其与发展中国家在历史排放与现实排放存在着的巨大差异，它们漠视发展中国家谋求生存与发展的现实的需要，并通过控制话语权和国际机制（碳交易机制）对发展中国家进行约束。发达国家不断强调发展中国家应对全球环境污染负主要责任，它们以环境容量限制为借口，限制发展中国家对地球资源的利用。

在发达国家主导的话语体系下，城市化与工业化迅猛发展的中国，首当其冲受到来自发达国家的碳减排非议。在政治上，美国和日本纷纷将自己的减排承诺与中、印的减排承诺相挂钩；在经济上，西方国家依据有利于发达国家的环境标准与技术指标，对我国的出口贸易进行限制。同时，中国因话语权较弱而被贴上"碳排放大国"标签，进而无端招致气候脆弱国家的不满。任由偏激的国际气候政治发酵，将会影响中国在国际上负责任大国的形象，也会为中国崛起之路蒙上阴影。尽管依据历史排放的碳减排总量来计量，更具有公平和正义性（据此，地球变暖是近 400 年来西方发达国家工业化发展的结果），但在目前的国际政治话语体系下，难以按历史总量来要求发达国家担责。相反，当前国际上一些通用的气候术语与规范大多由发达国家所提出，他们通过话语权的掌握进而为其贸易规则、技术标准等提供合法性的保障。"话语权意味着强势的资格与权力。通过取得话语权而获致的资格与权力，在一定意义上是一种'合法的'资格与权力"①，弱话语权使中国往往处于被动的地位，比如，中国在发展新能源、节能增效等一系列领域所取得的巨大成就，在西方国家所主导的舆论体系中被有意忽视，难以被国际社会普遍认知。

话语权的构建，不仅要通过国际博弈策略的提升与宣传手段的丰富，还在于通过自身气候政策的完善向公众予以展示；中国应对气候变化做出了巨大的努力，改变弱话语权的现状，也应如此。中国低碳建设以政府为主导，掌握公权力的地方政府更容易调动包括人力、资金等各种资源，并能有组织、有计划地调动市场和公众共同致力于低碳建设。政府治理的核心则在于对地方官员的激励与约束，如何调动其低碳建设的积极性，约束其自利与短视行为则是当前的重中之重。加强碳强度考核，能有力地促进地方政府积极参与低碳建设。国际压力作为外在推力，推动了中国政府在全国各地实现严格的碳强度考核。而中国全面积极自觉地推进碳强度考核，也是增强国家话语权的重要途径。

二、行为偏差：地方政府碳强度考核的消极应对

基于成本与收益的考量，碳强度考核下拥有较大自主空间的地方政府，往往有实现自身利益最大化的冲动，有时甚至会忽视地方的长远利益与国家的整体利益。在执行碳强度考核的过程中，地方政府有时会通过对中央话语体系的模仿下达文件，从形式上保持与中央政府一致等方式象征性执行，或通过数据造假等形式规避可能带来的风险。

（一）成本与收益的考量

应对气候变暖的环境危机与民众环境诉求，中央政府必须做出政策回应。碳强度考核的实施，能够大大改善中国在国际气候谈判中的话语权与国内民众对于政府的政治认同，进而巩固执政合法性。但从当前的实践过程来看，其作用受到一些条件的限制，未能充分发挥其应有的作用。

首先，中央政府的政策意愿并没有得到地方政府最有效地贯彻执行，政策执行过程中出现"中梗阻"。对于地方官员而言，降低碳排放量是一项长期而系统的工程，短期内难见成效且需要经济模式的转变予以配合，

---

① 王伟男：《国际气候话语权之争初探》，《国际问题研究》2010年第4期。

投入的时间与资金在其任期内可能看不到显著的效果。同时碳强度考核与GDP 考核之间存在着较大的冲突、矛盾调和困难，这种冲突"往往为地方执行机构创造了充分自主的行动空间。在这种选择背景下，地方政府确如中国特色财政联邦主义者所言，主要考虑实现自身财政收益最大化，或者损失最小化，政策目标和手段的本身特性成为最主要的影响因素"①。经济建设这一目标更为明确，更容易测度，也更易见成效，自然受到地方政府的更多青睐。

在以 GDP 考核为主带来的晋升压力下，地方政府会在一定程度上忽视对污染企业的监管。这是因为污染企业往往会带来很多财政收入，而在环境监管较松的地区，往往更能吸引外来投资。为了获得更多的投资，具有良好外部性特征的低碳建设便往往成为牺牲的对象。在当前的纵向问责机制中，低碳建设不力所带来的被问责风险，又往往可以通过其他方式进行规避。在依靠行政命令与政治觉悟的责任实现机制中，负监管与落实之责的地方环保部门同样也受制于地方政府，其执法决策难以避免受到地方政府的干预和影响，难以有效地监督和约束。

当前，中央政府采取环保部门垂直管理为主体制，就是为了避免地方政府的过度干预，体制改革的成效还有待实践检验。依靠政治觉悟作为一种落实碳强度考核的软约束，寄希望于地方政府官员自身环保意识的加强和生态治理能力的提升，虽然一定程度上有作用，但是软约束的作用有限，且对不同的领导干部来说效果也不同。低碳建设的投入很大，收益不一定高且收益难以在短期内呈现，在成本与收益的考量之后，真正认真全面落实碳强度考核政策的地方政府不占多数。

（二）象征性执行与数据造假

"在层层施压的条件下下级部门和官员必然会采取某些方式来逃避责任。一种是利用信息的收集和整理权，虚报数字来应付上级部门的考核；另一种是利用规则和文件的制定权来改变自己与责任对象的关系，尽量要把自己要承担的责任推卸给责任对象。这样，一方面实现了形式上的'依法行政'，另一方面也强化了自己掌握的权力。"② 这两种方式同样出现在碳强度考核的地方政府应对之中。统计数据的真实与否，长期以来受到不少质疑。数字浮夸与造假在我国由来已久，在实践中也成就了不少干部的"政绩"。在当前的政治生态下，"关系"和"统计"成为地方官

---

① 任鹏：《政策冲突中地方政府的选择策略》，《公共管理学报》2015 年第 1 期。
② 杨雪冬：《压力型体制：一个概念的简明史》，《社会科学》2012 年第 11 期。

员应对上级考核的主要手段，学术界将其称为政府主要责任的"泛政治化"。对统计数据的操纵显然不负责任且严重影响公众的政治信任度，但考核指标体系在设置与测量上的制度性缺陷，也须引起足够关注，其严谨与否、科学与否将直接关系到是否为数据操纵预留空间及是否能真正起到激励作用。

对于碳考核指标的下达，地方政府一般都会选择观望与暂不执行，一方面期待更进一步的阐释政策出台，另一方面则在观察其他地区是如何对待。因此一般都是通过对中央话语体系的模仿出台意见，从形式上与中央保持一致，以此证明地方政策的贯彻执行。而在层层下达任务的实际操作过程中，"每一个级别的政府都会赋予它直接下属的政府以充分的灵活性，为的是使下级政府能促进其经济迅速增长，从而维护社会和政治稳定"①。在此背景下，地方政府或推迟行动观望其他地区执行情况提供经验，或以地方利益为标准软磨硬抗，试探政策底线，或希冀更清晰的解释说明的出台，等等。这种象征性执行使中央低碳建设的理念与目标在一定程度上被地方所架空，沦为一纸空文。碳强度考核政策执行的效果不尽人意，同时还会带来中央政府公信力的流失。

三、央地博弈：地方政府碳强度考核下的行为逻辑与利益偏好

当前，碳强度考核在基层虚化，主要在于利益调节失衡，即中央政府与地方政府、长远利益与当前利益、整体与局部的矛盾无法调解。分税制的改革为地方政府的行为自主提供了自由裁量的空间即与中央政府讨价还价的能力，监管有限与问责失灵又为地方政府的消极应对降低了风险。利益权衡下的地方政府自然难以在实践中全力贯彻碳强度考核。

（一）自主扩张：地方政府选择空间的弹性化

分税制的改革重构了中央政府与地方政府的关系。"在分税化的财政体制下，地方政府成为拥有独立的财力和财权，具有独立经济利益目标的公共事务管理主体。而不再是传统的统收统支的财政体制下一个纵向依赖的财政组织。同时，随着一系列制度安排的变迁，地方政府实际控制的资源也越来越丰富，地方政府自主性能力因此也得到了显著的增强。"② 具有自主能力的地方政府有着自身特殊的效用目标与利益取向，其行为选择

① 李侃如：《中国的政府管理机制及其对环境政策执行的影响》，《经济社会体制比较》2011 年第 2 期。

② 何显明：《市场化进程中的地方政府角色及其行为逻辑》，《浙江大学学报（人文社会科学版）》2007 年第 11 期。

往往会在自身利益与政治风险中做出某种权衡。

首先，对于地方政府而言，在其面临的各类考核指标之间，往往存在着矛盾与冲突。随着时代发展，新情况不断涌现，为了维系政权的合法性，中央政府的考核指标从最初的经济增长、计划生育等扩展到食品安全、环境保护等。"各种形式的政治组织对社会议题的选择都具有偏向性，它们倾向于扩大某些社会议题，压制其他不喜欢的社会议题。政治组织本身就是偏见的集合体。某些议题通过结构性的制度设置优先进入政策议程，其他的议题却以结构性的制度安排予以排斥。"① 低碳建设因投入多、见效慢，成果与收益具有滞后性，与作为重中之重任务的经济增长相比，往往处于冲突难以兼容的位置而受到地方政府的少量关注。对于政府而言，只有在经济增长这个目标上，三种压力②实现了聚合，既符合国家战略需求，又顺应民众生活水平改善的需要。

尽管碳强度考核的实施迫使地方政府在谋求经济增长的同时，也不得不把注意力转移到低碳建设这一问题上来，但沿用的仍是经济领域中应用有效的压力型体制的方式，即完成任务过程中，由一把手负责，并实行"一票否决"的惩罚方式。这种政治化的方式，在推动各级地方政府积极性的同时，也挤压了政府本该采用的诸如法律机制、道德机制的行使空间，造成了除政治机制外的其他机制的疲软无力。忽视其他机制的应用，将不利于低碳建设的长远发展。

（二）利益分歧：低碳建设中的央地博弈

碳强度考核的有效践行，公权力间须互相协调，认知须达成一致，中央政府与地方政府、宏观制度与微观制度也须保持一致。碳强度考核的目的，在于约束地方政府以牺牲环境来谋求发展，就是要让地方政府践行中央政府的低碳减排目标。然而，中央政府着眼的是整体利益和社会的普遍利益，地方政府追求的是最大程度实现辖区内经济利益最大化以及维持稳定等硬性指标，这使低碳考核下的地方政府，会权衡地区的最核心利益的得失，它们选择以自身利益最大化为主要行为标准与目的，在一定程度上也可以符合地方行为"逻辑"。

---

① E. E. Schattschneider, *The Semi-Sovereign People: A Realist's View of Democracy in America*, New York: Holt, Rinehart and Winston, 1960, pp. 71.

② 杨雪冬在《压力型体制：一个概念的简明史》中指出三种压力是：首先，作为本区域的经济领跑者，上级政府对它们继续领跑给予了很高的期望，这是一种自上而下的政绩要求压力；其次，还要应对来自周边城市赶超自己以及自己要赶超其他城市的压力；最后，作为已经在经济社会发展方面取得一定成就的地方，地方政府还要应对当地公众不断增加的要求，这是一种自下而上的需求满足压力。参见杨雪冬：《压力型体制：一个概念的简明史》，《社会科学》2012年第11期。

　　再者，大气流动性所带来的外部性问题，也被考虑在地方政府行政决策之中。对其而言，致力于低碳建设所取得的成效有可能让其他地区"搭便车"，忽视低碳建设所形成的问题也可以转嫁给其他地区。而着眼于全局的中央政府则无法回避这一问题，必须面对全国的碳排放强度问题，无法逃避和转移。二者的利益差异，致使央地之间难以在行动上保持一致。

　　尽管中央政府与地方政府之间存在着正式科层结构，但二者之间的谈判也并不罕见。地方政府因为掌握更多基层信息与实践知识，在与上级部门对话与申诉时拥有更大的谈判能力，进而能在资源分配、考核标准、责任承担等方面进行谈价还价，在央地博弈中有时也占有一定的有利地位。在地方政府主导的经济发展的制度框架下，城市化、工业化建设始终是重点着力处。确立低碳考核目标，往往是中央与地方博弈的结果。对于地方政府而言，更多地考量低碳考核目标对其威胁大小，或者观望以期更进一步的解释出台，一般不愿首先付出行动；对于中央政府而言，也担心考核压力带来太多负面影响，影响地方发展积极性，因此，实际考核操作过程往往与考核标准存在一定差距。中央政府多数情况下仅依靠督促手段，不会进行实质性的惩罚。正因如此，地方政府常常会选择忽视这些惩罚的威胁，突破低碳考核指标的限制以寻求地方利益。

（三）制度缺陷：横向监督有限与纵向问责失灵

　　除地方环保机构外，在低碳建设上，"地方人民代表大会和司法体系等横向问责机制也是用以引导、规范地方政府行为的关键性制度安排"[1]。但上述机制在现实低碳建设中却难以发挥实质性作用。从组织结构上来看，地方环保部门既接受其上级部门的技术指导，同时也受当地政府的行政领导。且因财政预算、人员晋升等问题从而与后者联系更为紧密。这一制度安排使地方环保部门容易产生多重目标间冲突，既要执行自上而下的环保政策与管制措施，又要从大局出发服务当地社会发展与经济建设，这就制约了地方环保部门的监督功能。而人大和政协作为当前政治系统对政策执行结果进行监督的核心制度安排之一，在中国当前的政治环境中，"仍然在很大程度上依靠于中央的意志和党的领导"，代表民意进行决策和监督的功能难以得到充分发挥。

　　"纵向问责机制的有效性建立在中央政府能够获取准确信息，并对地

① 郁建兴、高翔：《地方发展型政府的行为逻辑及制度安排》，《中国社会科学》2012 年第5 期。

方政府职能履行情况做出精确评估的基础上。"① 然而，相比经济考核指标，碳强度考核更难以量化评估。环境管制领域有其自身的特点，"其检验技术、统计手段、测量标准等方面存在模糊性。与信息的不确定性（不完备性）或不对称性不同，模糊性指在同样信息条件下人们会有不同的解释和理解"②。如地方政府可将碳强度指数高归咎于周边地区的不作为，也可归咎于测量工具的失误等，这些不同的解释取决于解释者自身或所处组织的利益。同其他公共政策在中国的执行过程一样，碳强度考核执行过程同样存在诸多以社会关系网络为基础的非正式运作。在权力集中的制度环境下，因上级领导的个人意志往往能左右考核结果，地方政府往往倾向于从"拉关系"中获得对自己有利的条件，这也为考核的非正式运作埋下了伏笔。激励原则以信息的有效获得为基础。在信息不对称、非正式运作存在的考核过程中，中央政府难以对地方履行情况进行全面的比较、评估，对地方政府低碳建设的激励在地方演化成"伪执行"，无疑弱化了纵向问责的监督效果。

四、角色规范：地方政府碳强度考核中的行为规塑

从政府体系内部的互动过程来看，低碳建设应当在不同层级政府之间、政府的不同部门之间保持目标和行为的一致性，政府应该像一个有机整体一样行动。对此须着眼于地方政府工具理性的价值回归、央地共容利益的建构以及环保问责制度的可行化与清晰化建设。

（一）意愿培育：工具理性的价值回归

事实上，流动性特征明显的大气环境拥有不言而喻的整体性，抑或系统性。"各地方政府均难以通过排他性政策或者说技术性手段完全杜绝自身生态治理所产生的正外部收益的'外溢'，相应无法杜绝其他行政区生态污染或者说生态治理不作为引发的负外部效应的'流入'，这必然需要生态环境治理的横向政府合作。"③ 而横向政府合作的实现又依赖于各地方政府间合作意愿的达成。关于这一点在现实政治生态下既不能依赖于地方政府间良好的"个人友谊"，也不能寄希望于现行的对话机制与平台能够让彼此"敞开心扉"、真诚沟通，还须着眼于彼此间多维利益结构的一

---

① 钱忠好、任慧莉：《中国政府环境责任审计改革：制度变迁及其内在逻辑》，《南京社会科学》2014 年第 3 期。
② 周雪光、练宏：《政府内部上下级部门间谈判的一个分析模型——以环境政策实施为例》，《中国社会科学》2011 年第 5 期。
③ 金太军、沈承诚：《政府生态治理、地方政府核心行动者与政治锦标赛》，《南京社会科学》2012 年第 6 期。

致性。

以工具理性为内核的工业文化日益意识形态化，在其指引下每个个体都以自身利益为最大依归，凌驾于他人与社会利益之上，而这也必然带来社会关系的紧张与社会冲突的频发。

同理，低碳建设中的各地方政府如果都以自身利益最大化为依归，则必然会引发"公地悲剧"，难见治理成效。因此地方政府间合作意愿与行为的培育须建立在工具理性的价值回归之中，用妥协理性和交往理性去规塑工具理性，使之从属于价值理性。

林德布洛姆曾强调政治体制都是动态的、妥协的过程，即面对不断涌现的新情况与格局，需要以不断地妥协来应对。低碳建设同样是一项艰巨的工程，必然涉及复杂的利益格局，且主体众多，调整自然难以一蹴而就，而是一种长期的政治冲突。对整体利益的估计以及对冲突的妥协无疑将有助于共赢局面的形成。而交往则是强调不同利益主体之间自由协商对话，交换意见，在供应的基础上走向合作。哈贝马斯认为，在政治领域中，交往理性发挥了达成话语共识、建构政治合法性的重要作用。他认为："这些无主体的交往过程，无论是在议会的复杂结构和旨在做出决议的商议团体之内，还是在它们之外，形成了可以讨论同全社会有关并有必要调节的问题的论坛，以及就这些问题进行或多或少合理的意见形成和意志形成过程的场所。公共的意见形成过程、建制化的选举过程、立法的决定之间形成了交往之流，这种交往之流的目的是确保能够通过立法过程而把舆论影响和交往权力转换为行政权力。"① 利益主体间的平等对话与协商无疑将有助于政治冲突的平息与化解。

（二）央地协调：共容利益的建构

"共容利益"（Encompassing interests）这一概念由曼瑟·奥尔森在《权力与繁荣》中所提出，他认为："有时大多数人特别是更大多数人在社会中具有充分的共容利益。他们愿意——并非出于纯粹的自我利益——放弃对有利于自己的再分配，并像对自己一样对待少数人。"② "共容利益"往往相较"狭隘利益"而言，其存在能够促使其所关联的人或组织忽略眼前局部的利益，共同关注全社会的长期稳定增长，共容利益同样存在于低碳建设中的中央与地方政府之间，同时因利益调整、存续长短等因

---

① 哈贝马斯：《后形而上学思想》，曹卫东、付德根译，译林出版社 2001 年版，第 371—372 页。

② 曼瑟·奥尔森：《权力与繁荣》，苏长和、嵇飞译，上海人民出版社 2005 年版，第 15—16 页。

素不断发生变化，进而影响低碳建设中的共同行动。

鉴于中央政府与地方政府在低碳建设上的利益差异以及协调模式之积弊，平衡二者的利益冲突，建构二者的共容利益，尽量使相关方利益得到满足是十分必要的。做好利益协调的首要任务，是清晰划分中央政府与地方政府的权限，明确各自的职责，这一点既是中央与地方政府间关系协调的基本前提，同样也是须努力的方向。囿于我国地区差异性与生态环境的复杂型，由中央政府统一推行某种模式可能难以具有普适性，且面临较大风险。因此应给予地方政府进行自主性低碳建设改革试验的机会，由部分地区进行试验，再逐步推广经验，同时允许地方差异性的存在。

历史已经证明许多重大制度创新往往是建立在局部性改革取得经验的基础之上，证明制度创新的必要性与普适性后，才由中央政府赋予其合法性并予以推广。在当代基层社会，传统社会结构模式及其礼俗规范仍得到较大程度保留，因此对于以"关系主导"的非正式协调结构要给予必要关注，其在实际政治权力运作中往往能起到刚性制度规范所难以起到的作用。而现代社会的法律规范、政策制度同样形塑着当代基层社会的社会规范，成为基层社会民众价值认同与行为规范的主要来源。二者的共同作用、共同塑造了基层政治秩序，基层有效治理也须将二者有效兼顾与平衡。

（三）制度建设：环保问责的可行化与清晰化

地方政府碳强度考核的执行偏差，很大程度上在于问责制度的有限性，即考核指数难以计量上下级政府间的信息不对称。针对以上两点，可从以下方面做出改善：

其一，囿于大气环境的整体性与治理的系统性，有必要通过地方行政长官交流制度来规约其低碳建设行为，形成整体性的生态利益格局，转变一直以来广受诟病的地方政府各自为政的状态，强化共赢观念与合作思维。由于生态治理的长期性，成本与收益短期内难以计量，因此碳强度考核的指标应充分考虑地方官员任期内所做出的主观努力，而不能以短期内成效简单考核，应结合当地政治经济具体发展情况进行科学评估，将显性成绩与隐形成绩结合起来，将短期绩效与长远绩效结合起来综合评估。

其二，政策执行的监督有赖于政治系统内部如立法机关、司法机关的监督，也有赖于行政系统外部媒体、公众的监督。其中，政治系统内部高质量的监督需要有效的公众参与为其提供信息和合法性支持。而当前监督格局主要以内部监督为主，外部监督严重缺位，这就致使监督效能低下。因此当务之急是"要培育整个社会的监督文化，使社会主体'想监督'，

'敢监督'。同时，要打破暗箱行政，实现政务公开，配之以多种技术手段让社会主体'好监督'。"[1]

正如十三五规划中所指出的"绿色富民、绿色惠民，为人民提供更多优质生态产品，推动形成绿色发展方式和生活方式，协同推进人民富裕、国家富强、中国美丽"[2]，碳强度考核中一切政策制定与执行，都须以公众需求与公众利益为依归，向公众负责。通过建立全国统一的实时在线环境监控系统，健全环境信息公布制度等，使监督过程与结果明晰化与公开化，且将评分主体由单一上级政府逐步转变为社会多元主体，形成政府、企业、公众共治的环境治理体系。

---

① 沈承诚：《经济特区治理困境的内生性：地方政府核心行动者的动力衰竭》，《社会科学》2012 年第 2 期。

② 《中共中央关于制定国民经济和社会发展第十三个五年规划的建议》，《人民日报》2015年 11 月 4 日，第 1 版。

第十四章　政府生态治理能力现代化的实证研究：以苏州绿色发展实践为例

党的十七大以来，生态文明建设在中国全面展开，经过近10年的生态文明建设，我国生态建设在各个层面都取得了进展。最近习近平同志又提出绿色理念，指明了绿色发展的方向。苏州在生态文明建设过程中一直走在全国的前列，苏州大市及下辖的各县级市共同建设成了生态文明城市群。当前，苏州市委市政府极为重视绿色理念的落实，苏州也将在绿色发展上率先迈步。

第一节　苏州落实绿色理念的现实意义

1990年，习近平提出"绿色工程"，他说"什么时候闽东的山都绿了，什么时候闽东就富裕了"；2005年他提出"生态工程"，说："绿水青山就是金山银山"；2015年底他又提出"绿色发展"新理念，他说"让居民望得见山、看得见水、记得住乡愁"。十八大以来，以习近平同志为总书记的党中央坚持实践创新、理论创新，协调推进"四个全面"战略布局，坚持统筹国内国际两个大局，毫不动摇坚持和发展中国特色社会主义，党和国家各项事业取得了新的重大成就。十八届五中全会强调，实现"十三五"时期发展目标，破解发展难题，厚植发展优势，必须牢固树立并切实贯彻创新、协调、绿色、开放、共享的发展理念。"上有天堂，下有苏杭"，苏州自古以来就是一个生态环境极其优美的地方，绿色理念的提出对苏州环境建设具有重要的现实意义。

首先，绿色理念能指导苏州克服生态危机。太湖蓝藻事件引发苏州全面审视工业化所带来的生态危机，并在此基础上全面反思工业化的发展道路。苏州人认识到，转变增长方式、实现发展转型，是要付出代价的。认识生态危机，以绿色理念引领苏州发展，并从中找到全新的发展道路，将给苏州带来新的发展机遇。

其次，绿色理念能指导苏州经济发展。绿色发展成为苏州经济发展的考量标杆，苏州工业化模式经过30余年的发展，已经基本上缓解了大部分人口消费品不足的状况，当然苏州经济取得如此成功，是以大量消耗自然所提供的物品和服务能力为前提的，然而这些资源和服务正日益稀缺，苏州已然进入生态约束的时代。

再次，绿色理念能指导苏州的政治发展。生态日益成为苏州政治发展问题，生态风险使苏州绿色发展的政治行动成为可能，产生生态风险的政治性原因成为苏州政治发展的重要考量。苏州绿色发展过程中产生了许多新的政治观，集权制和官僚制组织有必要向基层公众分权。单一依赖国家治理生态的时代，正向政府与公众、非政府组织共同治理生态的时代转换。

复次，绿色发展理念指导苏州的社会发展。人们都想生活在一个美好的社会之中，美丽的江南历来就是人们向往的"天堂"。然而美丽的天堂因生态危机正在离苏州而去，回归到一个无污染的美好社会是苏州社会发展的需要。

最后，绿色发展理念能指导苏州的文化发展。苏州古文化一般称为江南文化、吴越文化、吴地文化、吴文化等。历史上的吴文化天生就以生态文化为重，它注重人与自然的和谐。吴文化在长期的历史发展中形成了自己的地域特征，其中鲜明的水乡文化色彩、外柔内刚的文化品格、精巧细腻的文化品位等是其主要特征。"吴文化自我塑造的开放性、交融性与创造进取精神是其突出的'个性'。在吴文化的特征和'个性'影响下，苏州古城建设也形成了鲜明的特色，即水陆相邻、街河并行的双棋盘城市布局；七塔八幢、错落有致的城市轮廓；水巷纵横、小桥流水的城市风貌；玲珑秀气、艺术精湛的古典园林；等等。可以说苏州古城是吴文化的精华和重要标志。"[①] 在吴文化主导下，吴地城镇建设充分体现了人与自然的和谐独特的城市规划特色。江南离不开水，没有美的水，就没有江南。亲水文明是吴文化的重要标志，苏州文化发展如果离开了水，就谈不上文明的发展，更谈不上苏州走上了绿色发展道路。保护良好的水系是苏州绿色发展的重要考量。

第二节　苏州落实绿色理念的系统工程

绿色发展的理念是将生态文明建设融入经济、政治、文化、社会建设各方面和全过程的全新发展理念，是一个复杂的系统工程。

---

① 缪步林：《吴文化对苏州古城规划建设与繁荣发展的影响》，《档案与建设》2003 年第 11 期，第 48 页。

其一，绿色经济发展理念。绿色经济发展理念是指基于可持续发展思想产生的新型经济发展理念，致力于提高人类福利和社会公平。经济要环保，环保也要经济。创新一种让生态建设也可以获利的商业不是一件容易的事。有许多理念要更新，如生态是资源、生态是资本、投入生态的资本也要获取相应的经济收益等。有利可图的生态商业的制度设计，必须基于生活的逻辑，人生存于地球上，就需要地球上有良好的生态，在人类进入快速发展的工业化进程之后，良好的生态成了奢侈品，而投入这种良好生态的"生产"过程中，正是基于让人类过上美好生活的目标。投入生态资本，从而具备了生态系统服务功能价值，获取相应的收益，这是理所当然的，它通过符合人的生活逻辑从而实现了与市场逻辑的协调。

其二，绿色政治发展理念。中国改革目标将面临从经济至上提升到生态文明建设的更高层次上来。中国的生态文明目标将全面超越唯经济发展的目标，发展将日益围绕着人的全面发展，围绕着人生存的环境而进行。苏州大市范围内各地方政府的理性选择常常影响到共同采取集体行动治理生态问题，这需要有中央政府参与的强制性的制度安排。

其三，绿色文化发展理念。绿色文化是绿色发展的灵魂。没有哪个民族能像中华民族那样具有超过 2000 年繁盛的农耕生活，这种生活构建起了具有中国特色的乡村文明。中国的乡村文明构筑了中国绿色文化发展的基础，苏州的田园园林风光更是令世人注目。苏州田园园林式的环境具有如下三方面的绿色文化特质：人依赖自然并建设了具有田园风光的环境；渔樵耕读各业自成一体共同构建起乡村社会主体；自然与社会主客体间形成了稳态的天人合一关系。这三个绿色文化的特质，让苏州成了江南水乡文化代表。苏州具有优异的乡村文化历史，江南水乡造就了具有田园特色的乡村文化。

其四，绿色社会发展理念。以人为中心的以获取利润为目标的市场经济伦理带来的是深刻的生态危机，倡导绿色社会必须以护生、可续、崇尚人类与自然双双安康的价值观来取代目前这个经济领域中某些破坏成性、权欲熏心的价值观。绿色社会发展理念，应该指生态治理权力下放的社会，这样才能保持对环境多样性和社会多样性的敏感度。权力下放，意味着最贴近环境而生活的人最了解环境，有关的决策权和监督权应当掌握在他们手中。

第三节　苏州落实绿色理念的核心行动

一、苏州落实绿色经济发展理念的核心行动

苏州落实绿色经济发展理念，通过以制度促进有利可图的生态商业得以勃兴来实现。绿色发展已经成为社会共同努力的目标，为防止生物世界内发生的种种变化与我们现行的经济和技术方面不断的变化相冲突，我们不是要与自然界相隔绝，而是要设计有利可图的生态商业模式，不再让人们去控制自然。从落实绿色经济发展理念上看，苏州核心的行动是要团结一切可以团结的人，让他们投身到生态商业建设中来，这符合我们这个时代的大方向。

（一）由政府设计在苏州投入生态商业就能获致利益的环境制度

消费型经济是导致资源和能源越来越紧张的重要原因，它不具有可持续性。皮拉杰斯认为要构建起一个可持续发展的社会，就意味着要找到使人类的满足最大化，同时使人类对环境的影响最小化的办法。因此，一个完善的可持续发展的美好社会应该是这样的："其经济活动的发生只使用那些可再生的或可循环的资源，并且对环境不产生长期影响。在这样的社会里，其政策强调的应该是满足人类的需要（needs），而不是刺激人类的需求（wants）；是追求消费的质量，而不是消费的数量。通过可持续社会的过程，应该以重新界定效益为起点，这种效益强调的是资源的可用性和产品的耐用性。"[①]

长期以来，苏州也提出了美好社会的愿景：满足人民日益增长的物质和文化生活的需要。然而，现实是严峻的，要实现美好的愿景，需要政府设计完善的生态制度，否则地球上的资源和能源无法保证能够满足人民日益增长的需求。工业化能带来财富的增长，能满足经济和人口不断增长的需要，但是，在经济和人口更快增长的前提下，日益严峻的生态威胁人类生存。苏州"旺山生态农庄""荷塘月色湿地公园"都是在政府的指导下设计出的生态生活的典范，它们既是生态的、商业的、也是可持续的。

绿色经济发展理念中有利可图的制度设计也要有美好愿景，我们需要设计这样一种体制：要让有利于生态保护的好事，做起来轻而易举。这种

[①]　皮拉杰斯：《建构可持续发展的社会》，载薛晓源、李惠斌编：《当代西方学术前沿研究报告 2005—2006》，华东师范大学出版社 2006 年版，第 516 页。

有利可图的生态商业体制需要做到：工作和生活中自然的日常行为理所当然而不是有意识地利他，尤其是有利于自然环境。

（二）由政府设计在苏州争取共同努力才能获致利益的环境制度

美国学者比尔·麦克基本在《自然的终结》一书中断言："我们生活在自然将要终结的时刻。"[①]　比尔的悲观，让苏州人警醒。

对生态危机的警示，我们已经不止一次听到。但是，一些国家或政府往往忽视它，它们对待自然往往表现为"有组织的不负责任"，任由地球环境继续恶化。像中国政府这样大张旗鼓地进行生态文明建设的国家，实在不多。即便中国以及一些发达国家正在进行着艰苦的生态治理，仍未能改变地球生态治理"局部有效，整体失效"的局面。放任环境恶化的主因是私人利润的获取，正如康芒纳所说："由环境危机所引起的各种问题是太深刻和太普遍了，它们是不可能由技术妙计、聪明的纳税规划，或者拼凑起来的立法来解决的。它们召集来一次全国性的大辩论，不是去寻求最有效的利用美国能源的办法来满足长远的社会需求，而是眼前的私人利润的获取。"[②]　许多企业生产还未走向生态化，更别说向生态性的商业（产业）提升了。

生态治理需要千千万万人共同努力，需要采取集体行动，这正是绿色发展的难处所在。在资本的逻辑（利润）和生活的逻辑冲突过程中，如果还有一百个烟囱在排硫，那么消除一个烟囱排硫就没有太大的意义，因为，"在别人可以做坏事而无须付出代价的情况下，你想做好事就可能无法生存"[③]。实现集体行动，其逻辑是要有必要的激励。政府的负激励措施主要靠严格的、公平公正的执法，以之促进按生活的逻辑建设生态文明；政府的正激励措施主要靠制度设计引导多元主体投入生态商业。拯救地球的计划，如果仅来自几个专家或是政府，那么他们的方案即便聪明和巧妙，也无法彻底解决生态恶化的局面。政府治理生态的制度设计应来自于多元化的社会主体的参与，仅靠政府肯定不够。因为，保护生态需要所有人的共同努力才能获致相应的环境利益。

（三）由政府设计在苏州保护自然资源可以获致利益的环境制度

从理论上讲，我们可以将地球上的资源和能源做到最大可能的高效利用，我们可以做到地球资源利用的极限，但是，即便如此，也不能解决地

---

①　比尔·麦克基本：《自然的终结》，孙晓春、马树林译，吉林人民出版社 2000 年版，第 8 页。

②　巴里·康芒纳：《封闭的循环》，侯文蕙译，吉林人民出版社 1997 年版，第 6 页。

③　罗尔斯顿：《哲学走向荒野》，刘耳、叶平译，吉林人民出版社 2000 年版，第 311 页。

球上的资源和能源短缺的问题，我们能够争取到的延续人们生存和发展的时间仍然有限，唯一的出路是政府要设计出有利可图的生态商业制度，"在尽可能节约资源、提高效率的同时，利用我们的智慧和创造力，改变人类对待自然的方式，构建生态商业系统，重塑一个在阳光下持续发展的未来世界"①。

戴利在考察纽约市的"绿色黄金"运动中对生态价值有着惊人的发现，保护自然资源可以挣钱，而且是很多钱。"树木可以提供的就不仅仅是木材，它生机盎然并属于健康的、发挥作用的森林的一部分时，还可以提供更多的经济价值。土地的价值也不仅仅局限于从地里挖点东西或者从田里收获点什么。在以前看来是'免费'的生态系统的工作，甚至可以通过某些方式进行量化，记录在资产负债表里，并在决定时郑重考虑。"②近年来，苏州开始将生态价值计入资产负债表，对凡投入生产商业中来的农田（湿地）、林地、果园等有利于生态文明建设的生态资本投入给予生态补偿。在一些实施生态补偿的地方，生态商业吸引着越来越多的人投入。因生态资本的投入可以带来相当可观的收益，保护自然资源能带来令人满意的收益，这些地方政府的制度设计已经达到了促进生态商业勃兴的目标。

二、苏州落实绿色政治发展理念的核心行动

苏州在落实绿色政治发展理念时，必须在法律保障、政府与市场的互补、合作机制及公民社会的广泛参与等方面采取核心行动。

（一）法律政策体系的制度保障

健全的绿色发展法律政策体系的构建，各行动主体的权、责、利必须要做到有明确的规定。污染者和破坏者由于责任的承担会主动调整自身的行为，而保护者和建设者由于权利的明确也将真正拥有继续进行生态环境治理的积极性，从而使各方面实现良性发展循环。国外"生态服务付费"的实践大体可以分为三种类型："政府购买模式、市场模式和生态产品认证计划（间接交易模式）。"③但无论是何种类型的补偿都离不开法律政策制度的保障。这在许多国家的流域、森林、矿产和其他生态补偿法律政策中都得到了体现。国外生态服务付费法律政策体系不仅有效约束和惩罚了

---

① 末沙卫：《有个世界在变绿》，科学出版社 2012 年版，第 5 页。
② 戴利、埃利森：《新生态经济》，郑晓光、刘晓生译，上海科技教育出版社 2005 年版，第 5 页。
③ 任世丹、杜群：《国外生态补偿制度的实践》，《环境经济》2009 年第 11 期，第 34 页。

环境污染和生态破坏者，遏止了环境负面行为，同时支持和激励生态建设和环境保护的正面行为，这些是生态服务付费机制建立不可或缺的保障条件。

　　苏州落实绿色发展理念的行动起步晚，法律政策的制定更是落后于生态治理的实践，因此，苏州绿色发展行动的完善首先应当从这方面着手。在借鉴国际上生态服务付费实施较为成功的国家法律政策体系制定经验的基础上，充分结合我国绿色发展的实际，健全苏州绿色发展的法律政策体系。通过法律政策明确禁止和约束生态环境破坏行为，鼓励和支持环境保护和建设行为，同时不断完善"受益者和使用者付费"原则。国家层面应在归纳整理现有的绿色发展理论，借鉴西方发达国家生态服务付费经验，结合对当前绿色发展工作和生态环境总体情况的分析的基础上，为苏州绿色政治发展的构建提供支持和保障。同时在此过程中，允许苏州进行地方政策法规的试点，从本地区的实际情况出发探索绿色发展政策的创新以及具体执行方式和步骤等。也可以及时总结成功经验，完善后再逐步推广。

（二）充分发挥政府与市场的互补作用

　　发挥政府和市场双重机制作用是绿色政治发展持续运行的重要条件。从国外对生态服务功能的购买实践来看，政府主导和市场主导的方式都发挥了重要作用，两者相互配合，相互补充，共同推动绿色发展工作（如生态补偿）目标的实现。政府补偿具有资源充足、针对性强、执行迅速和保障有力等优势，同时，政府作为绿色发展的主导者还能弥补生态环境由于公共物品属性带来的非竞争性和非排他性特征，以及外部性问题易造成的"搭便车"和"集体行动的困境"。

　　但哥斯达黎加和美国等国的经验还表明：尽管政府是生态效益的主要购买者，市场机制仍可以发挥自身的优势，作为政府补偿方式的重要补充。如在美国的耕地保护性储备计划中，作为主导者的政府就利用市场竞争机制来确定土地租金率，从而实现了租金与土地自然经济条件的相互适应，并不断促进政府与市场的合作，提高了项目的执行效果。法国毕雷矿泉水公司为保持水质付费的实践，以及澳大利亚灌溉者为流域上游造林付费的实践，都充分体现了市场机制不仅可以在某些方面弥补政府作用的不足，还可以发挥自身资源配置、灵活交易的优势，成为某些绿色发展中的中坚力量。可见充分发挥政府与市场的互补作用对苏州绿色发展的完善十分重要。因此，要在充分发挥和完善政府在绿色发展中主导作用的同时，不断加大市场作用的比重，将政府"做不了"和"做不好"的领域交还给市场，形成市场和政府相互合作、相互配合，推动苏州绿色发展往更高更好的方向发展。

（三）国家与地方、区域间合作机制的完善

合作机制在国外绿色发展，尤其是流域补偿中占有举足轻重的作用。合作不仅包括国家与地方之间的合作，还包括生态高度相关联的各行政区之间的合作。我国几千年中央集权和地方割据不断交替的历史以及我国所处的发展阶段和"分灶吃饭"的财政分税制使我国具有强盛的地方利益现象，中央和地方政府间的关系始终处于一种"非正和"博弈状态，因此参考国外中央与地方的合作模式，保持国家与地方政策的一致性就显得尤为重要。在中央层面，要利用自身的信息优势和资源优势，随时掌握各地生态环境的最新状况以便提出适合地方的生态补偿政策，并为其提供资源上的支持；在地方层面，一方面要做到从国家整体利益出发制定环境政策、开展绿色发展项目工程，并与中央实现信息资源共享，另一方面也要积极主动地出台中央涉及本地区的法律政策的相关配套文件规定，将过于笼统或原则性的条款具体化以便实施，并根据本地实际情况做出相应的调整。

同时，对于苏州区域绿色发展来说，行政区之间的横向合作体制，尤其是跨流域、跨地区的协调机制不健全，各地区和部门之间缺乏合作决定了跨行政区域的绿色发展机制的构建存在诸多障碍。生态系统是一个整体，区域生态建设的实施必须打破部门、地区和行业的界限。苏州地区可以借鉴德国以州际财政平衡基金模式实现横向转移的方法，建立苏州各地方在政府间的生态建设横向转移支付制度，设立横向转移支付基金，在解决跨界污染的基础上，进一步实现生态各地区公共服务的均等化。"区际生态转移支付基金由特定区域内生态环境受益区和提供区政府的财政资金拨付形成，拨付比例应在综合考虑当地人口规模、财力状况、GDP 总值、生态效益外溢程度等因素的基础上来确定。各地方政府按拨付比例将财政资金上缴存入生态基金，并保证按此比例及时进行补充。"[①] 通过政府间的横向转移支付，更好地贯彻"受益者和使用者付费"原则。

此外，国外生态服务付费中构建生态补偿政策与项目良好的执行机制、重视对绿色发展中执行与效果的监控和绩效评估，以及加大宣传教育力度与经济激励相结合，也是绿色政治发展理念完善的重要保证。

---

① 李宁、丁四保：《我国建立和完善区际生态补偿机制的制度建设初探》，《中国人口》2009 年第 1 期。

三、苏州落实绿色文化发展理念的核心行动

苏州落实绿色文化发展理念的核心行动主要采取了延续江南乡村文化的相关举措。江南乡村总是令人有回归的冲动！然而，江南乡村文化在近代无可奈何地衰落了，新型城镇化建设的过程进一步加速了乡村文化的衰落。江南乡村文化何以延续？

（一）兴盛与衰败：江南乡村文化历史上的优势及对新型城镇化的不适应

江南水乡造就了具有田园特色的乡村文化。与其相对应的是城市文化，中国几千年的农业社会中也有城市文化。两种文化同时存在，同时兴盛，相互关联。乡村文化是城市文化的根基，一代代学士经由科举从乡村向城市转移，然后又以告老还乡的方式从城市回归乡里。城市文化与乡村文化，由这些士人墨客不断传播而交融。城市文化与乡村文化无高下之分，相较而言，城市聚集官僚与士人，而乡村文化则是创造城市文化之人的根，他们中的绝大多数人，最终会选择回归故里，成为乡村文化的重要组织部分，尤其是成为乡村文化的支柱——乡绅。江南乡绅能以自己的行为及其文化解说来指导农民如何行动。这就是乡村社会趋向稳定的社会基础，进而形成了稳态的乡村文化。有了稳态的乡村文化，加上恬静的田园风光，安逸的乡村生活总是无数文人墨客的最爱，哪怕身居偏僻的小水乡，也能教化出符合儒家要求的乡风民俗，甚至一些退隐名士还能教化出社会名流。

然而近代以来，乡村文化失去了往日的光彩，江南乡村文化开始由盛转衰。衰败的主因有二，一是工业文化的冲击。西方工业文明以其高效的生产率、创造力，远远超越了农业文明。农业文明渐趋衰败，乡村精英逐步向城市集中。二是西方文化的冲击。中国历史上有过多次外来文化的冲击，但是它们都不免被汉文化所同化。只有这一次的西方工业文明，它以其独特的现代科学体系以及高效的产出，让中国文化倍受冷落，乡村文化也不可避免地陷入困境。西方文化冲垮了乡村文化存在的社会基础，江南田园风光依旧，却无人有心看风景。

而新型城镇化建设过程中，江南水乡进一步发生了剧变，乡村文化进一步受到了冲击。各地城镇发展速度加快，城镇以其优质的公共服务和便捷的公共设施，更能满足人的基本需要，城镇在就业、入学、就医等方面的优势，吸收了大量的乡村人口向城镇转移，新型城镇化也将江南乡村"化"为了城镇，乡村文化赖以生存的物质基础——村庄正在快速消失。

乡村文化，"皮之不存，毛将焉附"？

（二）离土与牵魂：新型城镇化的地理聚集及江南乡村文化的天人合一

城镇尤其是大城市，在人口快速聚集之后，频发的"城市病"让人类反思。城镇化不是人类发展的唯一路径，保护乡村及让乡村文化延续同样很重要。在总体发展趋势确定的前提下，我们需要看到新型城镇化，并非要将全部农村人口转移至城镇，更不是要铲平乡村、消灭乡村。未来城市与乡村的人口流动将是双向的互动的。

江南乡村及其文化是江南传统文化之根。历史上，江南乡村是中国社会繁荣的重要区域，创造了中国史上少见的持续千年以上的强大经济实体。中国是一个大国，人口快速涌入大城市已经导致了大量的城市发展危机，检讨现有城镇化发展模式后，人们在确认城镇化仍将持续发展的下去的同时，还需要重新认识乡村在新型城镇化过程中的发展模式，简单地消灭村庄的模式，虽然可以加快城镇化，但也消灭了乡村文化，消灭了中国的部分传统。如果全国快速消灭乡村及乡村文化，将来也就失去了找寻发展新路的可能。

让江南退回到以乡村文化和乡村发展来支撑中国经济的状况，已绝无可能。但这不排除保护江南乡村、维系乡村文化。城镇化和保护乡村文化两者是可以调和的，江南乡土是无数人的根，从乡村转移出来的人们，对乡土具有强烈的依恋和乡愁，江南乡村及其文化让无数人魂牵梦绕。江南乡村社会及乡村文化有城镇所没有的优势，乡村生活方式对资源的依赖较少，乡村有着优美的自然环境（田园风光），居住在乡村是中国传统文化中尤其推崇的一种天人合一的生活方式。城镇化冲击了这种可持续的生活方式使其衰败，却未能挽救城市文化发展的不可持续，乡村及其文化应该是未来人们生活的一个重要的选择。

（三）回归与延续：新型城镇化的道路选择及乡村文化的可持续发展

新型城镇化的道路并非只有一条，保留乡村，适当回归乡村，延续乡村文化也是一条重要的城镇化发展道路。

1. 选择道路，适当回归

首先，城镇化并不排斥城镇和乡村和谐地发展。城镇有着更高的生产率，更完善的社会服务；乡村有着令人着迷的田园风光，能让人与自然融为一体，做到人与自然的和谐。两者互融互通是很多国家在城镇化过程中的共同选择，如美丽的巴厘岛形成了稻田环绕的舒适的城镇，韩国最令人羡慕的住宅也是可闻稻香的乡村别墅。现代城市的交通越来越便捷，使人们可适度回归乡村生活。

其次，随着现代科技的发展，越来越多的产业变得不是特别依赖人口高度聚集的大中城市，有着天人合一田园风光的乡村，开始吸引一部分产业（如宅居工作者）远离城市到居住成本较低的乡村，还有一部分以高科技农业为主体的产业更是迅速地转移向大中城市近郊的乡村，社会精英逆向城镇化给乡村文化带来了新鲜血液和新的文化单元。

最后，故土难离，曾经进城务工的农村精英在城市多年打拼后，学会了现代工业化的生产和创造的经验与技术，回归乡村是其发挥所学的重要时机，返乡创业的高潮时期也将来临。

2. 延续文化，持续发展

延续江南乡村及乡村文化，是我们这一代人应尽的责任。

首先，延续乡村文化必须做到建立一个更合理的价值体系。在这个体系中，城市与乡村不应有高下贵贱之分，新型城镇化必须建立在大国土空间概念的基础上，城市和乡村同等重要，都是国家经济发展的重要组织部分。

其次，江南乡村及乡村文化，是文明之根，我们应该理性地提出这样一个目标：在未来中国社会的发展中，不分高端低端，江南乡村成为不少人愿意回去建设的地方，成为理想的栖居地。

最后，江南乡村生活是对自然物的需求最少的一种生活方式，它符合节约型社会的需求。城市可持续发展的前景一直令人担忧，而江南乡村生活恰恰可以填补城市发展的缺陷。我们不反对城镇化，我们提倡给乡村留有一席之地的新型城镇化，实现城镇和乡村的共同发展。要保证能延续乡村文化，要给子孙留下一片净土。

四、苏州落实绿色社会发展理念的核心行动

苏州落实绿色社会发展理念的核心行动主要采取的是江南新型城镇化，需要精英逆向城镇化。放眼全球，城镇化有两个方向：主流是人口向城市集中，同时又有精英逆向城镇化。当前，江南城镇化、城乡一体化已经取得重大成就，但是仅有人口向城镇集中、工业向园区集中的城镇化，不能算是完整的新型城镇化，我们还要让城市精英逆向城镇化，让精英回归或聚集乡村。

（一）江南小镇扬名之秘

江南风景秀丽，重文强商，堪称天堂。

江南小镇扬名天下的秘密何在？除了地理位置、历史、经济等因素成

就了其声名之外，更重要的是，江南有悠久的文化及创造文化的精英。江南名胜人文胜过地理，若缺少了政治、经济、文化精英回归或聚集于乡里，绝无今日之名胜。甚至，从一定程度上讲，今日之江南小镇就是昔日各类精英所造。明初首富沈万三周庄建宅，尚书董份归隐南浔造百间楼，首辅王鏊修陆巷，文学巨匠茅盾居乌镇著名篇《子夜》，叶圣陶授学用直作《多收了三五斗》，清兵备道任兰生革职回乡建园退思。历代精英或退隐还乡造宅，或商业大成藏富于乡里，或聚于斯造就文化经典。各类精英回归或聚集于斯，造就了胜景，也可以说精英就是胜景。

（二）江南新型城镇化之殇

改革开放以来的40余年，江南仍然那么富足，其城镇化已成为全国的范本。但是，江南城镇化道路之殇，令人扼腕。

首先，江南城镇化消灭农村之殇。江南城镇化将农地集中，农民集中，其经济效果是极为明显的，这是快速富裕的必由之路。但是，当城镇化之后，我们发现这种城镇化与西方发达国家走过的城市化、工业化道路，没有太大的区别。农民住进了现代化的城市住宅，现代化生活水平很高。有的农民经拆迁与还建，成了房主，有了大量的物业收益。农民的富裕及其富裕后的生活方式，甚至其居所，俨然西方化、城市化、现代化了。其不足也就显现出来：江南还有什么是属于自己的、本土的、民族的？江南特有的文化在哪儿呢？

其次，江南城镇化无精英回归之殇。落叶归根是中华文化之精华，国人不管远在何方，对故乡的眷恋始终刻骨铭心。落叶归根，寻宗问祖，维系着一个个远方的游子与故乡之情。古代如此，今亦如此。不幸，今日江南之城镇化，未能为远方游子预留回归之地。江南人在海外为名流、国内为名士的比比皆是，而能回归者少。究其因，现有政策未为其留立锥之地。现有政策规定，土地国有或集体所有，户籍、土地制度对精英回归有诸多制约。缺少了当代精英，江南文化必将断裂难以绵延，这是当今江南城镇化之硬伤。

最后，江南城镇化精英难聚集之殇。当前江南城镇化的重点是发展经济、促民富裕，这是无可厚非的。但不能因这些重任，就忽视了江南厚重文化的延续，江南精英辈出，政治精英、科技精英、文化精英及经济精英，他们或海外创业，或效力高校，或艺游全球。即使非本地精英，又有几人不喜江南文化、天堂之地的？引凤回巢、引凤筑巢，天然条件优越。然则，当今在引凤上，江南城镇化未能将其作为必要任务。缺少精英聚集的城镇化，将让江南失去人杰地灵之优势。

（三）江南乡村社会新型城镇化延续之核

让各类精英回归与聚集，是江南文化之内核。富商刘墉拥小莲庄，南浔扬名；王鏊归隐陆巷，唐寅、沈周、文徵明才有机会被栽培；叶圣陶《三棵银杏树》勾起人们对旧时往事的回忆，甪直成神往之地。这就是江南文化的魅力，旧时的文化要绵延，这一点越来越被江南人所重视。近现代文化也要延续，这一点我们现在必须高度重视。

当前，江南新型城镇化延续文化要做好如下两方面的工作：

一是再造精英聚集乡村之文化。整体来说，江南区域无论是政府，还是民间，基本上"不差钱"，江南一些地方政府也非常重视打造文化，如重建名镇，重修古宅。但是，普遍存在的有商业内容的"文化打造"，不利文化延续。的确江南小镇能延续成为人人向往的天堂，与其重商是分不开的。但无论如何，仅有商，肯定是远远不能造就江南名镇的。江南城镇化除了要拥有商业之表外，还要有精英回归与聚集之核。有精英，有商业，有文化传播，有生活其中的公众，这些是造就江南文化特色不可或缺的。一个没有精英生存其间并传播文化的商业之地，也就缺少了文化延续的内核，这样的商地，随着市场的起落而起落，盛与衰在一夜间。而精英汇聚之地，即便受市场影响，出现不景气，那只是市场的不景气，精英与其伴随的社会资本能聚人气。精英汇聚是江南城镇长盛之内核，江南城镇化就需要再造这样的内核，想尽一切办法让各类社会精英回归与聚集，是当务之急。

二是形成精英与民众共生之环境。江南城镇化过程中，让精英回归与聚集，需要形成城镇各群体共生的环境。史上名士回归，能将其文化知识传播乡里，影响民风，形成强大的社会资本，并形成集镇财富汇聚之势。社会各界逐渐在名人居近之地，形成农工学商和谐共生的局面。社会精英融入村镇，与村镇共生共荣。这样村镇就形成了凝聚力，造就了向心力，实现了自然环境和人文环境和谐相处的整体美。古之小镇兴起与强盛缘于斯，今之城镇化不能没有这样的文化生态。能让精英与民众共生共荣，才能再延江南传统。而今之各类精英，均有能力服务于城镇。如何让精英回归与聚集，并形成能让精英长居的共生环境，这要靠江南各地政府的努力！

第六篇
总　结

十九大报告确定了我国社会主要矛盾已经转化为人民日益增长的美好生活需要和不平衡不充分的发展之间的矛盾。满足"美好生活需要"是一个美好的愿景，基于环境资源限制，它受全球环境资源、国内不均衡不充分发展、社会主义初级阶段的制约。公众、政府、市场和社会对"美好生活"都应选择适度满足方式。

第十五章　美好生活：受资源环境限制，政府生态治理现代化过程牢记使命①

党的十九大报告指出："中国特色社会主义进入新时代，我国社会主要矛盾已经转化为人民日益增长的美好生活需要和不平衡不充分的发展之间的矛盾。"② 人民日益增长的"美好生活需要"被认定为我国社会主要矛盾的一方，满足美好生活需要是一个美好的愿景，在资源和环境越来越有限的前提下，愿景不可能成为所有人的"实景"，未来的"美好生活"应该是也只能是"适度"被满足的生活。"最大程度"的满足方式是愿景，"适度"满足方式才是真实可行的。党的十九届四中全进一步提出："坚持和完善生态文明制度体系，促进人与自然和谐共生。生态文明建设是关系中华民族永续发展的千年大计。必须践行绿水青山就是金山银山的理念，坚持节约资源和保护环境的基本国策，坚持节约优先、保护优先、自然恢复为主的方针，坚定走生产发展、生活富裕、生态良好的文明发展道路，建设美丽中国。"政府在生态治理过程中要不忘初心，牢记生态治理现代化的目标是要让人民群众过上美好生活。

第一节　基于资源环境限制的美好生活满足方式愿景

满足人民群众日益增长的"美好生活需要"，是党在当前及今后一个相当长的时间内的重要目标，这是美好的愿景。这个愿景延续了早在1981年十一届六中全会提出的愿景。十一届六中全会的表述是："在现阶段，我国社会的主要矛盾是人民日益增长的物质文化需要同落后的社会生产之间的矛盾。这个主要矛盾，贯穿于我国社会主义初级阶段的整个过程和社会生活的各个方面，决定了我们的根本任务是集中力量发展社会生产力。"

人民日益增长的"物质文化需要"这个愿景，在十九大的表述中转化为"美好生活需要"的愿景。从其内涵来看，"美好生活需要"比"物质

① 该部分内容作为前期成果由张劲松署名发表。张劲松：《适度：基于资源环境限制的美好生活满足方式》，《行政论坛》2018 年第 2 期。
② 习近平：《决胜全面建成小康社会　夺取新时代中国特色社会主义伟大胜利》，人民出版社 2017 年版，第 11 页。

文化需要"更进一层，其愿景要求更高。从满足"物质文化需要"转化到满足"美好生活需要"，这个过程共历 36 年时间，这个时间段正是我国改革开放不断深入的阶段。为了满足"物质文化需要"，中国共产党人用了三十多年时间集中力量发展生产力，实现了从"落后的社会生产"到"社会生产力水平显著提高，社会生产能力在很多方面进入世界前列"①。

中国以奇迹般的速度持续发展着，自十一届三中全会提出开始改革开放以来，40 年的高速发展，展示了中国特色社会主义制度的优越性。我们还可以自信地说，往后的 10 年、20 年中国仍然能持续增长！这是我们的道路自信。

当然，我们也要十分清醒地认识到，前面 40 年的高速发展，我们受资源环境制约有限。在中国，"增长的极限"还没有到来，但是，资源与环境在过去的 40 年里同西方发达国家一样也被"高速"地消耗着，尤其是中国境内的资源和环境消耗极其严重。

前面 40 年，我们在解决"人民日益增长的物质文化需要同落后的社会生产之间"矛盾的过程中，愿景是满足"物质文化需要"。满足的方式是不断发展，以经济建设为中心，以 GDP 增长为硬道理。在物质和文化生活各个方面需求都受制于落后的生产力的前提下，我们没能将资源和环境的约束作为主要制约因素。经济的高速发展建立在资源和环境快速消耗的基础上，愿景得到了较高程度上的实现。

人们的需要是永无止境的，十九大报告告诉我们，今天"物质文化需要"正转化为"美好生活需要"，"美好生活需要"的外延远远超过了"物质文化需要"，还包括了"民主、法治、正义、安全、环境等方面的需要"，"美好生活需要"是全面的"需要"，是更高层面的"需要"。这个更高层次的愿景，表明了共产党人不忘初心，"坚持以人民为中心的改革价值取向不能变"②，也不会变。

愿景总是很美好的，而实现愿景的过程却是"残酷"的。今天，实现愿景的过程事实上已经变得更加艰难。一方面愿景目标更高了，另一方面资源环境约束更强了。资源环境约束将制约着中国共产党人满足人民美好生活需要的方式，原有的大量消耗资源环境的方式无法再重复了，经济适度发展是最优选择，满足方式将以适度为主成为必然选择。

---

① 习近平：《决胜全面建成小康社会　夺取新时代中国特色社会主义伟大胜利》，人民出版社 2017 年版，第 11 页。

② 2017 年 11 月 20 日，在十九届中央深改组的第一次会议中强调"三个不能变"，为今后全面深改定调。

第二节　基于资源环境限制满足美好生活需要的制约因素

满足美好生活需要，就像中华民族伟大复兴一样，"绝不是轻轻松松、敲锣打鼓就能实现的"[①]。全党必须准备付出更为艰巨、更为艰苦的努力。基于资源环境限制，满足美好生活需要受如下几个方面的制约。

一、美好生活基于全球资源环境的满足限制性

中国持续 40 年的高速发展，得益于全球化。自 20 世纪 80 年代以来，中国搭上了世界工业化发展的"末班车"，中国全面的改革开放，打破了长期以来意识形态的壁垒，尤其是加入 WTO 之后，中国成了全球化体系的一部分。

中国坚持推动构建人类命运共同体，"构筑尊崇自然、绿色发展的生态体系，始终做世界和平的建设者、全球发展的贡献者、国际秩序的维护者"[②]。改革开放 40 年来，中国人民的"物质文化需要"所得到的极大的满足，源于中国参与的全球化，中国既为全球做出了卓越的贡献，如 2008 年全球经济危机之后，中国一枝独秀支撑着全球发展；同时，全球化也为中国发展提供了契机，互利共赢的开放战略，让中国获得了"长足"发展。中国与全世界共同构建起了"人类命运共同体"，为全世界做了贡献，也从全世界换回了自身发展的资源与市场。

今天，中国共产党人的愿景比前 40 年有了更高的要求，"美好生活需要"愿景能像以往那样"轻轻松松"实现吗？答案是否定的！满足美好生活需要严重地受制于全球资源环境的限制。前 40 年，我们对全球资源环境的需要还算是"有限"的，然而当经济发展到今天的水平后，中国人的"物质文化"水平已经大大提高，进一步实现"美好生活"对资源环境的需要将不能再用"有限"来描述了，而是一个庞大的数字，支撑中国今天高水平发展的资源环境数量，将会以几何级数增长。如果满足"美好生活需要"的方式选择不正确，中国必将受制于其他国家。

美国仅有 3 亿人，却消耗了地球资源的三分之一。若近 14 亿人口的中国也像美国那样"生活"，地球资源将不甚重负，乃至难以为继。但谁

[①]　习近平：《决胜全面建成小康社会　夺取新时代中国特色社会主义伟大胜利》，人民出版社 2017 年版，第 11 页。

[②]　习近平：《决胜全面建成小康社会　夺取新时代中国特色社会主义伟大胜利》，人民出版社 2017 年版，第 25 页。

有充分的理由不让中国人过上美国人那样的"美好生活"呢？中国与世界上对资源需求较多的国家现在和将来必定会形成竞争关系，尤其是会遭遇对世界资源极其依赖的美国的挤压。

进入 21 世纪之后，美国自身也感到了资源环境压力，小布什政府、奥巴马政府在不放弃掠夺全球资源的同时，致力于对本国新能源研发的投入。小布什政府实行了"美国气候变化科学方案"，其任务是："通过联邦政府机构气候变化技术研发方案和投资刺激加强美国科技公司的实力，并通过各方合作取得全球领导地位，加快有助于实现气候变化技术方案前景的技术的开发与市场推广的步伐。"[1] 即便其取得了许多成果，美国民主党智库仍然持续批评布什政府的新能源技术政策："美国是世界头号经济大国、能源（和石油）消费大国和最应该为气候变化问题负责的国家。美国拥有全世界最高水平的科学和工程设计人员，从开发和推广使用先进能源技术获得了很多好处。尽管如此，美国政府没有在促进先进能源技术的开发和推广使用上尽到自己的责任。"[2]

奥巴马理解开发和推广使用先进能源技术的重要性，他表示："我的任期将标志着美国在引领全球迎接气候变化上揭开新篇章，在迎接挑战的过程中加强能源安全，创造数百万个就业机会。这一切将从联邦政府总量控制与排放交易体系开始。"[3]

小布什和奥巴马两位总统在其任期内为全球生态治理做出了重大贡献，但是新任总统特朗普上任伊始就执意退出全球气候治理的《巴黎协定》，新任政府不再愿意承担全球环境治理责任。美国对全球资源环境的需求不减，对应承担的责任却自我"减压"，在全球资源环境限制的大前提下，此举将进一步挤压其他国家的资源环境需求，尤其是对作为新兴市场的中国的挤压。基于全球资源环境限制，中国人的美好生活，未来只能"有限"地被满足。

二、美好生活基于不平衡不充分发展的满足限制性

满足"美好生活需要"还受制于资源环境限制的另一个侧面——不平衡不充分发展。东部与中西部不平衡不充分发展、城乡之间的不平衡不充分发展，在资源环境方面展现得非常明显。

---

① 蔡林海：《低碳经济》，经济科学出版社 2009 年版，第 121 页。
② 蔡林海：《低碳经济》，经济科学出版社 2009 年版，第 131 页。
③ 蔡林海：《低碳经济》，经济科学出版社 2009 年版，第 132 页。

（一）美好生活基于东部与中西部不平衡不充分发展的满足限制性

中国经济持续高速增长，得益于东部与中西部之间的梯度发展。邓小平同志让一部分人、一部分地区先富起来的思想，让东部沿海地区首先受益。改革开放的40年，正是东部地区快速发展的40年，以"北上广深"一线城市为核心，长三角、珠三角、环渤海区域已经形成了较为发达的城市群。东部发展最快的城市，已经大大缩小了与发达国家之间的差距，如果仅从基础设施建设单方面来看，中国东部地区的一线城市已经超越了许多发达国家，正如十九大报告所说的"社会生产能力在许多方面进入世界前列"。

邓小平同志提出让一部分地区先富起来的同时，要求做到先富带后富，达到共同富裕。中央政府也采取了许多有益措施解决区域发展不平衡不充分问题，其中重要的措施包括"西部大开发"与"中部崛起"。中西部地区的城市群、城市带也在逐步形成，当地的经济发展仍然在持续进行着。东部地区的产业也梯度向中西部地区转移，并持续地促进着中西部地区的发展。

从中国40年改革开放的总体状况来看，东部地区先富起来靠的是倾斜政策的先发优势。同时，东部地区不仅依赖全球化所带来的国际市场的资源和能源，还依赖国内市场的支撑。总体来说，东部地区不具备资源优势，而国内市场中的中西部市场为东部地区的快速发展提供了较为充足的资源，且中西部地区在很大程度上为全国提供了良好生态环境。在全国一盘棋的布局中，东部地区取得了先发优势，西部地区不仅提供了充足的资源，而且为了全国能有较好的生态牺牲了自身"发展"的机会，西部地区一些省份甚至提出"不发展（工业）就是最大的发展"。

从全局来看，中国东部地区与中西部地区表现出了不均衡不充分发展的形态。中西部地区为东部地区发展提供的主要是资源和良好生态，东部地区对中西部的支持主要体现在资金（财政转移支付）上。但因马太效应，"穷者愈穷，富者愈富"，市场规律比"看得见的手"调节效率更高，仍然引导着中西部的"人财物"资源流向东部地区，且无法阻止东部地区向中西部支持的资金又回流到东部地区。其中，最典型的回流是中西部地区培育出来的"人才"（如大学生）到东部教育资源丰富的地区读书及工作，这就可能导致其家庭很多年积累的财富全部流向东部。

区域发展不均衡不充分的问题，将在一个较长时间内存在着。不平衡不充分发展的现状，也将在很长时间内制约着中西部地区过上同东部地区一样的"美好生活"。资源环境是有限的，中西部地区的美好生活依赖其经济快速发展，但是，现实中因市场规律东部地区更能吸纳资源向其流动，不平衡不充分发展仍然会继续，因此，满足中西部地区的美好生活的方式也将是有限制性的。

（二）美好生活基于城乡之间不平衡不充分发展的满足限制性

中国经济持续高速增长，还得益于乡村对城市的支持。

40 年来的改革开放，中国走的是工业化、城镇化道路。正如马克思在《共产党宣言》里所说，工业化、资本化道路迫使落后地区从属于先进地区、乡村从属于城市、东方从属于西方。工业文明以其先进的生产效率，击垮了农业文明。改革开放以来，政府放松对农村的管制，导致中国城市在极短的时间内吸引了乡村社会的农民向城市转移，成为"农民工"。

40 年来，中国乡村的"人财物"资源向城市流动，尤其是向东部地区的城市流动的趋势一直没有改变过。长期的单向流动，导致了极为严重的城乡发展不平衡不充分现象，最近几年来出现的极为严重的农村"空心化"被世人广为关注。

虽然近 10 年来，城市或工业反哺农村工作做得有声有色，成效斐然，但是，这仍然不能改变乡村资源向城市流动的趋势。"新生代"农民工可能出生在农村，但是真正在农村生长或直接参与农作的人很少，他们对城市的认同远远超过农村，未来这部分有着更高知识水平的"新生代"农民工，更可能永久留在城市。农村"空心化"现象在未来将可能更为严重，城乡之间的不平衡不充分发展也可能扩大化。要满足中国农村农民过上同城市一样的"美好生活"的愿望，其方式将受到许多方面的限制。

三、美好生活基于社会主义初级阶段的满足限制性

满足"美好生活需要"也受制于资源环境限制的另一个侧面——社会主义初级阶段。党的十九大报告指出："必须认识到，我国社会主要矛盾的变化，没有改变我们对我国社会主义所处历史阶段的判断，我国仍处于并将长期处于社会主义初级阶段的基本国情没有变，我国是世界最大发展中国家的国际地位没有变。"[1]

首先，美好生活受制于社会主义初级阶段发展质量和效率不高。经济学家普遍认为，经济持续增长在于生产率的提高。"荣誉不应该归于资本积累，全要素生产率的提高才带来了经济增长，而技术进步带来了全要素

---

① 习近平：《决胜全面建成小康社会　夺取新时代中国特色社会主义伟大胜利》，人民出版社 2017 年版，第 12 页。

生产率的提高，所以技术进步才是经济增长的终极根源。"① 在社会主义初级阶段我国劳动生产率较低，技术相对落后，在这一背景下，我国的快速经济增长建立在资源和能源极大消耗的基础上，且效率低下，发展质量也成问题，最终还导致全国范围内的生态危机。中国人清楚地看到在搭上世界工业化发展的"末班车"时，我国的资源和环境消耗太大，主要矛盾转变后，要实现"美好生活需要"难度越来越高了，因为没有太充分的资源环境可以供我们任意挥霍了，未来的"美好生活"将是在资源环境供给不充分的基础上实现的，这样的"美好生活"更注重精神上的美好，而不能仅仅看作是物质上的充分满足。

其次，美好生活受制于社会主义初级阶段的经济、政治、文化、社会、生态等方面日益增长的需要。在社会主义初级阶段，我国的经济仍然要继续增长，才能保证中国人过上"美好生活"。"经济增长可能会减少也可能会加剧贫富不均，但是快速的经济增长是减少贫困的最直接也是最有效的办法。"② 经济发展越快，资源消耗就越大。一个发展中的大国，难以有充分的资源供我们长期高速增长，未来只能保证适度的经济增长。当经济从高速降至适度时，我们仍然可减少贫困让更多的人过上"美好生活"吗？即便能继续满足日益增长的需要，其限制性条件将越来越多。而要进一步满足除了经济发展需要之外的政治、文化、社会、生态等更多方面的需要，也是需要资源和环境支持的，其限制性可想而知。

最后，美好生活受制于社会主义初级阶段人的全面发展、社会全面进步的限制。实现人的全面发展，社会全面进步，这样才能算是过上了"美好生活"。但是，在社会主义初级阶段，中国人口那么多，大家都要"全面发展"，都想过上"美好生活"，这谈何容易呢？在资源和环境限制条件下，人的全面发展、社会全面进步的"美好生活"，只能做到"适度满足"。

第三节　牢记使命：基于资源环境限制美好
生活适度满足方式

基于资源环境的条件限制，中国共产党人提出的满足"美好生活"的方式只能是"适度"方式。

---

① E. 赫尔普曼：《经济增长的秘密》，王世华等译校，中国人民大学出版社 2007 年版，译者序第 4 页。

② E. 赫尔普曼：《经济增长的秘密》，王世华等译校，中国人民大学出版社 2007 年版，译者序第 6 页。

一、基于资源环境限制，自我选择美好生活适度满足方式

满足"美好生活需要"是党确定的美好的愿景，而实现这个愿景受资源和环境的多重限制。这是一个客观事实，面对这个事实，公众对满足方式和程度就应有一个客观的认知，"美好生活需要"得到全面、完全的满足是不可能的。公众对"美好生活需要"的满足程度止于适度，公众应选择过"适度"的美好生活。

"适度"的美好生活，应该是对资源和环境负责任的生活方式。"基层民主主要把公共政策领域通常自上而下的方式颠倒过来，让民众和社群有权决定自己的生态命运和社会命运，也让民众有权探寻一种对环境和社会负责任的生活方式。"① 未来，在党的领导下，美好生活愿景将逐步实现，资源与环境的限制性也会逐步呈现出来，未来的"美好生活"应该是"既富足又节俭"的。富足，表明的是党的愿景的实现；节俭，体现的是人的素养的提升。资源和环境限制客观存在，基于这些限制，公众的理性选择是过节俭的生活，这种满足美好生活的方式是公众自我选择的结果。

在我们宣传党的十九大精神，表明共产党人满足人民"美好生活"愿景时，也要让公众认识到正确的美好生活方式是"适度"的，人的需要往往是永无止境的，而人的价值选择可以限制人的欲望。"我们今天浑身浸染了我们文化中的物质和工具价值观，很可能我们得以取得的最大成就将不过是在迈向生态社会的道路上迈开步而已，而最终目标要靠子孙后代去实现。然而，此刻让我们这代人踏上旅程却是当务之急的头等大事。"② 今天公众的自我约束，是作为人的理性表现，人的理性选择能将公众引导到生态社会的道路上来，虽然我们的物质需要无法得到充分的满足，但是我们的自我约束能为我们的子孙后代留下可以持续发展的资源和良好的生态。人的有道德的选择，能让自己感觉到这种有约束的生活也是"美好生活"。

二、基于资源环境限制，政府选择美好生活适度满足方式

满足人民"美好生活需要"的愿景是由党和政府提出的，实现这个愿景的方式同样离不开政府的选择。"转变工业时代的革命已经开始，其粗略的纲领轮廓也已清晰可见。只关注少数人或自己国家疆界内部的生活提

---

① 丹尼尔·A. 科尔曼：《生态政治》，梅俊杰译，上海译文出版社 2002 年版，第 230 页。
② 丹尼尔·A. 科尔曼：《生态政治》，梅俊杰译，上海译文出版社 2002 年版，第 230 页。

升的时代正在接近尾声。"① 中国政府在资源环境限制的前提下，选择什么样的方式满足公众美好生活的需要，对中国乃至全球的影响极大。基于资源环境限制，中国政府对满足公众美好生活的需要的方式，可以做如下选择：

其一，政府对经济增长速度的定位，将直接影响着美好生活的实现方式。当发展基数很小时，我们即便以较快的速度发展，对资源环境的消耗也是有限的，如改革开放初期中国能保持持续两位数的经济增长而对资源环境的影响并不大；但是，我们经过 40 年的高速发展之后，经济总量的基数已经很大，此时，若仍然高速增长，则消耗的资源环境会出现倍增。受资源环境限制，持续高速增长极为困难，发达国家今日的低速增长（甚至负增长）就是这样的事实。由此，政府在制定政策的时候，尤其在党的领导下确立五年规划或长远规划时，必须考虑增长速度，今日中国需要减慢发展速度，有时甚至需要停下脚步"听听鸟儿唱歌"。既可以以较快的发展速度来满足美好生活的需要，也可以选择适度的速度来满足美好生活的需要，当经济发展到一定程度以后，人们常常能超越增长速度来思考什么样的生活才是美好生活，仅有物质财富的增长，而不再有绿水青山，已被公认不再是"美好生活"的标志。适度发展，适度满足，这是政府适应资源环境限制条件下可以选择的满足方式。

其二，政府在全球生态治理中的定位，将直接影响着美好生活的实现方式。"能源供应和最终使用技术是导致空气污染及全球气候变化的主要原因，而且也是导致其他各类环境问题的主要原因。解决气候变化问题是人类文明在 21 世纪面临的重大挑战。"② 十九大报告也指出：中国"倡导构建人类命运共同体，促进全球治理体系变革"。中国政府的国际影响力、感召力、塑造力在不断提升，其原因是中国政府在全球生态治理中对自己有着正确的定位，中国是人类命运共同体中的一个重要的组成部分，中国经济发展需要全世界的支持，要从全球化中获取自己所需要的资源和能源；同样，中国也应承担起相应的生态治理责任及经济发展责任。"一带一路"思想及践行，带动了周边国家的共同发展。我们的美好生活得益于政府选择了正确的全球生态治理思想，中国政府在满足周边国家的发展需要的同时，也促进了中国自身良好的发展环境的建立，这是中国人过上美好生活的重要外部条件。全球资源环境限制了中国的发展，解决方式在于

---

① 彼得·圣吉：《必要的革命》，李晨晔等译，中信出版社 2009 年版，中文版序第Ⅷ页。
② 蔡林海：《低碳经济》，经济科学出版社 2009 年版，第 132 页。

中国主动参与全球生态治理，承担全球发展中的责任，全球过上美好生活更有利于中国人过上美好生活。由此可见，中国政府满足公众美好生活的方式是适度的，它与中国的国际责任结合了起来。

其三，政府在全国范围内实现均衡充分发展的政策措施选择，将直接影响着美好生活的实现方式。均衡发展、充分发展同样也是一种愿景，中国是一个大国，疆域广，资源禀赋差异大，社会文化差别性强，完全做到均衡充分发展并不现实，适度均衡充分发展才是可能的，也是可行的。基于资源环境限制，东部地区优先发展之路是历史的选择，也是政府主动推动的结果。事实证明，政府在改革开放之初选择性地让东部地区优先发展起来，奠定了中国崛起的物质基础。今天，十九大报告将中国社会主要矛盾的另一侧面确定为"不平衡不充分"，以它与"美好生活需要"相对。政府所做的政策选择，适应了中国区域之间资源环境差异，为美好生活的满足提供了多种可选择的方式，均衡充分发展应有适当、适度的选择性，资源和环境等多种外在条件影响着政府选择满足的方式。

三、基于资源环境限制，市场选择美好生活适度满足方式

市场主体是满足"美好生活需要"的重要主体，物质财富主要由市场主体来创造。基于资源环境限制，市场选择适度满足方式，对经济与社会发展更为有益。

首先，市场主体应通过不断创新节省资源、减少对环境的破坏，来适度满足美好生活需要。只要创新带来的益处足够大，经济增长就可以自我维持。赫尔普曼强调："创新的过程是一种'创造性的毁灭'，高质量的产品夺取了旧的、低质量产品的市场份额，因此经济增长的常态是非均衡。"[①] 吞噬资源、破坏生态往往是市场主体造成的，市场主体持续创新既节省资源、保持良好生态，又可保证经济持续增长，促进资源在具有生态性功能的企业中使用。只有实现资源的高效率的使用，良好生态才有可能。资源节约，环境友好，这样的市场选择适度满足方式，对"美好生活"的实现是极为有利的。

其次，市场主体应通过开创再生型经济，使资源得到循环使用，来适度满足美好生活需要。"掠夺性经济时代正在走向终结，开创再生型经济的时代正在来临。拆分碎片化和对象客体化的时代正在成为过去，相互依

---

① E·赫尔普曼：《经济增长的秘密》，王世华等译校，中国人民大学出版社 2007 年版，译者序第 5 页。

赖、相互尊敬和相互关怀的时代正在来临。"① 地球只有一个，掠夺性的工业生产方式，就是提前花光子孙后代的资源，实不可取。任何一个生产环节，都是经济体系整体中的一部分，在"碎片化"的生产环节中，都得强调资源的循环使用。市场主体在各个生产环节上以再生型经济的理念实行资源节约使用的配合和协作，将大大促进"美好生活需要"的满足方式提高。

最后，市场主体应遵守"自然步骤"（The Natural Step）宗旨，来适度满足美好生活需要。"自然步骤"包括了四个宗旨："1. 减少并最终完全停止我们从地壳中攫取越来越多的物质资源，这包括化石燃料及相关废弃物；2. 减少并最终安全地停止我们在社会生产的越来越多的合成物质；3. 减少并最终完全停止由我们造成的自然物质条件的持续退化；4. 减少并最终停止完全由我们造成的人们满足基本需求能力的衰退。"② 遵守"自然步骤"的市场主体发现，从这些具体的系统化的条件出发，可以更好地实现可持续发展宗旨，同时也能更好地适度地满足人们生活的需要。"自然步骤"有利于从源头上解决可持续发展问题，其因减少资源和能源的使用，同时又能减少甚至停止我们满足"美好生活需要"能力的衰退，这正是人们所盼望的，我们正享受着日益美好的生活，若因资源环境限制，我们的美好生活出现直线下降，这是我们难以接受的。美好生活得到适度满足，才能实现不断满足。

四、基于资源环境限制，社会选择美好生活适度满足方式

美好生活可存在于生态社会，在生态社会中社会组织必然地会选择美好生活适度满足方式。

西方学者在反思西方工业化带来的资源枯涸、生态破坏的社会危机后，认为生态社会的构成要件是："必须以护生、可续、崇尚人类与自然双双安康的价值观来代替目前这个破坏成性、权欲熏心之社会的价值观。"③ 这一认识与十九大报告中许多提法具有一致性，十九大报告提出"坚持人与自然和谐共生"，这给生态社会做了最好的注释，我们要实现的生态社会就是人与自然和谐共生的社会。

人与自然和谐共生，社会组织要做到的正确选择是尊重自然。自然是社会存在的基础，自然能提供的资源是有限的，那么社会就应倡导以节省

---

① 彼得·圣吉：《必要的革命》，李晨晔等译，中信出版社 2009 年版，中文版序第Ⅷ页。
② 彼得·圣吉：《必要的革命》，李晨晔等译，中信出版社 2009 年版，360 页。
③ 丹尼尔·A. 科尔曼：《生态政治》，梅俊杰译，上海译文出版社 2002 年版，第 229 页。

资源、创造良好环境为荣的氛围，过度的奢侈不应被社会追捧，富足的社会生活不仅是物质上的，还是精神上的，能得到适度满足的社会生活，同样也是美好生活。

参考文献

一、原著

ASZASZ., *Ecopopulism: Toxic Waste and the Movement for Environmental Justice*, Minneapolis: University of Minnesota Press, 1994.

Aminzade, Ronald, *Silence and Voice in the Study of Contentious Politics*, New York: Cambridge University Press, 2001.

Beck, U., *World Risk Society*, Cambridge: Polity Press, 1999.

Blaikie, P., *At Risk: Natural Hazards, People's Vulnerability and Disasters*, London: Routledge, 1994.

Birkland, T. A., *Lessons of Disaster: Policy Change after Catastrophic Events*, Washington D. C.: Georgetown University Press, 2006.

Coleman, J., *Foundations of Social Theory*, Cambridge, MA: Harvard University Press, 1990.

Dryzek, J. S., *The Politics of the Earth: Environmental Discourses (2nd Ed.)*, New York: Oxford University Press, 2005.

Dryzek, J. S. et al., *Green States and Social Movements: Environmentalism in the United States, United Kingdom, Germany, and Norway*, Oxford: Oxford University Press, 2003.

Dobson, A., *Citizenship and the Environment*, Oxford: Oxford University Press, 2004.

Douglas, M. and Wildavsky, A., *Risk and Culture: an Essay on the Selection of Environmental and Technological Dangers*, Berkeley: University of California Press, 1982.

Giddens, A., *The Consequences of Modernity*, California: Stanford University Press, 1990.

Giddens, A., *Modernity and Self-identity: Self and Society in the Late Modern Age*, Cambridge: Policy Press, 1991.

Hardin, G., *Living Within Limits: Ecology, Economics, and Population Taboos*, New York: Oxford University Press, 1993.

Hill, M., *Understanding Social Policy*, Oxford: Blackwell, 1997.

Janis, Irving L. *Crucial Decisions: Leadership in Policymaking and Crisis Management*, New York: The Free Press, 1989.

Krimsky, S., *Social Theories of Risk*, New York: Greenwood Press, 1992.

Lindblom, Charles E., *Politics and Markets: The World's Political-Economic Systems*, New York: Basic Books, 1977.

Luhmann, N., *Social Systems*, California: Stanford University Press, 1995.

Marshall, T. H., *Social Policy*, London: Hutchinso, 1975.

Hajer, Maarten A. *The Politics of Environmental Discourse: Ecological Modernization and the Policy Process*, Oxford: Oxford University Press, 1995.

Olson, M., *The Logic of Collective Action*, Cambridge, MA: Harvard University Press, 1965.

Parsons, T., *Social Structure and Personality*, New York: Free Press, 1958.

Popper, K., *The Open Society and its Enemies*, London: George Routledge, 1945.

Plumptre, T. and Graham, J., *Governance and Good Governance: International and Aboriginal Perspectives*, Institute on Governance, 1999.

Sagoff, M., *The Economy of the Earth*, Cambridge: Cambridge University Press, 1988.

Slovic, P., *The Perception of Risk*, London: Earthscan Publications, 2000.

Storey, John, *Cultural Studies and the Study of Popular Culture: Theories and Methods*, Edinburgh: Edinburgh University Press, 1996.

Yang, G., *The Power of the Internet in China: Citizen Activism Online*, New York: Columbia University Press, 2009.

Yandle, B., *Taking the Environment Seriously*, Lanham, MD: Rowman and Littlefield, 1993.

二、译著

埃莉诺·奥斯特罗姆:《公共事物的治理之道——集体行动制度的演进》,余逊达、陈旭东译,上海:上海三联书店,2000 年。

埃里希·弗洛姆:《健全的社会》,蒋重跃等译,北京:国际文化出版公司,2003 年。

安东尼·吉登斯:《第三条道路——社会民主主义的复兴》,郑戈译,北京:北京大学出版社,2000 年。

巴里·康芒纳:《与地球和平共处》,王喜六等译,上海:上海译文出版社,2002 年。

芭芭拉·沃德、勒内·杜博斯:《只有一个地球》,《国外公害丛书》编委会译校,长春:吉林人民出版社,2009 年。

保罗·R. 伯特尼、罗伯特·N. 史蒂文斯主编:《环境保护的公共政策》,穆贤清、方志伟译,上海:上海三联书店,2009 年。

查尔斯·林德布洛姆:《决策过程》,竺乾威、胡君芳译,上海:上海译文出版社,1988 年。

丹尼尔·A. 科尔曼:《生态政治——建设一个绿色社会》,梅俊杰译,上海:上海译文出版社,2002 年。

戴维·波普诺:《社会学》,李强等译,北京:中国人民大学出版社,1999 年。

弗·卡普拉、查·斯普雷纳克:《绿色政治:全球的希望》,石音译,北京:东方出版社,1988 年。

菲利普·塞尔兹尼克:《社群主义的说服力》,马洪、李清伟译,上海:上海人民出版社，2009 年。

弗·卡普拉：《转折点——科学·社会·兴起中的新文化》，冯禹等译，北京：中国人民大学出版社，1989 年。

哈贝马斯：《合法性危机》，刘北成、曹卫东译，上海：上海人民出版社，2000 年。

哈贝马斯：《后形而上学思想》，曹卫东、付德根译，南京：译林出版社，2001 年。

赫伯特·马尔库塞：《单向度的人：发达工业社会意识形态研究》，刘继译，上海：上海译文出版社，2008 年。

J. L. 弗里德曼等：《社会心理学》，高地等译，哈尔滨：黑龙江人民出版社，1986 年。

加尔布雷思：《富裕社会》，赵勇等译，南京：江苏人民出版社，2009 年。

加尔布雷思：《美好社会——人类议程》，王中宏等译，南京：江苏人民出版社，2009 年。

加尔布雷思：《不确定的时代》，刘颖、胡莹译，南京：江苏人民出版社，2010 年。

加尔布雷思：《加尔布雷思文集》，沈国华译，上海：上海财经大学出版社，2006 年。

加尔布雷思：《美国资本主义——抗衡力量的概念》，王肖竹译，北京：华夏出版社，2008 年。

加尔布雷思：《掠夺型政府》，苏琦译，北京：中信出版社，2009 年。

杰里·本特利、赫伯特·齐格勒：《新全球史（第三版）》，魏凤莲等译，北京：北京大学出版社，2007 年。

科恩：《论民主》，聂崇信、朱秀贤译，北京：商务印书馆，1988 年。

卡洛林·麦茜特：《自然之死——妇女、生态和科学革命》，吴国盛译，长春：吉林人民出版社，1999 年。

卢梭：《社会契约论》，何兆武译，北京：商务印书馆，2003 年。

卢茨主编：《西方环境运动：地方、国家和全球向度》，徐凯译，济南：山东大学出版社，2005 年。

卢卡奇：《理性的毁灭：非理性主义的道路——从谢林到希特勒》，王玖兴等译，济南：山东人民出版社，1997 年。

卢卡奇：《历史与阶级意识——关于马克思主义辩证法的研究》，杜章智等译，北京：商务印书馆，1992 年。

罗伯特·帕特南：《使民主运转起来：现代意大利的公民传统》，王列、赖海榕译，南昌：江西人民出版社，2001 年。

罗尔斯：《正义论》，何怀宏等译，北京：中国社会科学出版社，1988 年。

罗杰·珀曼等：《自然资源与环境经济学（第二版）》，侯元兆译著主编，北京：中国经济出版社，2002 年。

理查德·杜斯韦特：《增长的困惑（修订版）》，李斌等译，北京：中国社会科学出版社，2008 年。

迈克尔·H. 莱斯诺夫：《二十世纪的政治哲学家》，冯克利译，北京：商务印书馆，2001 年。

迈克尔·麦金尼斯：《多中心治道与发展》，王文章等译，上海：上海三联书店，

2000 年。

曼瑟尔·奥尔森：《集体行动的逻辑》，陈郁等译，上海：上海三联书店、上海人民出版社，1995 年。

孟德斯鸠：《论法的精神》，张雁深译，北京：商务印书馆，1978 年。

尼格尔·多德：《社会理论与现代性》，陶传进译，北京：社会科学文献出版社，2002 年。

千年生态系统评估项目：《生态系统与人类福祉：评估框架》，张永民译，北京：中国环境科学出版社，2007 年。

萨拉蒙：《公共服务中的伙伴》，田凯译，北京：商务印书馆，2008 年。

塞缪尔·P. 亨廷顿：《变动社会的政治秩序》，王冠华等译，上海：上海人民出版社，2008 年。

乌尔里希·贝克：《风险社会》，何博文译，南京：译林出版社，2004 年。

瓦尔特尔·霍利切尔：《科学世界图景中的自然界》，孙小礼等译，上海：上海世纪出版集团，2006 年。

沃德、杜博斯主编：《只有一个地球》，曲格平等译，北京：石油工业出版社，1976 年。

约翰·贝拉米·福斯特：《生态危机与资本主义》，耿建新、宋兴无译，上海：上海译文出版社，2006 年。

詹姆斯·奥康纳：《自然的理由：生态学马克思主义研究》，唐正东、臧佩洪译，南京：南京大学出版社，2003 年。

詹姆斯·罗西瑙：《没有政府的治理》，张胜军等译，南昌：江西人民出版社，2001 年。

珍妮特·V. 登哈特、罗伯特·B. 登哈特：《新公共服务：服务，而不是掌舵》，丁煌译，北京：中国人民大学出版社，2003 年。

三、中文著作

陈宗兴主编：《生态文明建设（理论卷/实践卷）》，北京：学习出版社，2014 年。

陈埠成：《全球生态环境问题的哲学反思》，北京：中华书局，2005 年。

蔡守秋：《基于生态文明的法理学》，北京：中国法制出版社，2014 年。

曹东等：《经济与环境：中国 2020》，北京：中国环境科学出版社，2005 年。

曹明德：《生态法新探》，北京：人民出版社，2007 年。

袁翔珠：《石缝中的生态法文明》，北京：中国法律出版社，2013 年。

杜放、于海峰：《生态税·循环经济·可持续发展》，北京：中国财政经济出版社，2007 年。

邓正来、亚历山大主编：《国家与市民社会：一种社会理论的研究路径》，北京：中央编译出版社，1998 年。

丁元竹：《社会发展管理》，北京：中国经济出版社，2006 年。

风笑天等编著：《社会管理学概论》，上海：华中理工大学出版社，1999 年。

方创琳等：《城市化过程与生态环境效应》，北京：科学出版社，2008 年。

高中华：《环境问题抉择论——生态文明时代的理性思考》，北京：社会科学文献出版社，2004 年。

高小平：《政府生态管理》，北京：中国社会科学出版社，2007 年。

高丙中、袁瑞军主编：《中国公民社会发展蓝皮书》，北京：北京大学出版社，2008 年。

高吉喜：《可持续发展理论探索——生态承载力理论、方法与应用》，北京：中国环境科学出版社，2001 年。

葛察忠等主编：《建设环境友好型社会经济政策》，北京：中国环境科学出版社，2007 年。

葛洪义：《我国地方法制建设理论与实践研究》，经济科学出版社，2012 年。

郭治：《保护我们的地球》，武汉：湖北少年儿童出版社，1990 年。

郭兆晖：《生态文明体制改革初论》，北京：新华出版社，2014 年。

何增科主编：《中国社会管理体制改革路线图》，北京：国家行政学院出版社，2009 年。

何显明：《群体性事件的发生机理及其应急处置——基于典型案例的分析研究》，上海：学林出版社，2010 年。

胡德胜：《生态环境用水法理创新和应用研究——基于 25 个法域之比较》，西安：西安交通大学出版社，2010 年。

胡德胜：《法域生态环境用水法律与政策选择》，郑州：郑州大学出版社，2010 年。

贾西津主编：《中国公民参与：案例与模式》，北京：社会科学文献出版社，2008 年。

焦艳鹏：《刑法生态法益论》，北京：中国政法大学出版社，2012 年。

金观涛、刘青峰：《兴盛与危机——论中国社会超稳定结构》，北京：法律出版社，2011 年。

经济合作与发展组织：《中国治理》，北京：清华大学出版社，2007 年。

康晓光、马庆斌：《城市竞争力与城市生态环境》，北京：化学工业出版社，2007 年。

柯坚编：《环境法的生态实践理性原理》，北京：中国社会科学出版社，2012 年。

李娟：《中国特色社会主义生态文明建设研究》，北京：经济科学出版社，2013 年。

李笃武：《政治发展与社会稳定——转型时期中国社会稳定问题研究》，上海：学林出版社，2006 年。

李培林：《社会冲突与阶层意识——当代中国社会矛盾问题研究》，北京：社会科学文献出版社，2005 年。

廖卫东：《生态领域产权市场制度研究》，北京：经济管理出版社，2004 年。

凌欣：《环境法视野下生态省建设的理论与实践研究》，北京：法律出版社，2011 年。

刘建成：《第三种模式：哈贝马斯的话语政治理论研究》，北京：中国社会科学出版社，2007 年。

刘冬梅：《可持续经济发展理论框架下的生态足迹研究》，北京：中国环境科学出版社，2007 年。

刘京希：《政治生态论——政治发展的生态学考察》，济南：山东大学出版社，2007 年。

刘东勋等：《新区域经济学论纲》，北京：社会科学文献出版社，2005 年。

鲁枢元：《生态批评的空间》，上海：华东师范大学出版社，2006 年。

毛寿龙：《西方政府的治道变革》，北京：中国人民大学出版社，1998 年。

马建中：《政治稳定论：中国现代化进程中的政治稳定问题研究》，北京：中国社会科学出版社，2003 年。

马寅初：《新人口论》，长春：吉林人民出版社，1997 年。

潘天群：《博弈生存——社会现象的博弈论解读》，北京：中央编译出版社，2002 年。

沈国明主编：《21 世纪生态文明：环境保护》，上海：上海人民出版社，2005 年。

沈满洪等：《生态文明建设：从概念到行动》，北京：中国环境科学出版社，2014 年。

宋宝安主编：《社会稳定与社会管理机制研究》，北京：中国社会科学出版社，2011 年。

孙正甲：《生态政治学》，哈尔滨：黑龙江人民出版社，2005 年。

王书华：《区域生态经济——理论、方法与实践》，北京：中国发展出版社，2008 年。

王祥容编著：《生态建设论——中外城市生态建设比较分析》，南京：东南大学出版社，2004 年。

王小强、白南风：《富饶的贫困——中国落后地区的经济考察》，成都：四川人民出版社，1996 年。

王茜：《生态文化的审美之维》，上海：上海世纪出版集团，2007 年。

王学俭、宫长瑞：《生态文明与公民意识》，北京：人民出版社，2011 年。

王舒：《生态文明建设概论》，北京：清华大学出版社，2014 年。

王春益主编：《生态文明与美丽中国梦》，北京：社会科学文献出版社，2014 年。

吴国光主编：《国家、市场与社会》，香港：牛津大学出版社，1994 年。

吴舜泽等：《珠江三角洲环境保护战略研究》，北京：中国环境科学出版社，2006 年。

吴贤静：《"生态人"：环境法上的人之形象》，北京：中国人民大学出版社，2014 年。

肖显静：《生态政治——面对环境问题的国家抉择》，太原：山西科学技术出版社，2003 年。

肖显静：《环境与社会：人文视野中的环境问题》，北京：高等教育出版社，2006 年。

徐祥民、王光和主编：《生态文明视野下的环境法理论与实践》，济南：山东大学出版社，2007 年。

徐勇：《现代国家乡土社会与制度建构》，北京：中国物资出版社，2009 年。

徐艳梅：《生态学马克思主义研究》，北京：社会科学文献出版社，2007 年。

薛澜等：《危机管理——转型期中国面临的挑战》，北京：清华大学出版社，2003 年。

薛晓源、李惠斌主编：《生态文明研究前沿报告》，上海：华东师范大学出版社，2007 年。

郇庆治：《环境政治学：理论与实践》，济南：山东大学出版社，2007 年。

殷昭举：《创新社会治理机制》，广州：广东人民出版社，2011 年。

殷浩文：《生态风险评价》，上海：华东理工大学出版社，2001 年。

俞可平主编：《治理与善治》，北京：社会科学文献出版社，2000年。

于建嵘：《抗争性政治：中国政治社会学基本问题》，北京：人民出版社，2010年。

余谋昌：《环境哲学：生态文明的理论基础》，北京：中国环境科学出版社，2010年。

袁江洋、方在庆主编：《科学革命与中国道路》，武汉：湖北教育出版社，2006年。

张静：《法团主义（修订本）》，北京：中国社会科学出版社，2005年。

张丽：《水资源承载能力与生态需水量理论及应用》，郑州：黄河水利出版社，
　　2005年。

张德信等：《中国政府改革的方向》，北京：人民出版社，2003年。

张康之：《社会治理的历史叙事》，北京：北京大学出版社，2010年。

周黎安：《转型中的地方政府：官员激励与治理》，上海：格致出版社，2008年。

周海林、谢高地：《人类生存困境——发展的悖论》，北京：社会科学文献出版社，
　　2003年。

周绍森、陈东有：《科教兴国论》，济南：山东人民出版社，1999年。

周敬宣主编：《可持续发展与生态文明》，北京：化学工业出版社，2009年。

赵建军：《如何实现美丽中国梦——生态文明开启新时代》，北京：知识产权出版社，
　　2013年。

章国锋：《关于一个公正世界的"乌托邦"构想——解读哈贝马斯〈交往行为理论〉》，
　　济南：山东人民出版社，2001年。

邹建平：《诚信论》，天津：天津人民出版社，2005年。

郑杭生主编：《走向更讲治理的社会：社会建设与社会管理》，北京：中国人民大学出
　　版社，2006年。

郑德涛、欧真志主编：《法制建设与和谐社会治理的完善》，广州：中山大学出版社，
　　2013年。

中国生态补偿机制与政策研究课题组编：《中国生态补偿机制与政策研究》，北京：科
　　学出版社，2007年。

赵琪主编：《国际法视野下的西部地区生态环境保护》，成都：西南财经大学出版社，
　　2012年。

张翼飞：《城市内河生态修复的意愿价值评估法实证研究》，北京：科学出版社，
　　2014年。

张晓君、张辉：《生态环境保护的国际法理论与实践》，厦门：厦门大学出版社，
　　2006年。

四、中文论文

包双叶：《社会结构转型与生态文明建设——基于中国特殊经验的研究》，《天中学
　　刊》，2012年第1期。

包晓霞：《社会学关于现代社会管理和社会建设的理论》，《甘肃社会科学》2010年第
　　5期。

蔡禾：《从利益诉求的视角看社会管理创新》，《社会学研究》2012 年第 4 期。

蔡守秋、敖安强：《生态文明建设对法治建设的影响》，《吉林大学社会科学学报》
　　2011 年第 6 期。

曹海军：《后发展视域下的社会管理——抗争政治与国家建构的视角》，《中共天津市
　　委党校学报》，2012 年第 4 期。

陈清硕：《方兴未艾的生态政治学》，《社会科学》1995 年第 4 期。

陈发桂：《变"管治"为"共治"：基层维稳惯性思维的矫正》，《领导科学》2012 年
　　第 9 期。

陈家喜、黄文龙：《阶层分化与执政党维稳能力建设》，《理论探讨》2012 年第 3 期。

陈振明、李德国、蔡晶晶：《政府社会管理职能的概念辨析——〈"政府社会管理"课
　　题的研究报告〉之一》，《东南学术》2005 年第 4 期。

程玲、向德平：《社会转型时期的社会风险研究》，《学习与实践》2007 年第 10 期。

崔月琴：《新时期中国社会管理组织基础的变迁》，《福建论坛（人文社会科学版）》
　　2010 年第 11 期。

戴洁：《转型期中国城市社会的分层机制》，《广东社会科学》2009 年第 4 期。

邓智平、岳经纶：《社会管理研究的三种理论视角》，《广东社会科学》2012 年第 3 期。

丁元竹：《建立和完善基层社会管理体制的几点思考》，《国家行政学院学报》2010 年
　　第 5 期。

丁元竹：《当前我国社会管理创新的主要领域和基本做法》，《马克思主义与现实》
　　2011 年第 5 期。

丁元竹：《社会管理发展的历史和国际视角》，《国家行政学院学报》2011 年第 6 期。

董立人：《政务微博发展助推社会管理创新》，《领导科学》2011 年第 10 期。

董海军：《依势博弈：基层社会维权行为的新解释框架》，《社会》2010 年第 5 期。

冯广艺：《论话语权》，《福建师范大学学报（哲学社会科学版）》2008 年第 4 期。

费文斌：《群体性事件发生的原因分析及对策研究》，《知识经济》2010 年第 2 期。

高小平：《中国特色应急管理体系建设的成就和发展》，《中国行政管理》2008 年第
　　11 期。

关信平：《社会政策发展的国际趋势及我国社会政策的转型》，《江海学刊》2002 年第 4
　　期。

龚长宇、郑杭生：《陌生人社会秩序的价值基础》，《科学社会主义》2011 年第 1 期。

郭玉亮：《协调利益冲突：创新社会管理的逻辑基点》，《求实》2012 年第 1 期。

何海兵：《我国城市基层社会管理体制的变迁：从单位制、街居制到社区制》，《管理
　　世界》2003 年第 6 期。

何平立、沈瑞英：《资源、体制与行动：当前中国环境保护社会运动析论》，《上海大
　　学学报（社会科学版）》2012 年第 1 期。

何增科：《论改革完善我国社会管理体制的必要性和意义》，《毛泽东邓小平理论研究》
　　2007 年第 8 期。

侯琦、魏子扬：《合作治理——中国社会管理的发展方向》，《中共中央党校学报》
　　2012 年第 1 期。

胡剑：《十六大以来我党关于社会管理的新探索》，《行政论坛》2012 年第 5 期。

黄冬娅：《国家如何塑造抗争政治：关于社会抗争中国家角色的研究评述》，《社会学
　　研究》2011 年第 2 期。

黄顺康、夏俊毅：《"维稳"的机制设计思考》，《甘肃社会科学》2011 年第 3 期。

黄爱宝：《"生态型政府"初探》，《南京社会科学》2006 年第 1 期。

黄爱宝、陈万明：《生态型政府构建与生态 NGO 发展的互动分析》，《探索》2007 年第
　　1 期。

黄爱宝：《生态型政府构建与生态公民养成的互动方式》，《南京社会科学》2007 年第 5
　　期。

黄爱宝：《生态型政府构建与生态市场培育的互动关系》，《河南大学学报（社会科学
　　版）》2007 年第 2 期。

黄爱宝：《生态型政府构建与生态企业成长的互动作用》，《山西师大学报（社会科学
　　版）》2008 年第 1 期。

江新国、张继国：《中西方社会管理文化比较及整合创新》，《湖北社会科学》2012 年
　　第 3 期。

金国坤：《论社会管理新格局的形成与行政主体理论的变迁》，《江淮论坛》2012 年第 1
　　期。

金富平：《生态危机的根源与出路：关系维度的视角》，《中国地质大学学报（社会科
　　学版）》2013 年第 5 期。

景天魁：《缓解社会紧张度的"维稳"新路》，《人民论坛》2012 年 S2 期。

蓝志勇、李东泉：《社区发展是社会管理创新与和谐城市建设的重要基础》，《中国行
　　政管理》2011 年第 10 期。

郎友兴等：《社会管理体制创新研究论纲》，《浙江社会科学》2011 年第 4 期。

郎友兴：《解决维稳难题的上策》，《人民论坛》2010 年第 27 期。

李程伟：《社会管理体制创新：公共管理学视角的解读》，《中国行政管理》2005 年第 5
　　期。

李刚：《生态政治学：历史、范式与学科定位》，《马克思主义与现实》2005 年第 2 期。

李继锋：《生态学马克思主义生态危机理论旨趣与启示》，《社会科学家》2013 年第
　　8 期。

李路路：《社会结构阶层化和利益关系市场化》，《社会学研究》2012 年第 2 期。

李强：《和谐社会与社会建设》，《中国特色社会主义研究》2007 年第 6 期。

李俊斌、胡中华：《论环境法治视阈下生态文明实现之路径》，《山西大学学报（哲学
　　社会科学版）》2010 年第 3 期。

李文钊、荆小娟：《诊断中国社会管理：一个理论考察》，《中国行政管理》2012 年
　　3 月。

李校利：《从生态文明理论探索看我国文明发展走势》，《中国环境管理》2012 年第 1 期。

廖琦：《基层社会管理面临的困境及应策研究》，《领导科学》2011 年第 4 期。

刘继同：《由静态管理到动态管理：中国社会管理模式的战略转变》，《管理世界》2002 年第 10 期。

刘建明：《利益冲突型群体性事件的化解之道：协商民主视角的解读》，《学海》2011 年第 6 期。

刘柳珍：《论社会管理中的公众参与》，《求实》2011 年第 8 期。

刘晓黎：《论生态文明视域下生态效益补偿机制之构建》，《学术交流》2011 年 8 月。

刘祖云：《政府与企业：利益博弈与道德博弈》，《江苏社会科学》2006 年第 5 期。

刘在平：《面对人类生存危机的政治思维——生态政治学》，《天津社会科学》1992 年第6 期。

龙必尧：《关于转变政府职能加强社会管理的思考》，《探索》2007 年第 5 期。

娄成武：《论网络政治动员》，《政治学研究》2010 年第 2 期。

陆文荣：《社会管理：作为实践和概念》，《社会科学管理与评论》2011 年第 2 期。

陆学艺：《目前形势和社会建设、社会管理》，《中共福建省委党校学报》2011 年第 4 期。

洛桑灵智多杰：《基于生态文化构建生态文明》，《西北民族大学学报（哲学社会科学版）》2013 年第 2 期。

吕美琛：《论群体性事件信息公开的文化障碍》，《广西社会科学》2013 年第 11 期。

吕德文：《基层权力失控的逻辑》，《南风窗》2012 年第 14 期。

马凯：《努力加强和创新社会管理》，《求是》2010 年第 20 期。

莫于川：《行政法治视野中的社会管理创新》，《法学论坛》2010 年第 6 期。

潘怀平：《创新社会管理：变维稳为创稳》，《领导科学》2011 年第 36 期。

彭金玉：《生态政治化：解决当代中国生态环境问题的根本途径》，《华北电力大学学报（社会科学版）》2009 年第 4 期。

秦德君：《中国社会体制问题研究》，《上海行政学院学报》2010 年第 4 期。

清华大学社会学系社会发展研究课题组：《利益表达制度化，实现长治久安》，《理论参考》2011 年第 3 期。

容志、陈奇星：《"稳定政治"：中国维稳困境的政治学思考》，《政治学研究》2011 年第 5 期。

汝绪华：《话语权观的流派探微》，《湖北行政学院学报》2010 年第 1 期。

赛明同、孙发峰：《论当代中国生态政治建设》，《中州学刊》2006 年第 5 期。

上官丕亮：《社会管理央地关系的创新及其宪法保障》，《华东政法大学学报》2010 年第 5 期。

申端锋：《基层维稳的深层次逻辑》，《人民论坛》2010 年第 27 期。

沈骊天：《从人类中心主义到广义生态伦理》，《科学技术与辩证法》2001 年第 5 期。

沈荣华、王扩建：《制度变迁中地方核心行动者的行动空间拓展与行为异化》，《南京师范大学学报（社会科学版）》2011 年第 1 期。

施雪华：《互联网与中国社会管理创新》，《学术研究》2012 年第 6 期。

施雪华、杨丹华：《构建和谐社会需要社会资本建设》，《北京行政学院学报》2009 年第 5 期。

石国亮：《主体特质与话语表达：基于"能量场"的政策体制探析》，《浙江社会科学》2012 年第 6 期。

舒小庆：《我国地方政府维稳思路的异化及其矫正》，《求实》2012 年第 11 期。

舒永久：《用生态文化建设生态文明》，《云南民族大学学报（哲学社会科学版）》2013 年第 4 期。

宋伟：《美国维稳启示录》，《人民论坛》2010 年第 27 期。

苏振华、郁建兴：《公众参与、程序正当性与主体间共识——论公共利益的合法性来源》，《哲学研究》2011 年第 5 期。

孙柏瑛：《基层政府社会管理中的适应性变革》，《中国行政管理》2012 年第 5 期。

孙伟林：《促进社会组织健康发展》，《瞭望新闻周刊》2010 年第 37 期。

孙培军：《当前中国社会抗争研究：基于抗争性质、动因与治理的分析》，《社会科学》2011 年第 2 期。

孙培军：《抗争、民主与治理：全球治理下的抗争政治研究》，《太平洋学报》2010 年第 5 期。

孙立平等：《改革以来中国社会结构的变迁》，《中国社会科学》1994 年第 2 期。

孙晓莉：《西方国家政府社会治理的理念及其启示》，《社会科学研究》2005 年第 2 期。

孙佑海：《推进生态文明建设的法治思维和法治方式研究》，《中国环境法治》2012 年第 2 期。

孙佑海：《生态文明建设需要法治的推进》，《中国地质大学学报（社会科学版）》2013 年第 1 期。

谭明方：《社会管理与相关体制改革研究》，《学习与探索》2011 年第 3 期。

唐皇凤：《"中国式"维稳：困境与超越》，《武汉大学学报（哲学社会科学版）》2012 年第 5 期。

唐铁汉：《强化政府社会管理职能的思路与对策》，《国家行政学院学报》2005 年第 6 期。

唐铁汉：《建立与完善中国特色社会管理体制》，《中国行政管理》2010 年第 10 期。

童星、张海波：《群体性突发事件及其治理——社会风险与公共危机综合分析下的再考量》，《学术界》2010 年第 12 期。

涂小雨：《经济建设、社会建设与社会管理的关联性分析》，《中共福建省委党校学报》2012 年第 7 期。

王灿发：《论生态文明建设法律保障体系的构建》，《中国法学》2014 年第 3 期。

王慧：《官场中的维稳烦恼》，《领导文萃》2012 年第 24 期。

王梅枝：《当前中国地方政府维稳扩大化成本分析及其治理对策》，《湖北行政学院学报》2011 年第 5 期。

王名：《改革民间组织双重管理体制的分析和建议》，《中国行政管理》2007 年第 4 期。

王树义、周迪：《生态文明建设与环境法治》，《中国高校社会科学》2014 年第 2 期。

王文清：《生态文明建设评价指标体系研究》，《江汉大学学报（人文科学版）》2011 年 5 期。

王义：《从管制到多元治理：社会管理模式的转换》，《长白学刊》2012 年第 4 期。

王益峰：《城市化进程中"城中村"失地农民市民化的反思》，《安徽农业大学学报（社会科学版）》2008 年第 2 期。

王玉荣：《基于社会管理视域的基层维稳运行模式研究》，《学术界（月刊）》2011 年第 11 期。

王雨静：《法治化视角下群体性事件解决机制研究》，《求实》2013 年第 1 期。

王雨辰：《论发展中国家的生态文明理论》，《苏州大学学报（哲学社会科学版）》2011 年第 6 期。

魏礼群：《深入开展"加强和创新社会管理"研究》，《国家行政学院学报》2011 年第 1 期。

魏淑艳、邵玉英：《中国城乡社会管理格局失衡的问题及解决思路》，《社会科学辑刊》2012 年第 2 期。

吴新叶：《基层社会管理中的政党在场：执政的逻辑与实现》，《理论与改革》2010 年第 4 期。

吴玉军：《理性的狂妄与自然的终结——对现代自然观及其实践困境的一种考察》，《南京农业大学学报（社会科学版)》2011 年第 1 期。

吴玉敏：《创新社会管理中的社会自治能力增强问题》，《社会主义研究》2011 年第 4 期。

吴忠民：《现代阶段中国的社会风险与社会安全运行报告》，《科学社会主义》2004 年第 5 期。

夏少琼：《建国以来社会动员制度的变迁》，《唯实》2006 年第 2 期。

向春玲：《论多种社会主体在社会管理创新中的作用》，《中共中央党校学报》2011 年第 5 期。

谢友倩、徐峰：《在风险社会中求得和谐》，《唯实》2007 年第 4 期。

谢怀建：《和谐社会下的安全稳定观》，《社会科学研究》2010 年第 5 期。

谢庆奎、谢梦醒：《和谐社会与社会管理体制改革》，《北京行政学院学报》2006 年第 2 期。

肖文涛：《社会治理创新》，《中国行政管理》2007 年第 10 期。

熊易寒：《地方政府要告别压力型体制》，《社会观察》2010 年第 9 期。

徐勇：《论城市社区建设中的社区居民自治》，《华中师范大学学报（人文社会科学版)》2010 年第 3 期。

徐勇：《社会动员、自主参与与政治整合——中国基层民主政治发展 60 年研究》，《社会科学战线》2009 年第 6 期。

徐忠麟：《生态文明与法治文明的融合：前提、基础和范式》，《法学评论》2013 年第 6 期。

杨光斌：《公民参与和当下中国的治道变革》，《社会科学研究》2009 年 1 期。

杨建顺：《行政法视野中的社会管理创新》，《中国人民大学学报》2011 年第 1 期。

杨敏：《国家-社会的中国理念与中国经验的成长》，《河北学刊》2011 年第 2 期。

杨雪冬：《走向社会权利的社会管理体制》，《华中师范大学学报（人文社会科学版）》2010 年第 1 期。

杨宜勇：《运动式维稳是不可取的》，《人民论坛》2010 年 7 月。

杨哲：《以人为本视域下的生态文明建设》，《西安社会科学》2011 年第 4 期。

姚伟：《从制度结构转型看我国社会分层研究》，《长白学刊》2009 年第 3 期。

俞可平：《创新：社会进步的动力源》，《马克思主义与现实》2000 年第 4 期。

俞可平：《更加重视社会自治》，《人民论坛》2011 年第 2 期。

于建嵘：《维权就是维稳》，《人民论坛》2012 年第 1 期。

余金成：《中国特色社会主义的文化解读》，《科学社会主义》2009 年第 2 期。

余乃忠：《社会管理模式检讨与"适切"原则：基于当代中国社会结构的亚稳态显著》，《上海行政学院学报》2012 年第 1 期。

郁建兴、吴玉霞：《社会管理体制创新与服务型政府建设——基于浙江省宁波市海曙区的研究》，《当代中国政治研究报告》2010 年第 7 辑。

喻国明：《媒体变革：从"全景监狱"到"共景监狱"》，《人民论坛》2009 年第 16 期。

袁振龙：《社会资本与社会安全———关于北京城乡结合部地区增进社会资本促进社会安全的研究》，《中国人民公安大学学报（社会科学版）》2007 年第 3 期。

应松年：《社会管理创新引论》，《法学论坛》2010 年第 6 期。

张绍荣、代金平：《网络生态危机与应对——基于生态文明的视域》，《探索》2013 年第 4 期。

张斌：《社会"不稳定群体"的形成与社会管理》，《探索与争鸣》2011 年第 4 期。

张琢：《中国社会管理引论·序》，《社会学研究》1995 年第 5 期。

张成福：《变革时代的中国政府改革与创新》，《中国人民大学学报》2008 年第 5 期。

张海波、童星：《社会管理创新与信访制度改革》，《天津社会科学》2012 年第 3 期。

张荆红：《"维权"与"维稳"的高成本困局——对中国维稳现状的审视与建议》，《理论与改革》2011 年第 3 期。

张康之：《论参与治理、社会自治与合作治理》，《行政论坛》2008 年第 6 期。

张康之：《市民社会演变中的社会治理变革》，《浙江学刊》2009 年第 6 期。

张康之：《合作治理是社会治理变革的归宿》，《社会科学研究》2012 年第 3 期。

张佳佳：《关于生态文明及其建设问题研究综述》，《才智》2012 年第 1 期。

张健：《群体性事件中的弱势群体问题研究》，《理论学刊》2010 年第 1 期。

张雷：《论网络政治谣言及其社会控制》，《政治学研究》2007 年第 2 期。

张明：《十七大以来生态文明发展道路新特点述论》，《环境教育》2012 年第 2 期。

张秀兰、徐晓新：《社区：微观组织建设与社会管理——后单位制时代的社会政策视角》，《清华大学学报（哲学社会科学版）》2012 年第 1 期。

张毅：《生态伦理视角下的政策分析理念建构及其局限》，《复旦公共行政评论》2007 第 3 期。

张云飞：《社会管理准则初探》，《中国人民大学学报》2011 年第 6 期。

赵春丽：《新媒体时代政府社会管理思维的新转变》，《社会主义研究》2012 年第 1 期。

赵中源：《"弱势"心理蔓延：社会管理创新需要面对的新课题》，《马克思主义与现实》2011 年第 5 期。

郑杭生：《社会学视野中社会建议与社会管理》，《中国人民大学学报》2006 年第 2 期。

郑杭生、黄家亮：《当前我国社会管理和社区治理的新趋势》，《甘肃社会科学》2012 年第 6 期。

朱四倍：《从压力维稳到科学维稳转向的制度支撑机制研究》，《领导科学》2011 年 4 月。

朱力：《突发事件的概念、要素与类型》，《南京社会科学》2007 年第 11 期。

朱力：《中国社会风险解析——群体性事件的社会冲突性质》，《学海》2009 年第 1 期。

朱明霞、韩晓明：《对我国政府公共危机应急体系的系统分析》，《学术交流》2009 年第 3 期。

周晓虹：《社会建设应从扩大中等收入群体入手》，《湖南师范大学社会科学学报》2010 年第 5 期。

周秀平、邓国胜：《社区创新社会管理的经验与挑战——以深圳桃源居社区为例》，《中国行政管理》2011 年第 9 期。

中国行政管理学会课题组：《加快我国社会管理和公共服务改革的研究报告》，《中国行政管理》2005 年第 2 期。

中国行政管理学会课题组：《强化政府社会管理职能提高政府社会治理能力》，《中国行政管理》2005 年第 3 期。

钟伟军：《地方政府在社会管理中的"不出事"逻辑：一个分析框架》，《浙江社会科学》2011 年第 9 期。

竹立家：《社会深层次"结构性"矛盾的显现——转型期的改革与稳定》，《人民论坛》2010 年第 27 期。

五、政策文件

胡锦涛：《坚定不移沿着中国特色社会主义道路前进　为全面建成小康社会而奋斗》，中国共产党第十八次全国代表大会报告，2012 年 11 月 8 日。

习近平：《坚持节约资源和保护环境基本国策　努力走向社会主义生态文明新时代》，

习近平在中共中央政治局大力推进生态文明建设进行第六次集体学习上的讲话，
　　2013 年 5 月 24 日。

习近平：《中共中央关于全面深化改革若干重大问题的决定》，中国共产党第十八届三
　　中全会公报，2013 年 11 月 13 日。

习近平：《中共中央关于全面推进依法治国若干重大问题的决定》，中国共产党第十八
　　届四中全会公报，2014 年 10 月 23 日。

习近平：《希望中国蓝天常在、青山常在、绿水常在》，习近平在 APEC 欢迎宴会上的
　　致辞，2014 年 11 月 10 日。

国家发展和改革委员会等六部委联合印发：《关于开展生态文明先行示范区建设（第一
　　批）的通知》，2014 年 7 月 22 日。

《贵州省生态文明建设促进条例》，《中国国土资源报》2014 年 7 月 16 日。

《苏州市生态补偿条例》，《苏州市人民政府公报》2014 年 5 月 28 日。

后 记

《生态治理现代化》一书终于要付梓了，本书是在我的国家社科基金重点项目"政府生态治理体系与治理能力现代化"研究成果的基础上完成的，它也是课题组全体成员共同努力的成果。在此对参与我的课题研究的张晓忠、张传文、张静、吴莉娅、杨书房、张洪为、李娟、柯伟、丁彩霞、朱喜群、赵晶晶、陈冠宇等同志表示衷心的感谢。

本书的出版得到了南京审计大学"南审文库"项目的大力资助，同时得到了商务印书馆诸位编辑的认真把关和审读。多方的共同努力，保证了本书政治立场正确、理论与实践做到了良好的结合。

本人是国内最早进行生态治理研究的学者之一，在生态治理方面有着较为深厚的积累。自党的十七大以来，本人发表了有关生态治理的论文五十多篇，出版著作两部，为政府提供相关决策咨询报告三十多个。但是，本人仍然觉得对于生态治理现代化还需要深入研究，生态治理（包括全球气候治理）任重道远，一刻都不能停顿。如果我们不想走向灭亡，威胁人类生存和可持续发展的生态治理现代化难题就要被持续并深入地研究下去。本人将在这方面做出进一步的努力。

张劲松

2021 年 2 月 18 日于南京

图书在版编目 (CIP) 数据

生态治理现代化 / 张劲松编著 . —北京 : 商务印
书馆 , 2021
　ISBN 978-7-100-19716-8

　Ⅰ . ①生… Ⅱ . ①张… Ⅲ . ①生态环境—综合治理—
研究—中国 Ⅳ . ① X321.2

中国版本图书馆 CIP 数据核字（2021）第 048404 号

"南审文库" 资助出版

生态治理现代化

张劲松　编著

商 务 印 书 馆 出 版
（北京王府井大街 36 号　邮政编码 100710）
商 务 印 书 馆 发 行
南京新洲印刷有限公司印刷
ISBN　978-7-100-19716-8

2021 年 8 月第 1 版　　　开本 787×960　1/16
2021 年 8 月第 1 次印刷　　印张 23¼
定价：118.00 元